iPad 建模

Nomad Sculpt 数字雕刻入门教程

沈大尉 编著

人民邮电出版社
北京

图书在版编目（CIP）数据

iPad建模 : Nomad Sculpt数字雕刻入门教程 / 沈大尉编著. -- 北京 : 人民邮电出版社, 2024.8
ISBN 978-7-115-62808-4

Ⅰ. ①i… Ⅱ. ①沈… Ⅲ. ①三维动画软件－教材
Ⅳ. ①TP391.414

中国国家版本馆CIP数据核字(2023)第188258号

内容提要

本书是 Nomad Sculpt 入门教程，包含详细的功能讲解及丰富的实战案例。

本书共 5 章，带领大家学习 Nomad 的操作、功能及应用。第 1 章介绍 Nomad 概况及工具准备。第 2 章介绍 Nomad 的操作技巧。第 3 章详细讲解 Nomad 的基础功能。第 4 章介绍 Nomad 的绘画工具与灯光渲染，教大家如何建模、上色、渲染等。第 5 章通过实战案例帮助读者巩固所学，并创作完整的作品。附录部分是与 Nomad 相关的常见问题解答，可为读者答疑解惑。另外，随书附赠基础功能讲解视频、案例源文件及 PPT 课件，供读者学习、使用。

本书适合初学者学习，希望能够降低建模软件学习门槛，激发初学者对三维建模的探索兴趣，并创作出满意的作品。

◆ 编　　著　沈大尉
责任编辑　张　璐
责任印制　陈　犇

◆ 人民邮电出版社出版发行　　北京市丰台区成寿寺路 11 号
邮编　100164　　电子邮件　315@ptpress.com.cn
网址　https://www.ptpress.com.cn
北京捷迅佳彩印刷有限公司印刷

◆ 开本：700×1000　1/16
印张：22　　2024 年 8 月第 1 版
字数：530 千字　　2025 年 5 月北京第 5 次印刷

定价：99.80 元

读者服务热线：(010)81055410　印装质量热线：(010)81055316
反盗版热线：(010)81055315

前　言

PREFACE

我是一名自由插画师，在使用 iPad 绘画期间无意中接触到了 Nomad Sculpt（以下简称 Nomad）雕刻建模软件。该软件依托移动设备，让我能够在旅游、出差或者琐碎的闲暇时间，随时随地进行雕刻建模。同时，其直观的操作界面、“捏橡皮泥”式的操作体验，让我能快速地把脑海里的角色“捏”出来，并以三维的方式直观地展示。这款软件轻量又拥有强大的功能，能够满足大部分人的设计需要。慢慢地，我喜欢上了这款软件，并在社交平台发布了自己的原创作品，还在“粉丝”的激励下制作了视频教程，受到了大家的喜爱和支持。

本书结合了我多年的动画、插画行业经验，针对初学者对入门教程的需求编写而成。希望本书能够让初学者不再畏惧三维软件，并能激发大家对三维软件的兴趣和创作热情。

软件特点

现在市面上主流的建模方法大致分为多边形建模、曲面建模和数字雕刻建模。我们熟悉的 ZBrush 雕刻软件就使用了数字雕刻建模方法。数字雕刻建模方法就像是在泥巴上通过推、拉、捏、画等方式进行雕刻，也可以理解为捏橡皮泥，对新手来说直观易懂。多边形建模适用于几何体较多且需要精准数据技术的建模，而数字雕刻建模更加自由，适用于生物类的雕刻，两者都有各自擅长的领域。

Nomad 是数字雕刻类型的软件，可以说是移动端的 ZBrush，虽然没有 ZBrush 那么强大和丰富的功能，但是日常建模使用已经足够。Nomad 轻量化的功能对于新手非常友好，新手甚至只需花一天时间就能够把软件的所有功能都学习一遍。专业建模软件对于计算机的高配置要求让很多用户望而却步，而 Nomad 属于移动端应用程序，随着人们生活水平的提高，以及精神需求的日益增长，拥有一台平板电脑不再是一件难事，用它便可使用 Nomad 进行雕刻建模。甚至你只要有一台性能不错的手机，也可以成为 Nomad 的用户。

适合人群

上面介绍了 Nomad 的特点，相信大家看得出来，便携、轻量、易上手是 Nomad 的标签，它适合初学者使用，即使没有三维基础的初学者使用起来也没有压力。如果你并不从事相关行业，平时只有琐碎时间，只是想创造出自己喜欢的角色，它也非常适合你。有人也许会问：“Nomad 适合用于专业建模吗？能不能替代 PC 上的主流建模软件呢？”就目前来说，Nomad 拥有的功能是足够应付轻量级的专业工作的，如在身边没有 PC 的时候，快速用 iPad 创作出脑海里的角色，或者快速向客户呈现完整的角色设计。潮玩手办、工艺品、珠宝设计行业也有很多用户利用 Nomad 的特点做前期设计，以及和客户沟通；用户也可以结合 3D 打印机打印出自己喜欢的作品。但是，如果想实现商业化，制作进入工厂生产的模型，将其用作唯一的创作工具，Nomad 的功能和精致度还是不够的。所以 Nomad 无法取代 PC 上主流的建模软件。

我本身从事插画和动画设计相关工作，结合我的美术基础，Nomad 完全可以满足我工作上的需要和潮玩模型的设计需求。

关于软件版本

我们都知道，移动端软件的更新速度一般都很快。在编写本书时使用的是 Nomad 1.65 版本，而软件已更新到了 1.68 版本。

由官方的更新说明可知这次更新的改动非常大，不仅解决了之前的很多问题，还增加了很多实用的功能，重新排列了界面布局和部分内容。我根据自身的使用感受，结合之前的内容，在本书中增加了新版本的介绍，可帮助新手快速了解新版本的功能。目录中有新版本内容的节或小节标题旁边有一个图标，请读者注意。

由于本人水平有限，书中难免会有不足之处，敬请广大读者批评指正并提出宝贵意见。

沈大尉

2023 年 12 月

资源与支持
RESOURCES AND SUPPORT

本书由“数艺设”出品，“数艺设”社区平台（www.shuyishe.com）为您提供后续服务。

配套资源

基础功能讲解视频

案例源文件

PPT 课件

资源获取请扫码

提示：微信扫描二维码关注公众号后，输入 51 页左下角的 5 位数字，获得资源获取帮助。

“数艺设”社区平台，为艺术设计从业者提供专业的教育产品

与我们联系

我们的联系邮箱是 szys@ptpress.com.cn。如果您对本书有任何疑问或建议，请您发邮件给我们，并请在邮件标题中注明本书书名及 ISBN，以便我们更高效地做出反馈。

如果您有兴趣出版图书、录制教学课程，或者参与技术审校等工作，可以发邮件给我们。如果学校、培训机构或企业想批量购买本书或“数艺设”出版的其他图书，也可以发邮件联系我们。

关于“数艺设”

人民邮电出版社有限公司旗下品牌“数艺设”，专注于专业艺术设计类图书出版，为艺术设计从业者提供专业的图书、视频电子书、课程等教育产品。出版领域涉及平面、三维、影视、摄影与后期等数字艺术门类，字体设计、品牌设计、色彩设计等设计理论与应用门类，UI 设计、电商设计、新媒体设计、游戏设计、交互设计、原型设计等互联网设计门类，环艺设计手绘、插画设计手绘、工业设计手绘等设计手绘门类。更多服务请访问“数艺设”社区平台 www.shuyishe.com。我们将提供及时、准确、专业的学习服务。

目 录
CONTENTS

第 1 章

Nomad 简介及设置

1.1 软件概述

“Nomad Sculpt-3D 雕刻建模”（以下简称 Nomad）是一款移动端专业数字雕刻与模型绘画软件。这款软件占用很少的内存，拥有强大的数字雕刻功能，有丰富的雕刻及绘画工具，非常实用，操作也很简单。雕刻建模过程中，Nomad 提供了便捷的网格及拓扑功能；借助 PBR（physically Based Rendering，基于物理的渲染）功能，可以实时渲染出逼真的画面。Nomad 支持导出多种格式的 3D 文件，可以轻松地将这些文件导入主流三维软件进行继续创作。Nomad 拥有简单、易懂的界面和专为移动设备设计的直观操作方式。

Nomad 的出现弥补了移动端雕刻软件的空缺，用户使用它可随时随地记录自己的灵感。相信随着移动设备性能的提高和主创团队的持续开发，该软件未来会加入更多强大的功能。

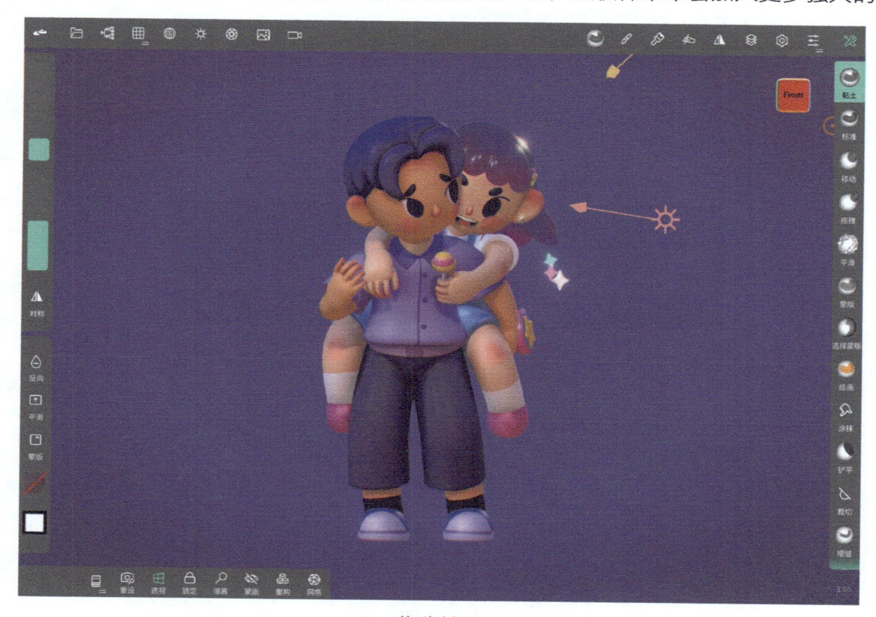

软件界面

1.2 工具准备

在开始学习之前，我们来了解一下需要用到的软件和设备，以方便大家选择适合于自己的工具。

1.2.1 Nomad 建模软件

Nomad 支持 iOS 设备和安卓设备。

Nomad 在苹果应用商店的售价为 98 元（一次性费用），它需要搭载 iOS 12.0 或更高版本才能运行。Nomad 安卓版在 Google Play（谷歌应用商店）的售价约为 96 元，需要搭载安卓 4.4 及更高版本才能运行。安卓设备型号、配置多且复杂，同时系统有兼容性问题，软件的稳定性不是很好，所以软件提供了试用版以方便用户先体验，检查自己的设备是否能够正常运行该软件再决定是否购买。对于国内用户，笔者建议大家使用 iOS 端软件，性能稳定且购买方便。

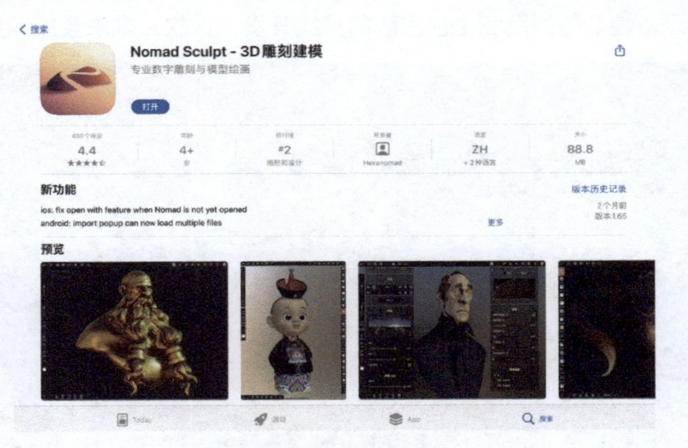

苹果应用商店界面

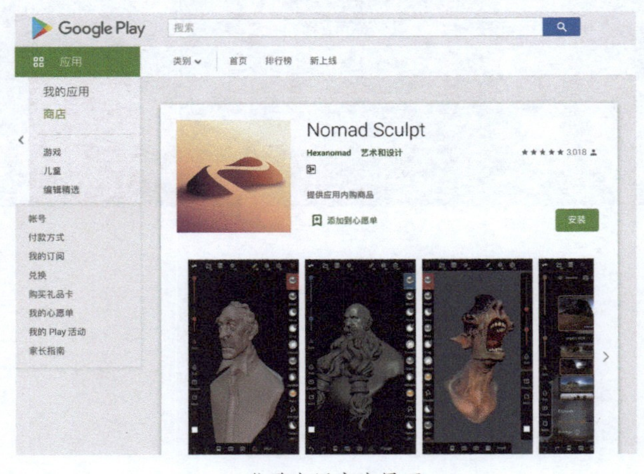

谷歌应用商店界面

1.2.2 iPad Pro 的选购

笔者使用的是 2021 款的 iPad Pro，其搭载的 M1 芯片能够让建模过程更加流畅，处理图像的速度更快。2022 年苹果公司推出了新版的 iPad Pro，搭载了更强大的 M2 芯片，性能与图形处理速度都有提升。2022 款的 iPad Pro 有 12.9 英寸（1 英寸 = 2.54 厘米）和 11 英寸两种尺寸可选，搭载了 Liquid 视网膜屏，显示色彩的对比度很高，显示效果非常好。在选择 iPad 版本和尺寸时，应根据自己的需求和消费能力来决定。

Nomad 建模软件对硬件有一定的要求，建议选择最新版的 iPad，且若要软件运行流畅，iPad 的运行内存要在 4GB 以上。

2021 款 iPad Pro

1.2.3 Apple Pencil 的选购

Apple Pencil 第二代拥有全新的磁力吸附充电功能和像素级的精准度，是 Nomad 建模软件的首选。当然 Nomad 也支持第三方电容笔，但是读者在购买的时候一定要选择压感不错的电容笔，使用 Nomad 进行雕刻时是需要通过压感来感应轻重变化的。

第二代 Apple Pencil

第 2 章

Nomad 操作技巧

2.1 Nomad 的界面布局与基本操作手势 >>>

Nomad 是一款数字雕刻与模型绘画软件，它支持多种触控笔（包括 Apple Pencil 等）和手指绘画，可以帮助用户轻松完成各种风格的美妙画作。

2.1.1 Nomad 的界面布局 >>>

双击 iPad 屏幕上的 Nomad 图标启动 Nomad，打开后的界面如图所示。Nomad 的界面布局，主要分为菜单栏、工具栏、快捷栏及雕刻区域。

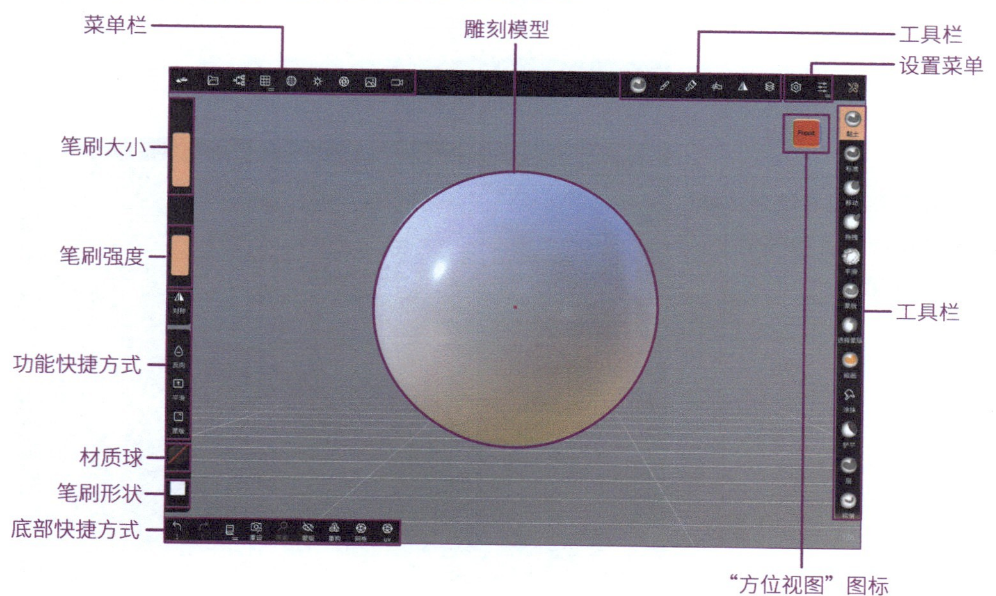

部分功能介绍如下。

笔刷大小：用于调节画笔、涂抹、橡皮擦的大小。

笔刷强度：用于调节画笔、涂抹、橡皮擦的强度。

功能快捷方式：有“反向”“平滑”“蒙版”等功能快捷方式。

材质球：用于调节材质球的参数。

笔刷形状：可以选择笔刷或添加自定义笔刷。

底部快捷方式：可自行到“界面设置”面板的“底部快捷方式”界面中添加快捷功能。

2.1.2 Nomad 的基本操作手势 >>>

在 Nomad 主界面中进行操作的手势至关重要，下面讲解一些基本的操作手势。

1. 旋转

用一个手指按住雕刻区域的任意位置并上下左右移动，可以旋转视图。如果设置了手指与触控笔都能雕刻，则需要在模型以外的区域按住屏幕进行操作。

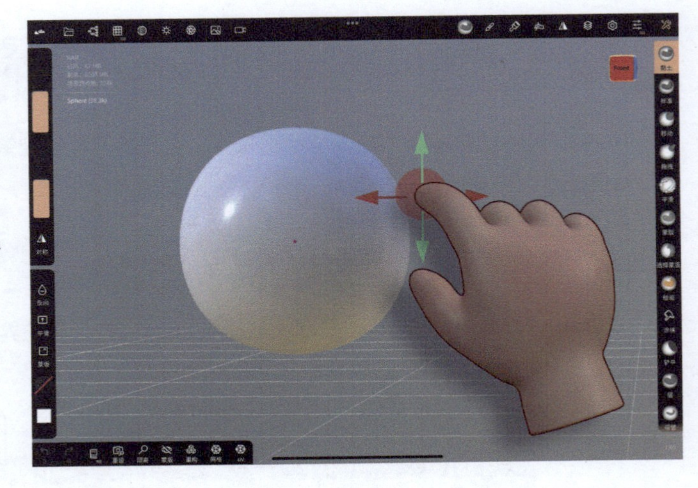

2. 缩放

用两个手指在雕刻区域内向内捏合或者向外滑开，可以缩放视图。

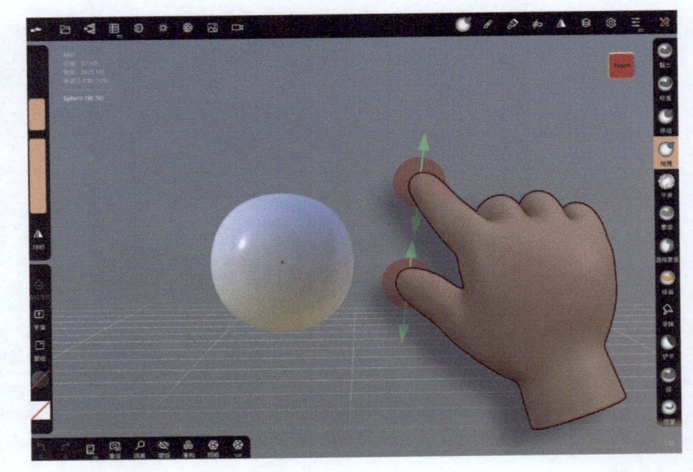

3. 平移

用两个手指在雕刻区域内同时上下、左右移动，可以平移视图。

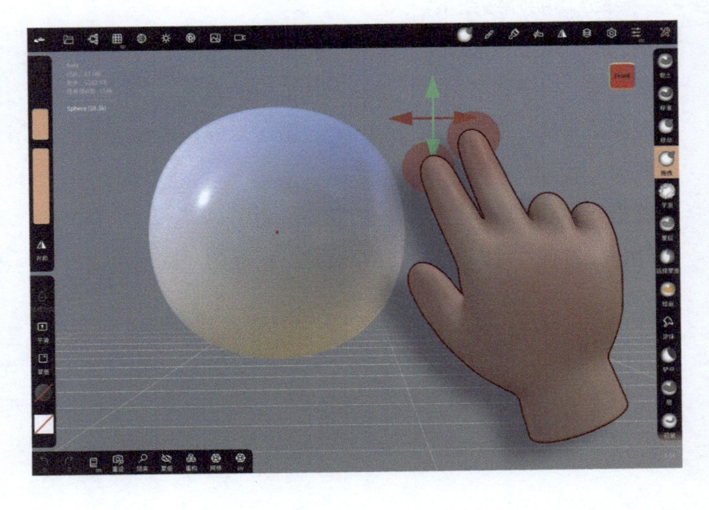

4. 吸取颜色

选择“绘画”工具。用一个手指点击某个区域，可以吸取该区域的颜色到材质球上。

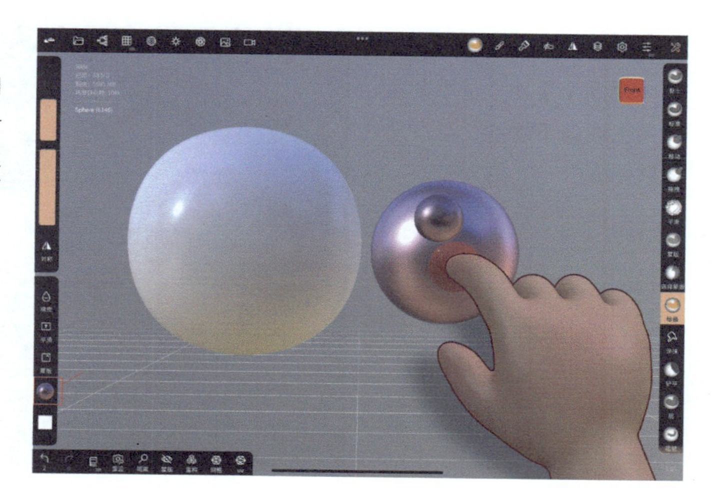

5. 撤销

用两个手指按住雕刻区域，点击可以撤销操作。用3个手指点击则可以取消撤销（重置）。相应地，界面左下角位置也有对应图标，显示的数字表示可撤销的步数。雕刻和绘画时都可使用。

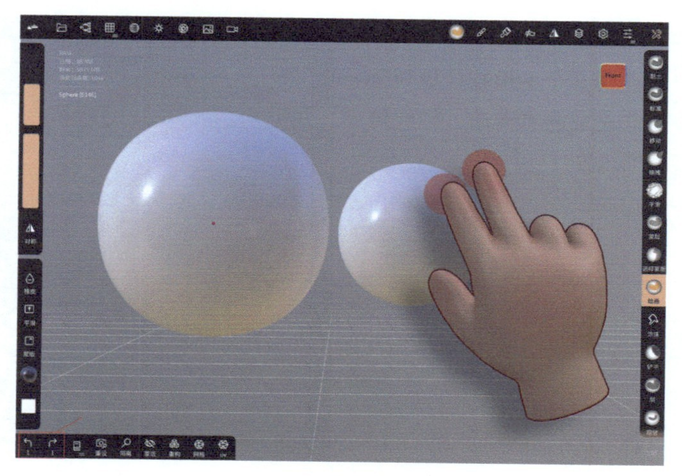

撤销操作

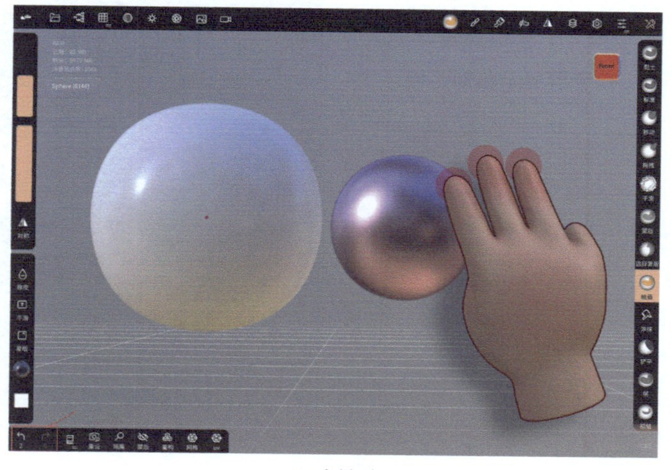

取消撤销

6. 调节笔刷大小

用 3 个手指按住雕刻区域向上或向下滑动，可调节笔刷大小。

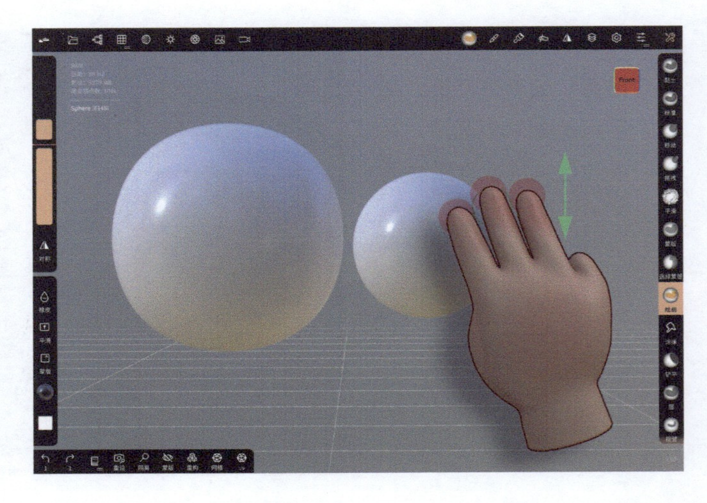

7. 调节场景灯光

用 3 个手指按住雕刻区域向左或向右滑动，可旋转调节场景灯光。

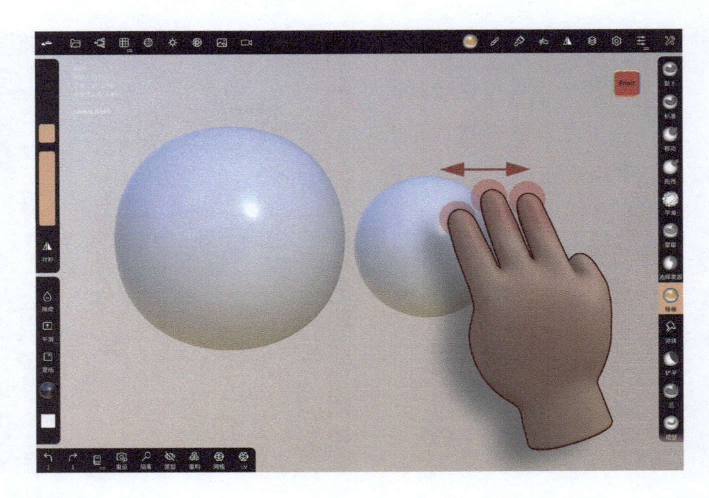

8. 全屏显示雕刻区域

用 4 个手指点击雕刻区域，可全屏显示雕刻区域。

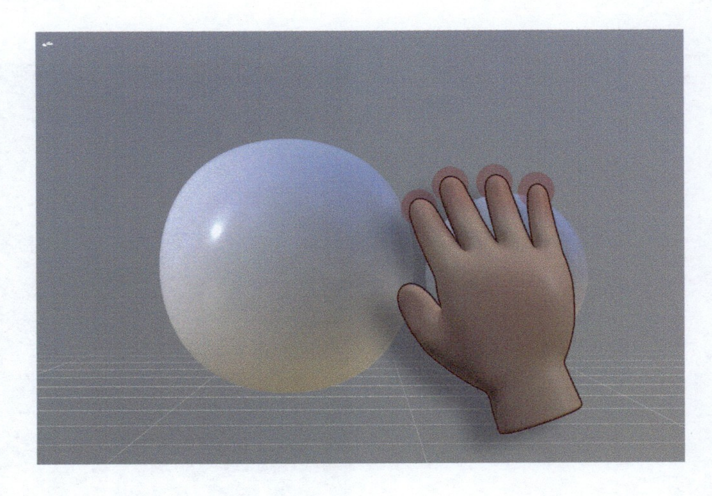

2.2 Nomad 基础设置

开始正式操作之前，应先调整软件的基础设置，让它成为你更趁手的“武器”，本书以 Nomad 1.65 为例。

2.2.1 中文设置

Nomad 1.41 开始有了简体中文版界面，让国内用户更容易上手。如果你的软件是英文的，如下图所示，可进行语言设置。

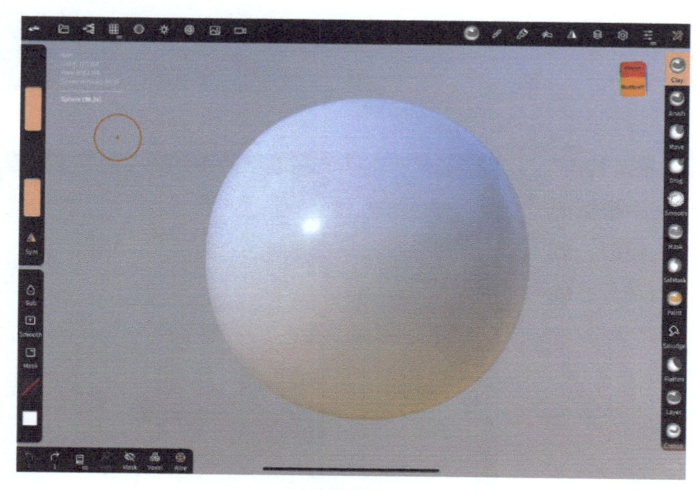

英文界面

可以在“Interface”（界面设置）面板的“Debug”（调试）选项卡中滑动到底部，在“Languages”（语言）选项栏中选择语言。当选择“Simplified Chinese”（简体中文）单选按钮后，可以发现除了一些实验性功能以外，其他都变成了简体中文。

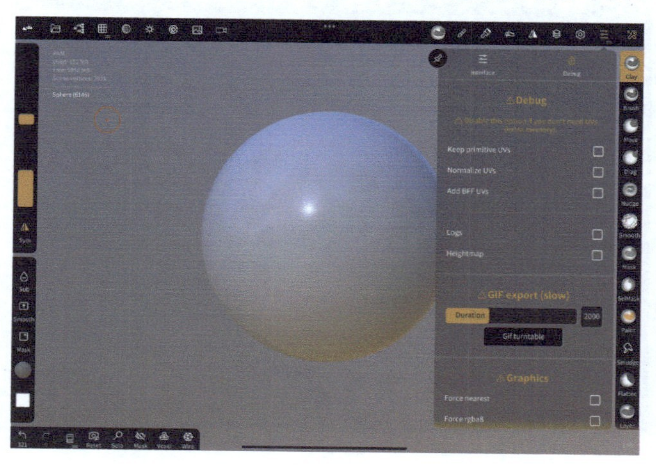

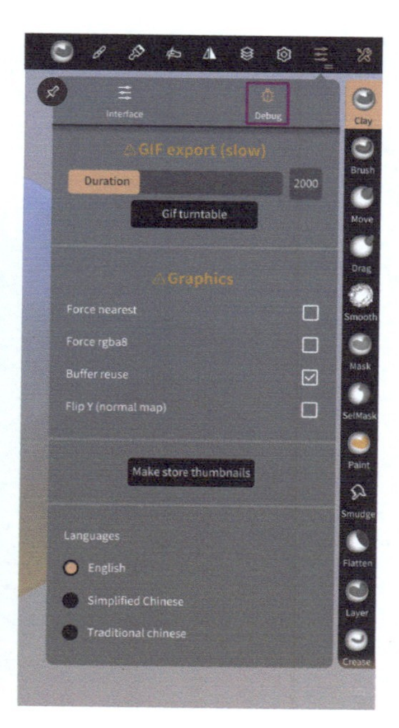

2.2.2 显示设置

1. 基础显示设置

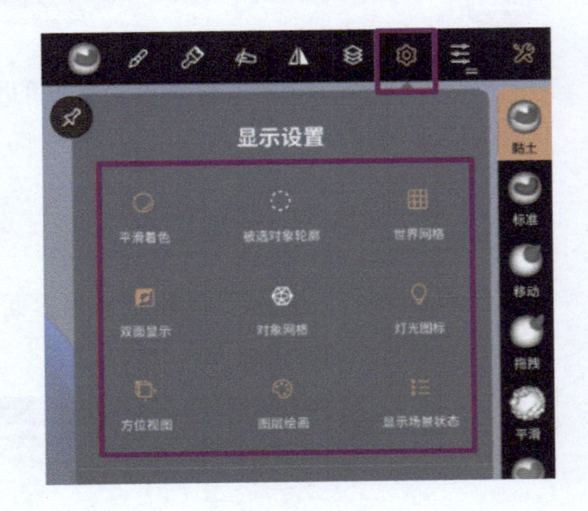

点击“显示设置”图标，可根据需要使用平滑着色、被选对象轮廓、世界网格、双面显示、对象网格、灯光图标、方位视图、图层绘画和显示场景状态等功能。

平滑着色：开启“平滑着色”功能后，雕刻过程中模型的显示会更加平滑，同时，雕刻过程中也会占用部分系统资源。

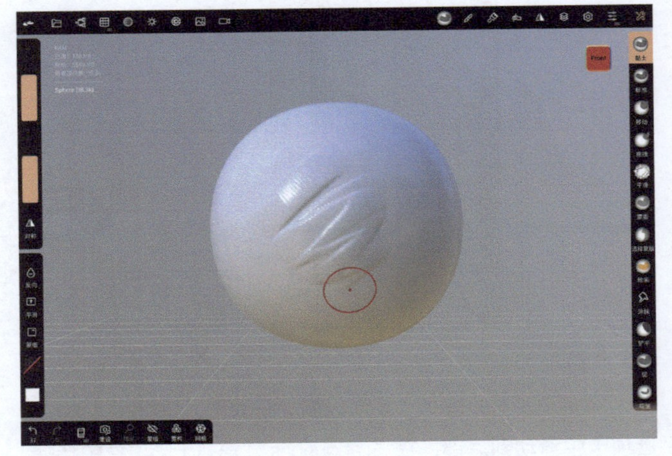

开启前

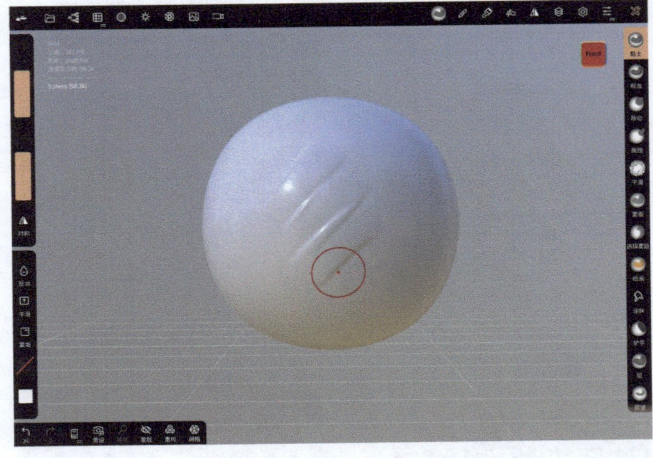

开启后

被选对象轮廓：开启“被选对象轮廓”功能后，选中的模型边缘会显示轮廓线。

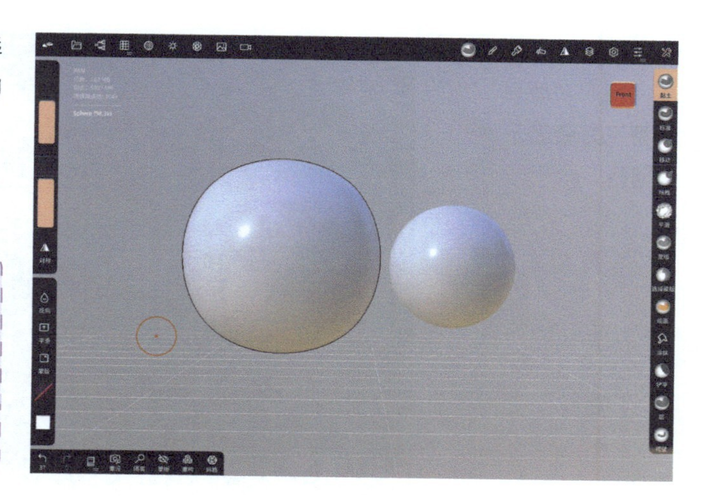

提示

前期模型较少的情况下，雕刻时建议关闭此功能。当模型较多时，可以通过该功能来区分选中和未选中的模型。

选中面部模型的效果

选中耳朵模型的效果

世界网格: 开启“世界网格”功能后，模型下方会显示地面网格。

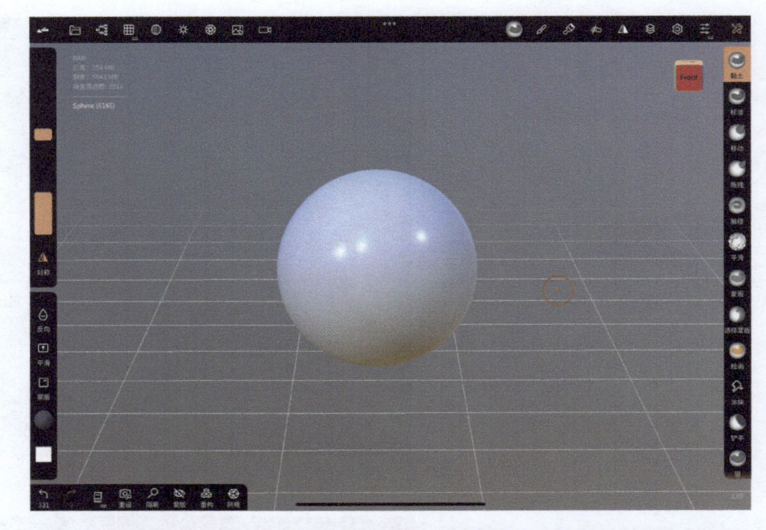

双面显示: 开启“双面显示”功能后，可以看到模型内部的面。

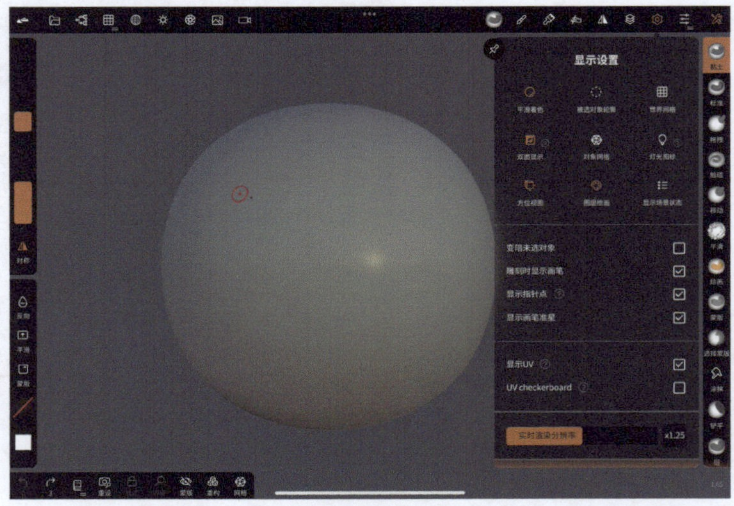

开启“双面显示功能”后，把相机移动到球体模型内部，可以看到模型的“内面”。

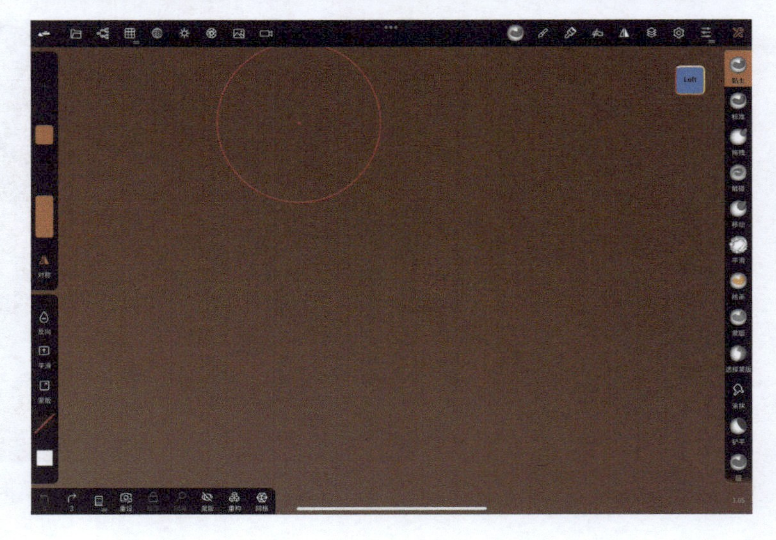

未开启“双面显示”功能时，把相机移动到球体模型内部，是没有任何变化的。

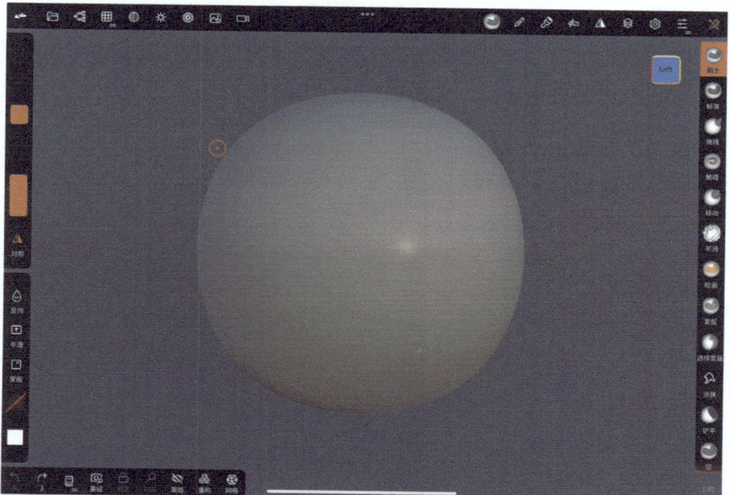

对象网格: 开启“对象网格”功能后，会显示模型的网格。平时可以关闭此功能。

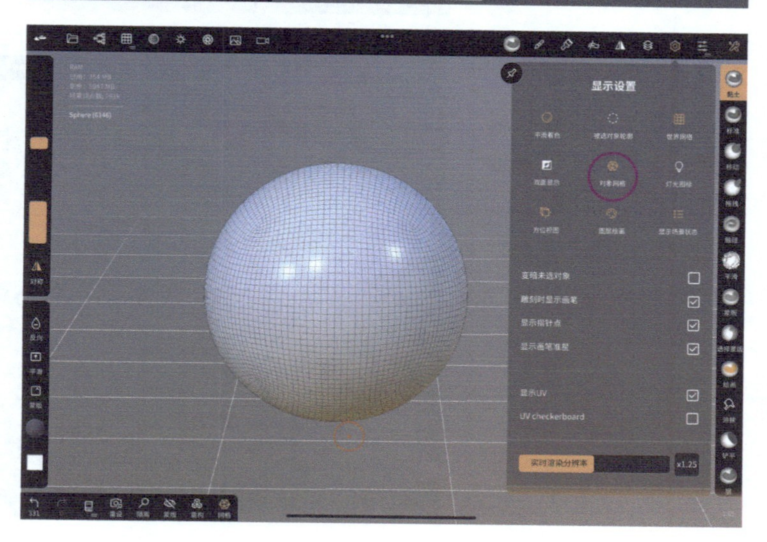

灯光图标：开启“灯光图标”功能后，视图中会显示灯光图标。

方位视图：开启“方位视图”功能后，默认在界面右侧显示方位视图图标，方便快速切换视图。

图层绘画：开启“图层绘画”功能后，在绘画过程中会启用图层功能。

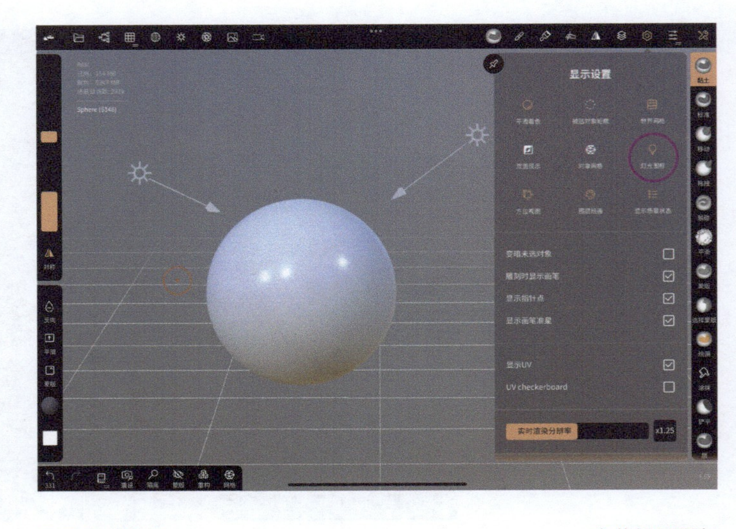

显示场景状态：开启“显示场景状态”功能后，默认在界面左上角显示当前场景模型的内存使用情况及剩余内存情况。

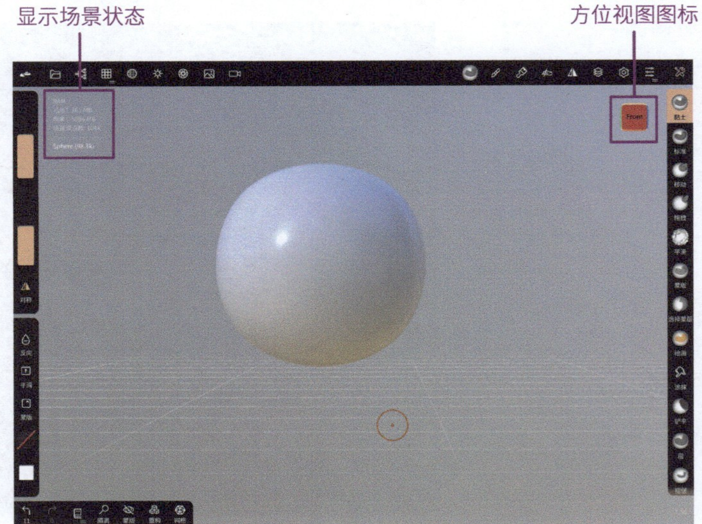

2. 其他显示设置

基础显示设置完成以后，下滑看一下其他设置功能，如右图所示，该区域的功能主要是针对上述显示效果做进一步的设置。

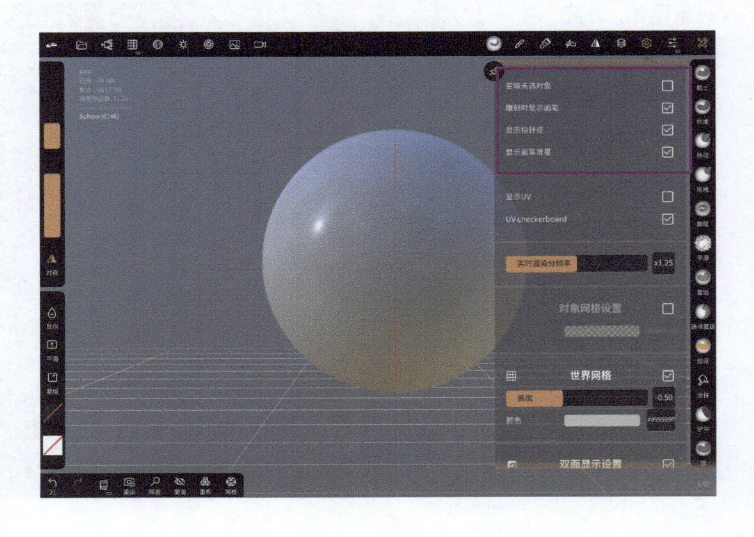

变暗未选对象： 开启此功能后，当场景中有多个模型时，选中的模型会以正常颜色显示，未选中的模型则会变暗。

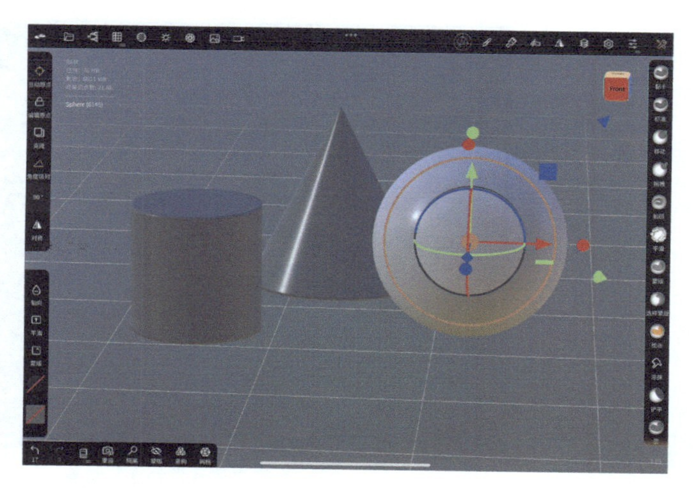

提示

可在雕刻多个模型时开启该功能，便于直观地看到已选中的模型。

选中头部和选中身体的不同显示效果

雕刻时显示画笔： 开启"雕刻时显示画笔"功能后，雕刻时会显示画笔的位置与半径。

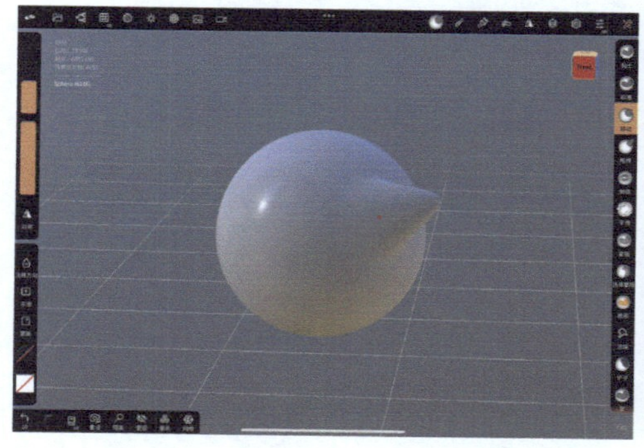

关闭"雕刻时显示画笔"功能

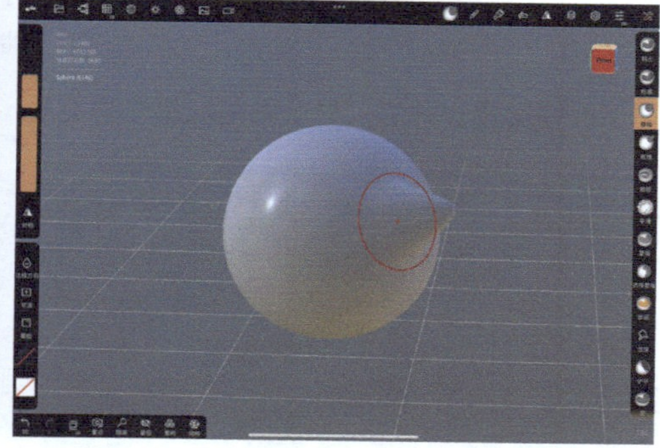

开启"雕刻时显示画笔"功能

显示指针点：开启“显示指针点”功能后，雕刻或者移动相机时会显示指针点，也就是触控笔点击的位置。

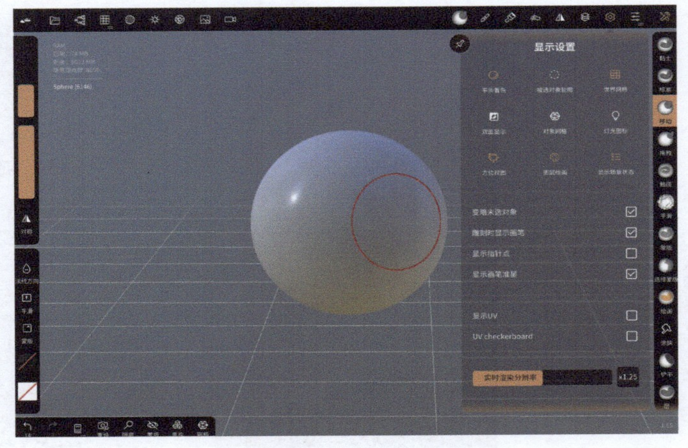

关闭“显示指针点”功能

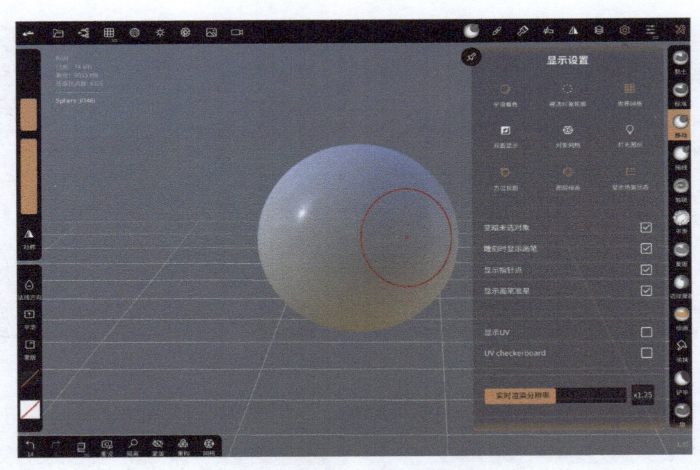

开启“显示指针点”功能

显示画笔准星：开启“显示画笔准星”功能后，使用“绘画”工具时会显示画笔准星。

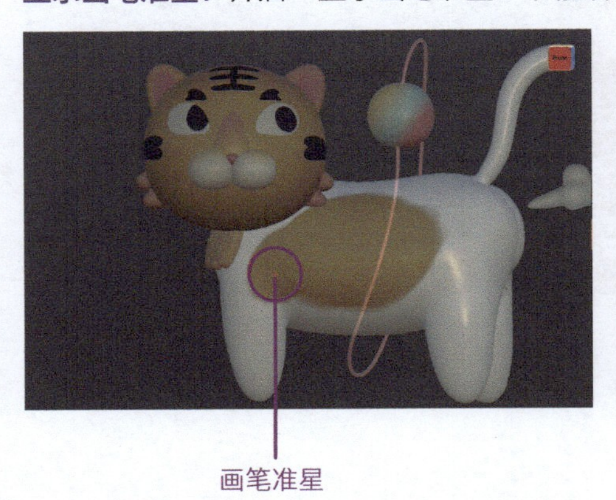

画笔准星

画笔准星

实时渲染分辨率： 开启“实时渲染分辨率”功能后，可以调节实时渲染分辨率的大小。

提示

建议保持默认，如果系统性能下降，再降低分辨率。

对象网格设置： 开启“对象网格设置”功能后，可设置模型的颜色和透明度。

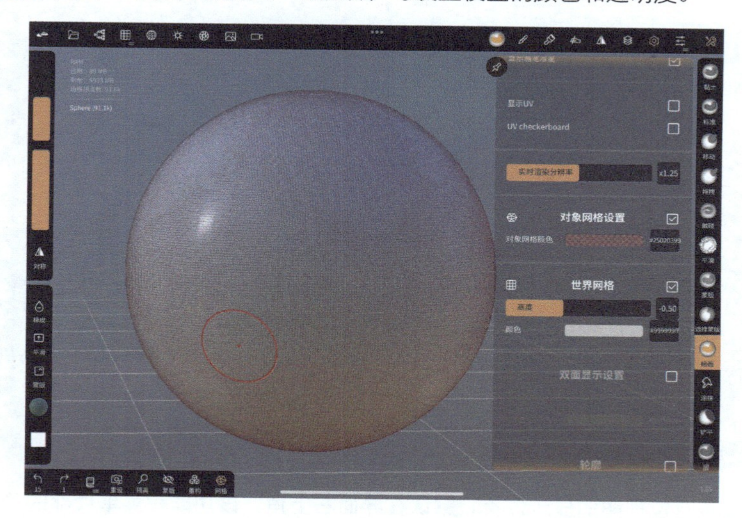

世界网格： 开启“世界网格”功能后，可以设置世界网格的颜色及显示高度。

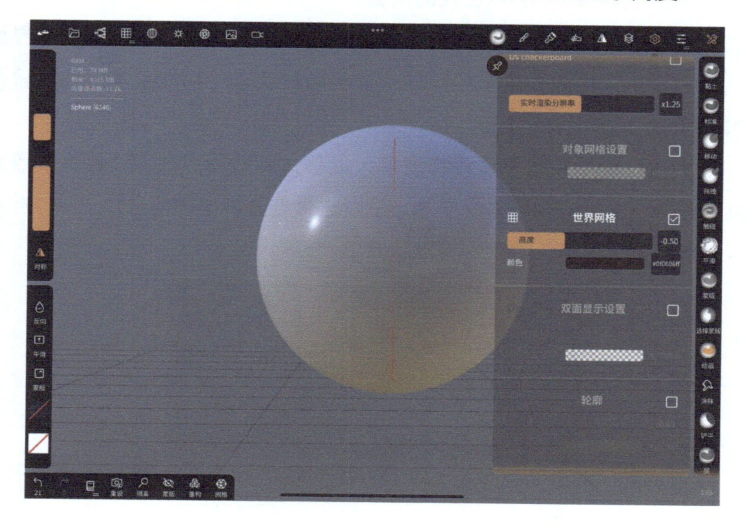

双面显示设置：开启“双面显示设置”功能后，可显示模型内部的颜色。该功能和菜单顶部的“双面显示”功能基本一致，只是这里增加了内部颜色的显示设置。

提示

开启和关闭“双面显示设置”功能都不影响雕刻，这里建议关闭。

轮廓：开启“轮廓”功能后，可以调整轮廓的颜色和粗细。

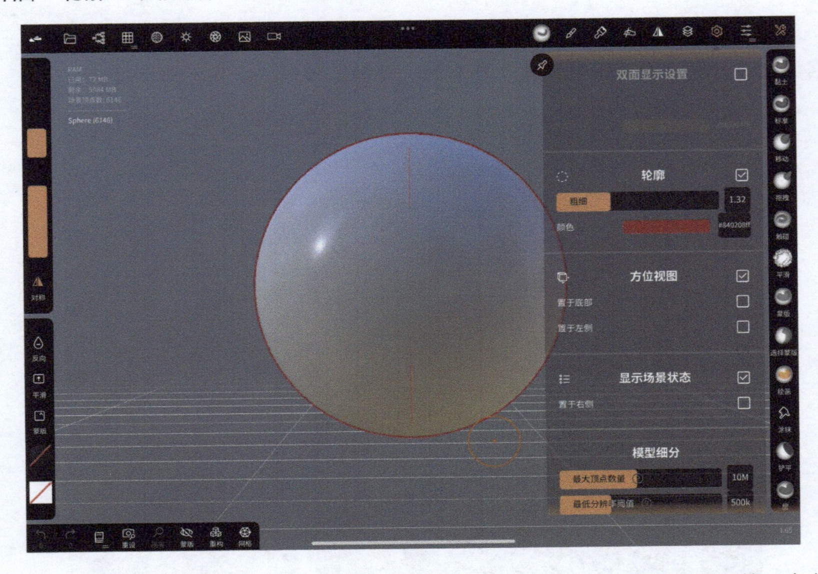

方位视图：设置方位视图的显示位置，默认在界面右上角。该功能和菜单顶部的“方位视图”功能基本一致，只是这里增加了显示位置的设置。

显示场景状态：显示当前场景模型的内存使用情况及剩余内存情况。默认位于界面左上角，可更改为在右侧显示。该功能和菜单顶部的“显示场景状态”功能基本一致，只是这里增加了显示位置的设置。

模型细分：“最大顶点数量”用于设置模型最大能够达到的顶点数。“最大顶点数量”的数值建议保持默认数值，太大会导致程序崩溃。设置“最低分辨率阈值”，在移动相机的时候，模型对象可以较低分辨率显示，建议保持默认数值。

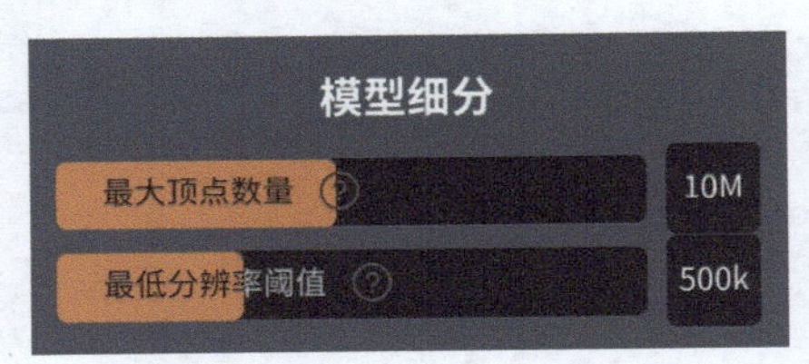

2.2.3 界面设置

1. 底部快捷方式

点击“界面设置”菜单→“界面设置”子菜单→“底部快捷方式”界面中的按钮，对应按钮的快捷方式就会添加到左下角的位置，如下图所示。这样我们就能快速地切换至所需功能，而不用反复到子菜单里点击。

“底部快捷方式”界面中的按钮依次是重置视图、切换视图、透视视图、锁定选择、体素网格重构、网格开关、uv。笔者根据自己平时的使用习惯，做了以下设置。

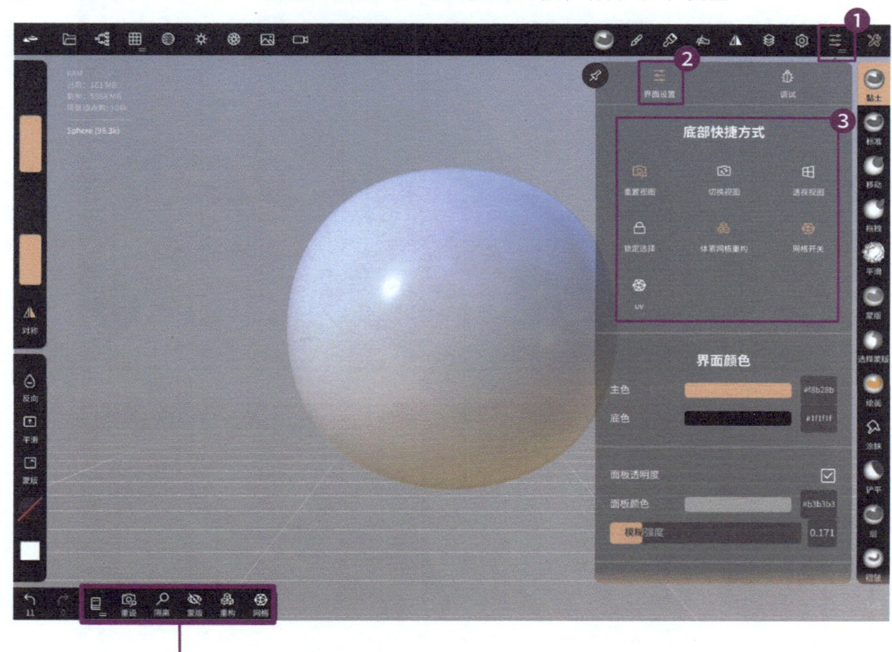

底部快捷方式

重置视图：开启“重置视图”功能，可以快速切换到初始视图。

切换视图：开启“切换视图”功能，可以在两个视图之间切换。

透视视图：开启“透视视图”功能，可以在透视视图和正视图之间切换。

锁定选择：开启“锁定选择”功能，锁定模型后无法用点击方式选择模型。

体素网格重构：开启“体素网格重构”功能，可以以更加均匀的计算方式重新生成几何体网格。

网格开关：开启“网格开关”功能，可以显示模型网格。

uv：开启“uv”功能，可以显示模型的 UV 贴图。

提示

“切换视图”“透视视图”“锁定选择”“uv”这 4 个功能平时不常用，建议关闭。

2. 界面颜色

在“界面设置”子菜单的“界面颜色”界面中，用户可以根据自己的喜好调整软件的界面颜色。勾选“面板透明度”复选框，将“模糊强度”数值调小，这样菜单的不透明度会降低，而不会遮住模型，方便观察模型。

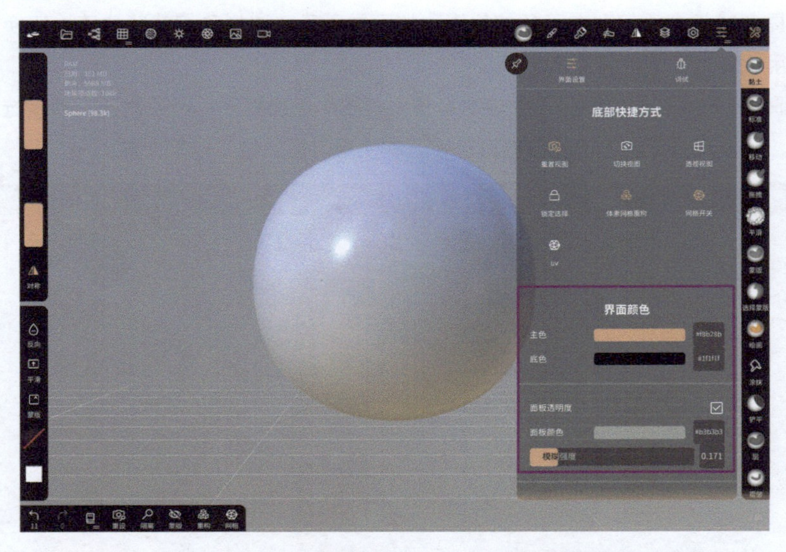

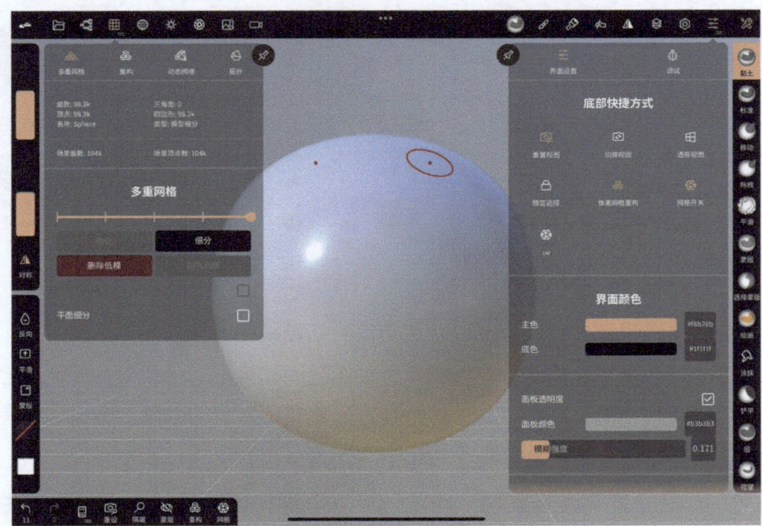

勾选“面板透明度”复选框，可防止菜单遮挡模型

3. 界面布局及其他设置

（1）自动隐藏工具栏。

勾选该复选框后，在选择完工具以后右侧工具栏会自动隐藏。

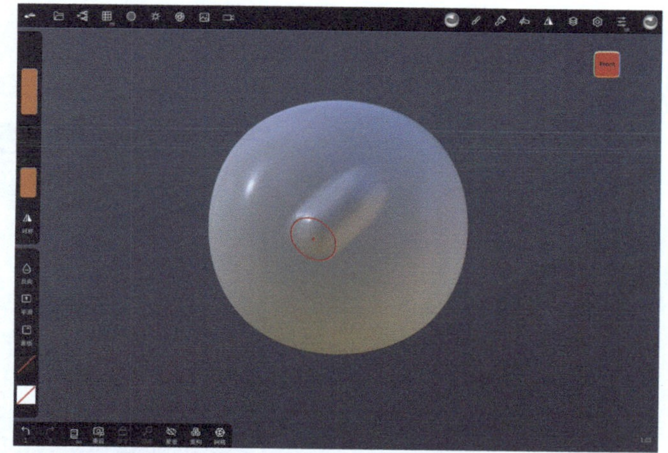

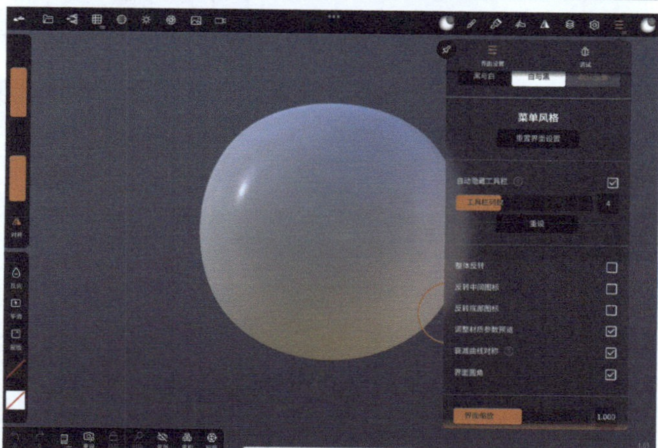

下面的“工具栏列数”用于调节工具栏每行显示的工具数量。

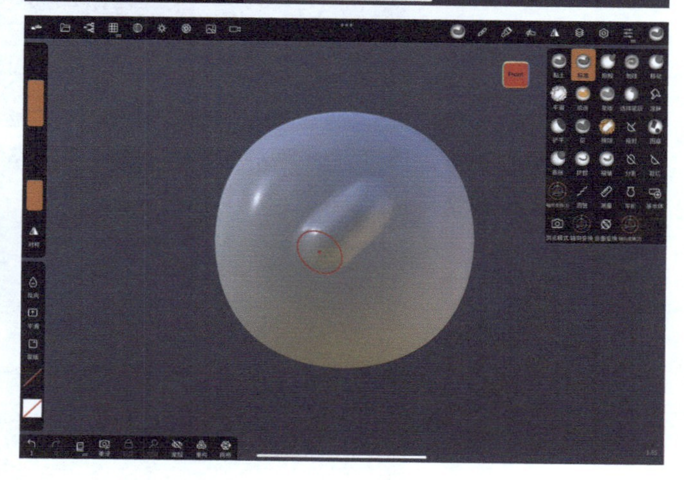

提示

可根据个人喜好来启用此功能，勾选“自动隐藏工具栏”复选框能够让界面更加简洁。但选择工具时会比平时多一个点击的步骤。

（2）整体反转。

将软件界面布局整体左右翻转。

提示

下图的布局适合用左手握笔的用户。

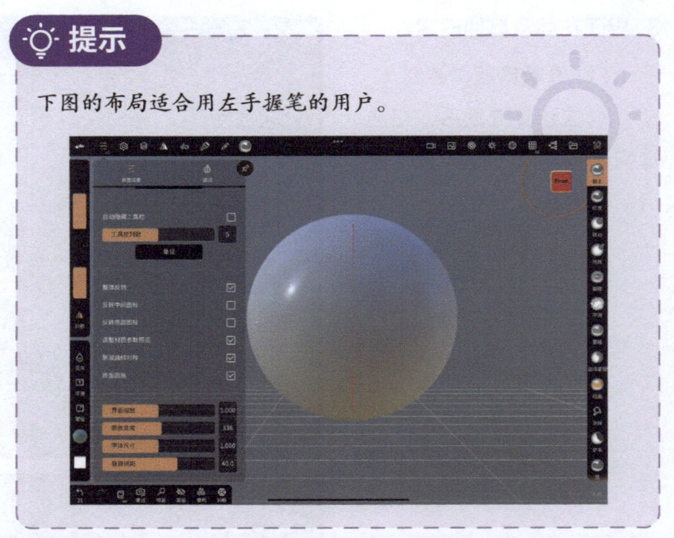

（3）反转中间图标。

翻转雕刻区域左右两边的图标。

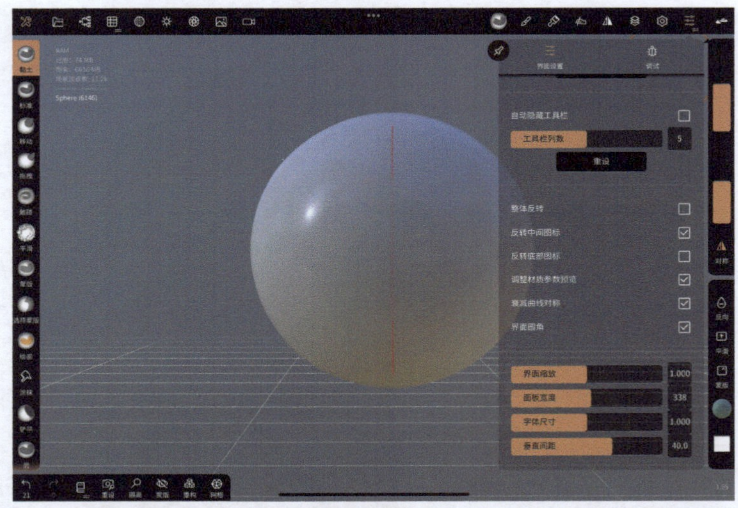

（4）反转底部图标。

左右翻转底部快捷方式图标。

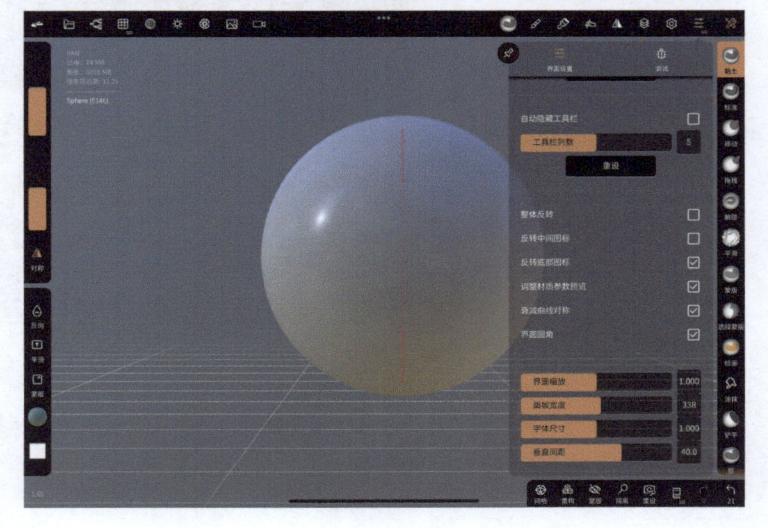

（5）调整材质参数预览。

在设置材质的颜色和参数时，模型会显示预览效果。

提示

建议勾选此复选框，这样我们在调节材质的颜色和参数的时候，能够在模型上实时预览效果，方便直观地查看材质效果。在选择颜色时，右侧模型会有实时预览效果。

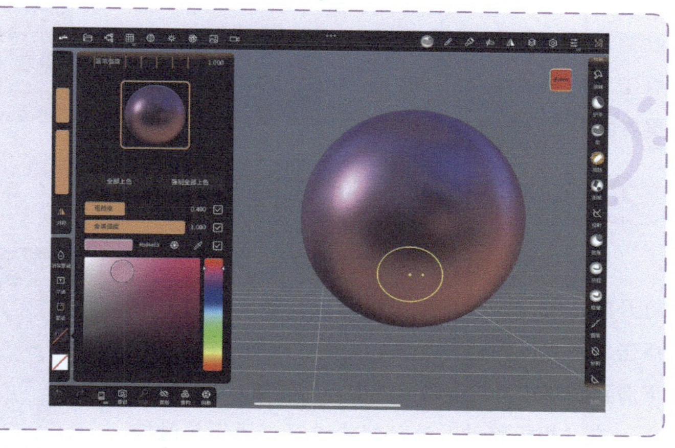

（6）界面圆角。

让界面边角变成圆角。

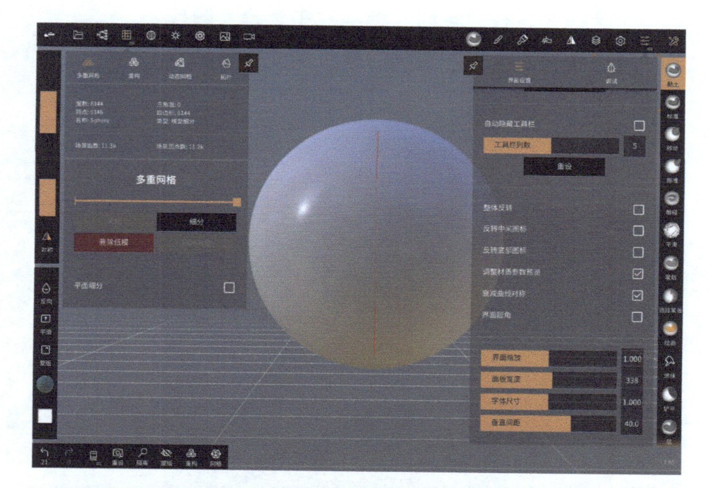

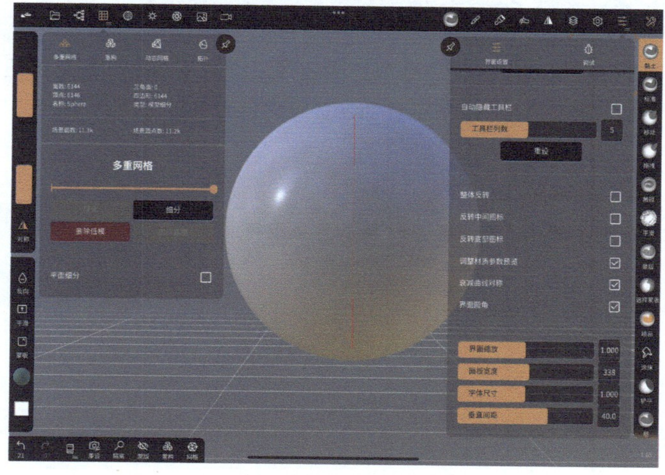

开启后界面边角变成圆角

(7) 其他参数。

其他参数用于对界面布局进行细调，用户根据习惯设置就好。如果需要重置，点击“菜单风格”下的“重置界面设置”按钮即可。

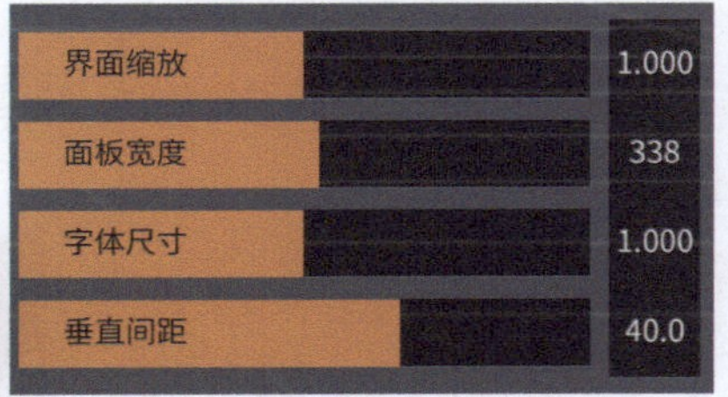

2.2.4 防误触及画笔设置

如果使用 Apple Pencil 进行雕刻，那么一定要打开防误触功能，这样可以防止在雕刻时，手指点击屏幕被误识别为画笔。点击“压感”图标，下滑到底部的“防误触”界面进行设置。

在“相机移动”选项栏中选择“手指与触控笔”单选按钮，在“雕刻”选项栏中选择“触控笔”单选按钮，这样在雕刻时就只能使用触控笔来操作了。

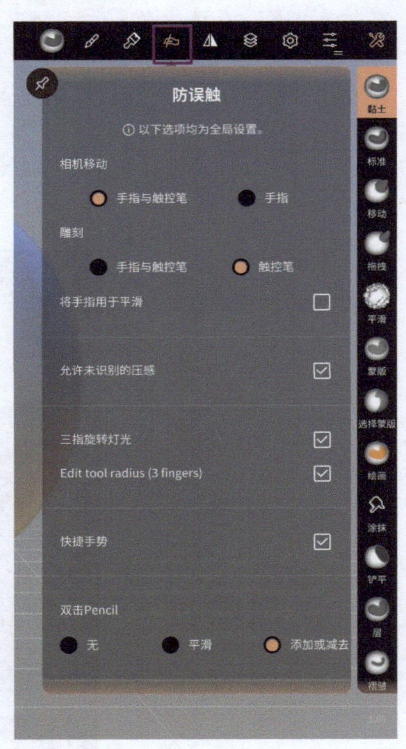

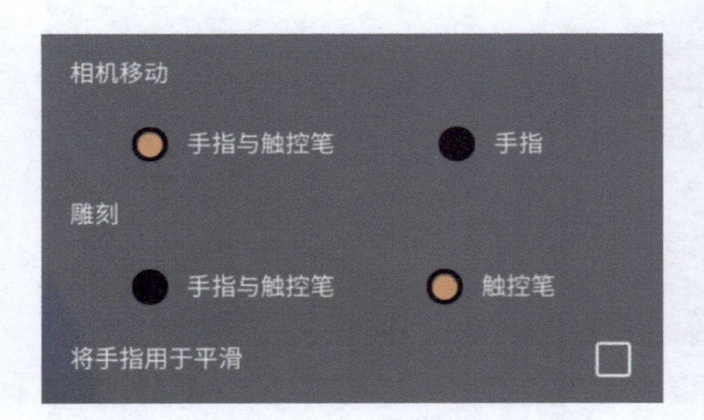

在“双击 Pencil”选项栏中选择“添加或减去”单选按钮。选择该单选按钮以后，就能够通过双击 Apple Pencil 在添加或减去之间进行切换。

这里支持具有轻点两下切换工具功能的第二代 Apple Pencil。

2.3 Nomad 基本操作

本节先讲解项目基本操作、从外部导入、自动保存项目等内容，之后介绍导出、渲染、设置、材质库的相关内容。通过本节的学习，读者可以掌握 Nomad 的基本技能。

2.3.1 项目基本操作

点击左上角的图标，这个时候可以看到“项目”“从外部导入”“导出”等界面。

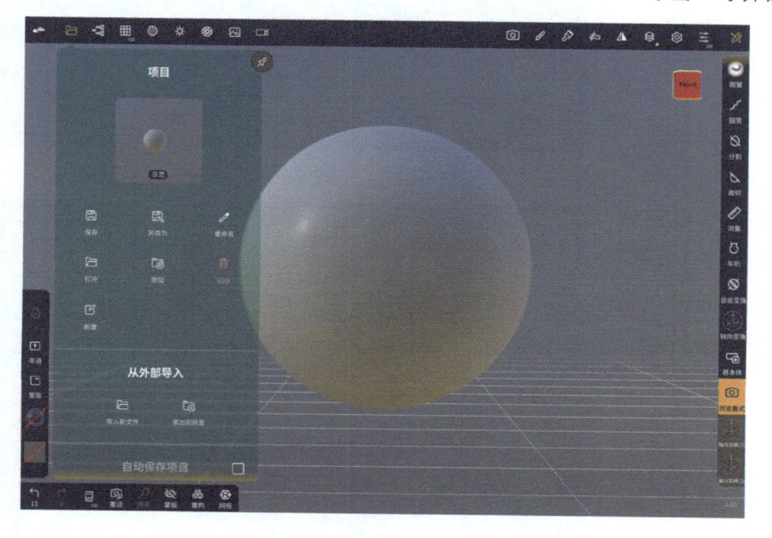

项目的基本操作包括保存、另存为、重命名、打开、添加、删除、新建等。下面按照顺序介绍每个操作。

保存： 点击“文件”→“保存”图标，可保存当前文件。

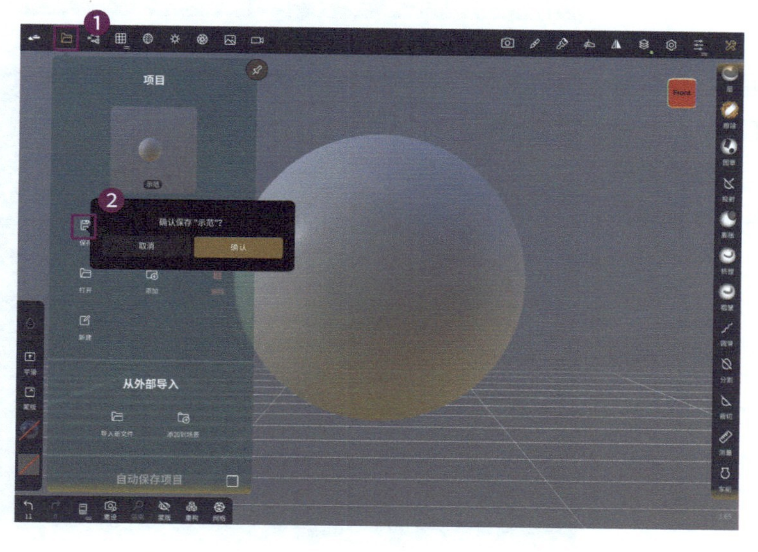

另存为：如果需要保存文件到另外一个位置，则需要点击“另存为”图标，这时界面上会弹出文件框，注意这里需要点击“+”按钮才能完成另存为操作，否则会覆盖当前文件。最后输入新文件的名称即可。

重命名：如果需要重新命名，则点击“重命名”图标，在弹出的输入框内输入需要更改的名字。

打开：点击“打开”图标，可打开用Nomad制作的文件，可在弹出的文件框中看到所有保存的文件。

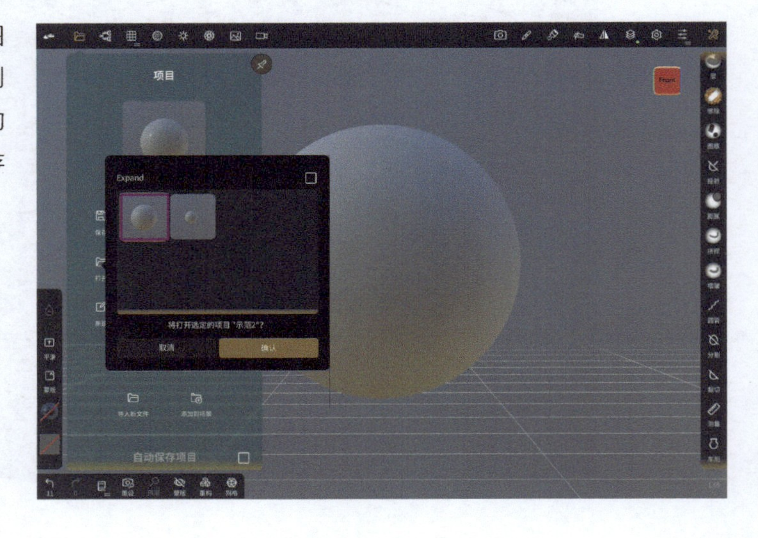

添加：添加其他模型文件到当前文件场景中。例如，在球体文件的场景里添加之前制作的女孩模型文件。

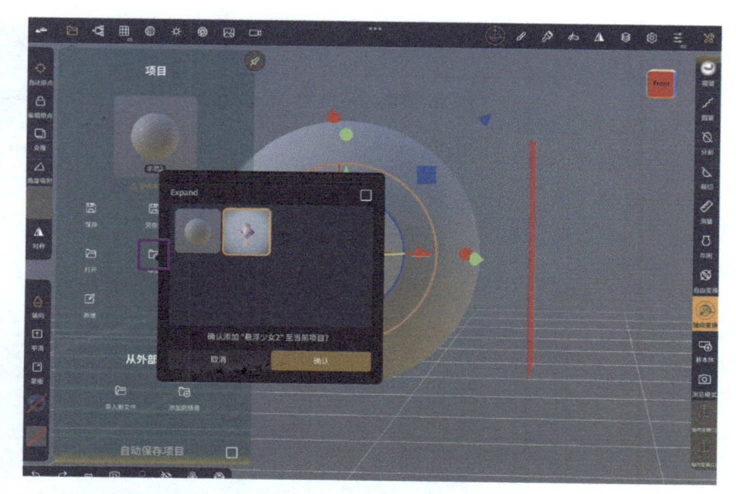

提示

例如，在当前项目里制作了一个人物模型，想要把之前做好的“手掌”模型添加到当前场景，就可以用“添加”功能。

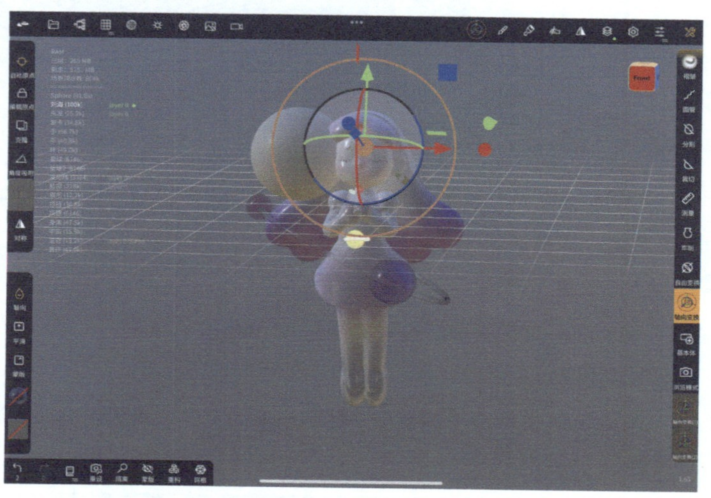

删除：删除文件框里的文件。

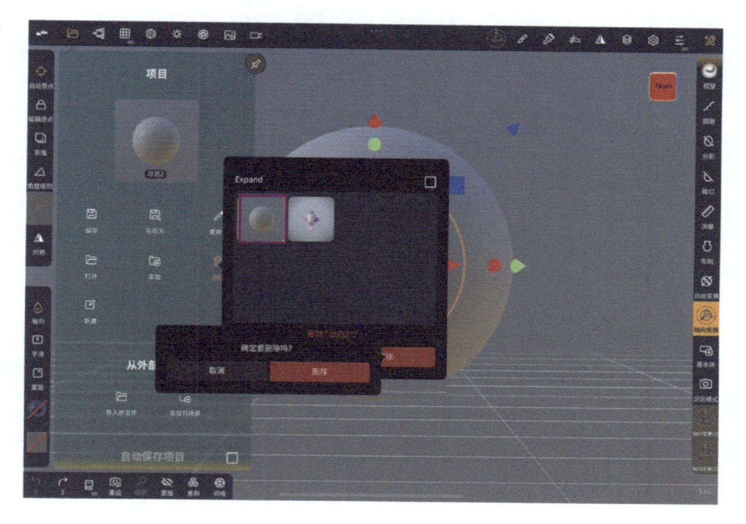

新建： 新建一个文件时，这里会提醒你保存当前的文件，不然会丢失未保存的操作。

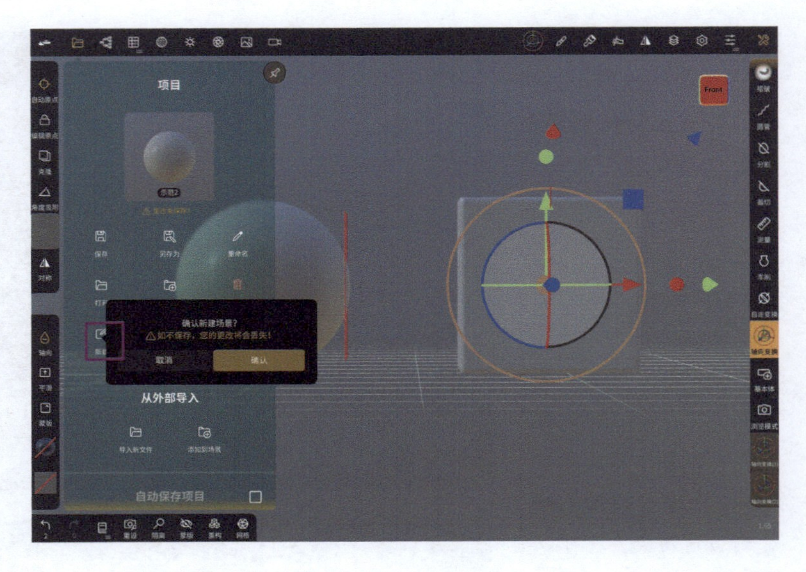

2.3.2 从外部导入

“从外部导入”界面中的功能主要用于导入 iPad 文件夹里的模型文件。这里支持导入 glTF 格式，以及通用 STL 格式和 OBJ 格式的文件。

1. 导入新文件

导入 iPad 文件夹里的模型文件到 Nomad 文件框里。

2. 添加到场景

添加 iPad 文件夹里的模型文件到当前的文件场景里。例如，添加一个圣诞节头像到当前场景里。

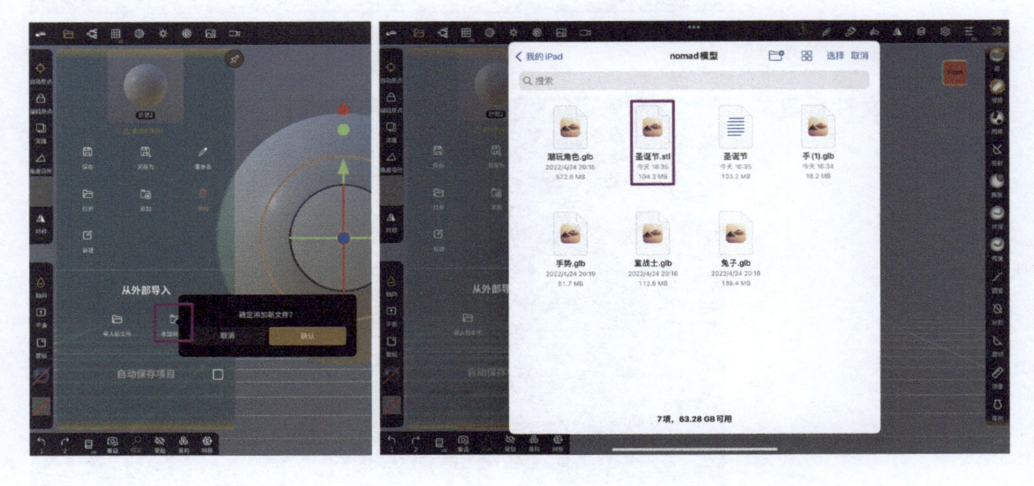

提示

“从外部导入”界面中的“添加”功能和之前讲过的“添加”功能的区别是，这里的“添加”功能主要是“从外部导入”的意思，方便我们添加在 Blender、Maya、Cinema 4D（C4D）等其他建模软件中制作的模型，只要文件格式为 glTF、STL、OBJ 即可。

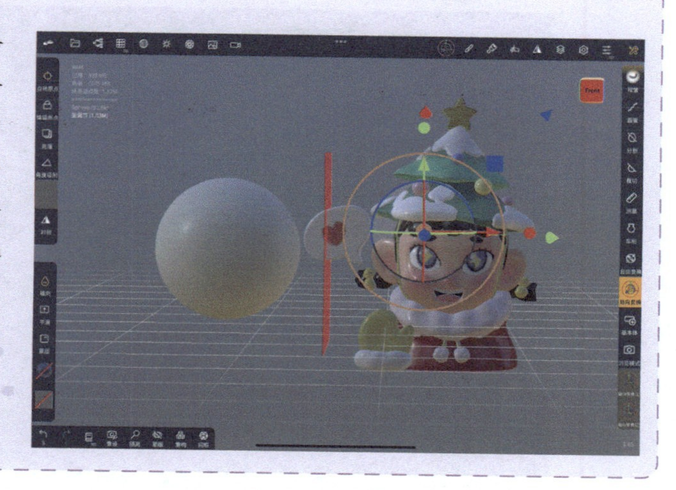

Nomad 1.68 版本更新——高级设置

对比一下旧版本和新版本的“项目”界面，可以看到新版本增加了“高级设置”功能。该功能主要用于对导入文件进行详细设置，方便和其他建模软件配合使用。

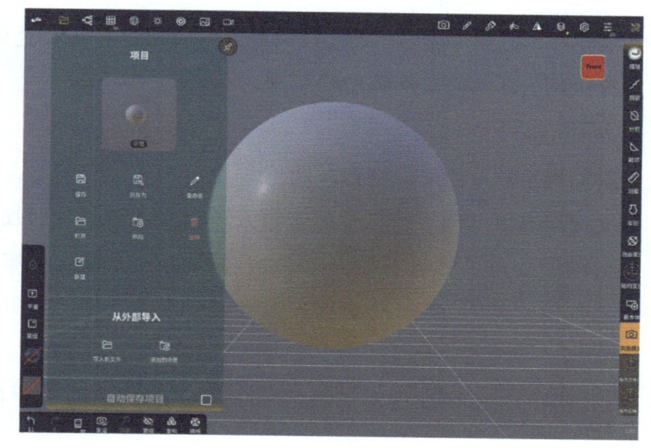

旧版本

新版本

打开“高级设置”功能，依次介绍新增的内容。

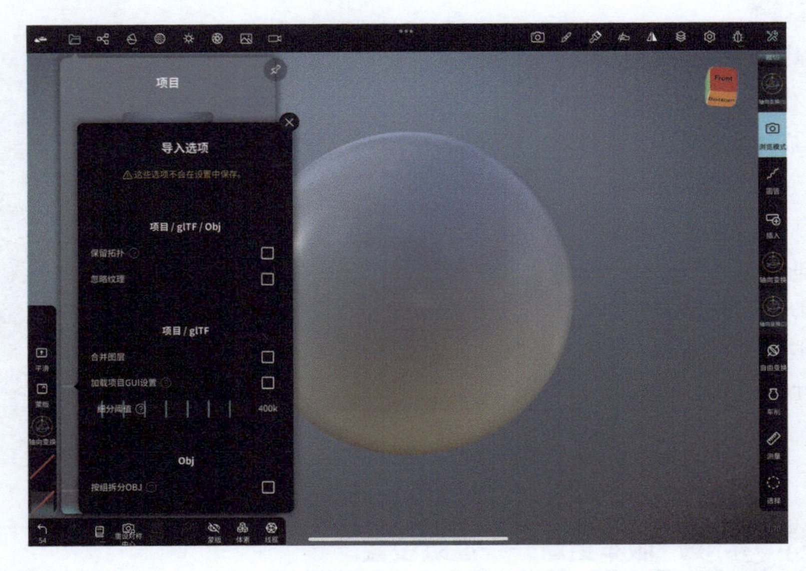

1. 项目 /glTF/Obj

保留拓扑：如果不希望 Nomad 对导入的网格进行拓扑处理，请勾选此复选框。

忽略纹理：导入的文件将忽略纹理。

2. 项目 /glTF

合并图层：导入的项目将合并图层。

加载项目 GUI 设置：当打开或者导入项目文件时，同时加载项目中包含的 GUI 设置。

细分阈值：为了节省内存，Nomad 不保存较低像素版本的网格。(但是，如果顶点数量少于该阈值，则 Nomad 将重建较低像素版本的网格。)

3. Obj

按组拆分 OBJ：勾选该复选框后，Nomad 会将 OBJ 文件的各个顶点组拆分为单独的对象。

2.3.3　自动保存项目

开启该功能后，可以调节自动保存的时间间隔，每到一定时间软件会自动保存项目。

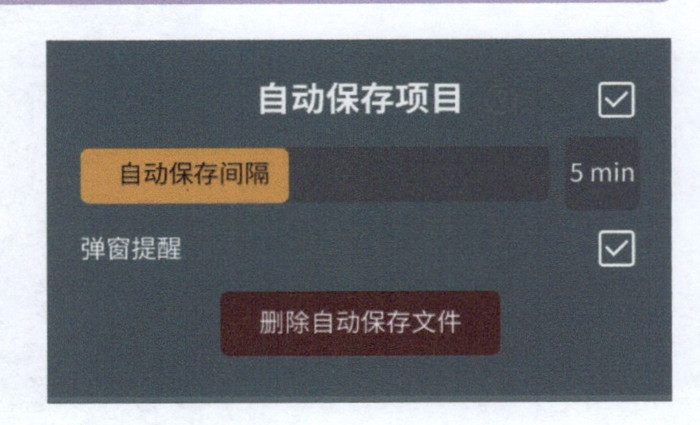

建议 iPad 性能一般的用户开启该功能，以防止软件卡死、崩溃导致文件丢失。

点击下方的“删除自动保存文件”按钮，则会删除文件全部的自动保存数据。

2.3.4 导出

导出文件到 iPad 文件夹里，这里可选的格式有 glTF、OBJ 和 STL，每一种格式都有相应的导出选项。

1. 导出 glTF

该格式能够保存最完整的文件信息，也是 Nomad 的主要保存和导出格式。其下方有对应的导出选项。

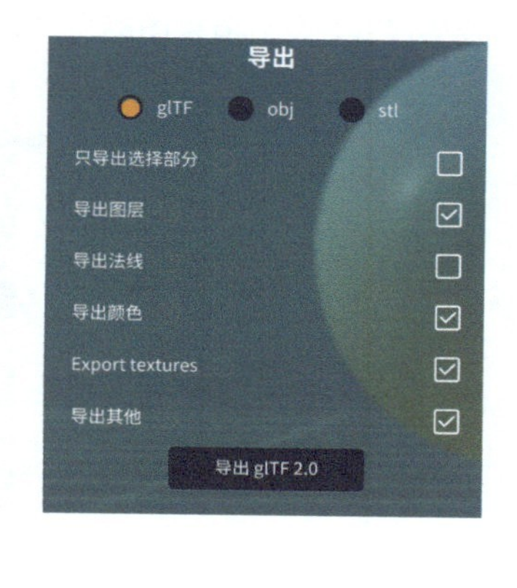

只导出选择部分：如果场景里有多个模型文件，勾选此复选框后，就只导出选择的对象，而不是所有场景。

导出图层：将图层信息导出为可编辑的信息，属于 Nomad 特色功能。

导出法线：导出法线信息。三维软件中的法线是一个方向的向量，指示顶点或者面朝向的信息，能够让软件知道如何显示物体。

导出颜色：导出顶点的颜色，也属于 Nomad 特色功能。

Export textures：该功能为实验性功能，Nomad 并未将其翻译为中文，意思为导出纹理信息。

导出其他：导出“粗糙度”“金属强度”“蒙版”“绘画”等信息，其他软件不会读取这些信息。

导出该格式的文件，主要是为了让其他设备里的 Nomad 读取，当要特定导出某个对象时，除了勾选“只导出选择部分”复选框以外，其余复选框建议都勾选，让导出的文件信息更完整。

2. 导出 OBJ

OBJ 格式为常用格式，该格式的文件可导入 PC 端软件，如 C4D、Blender 等三维软件。该格式只能勾选“只导出选择部分”“导出颜色”“导出法线”复选框。Nomad 特定的“粗糙度”“金属强度”“蒙版”“绘画”等信息将无法导出。

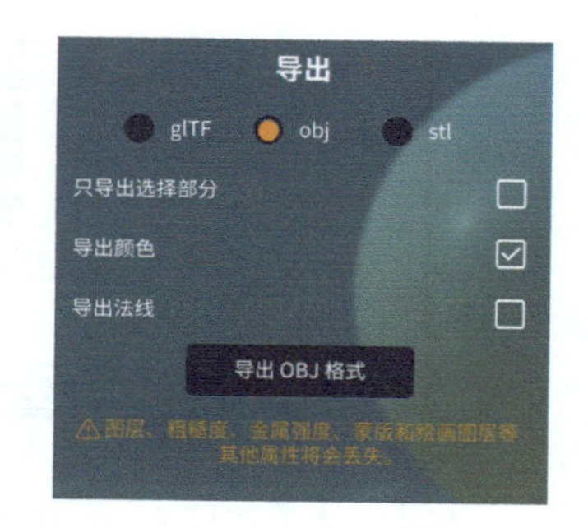

3. 导出 STL

STL 格式只能勾选“只导出选择部分”和“导出颜色”复选框。该格式同样无法导出 Nomad 特定的“粗糙度”“金属强度”“蒙版”“绘画”等信息。

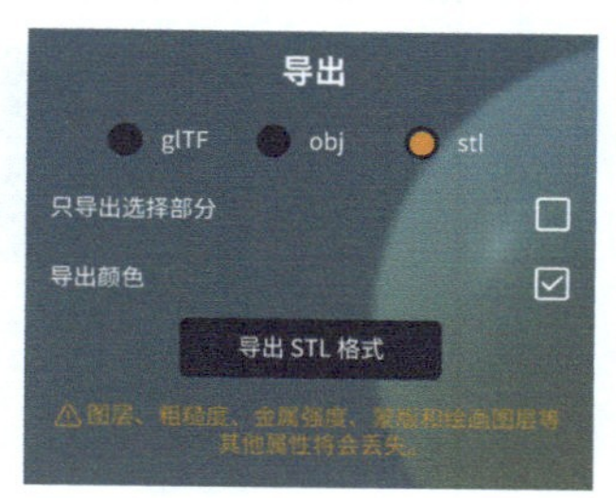

2.3.5 渲染

“渲染”界面可以用于调节导出的 PNG 格式渲染图的参数和尺寸。

导出透明背景：勾选此复选框以后，导出的 PNG 格式渲染图为透明背景。

显示操作界面：勾选此复选框以后，导出的图片包含软件操作界面。

渲染分辨率：调节渲染图的分辨率，若 iPad 性能足够，建议设置为最大。

渲染尺寸：调节渲染图的尺寸，选择“自定”单选按钮以后，可在下方自定义宽度和高度。

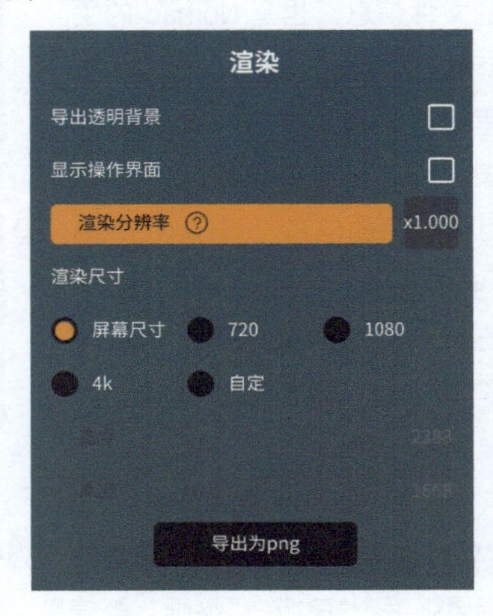

2.3.6 设置（恢复默认设置）

点击“恢复默认设置”按钮将恢复到初始状态（如果软件出现错误，可点击此按钮）。

2.3.7 材质库（重置为默认）

点击“重置为默认”按钮可重置材质库里的参数。

2.4 场景

“场景”菜单里主要包含简单合并、体素合并、布尔运算等功能。

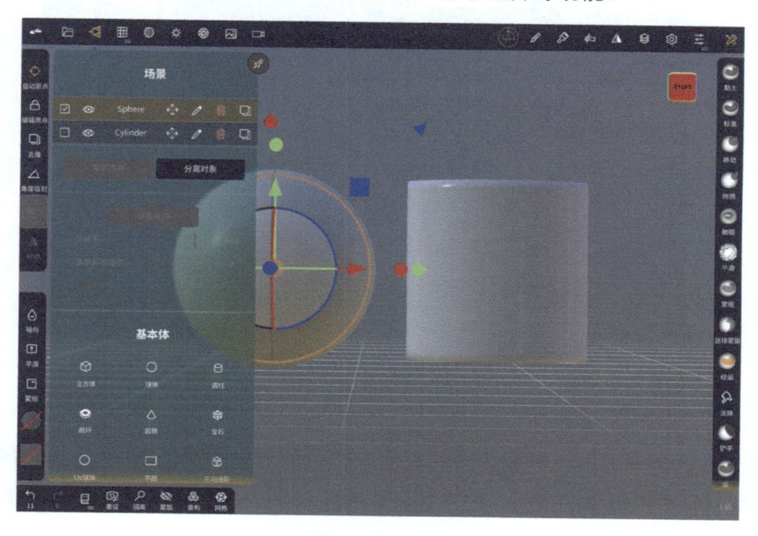

2.4.1 “场景”界面

“场景”界面中显示了场景里的模型，当有多个模型时，会依次向下排列。该界面中对象的上下排列关系并不会影响场景模型的显示顺序。

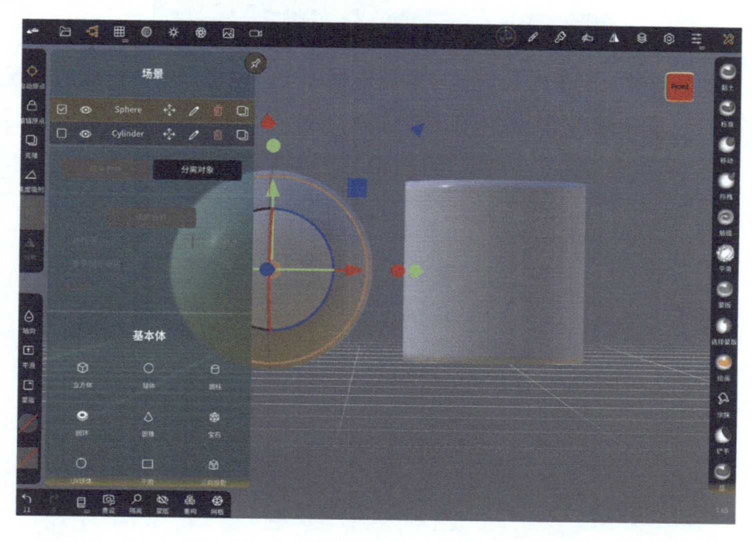

在场景里再添加一个“圆锥”模型，这时候界面下方增加了一个名为“Cone”的模型对象。

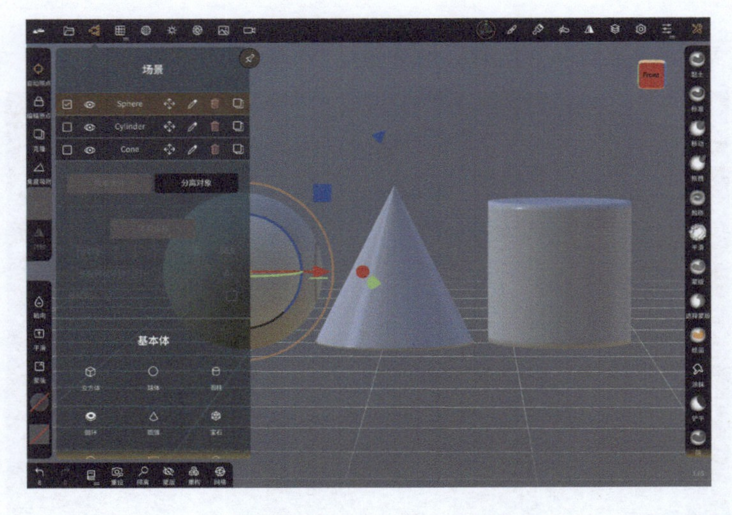

注意看，在选中对象时，其颜色会和其他未选中的对象的颜色不一样，同时会勾选相应的复选框，这就是选中模型的状态。如现在勾选的是 Sphere，另外两项为未选中状态。

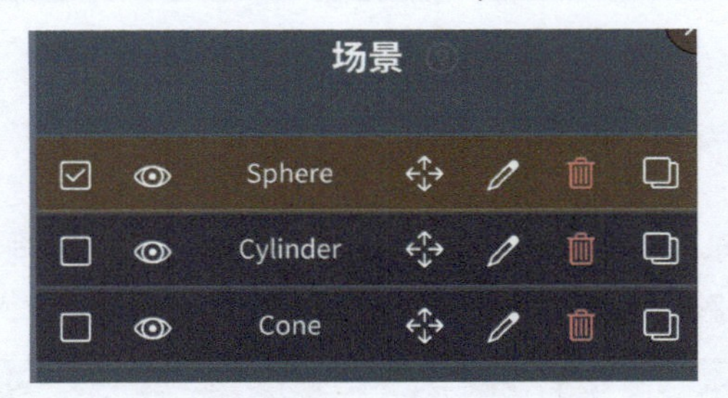

如果需要多选对象，则同时勾选相应的复选框即可。也可以在复选框的位置上下滑动，快速选择多个对象（图中轴向图标显示在圆锥位置）。

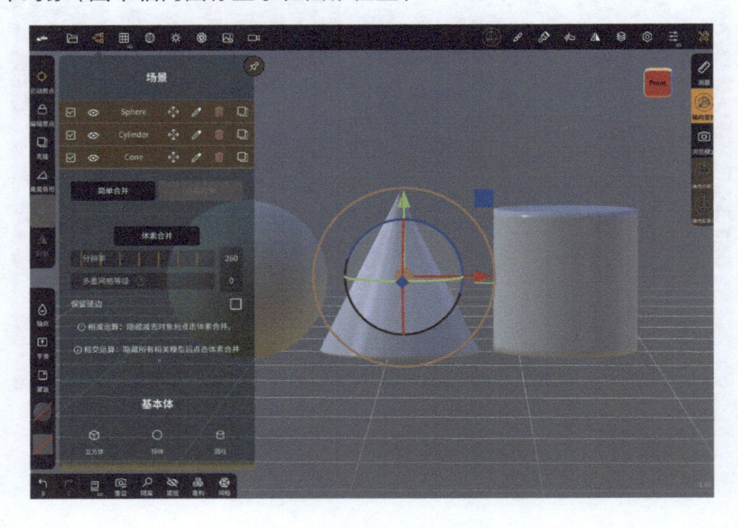

点击“眼睛”图标可在显示和隐藏模型之间切换。如果选中了隐藏的模型，则它会在场景里以虚影的形式呈现；如果未选中隐藏的模型，则它会隐藏在场景里。

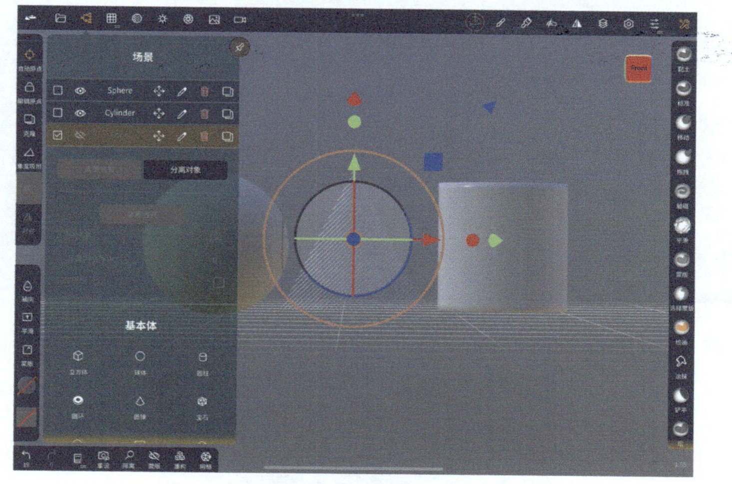

选中隐藏的模型

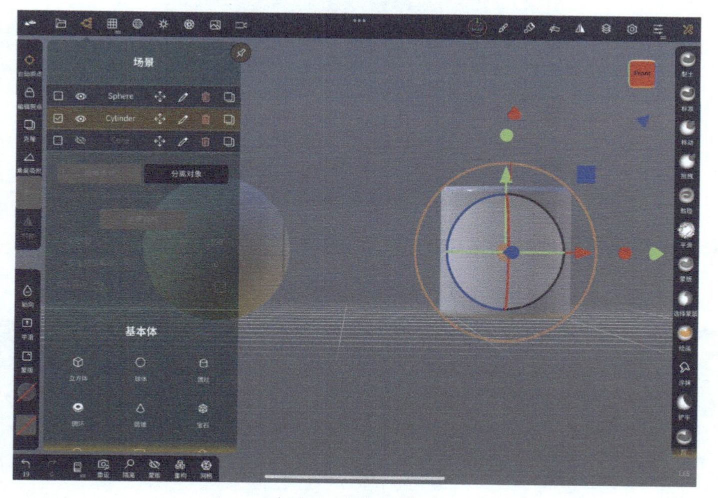

未选中隐藏的模型

模型对象名称右侧是“移动”图标，点击该图标并按住屏幕上下拖动可调整对象的排列位置。

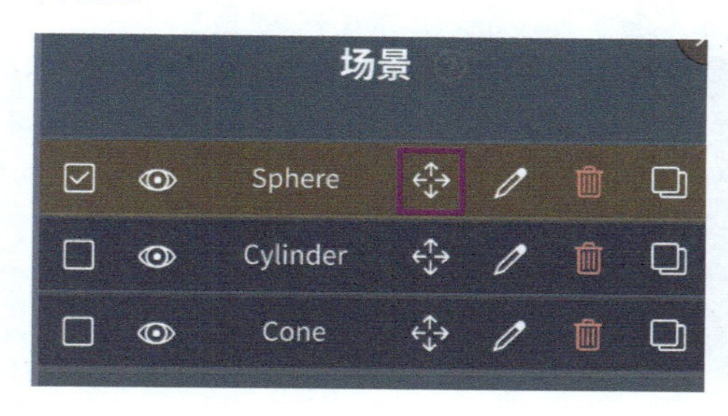

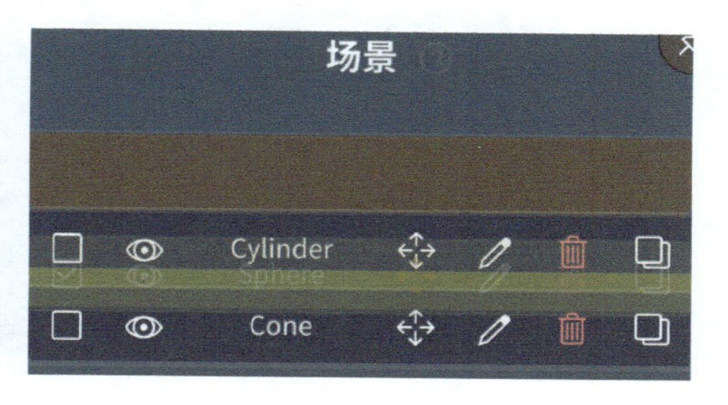

点击“编辑”图标可重命名对象。

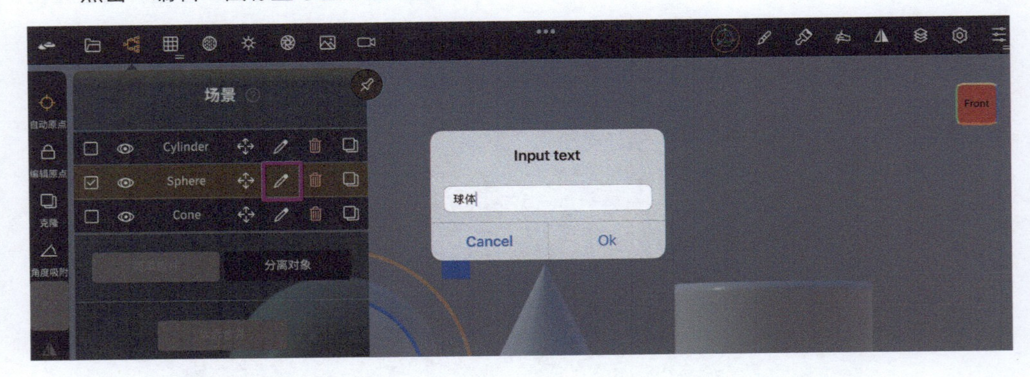

点击“删除”图标可删除模型。

最后一个图标用于原地复制选中的模型对象。

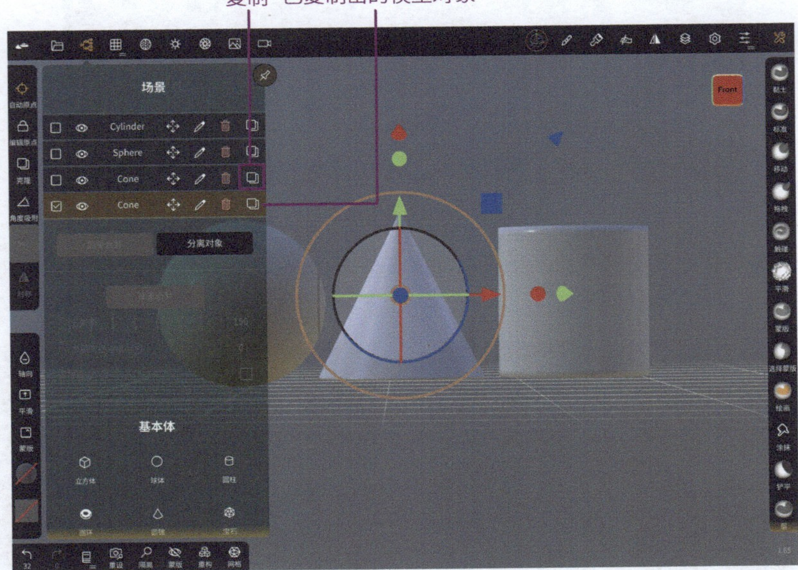

Nomad 1.68 版本更新——“场景”界面

旧版本的“场景”菜单主要由 3 个界面组成，分别为“场景”“体素合并”“基本体”。而新版本将原来的功能和新添加的功能重新布局。首先，保留了“场景”界面，这部分和旧版本是一致的，如右图所示。

其次，将其他功能和新添加的功能布局在了顶部的子菜单里，并做了分类，如右图所示。

2.4.2 简单合并

当只选择一个模型对象时，下方的“简单合并”按钮处于灰色未激活状态；多选模型以后，可以使用该按钮。“简单合并”的功能和绘画软件的“创建组”的功能类似，可以把选中的多个模型合并为一个模型，这样就方便同时选中和移动模型了。

多选模型对象

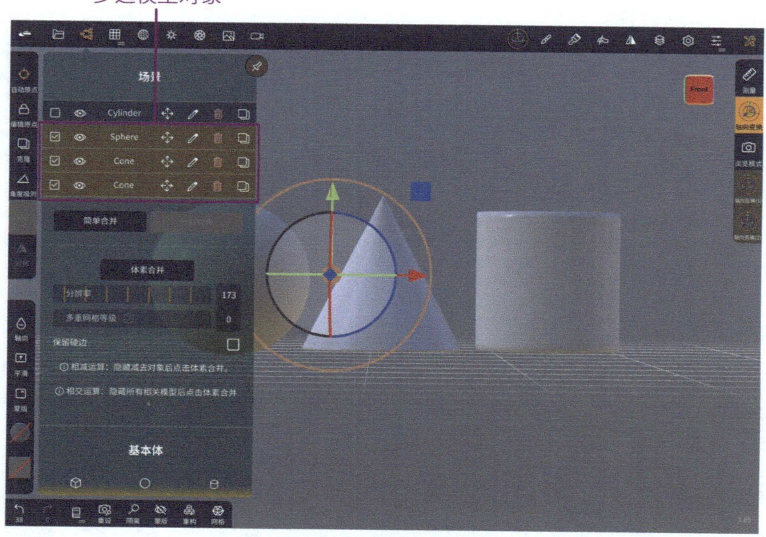

多选需要合并的模型，点击“简单合并”按钮。

这时，选中的多个模型合并成了一个模型，之后可以同时移动它们，但不能同时对模型进行编辑。

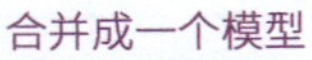

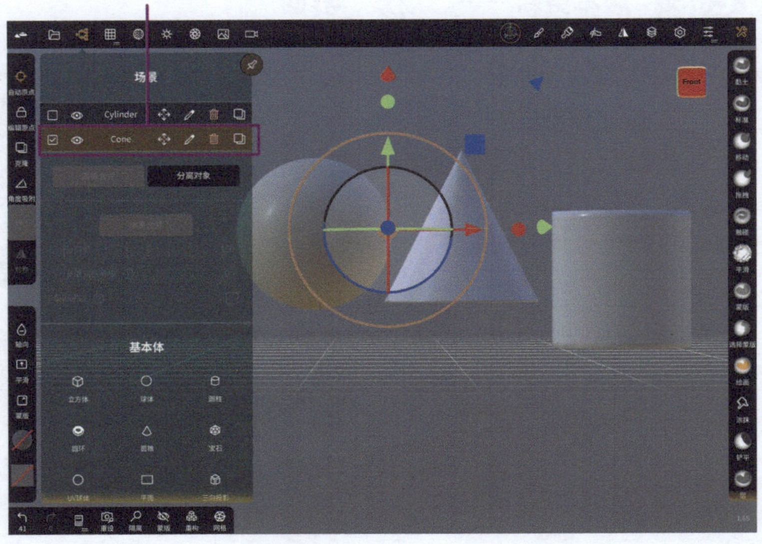

2.4.3 分离对象

如果需要把合并的模型分离开，该如何操作呢？选中合并的模型对象以后，点击“分离对象”按钮就能解除合并。

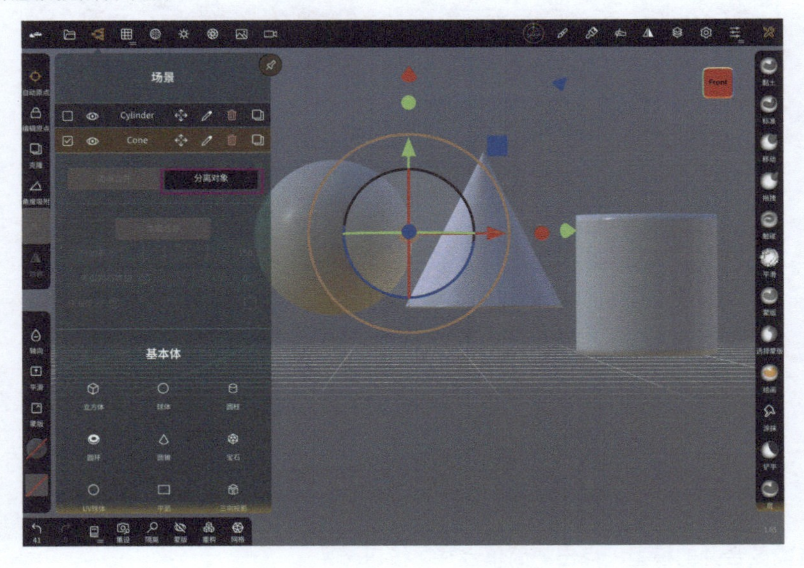

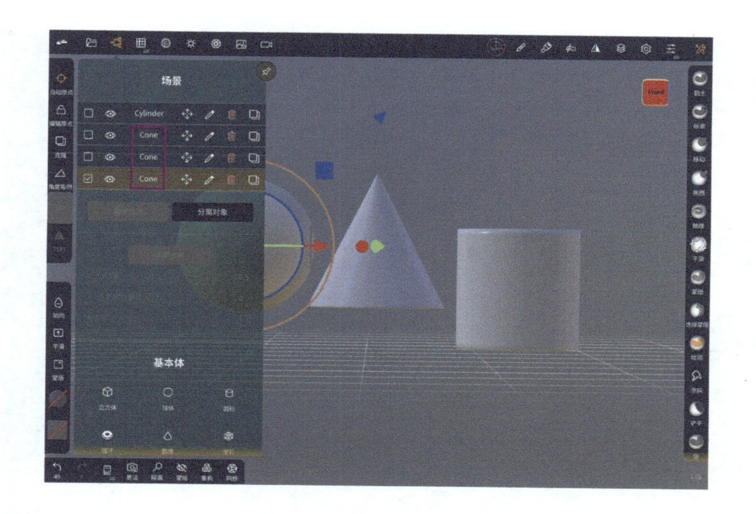

> **提示**
>
> 注意，这时分开的所有模型的名字都会被统一。

2.4.4 体素合并

“简单合并”功能和“体素合并”功能的区别是，简单合并是将模型打组，但它们仍是独立的模型，而体素合并则是把多个模型合并为一个模型。

首先在“场景”界面中选中需要合并的多个模型，这时会比简单合并多一个步骤，就是需要设置合并以后模型的“分辨率”大小，也就是模型的网格精细度（第 3 章会讲解什么是网格）。然后点击“体素合并”按钮，这时候模型就会被合并到一起，但是请注意，因为是重新运算，所以衔接部分会有一些不平滑，这属于正常现象，需要用到“平滑”工具平滑模型（3.3.13 小节会讲解该工具的使用方法）。

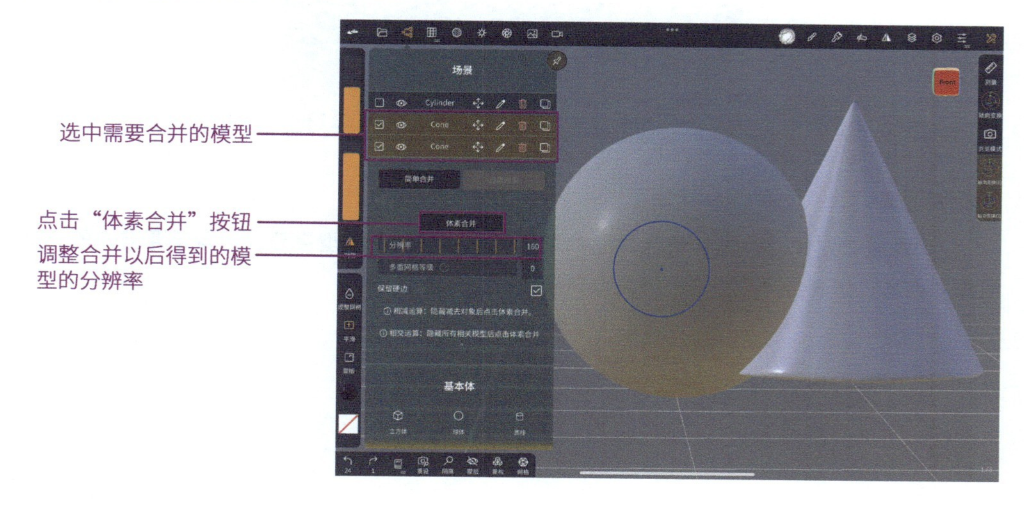

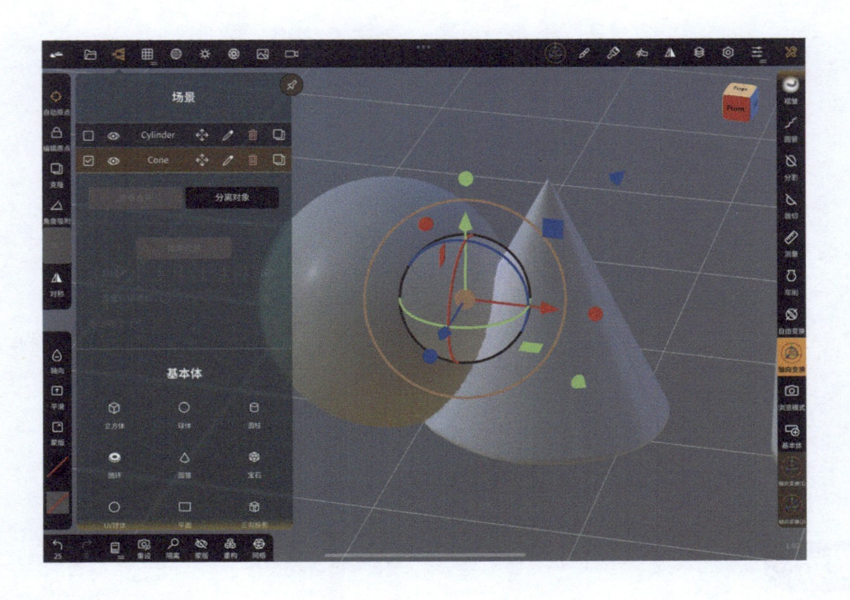

其他功能的作用如下。

多重网格等级：此功能可以从重构的结果中生成多个不同分辨率的对象，在保留低分辨率的同时，拥有更快的运行速度。

保留硬边：该功能用于构造简单的几何模型，能够在合并重构后保留硬边。

2.4.5 布尔运算

相信接触过三维软件的读者都听到过一个词——“布尔运算”，那么什么是布尔运算呢？其实就是通过软件进行运算，其中包括“相减”“相交”等运算，从而产生新的模型。2.4.4 小节介绍的“体素合并”就是布尔运算的一种，除了能够将两个模型相加成一个新模型，还可以将两个模型相减得到新的模型。可以看到“保留硬边”选项下方有两个功能提醒。

ⓘ 相减运算：隐藏减去对象后点击体素合并。

ⓘ 相交运算：隐藏所有相关模型后点击体素合并。

1. 相减运算

“隐藏减去对象后点击体素合并”的意思就是，将两个模型重叠，隐藏需要减去的模型对象并点击“体素合并”按钮，就能得到被减后的新模型。

◎举个例子

新建两个模型，一个黄色的球体和一个蓝色的圆柱。

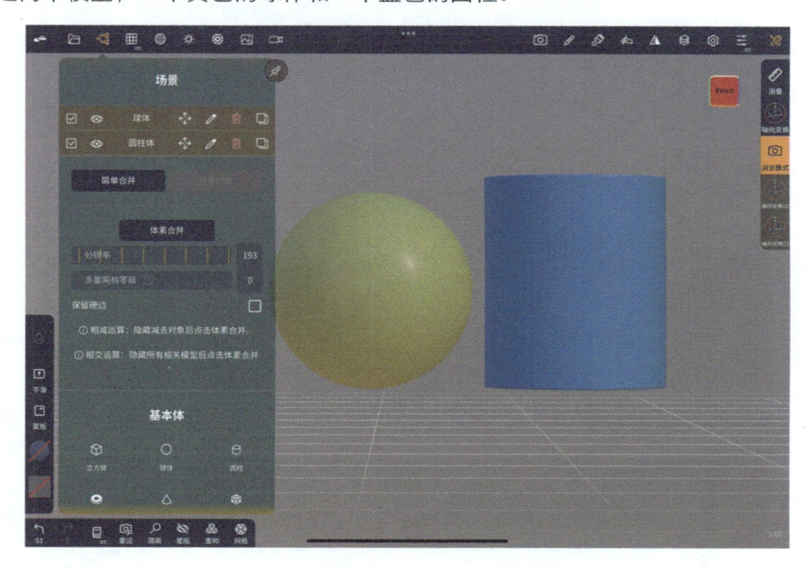

将两个模型相交重叠。想要用圆柱减去球体以得到一个新的模型，这时就点击球体的“眼睛”图标，隐藏球体。然后点击“体素合并”按钮便可得到新的模型。

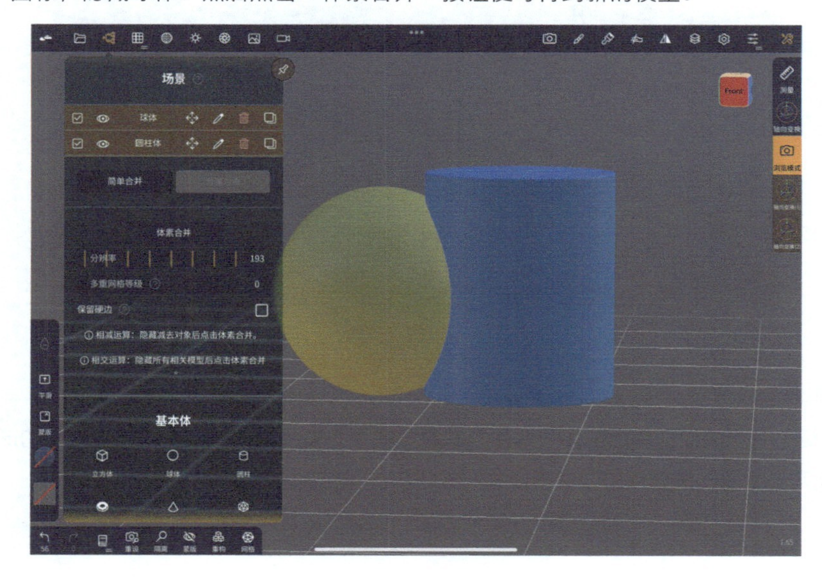

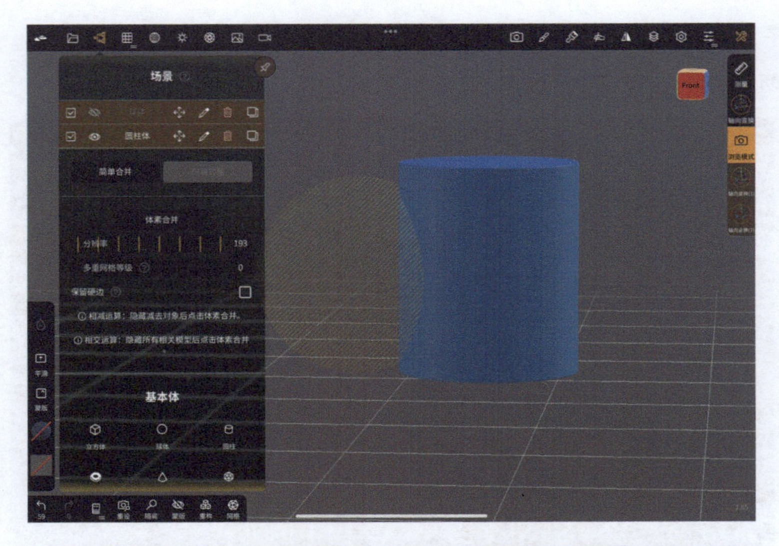

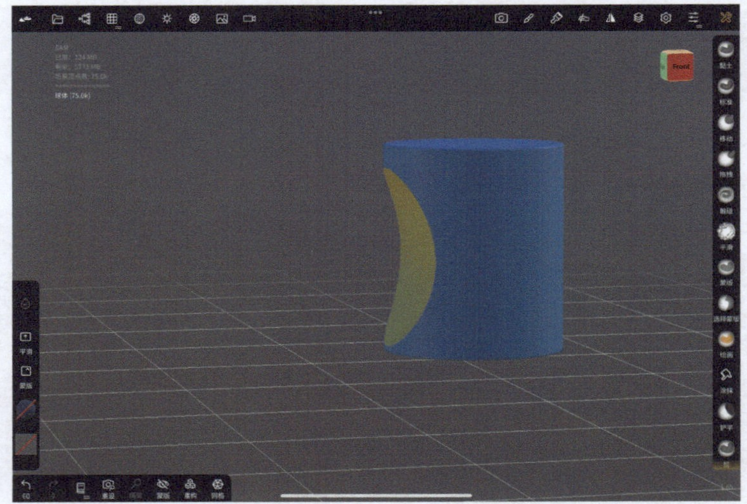

2. 相交运算

“隐藏所有相关模型后点击体素合并”的意思就是，如果需要得到两个模型相交的形状，则同时隐藏两个模型，然后点击“体素合并”按钮。

◎举个例子

同样用黄色球体和蓝色圆柱来举例。想要得到两者相交的形状，只需同时隐藏两个模型并点击“体素合并”按钮即可。

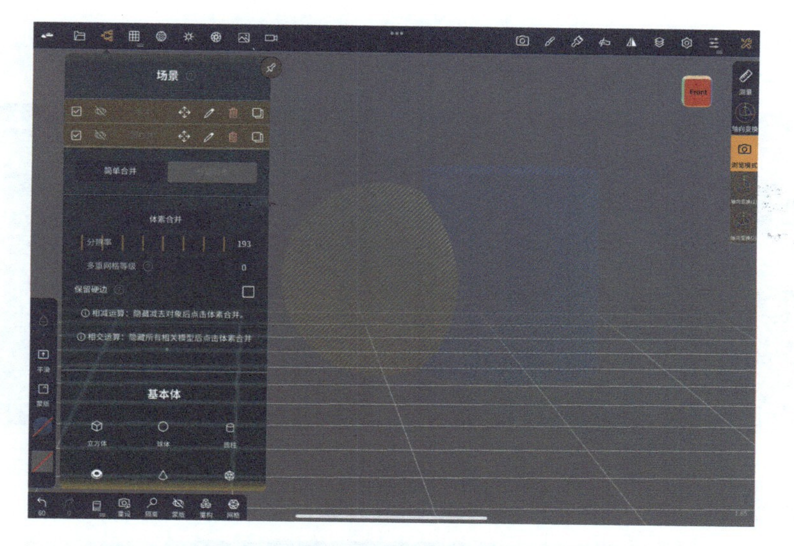

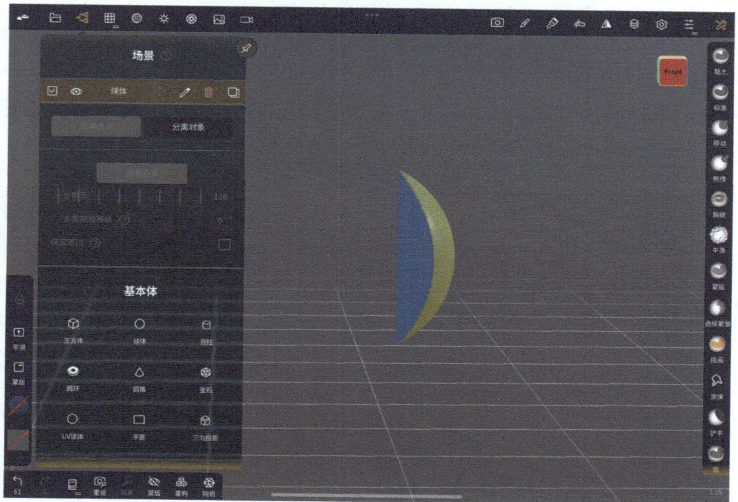

提示

这里不过多讲解基本体、网格和基本体的网格编辑，“网格”概念会在第 3 章讲解，基本体的网格编辑会在 3.3 节的对应功能中详细讲解。

2.4.6 “场景”菜单的新功能介绍

新版本的 Nomad 的重大更新就是对“场景”菜单进行了重新布局并添加了新功能。很多学习过旧版本的读者看到新版本时，可能会一头雾水，对新界面的布局很陌生，找不到原来的功能在哪里，这里不用担心，下面带大家把新的界面布局熟悉一下。

1. 界面

对比一下旧版本和新版本的界面。

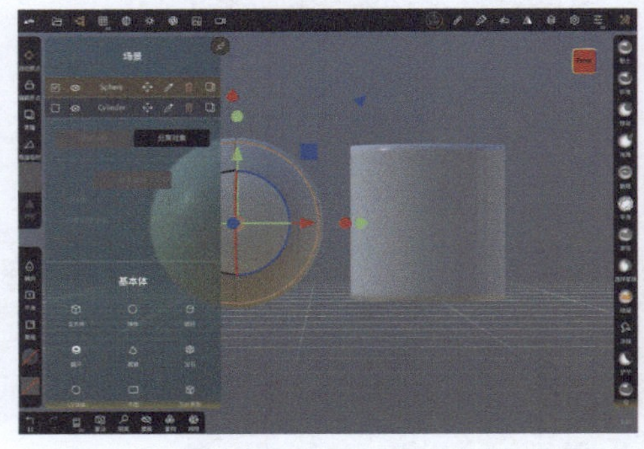

旧版本

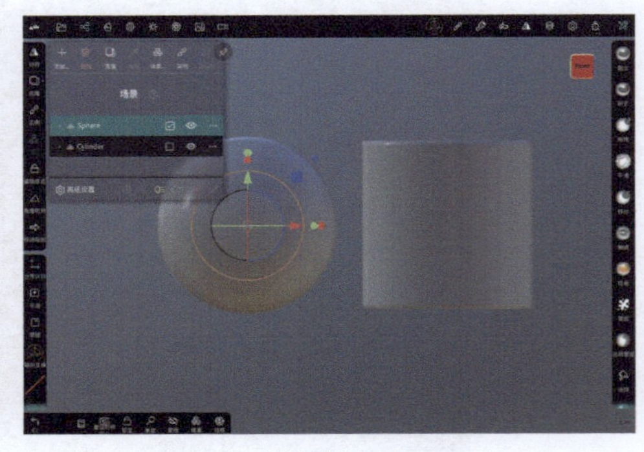

新版本

点击“添加”图标，可以看到子菜单由 4 个部分组成。

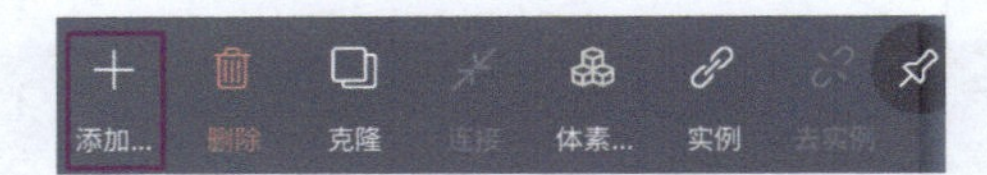

基本体：第一部分是熟悉的“基本体”界面，在这里我们可以快速添加基本体，它和旧版本最下方的“基本体”界面一致。

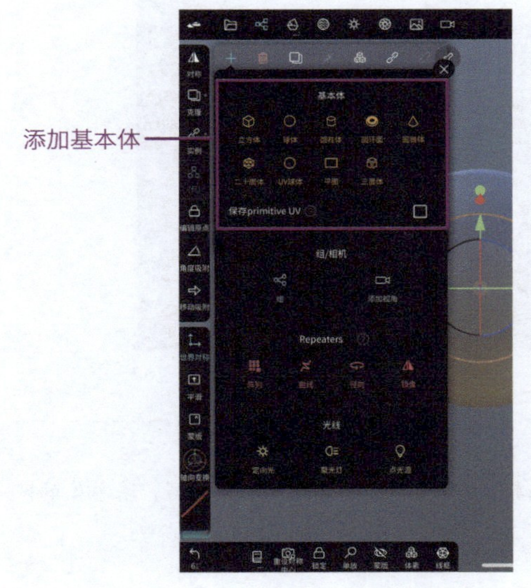

新版本的“基本体”界面

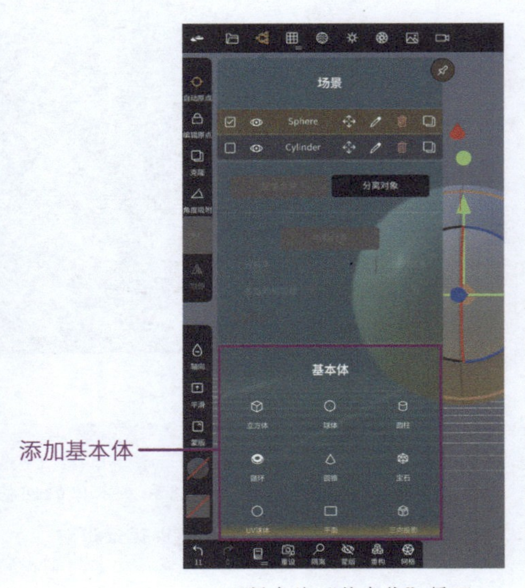

旧版本的“基本体”界面

组 / 相机：第二部分为“组 / 相机”界面。该界面包含一个新的功能“组”和原有的“添加视角”功能。之后会详细介绍新功能“组”。

Repeaters：第三部分为“Repeaters”界面。该界面一共有 4 个功能，包含新增加的功能“阵列”和“曲线”，以及“径向”功能（原来的“圆周对称”功能）和“镜像”功能。

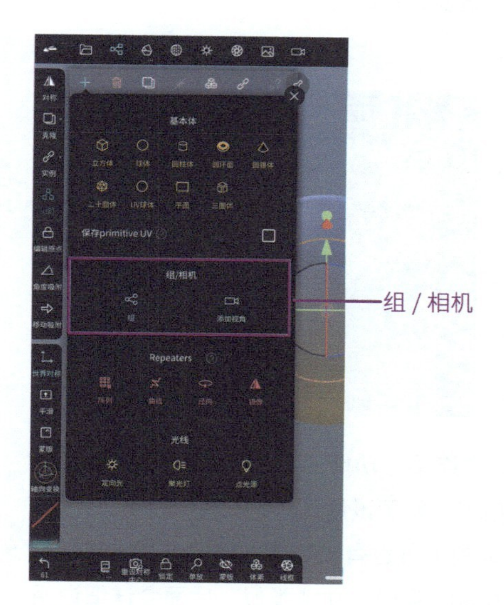

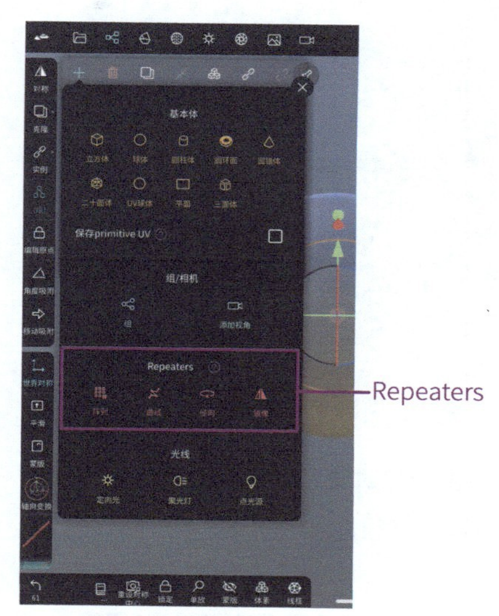

光线：第四部分为“光线”界面，该界面将原来添加灯光的功能整合到了这里，方便用户一同操作。当然，原位置的“添加灯光”功能也依然存在。

再次点击“添加”图标或者点击右上角的关闭按钮，返回“场景”菜单，依次向右看一下其他图标。“添加”图标右侧是“删除”图标，功能是删除场景里的对象：选中“场景”界面中的对象，点击“删除”图标即可。

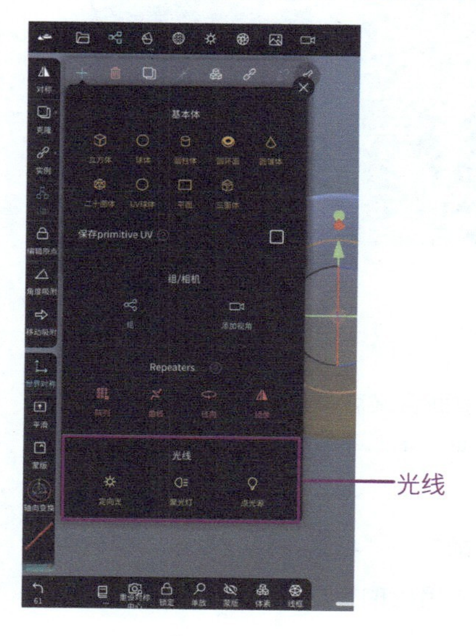

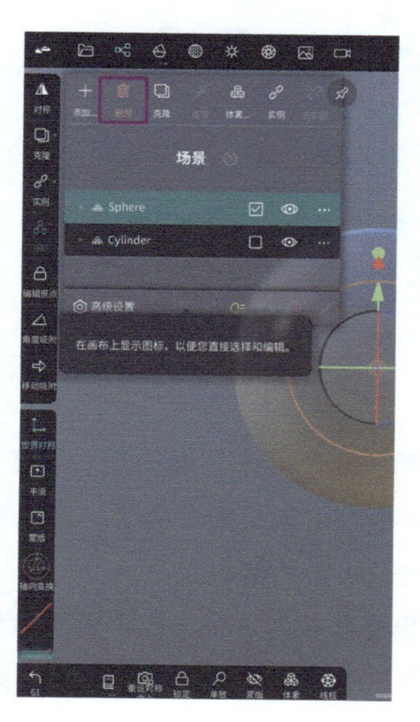

“克隆”也就是我们说的复制功能，和左侧快捷栏里的“克隆”功能是一致的，这里只是多增加了一个快捷方式。

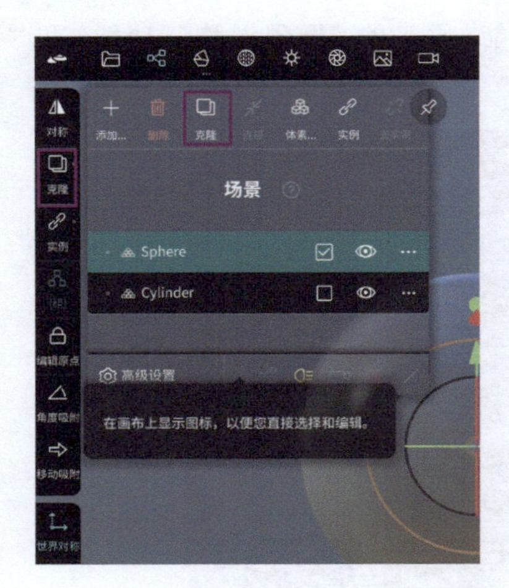

点击模型对象右侧的■图标，就可以看到“分离”按钮。

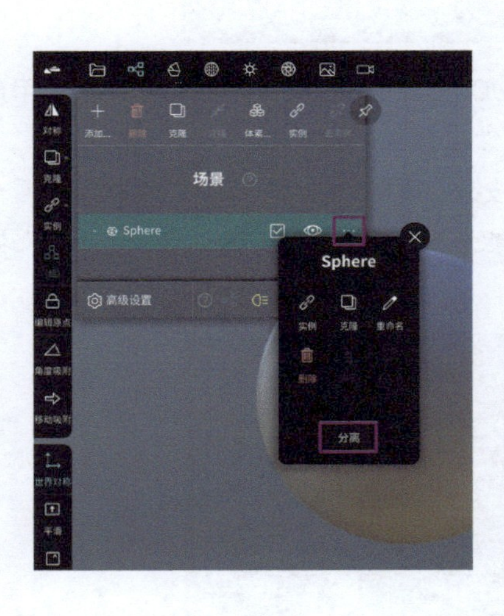

“连接”功能需要同时选中多个模型对象才能激活，在选中单个模型的时候，该图标处于灰色未激活状态。该功能其实就是旧版本的“简单合并”功能，新版本改变了它的位置及名称。

“连接”功能的右侧增加了一个新功能“实例”，除了该位置，左侧快捷栏中“克隆”功能的下方也有该功能的快捷方式。“实例”功能和“克隆”功能类似，后面会详细说明其使用方式和它与“克隆”功能的区别。最后一个功能就是与之相配套的“去实例”功能。

2.“组”功能

新版本增加了一个非常实用的功能叫作“组”，从字面含义就能够理解其作用，现在可以真正地给多个模型对象打组分类了，避免多选模型时要一个一个地选择。同时，能够通过打组功能完成父子级关系的建立。

同时选中想要合并为一个组的模型，然后点击“添加”→“组”按钮，就可以将选中的模型打组。以后只要选中对应组的文件夹，就能同时选中组内的模型。用过 Photoshop 的读者不难理解该功能。

◎**举个例子**

同时选中左下角“小星球”的多个模型，对其进行打组，方法如下。

01 选中“小星球”的所有模型。

02 点击“添加”图标打开“添加”子菜单，点击“组”按钮。

03 这个时候会自动跳转到“场景”界面，能够看到选中的模型被归类到了一个组里，并显示了组的图标，点击该图标即可打开或关闭组。

04 点击“Group”右侧的■图标可以开启对应的编辑功能，如重命名和删除等。弹出的界面中还有两个图标。第一个图标■是“删除”，用于删除组并保留组内模型；第二个图标■是“删除 +”，用于同时删除组和组内的模型。

05 将“Group”重命名为“星球”，这样就方便我们在杂乱的模型对象中快速找到想要的模型并进行操作了。

06 当新建组以后，想要在该组里添加模型对象，只需要拖动模型对象到该组下方，出现黄色的连接线则可将其加入组内。拖出组以外则是取消加入。

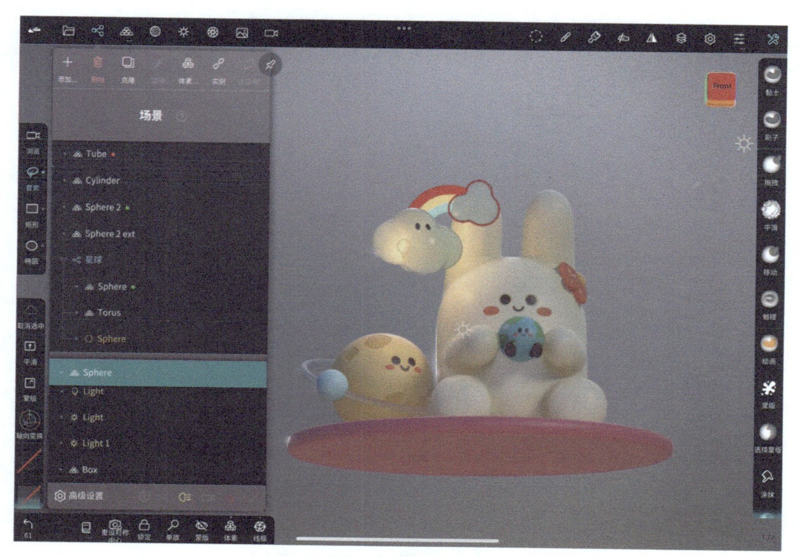

拖动需要加入的模型

拖动到组里，出现黄色连接线

3.Repeaters 功能

打开“场景”菜单，点击左上角的“添加”图标，在打开的子菜单中找到“Repeaters”界面，其中有“阵列”“曲线”“径向”“镜像”4 个功能。“阵列”和“曲线”功能是新版本的功能；“径向”功能就是旧版本的“圆周对称”功能，这里更新了其位置和名字，操作变得更加方便了；“镜像”功能和旧版本的“对称”功能相似。下面依次讲解每个功能的用法。

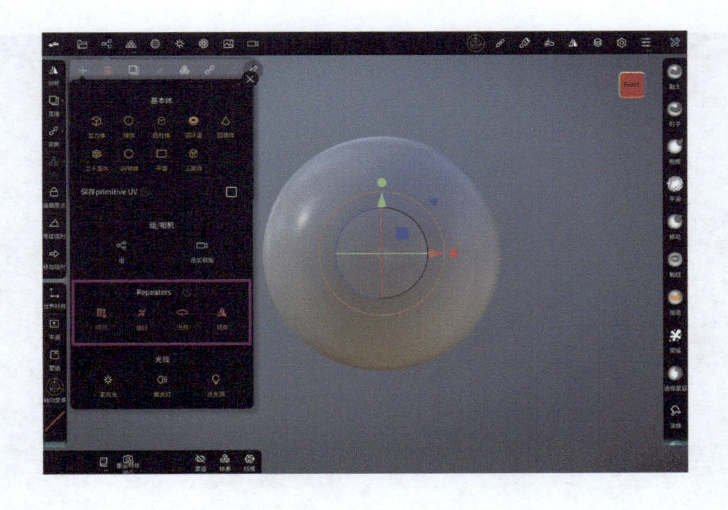

（1）阵列。

用默认的球体演示一下“阵列”功能的用法。选中模型，然后点击“添加”子菜单中的“阵列”按钮，这个时候模型会被复制多个，界面顶部会出现详细的编辑菜单栏。

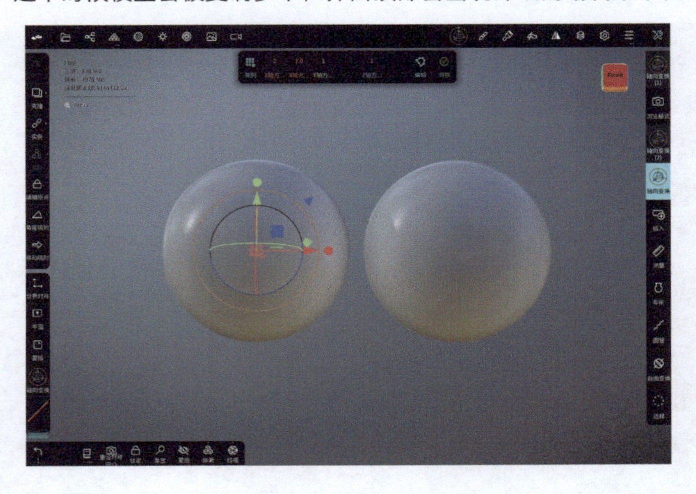

顶部编辑菜单栏中的中文名称没有显示全，按照顺序，依次为“X 轴方向数量”“X 轴方向间距”“Y 轴方向数量”“Y 轴方向间距”“Z 轴方向数量”“Z 轴方向间距”。从字面意思就能够理解它们的作用，对应调节的就是不同轴向复制的数量和复制出来的模型之间的距离。

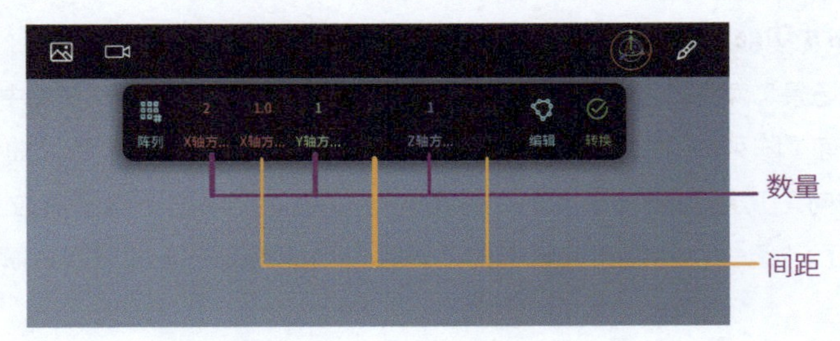

例如，把“X轴方向数量”设置为2，那么就会在场景里的球体的x轴方向复制出一个球体，共两个球体出现在场景中，这个时候“X轴方向间距”参数就会启用，可以调整模型之间的距离，右图中x轴方向上的间距是1.07。若其他轴向的数值都改为1，就相当于没有复制，对应轴方向间距的参数就显示为灰色，无法调整。

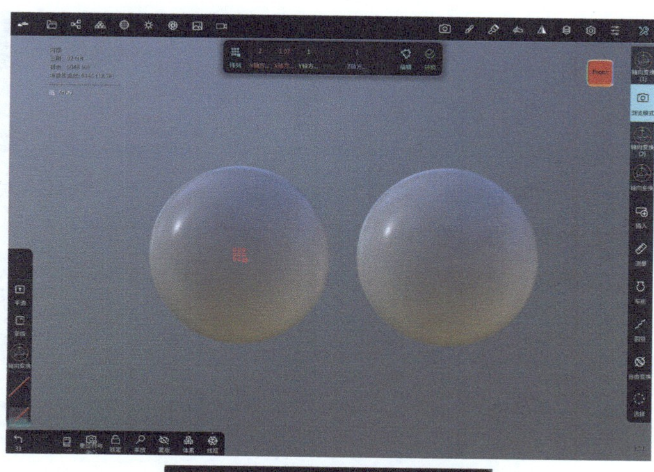

例如，调整x轴方向数量为6，将间距改为1.38，那么呈现的效果如右图所示，模型规则地排列，解决了之前多个模型无法精确排列的问题。

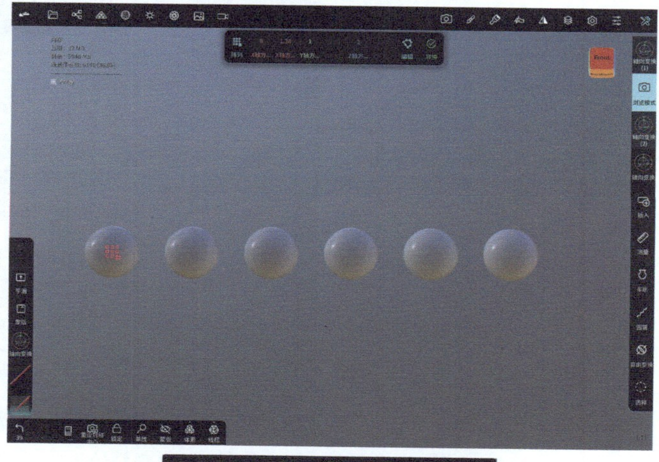

同理，调整其他轴向的参数，也可以阵列复制出多个模型。当我们确定效果以后，点击“转换”按钮，即可保存阵列效果。

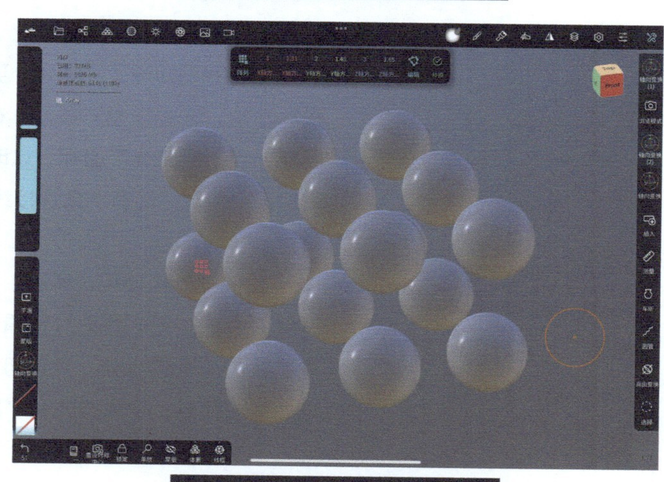

如果没有点击“转换”按钮，则目前只是预览效果。这时有一个小技巧，点击“阵列”图标，可以恢复到初始状态，同时会打开“阵列”功能的快捷菜单，在其中可以快速选择其他复制方式。

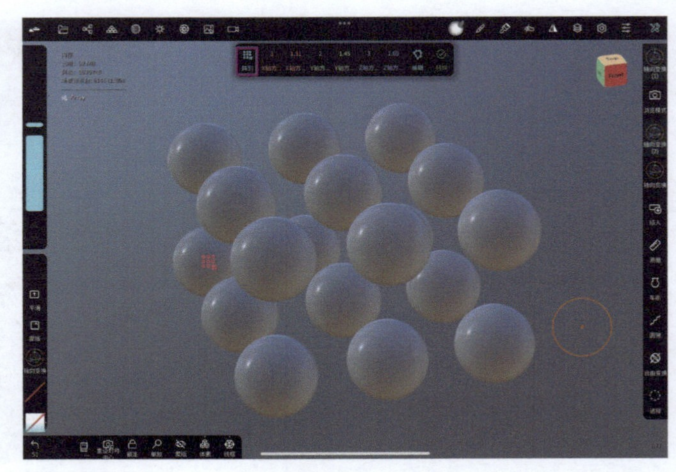

点击“阵列”图标

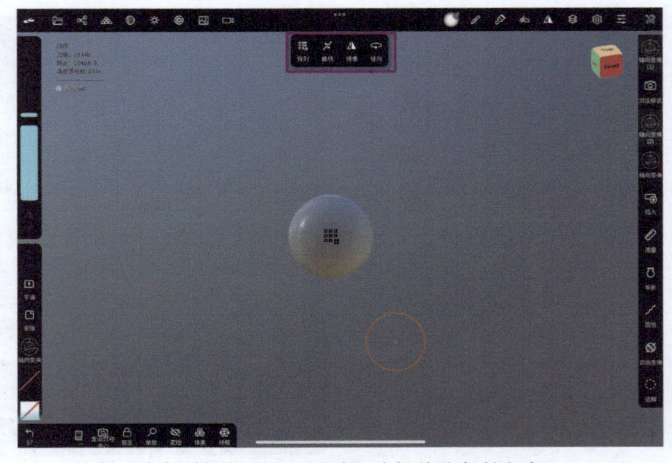

恢复到初始状态，同时可选择其他复制方式

（2）曲线。

现在我们知道了“阵列”功能的用法，接下来看一下“曲线”功能。选中模型对象后，在“场景”菜单里点击“添加”图标，点击“曲线”图标。这时可以看见出现了复制的球体，同时两个模型之间有一条连接线，上方则出现了对应的编辑菜单栏。

我们可以像使用“圆管”工具一样，拖动上方的顶点来调整曲线的走向。这时可以看到球体也跟着移动，它们分别在曲线的两个端点处。我们可以在曲线的中间，通过点击的方式增加顶点，操作方式和“圆管”工具一致。

找到知识

“圆管”工具的具体使用方法将在3.10节讲解。

调整顶部编辑菜单栏里“复制体”的数量，可以在曲线上复制多个球体，它们就像珠子一样排列在曲线。

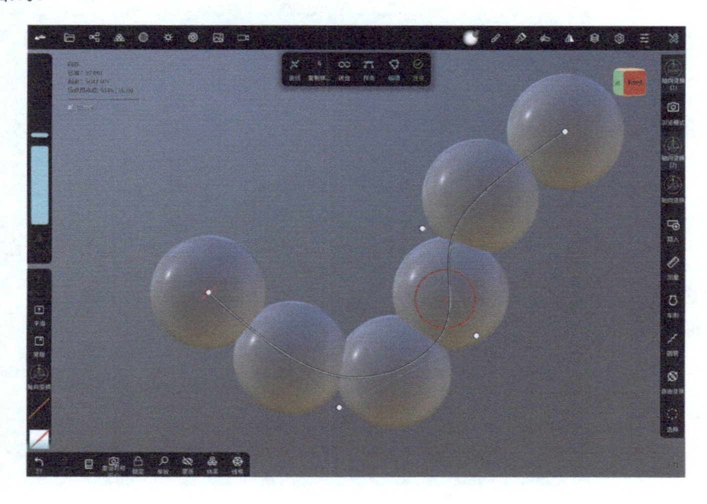

点击“闭合”按钮，曲线两端的顶点会闭合在一起，形成一个封闭的曲线。

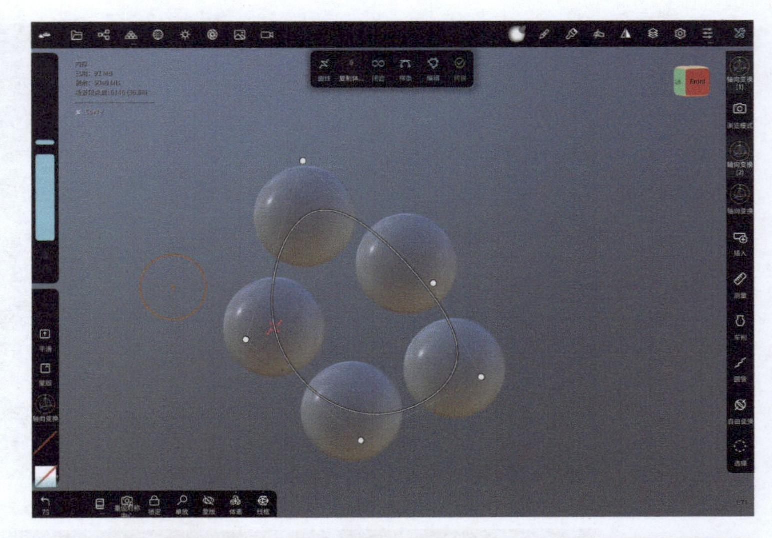

这个时候如果想调整球体的大小，需要怎么操作呢？返回“场景”菜单，可以看到模型对象上出现了“曲线”功能，并且处于全选状态。

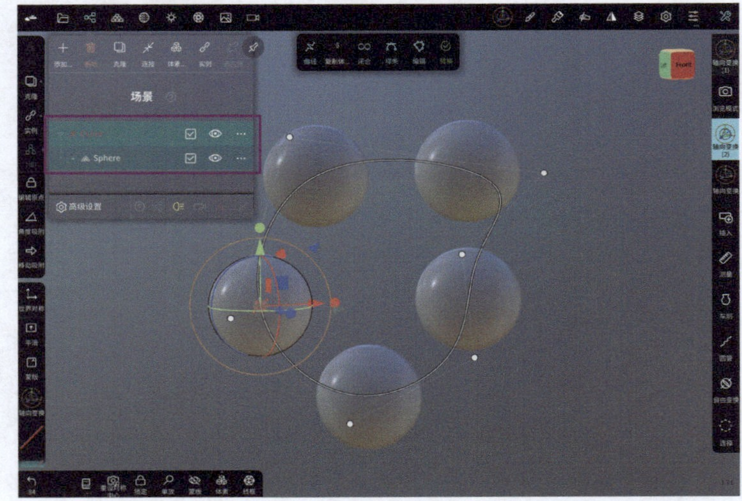

此时只需要选择球体对象，就可以通过“轴向变换”工具单独调整球体的大小和位置了。

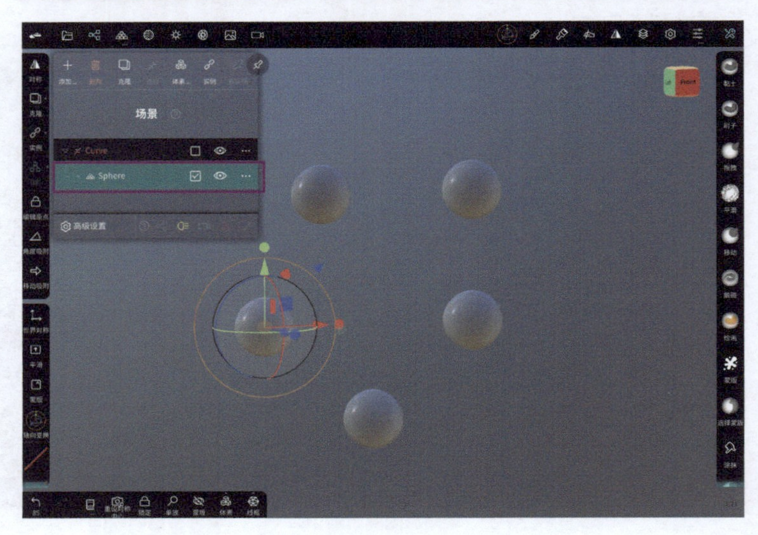

找到知识

“轴向变换”工具的具体使用方法将在3.15节讲解。

如果需要重新打开曲线的编辑菜单栏，则选中“曲线”功能即可。

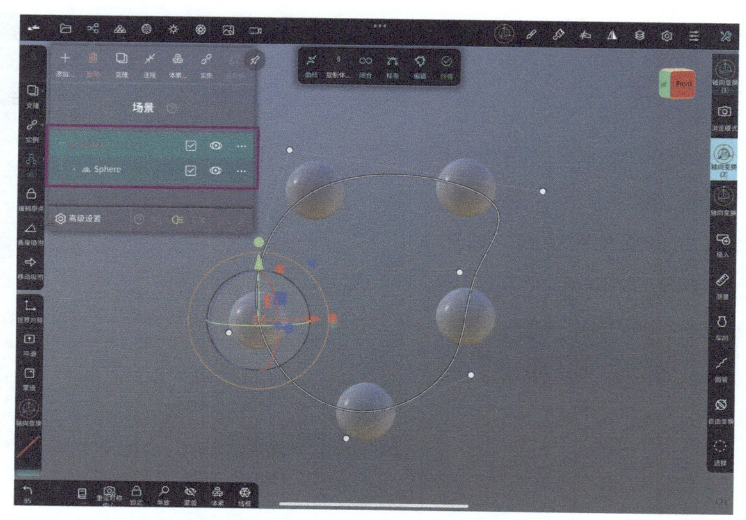

掌握该功能以后，我们只需要修改材质，打上灯光，就可以方便地制作出首饰类模型，不需要像之前一样一个一个地排列。

（3）径向。

这里的“径向”功能和旧版本的“圆周对称”功能是一样的，只是移到了“添加”子菜单中。它和其他“阵列复制”功能有一致的操作方式。选中模型以后，点击“添加”子菜单中的“径向”按钮。

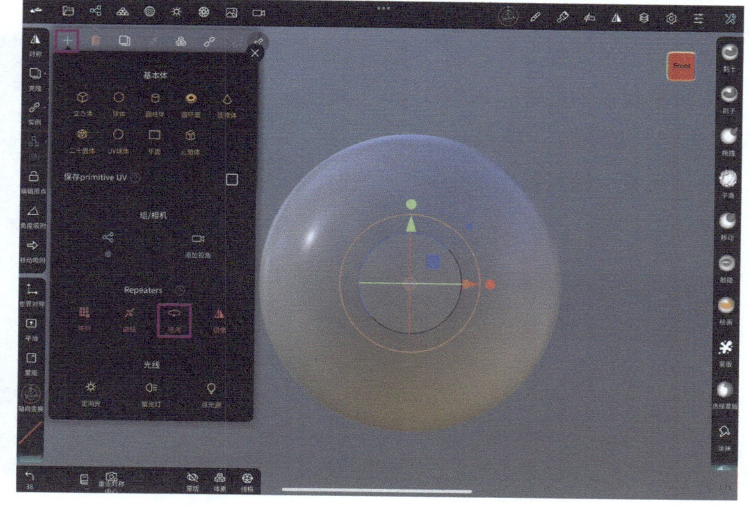

点击以后，可以看到模型上出现了一个环形线，上面有几个小点，如右图所示。这里代表“径向”的轴向及数量，如下图中“径向 Y”为 4，也就是围绕着 y 轴复制出 4 个球体。

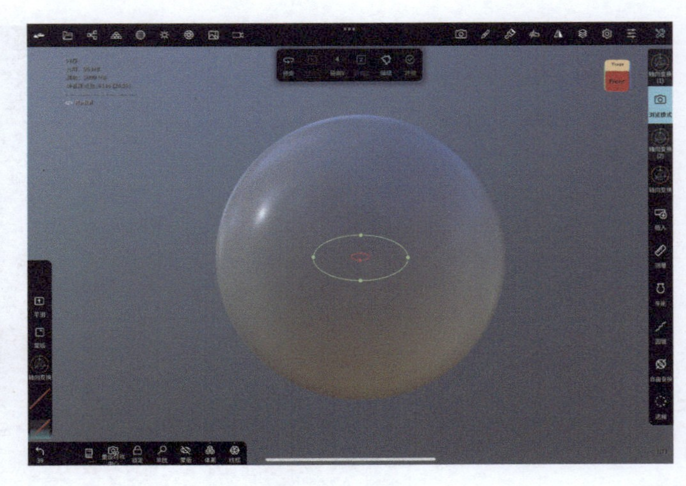

选择球体，使用“轴向变换”工具将球体向两侧移动，这时就可以看到“径向”复制的效果了。

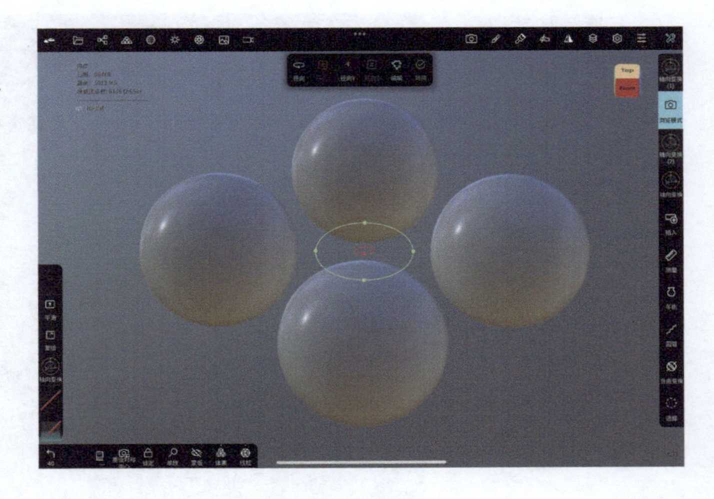

可以通过调整上方的数值来设置复制的数量，如将“径向 Y”改为 7，场景中就会围绕着 y 轴复制出 7 个球体。

下一步，尝试选择其他轴线，设置“径向 X”为 4，那么可以看到球体上的环形线变成了对应的红色且轴向也改变了，同时有 4 个小点，代表复制 4 个球体。

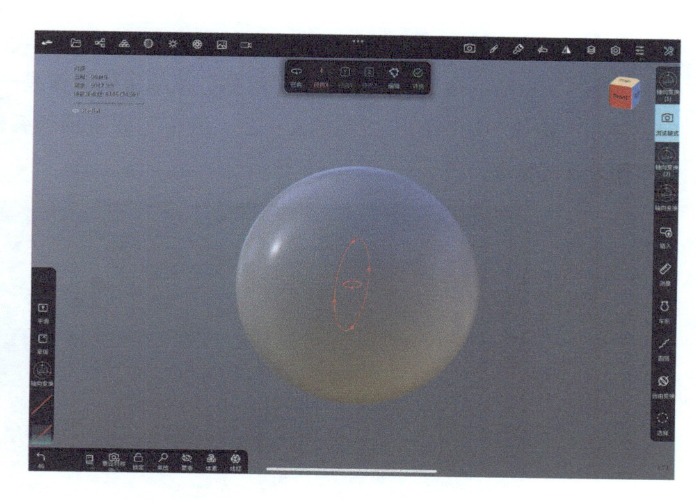

同样地，用“轴向变换”工具上下移动球体，这时就可以看到“径向”复制的效果了。

同理，设置“径向 Z”，操作方式与上面一样，这里就不重复介绍了。

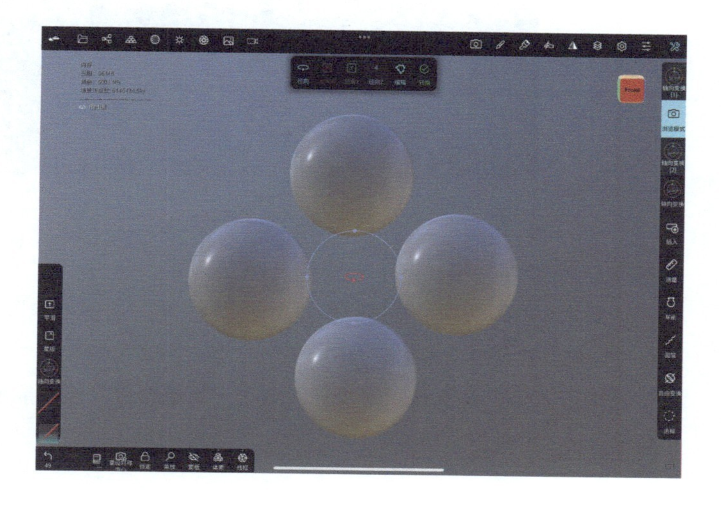

（4）镜像。

“镜像”功能的效果和旧版本的“对称”菜单里的镜像是一样的，只是操作界面有所不同。使用“镜像”功能的方式和前面一致。我们可以在顶部编辑菜单栏中选择镜像的方向，如下图是 x 轴镜像。

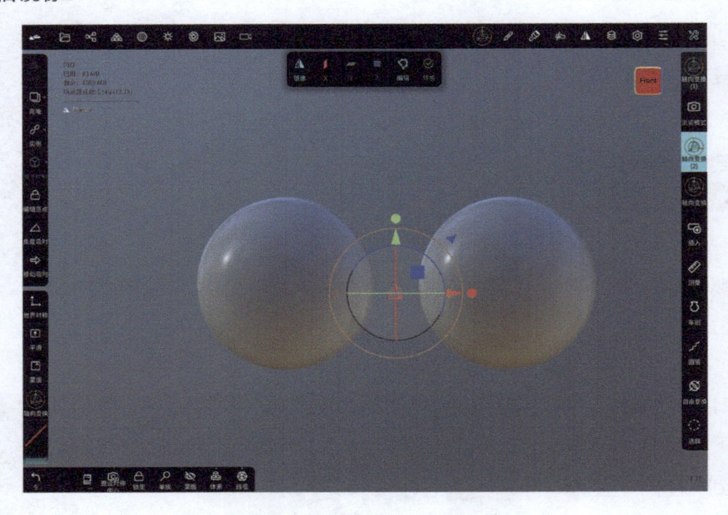

同时，也可以把所有轴向的镜像功能打开，效果如下图所示。

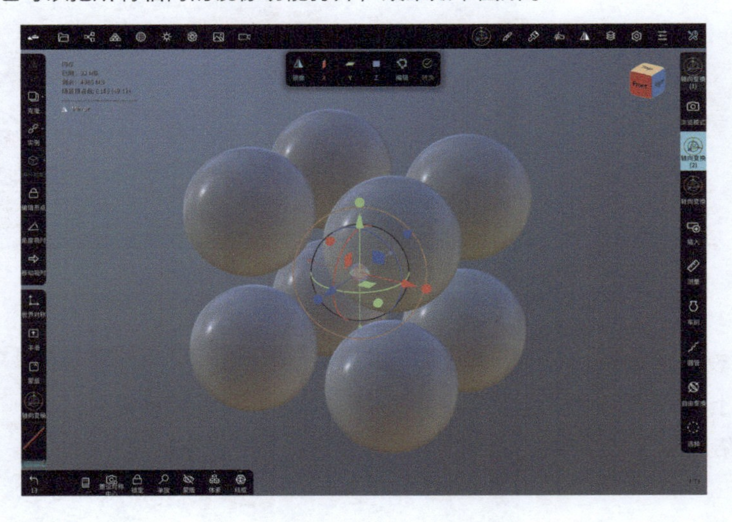

4. 简单合并与分离对象

旧版本中有两个功能分别叫作“简单合并”和“分离对象”，在新版本中这两个功能的位置有了变化，并且中文名称改为了“连接”与“分离”。

在旧版本中，多选模型对象后，点击“简单合并”按钮能够将模型简单地合并在一起，相当于最初的“打组”功能。

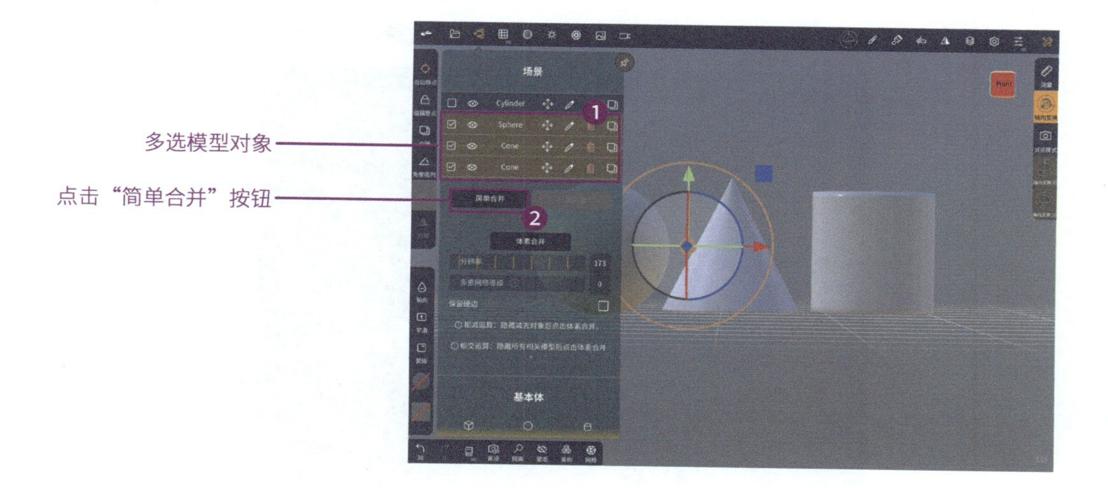

合并完成以后，多个模型对象会合并为一个模型对象。

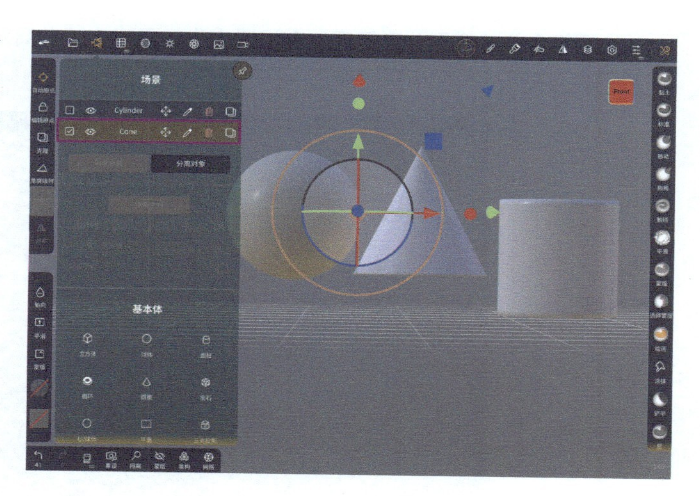

在新版本里操作方式一样，也是先多选需要合并的模型，然后点击上方的“连接”按钮。

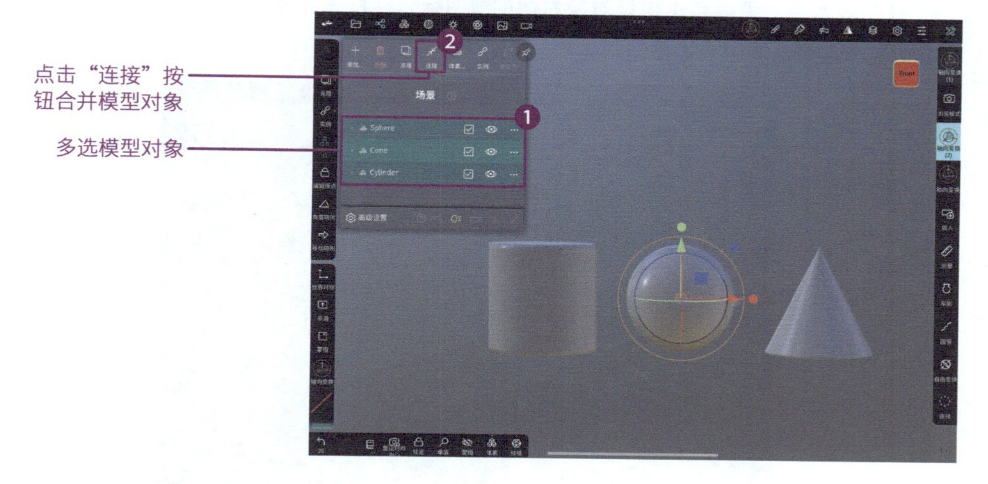

同样，合并完成以后，多个模型对象会合并为一个模型对象。

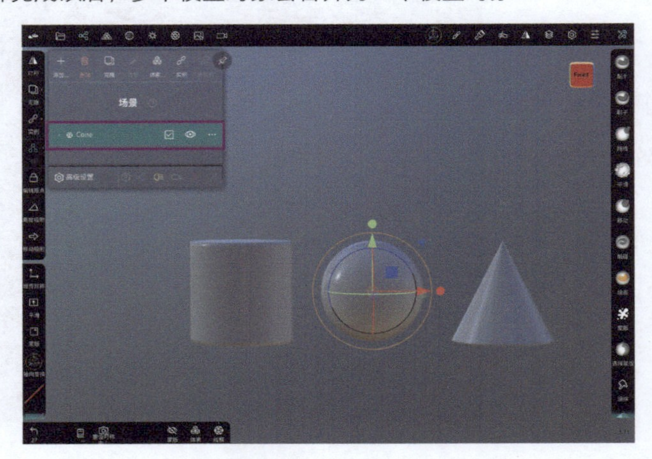

如何将合并的模型分离开呢？在旧版本中只需点击“分离对象”按钮就能够把合并的模型分离开。

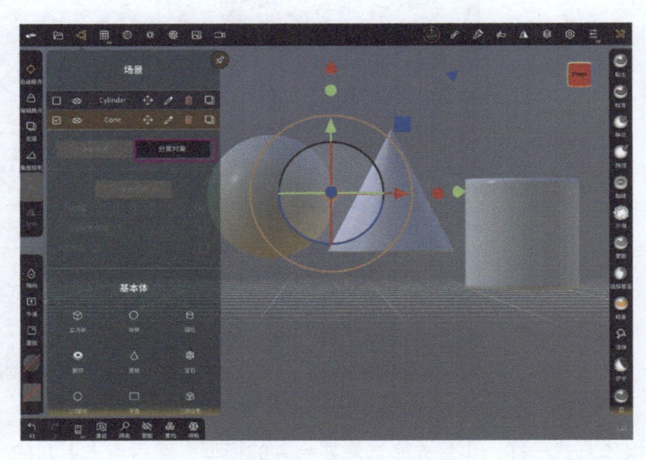

在新版本中，需要点击模型对象右侧的■图标，在打开的界面中点击“分离”按钮，模型就会被分离开，同时会被自动归类到一个组里。

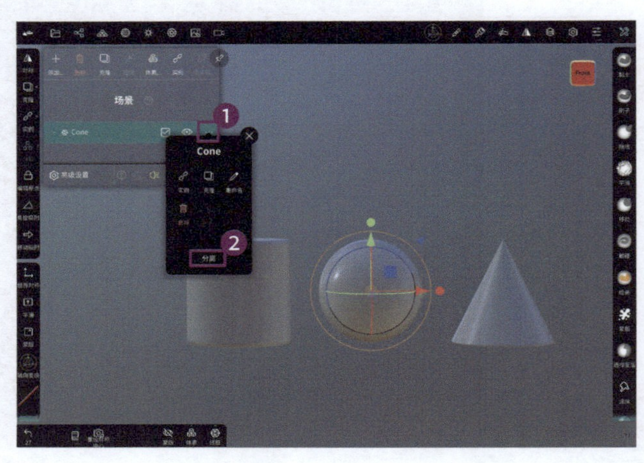

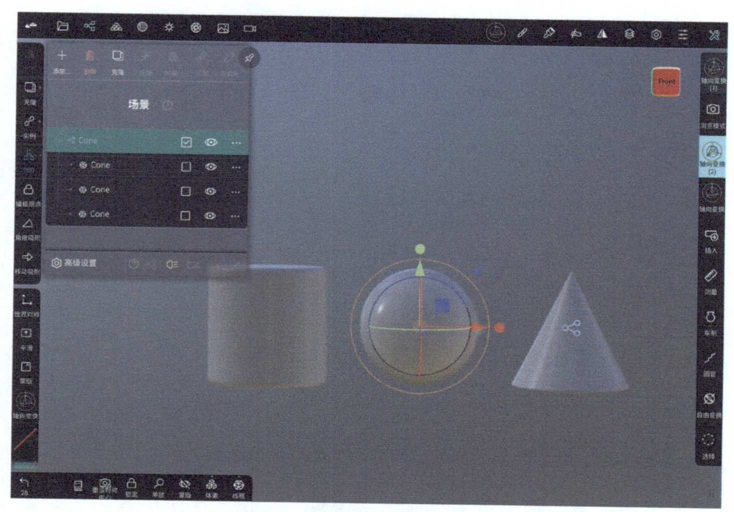

分离后的模型自动归类为一个组

5.“实例”功能

“实例”功能是新版本增加的功能，它的作用和“克隆”类似，都是复制出一个或多个模型对象；不一样的是，“实例”的复制功能类似于照镜子，复制出来的模型和本体模型是相关联的，若本体模型改变形态，那复制出来的模型也会跟着改变。

“实例”功能在左侧快捷栏中有快捷方式，“场景”菜单的顶部也有“实例”功能。

选中球体，启用“实例”功能，然后用“轴向变换”工具拖动球体，就能够得到“实例”出来的球体。

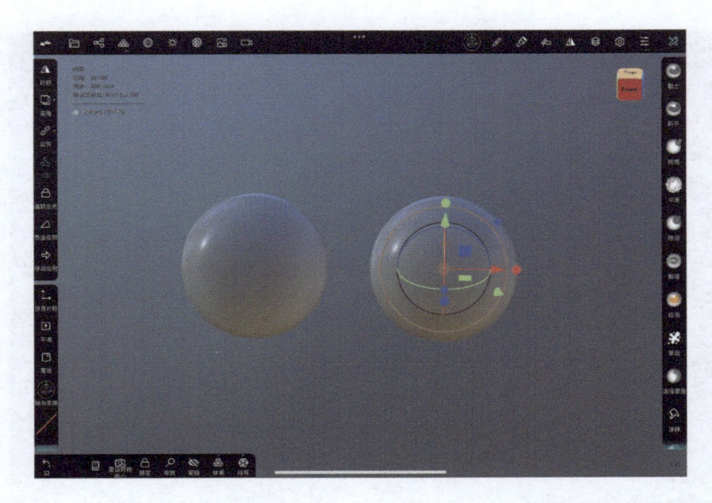

这个时候对本体模型进行雕刻或者绘画，会发现“实例”出来的模型也跟着发生了变化。

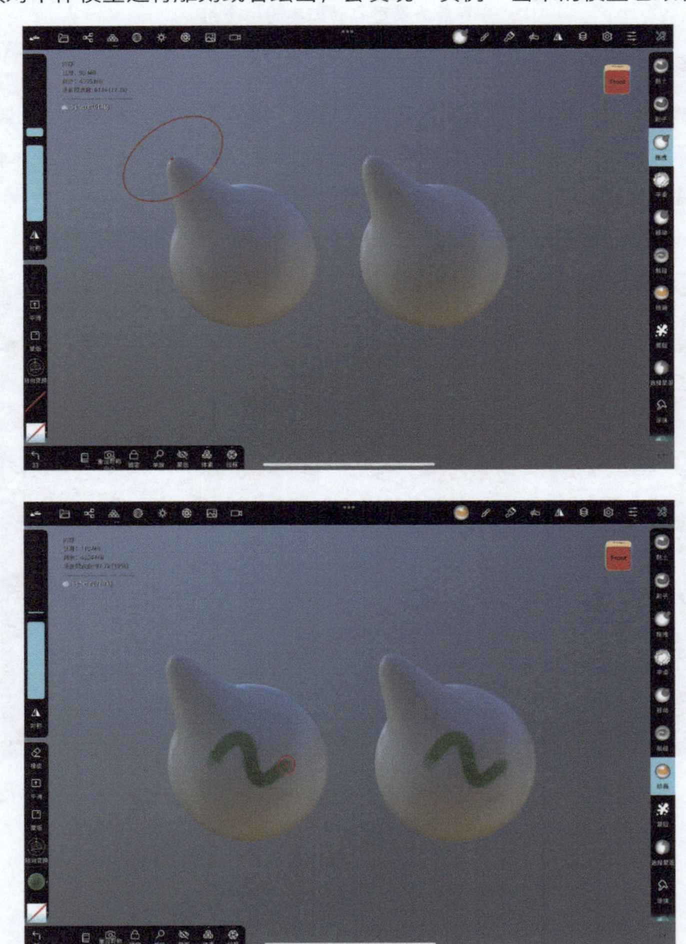

如果想解除它们之间的关系，让它们各自成为独立的个体，可以点击“场景”菜单里的“去实例”按钮。

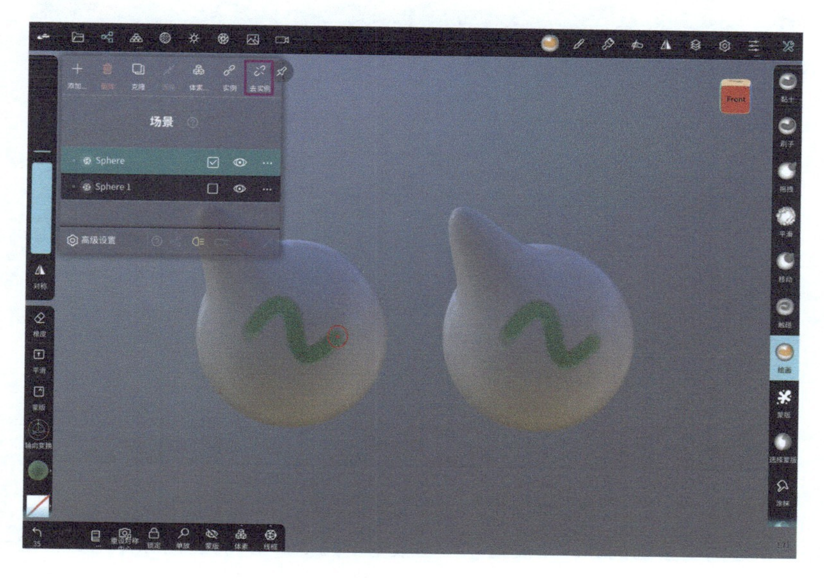

这样一来，我们在进行其他操作的时候，两个模型就不会同时发生变化了。

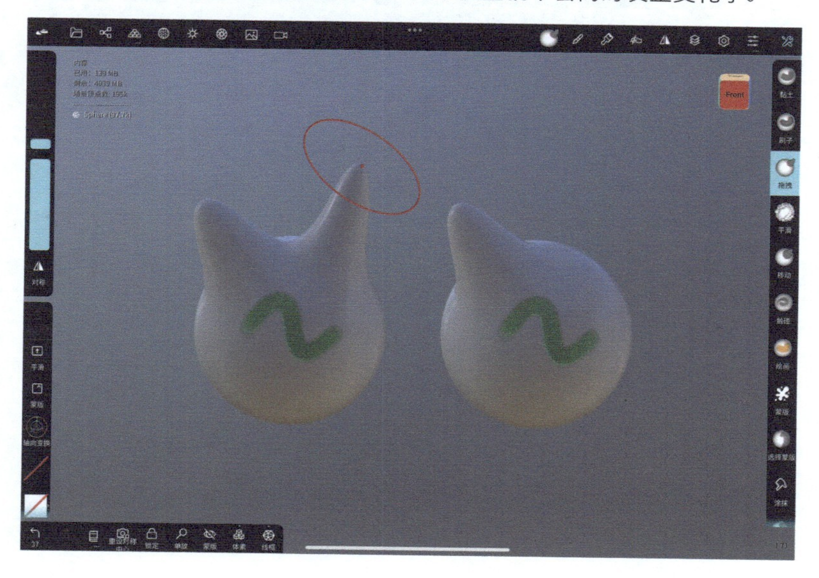

6. 移动吸附

新版本在“角度吸附”功能的下方增加了一个“移动吸附”功能，该功能可以用于调节移动模型时的距离，可以更加精准地控制模型的移动位置。点击“移动吸附”按钮后就可以调整其数值了，0 为关闭该功能，其他数值则是移动的距离。

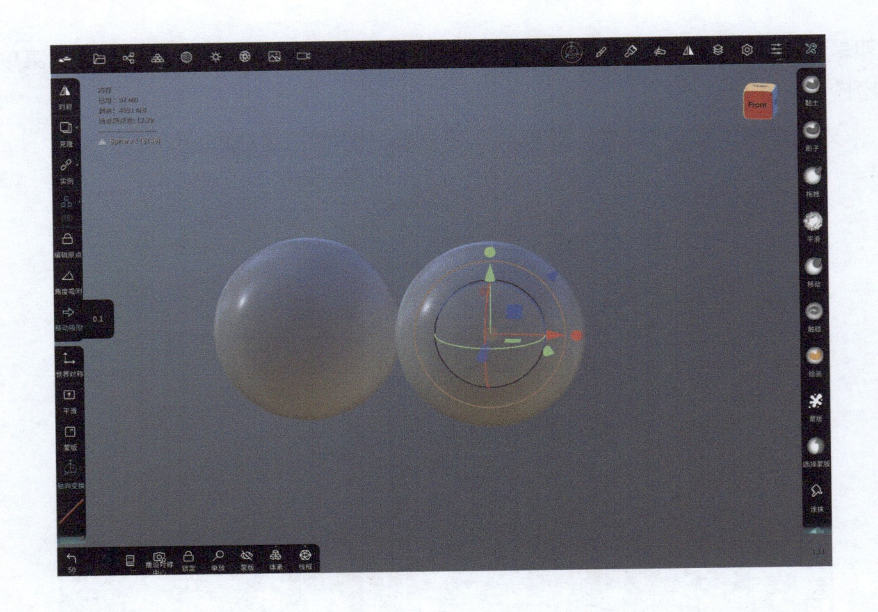

例如，新建两个接触的球体，设置“移动吸附”为 0.1，并将右侧球体向右移动一次，那么球体就会按照 0.1 的距离移动一格。

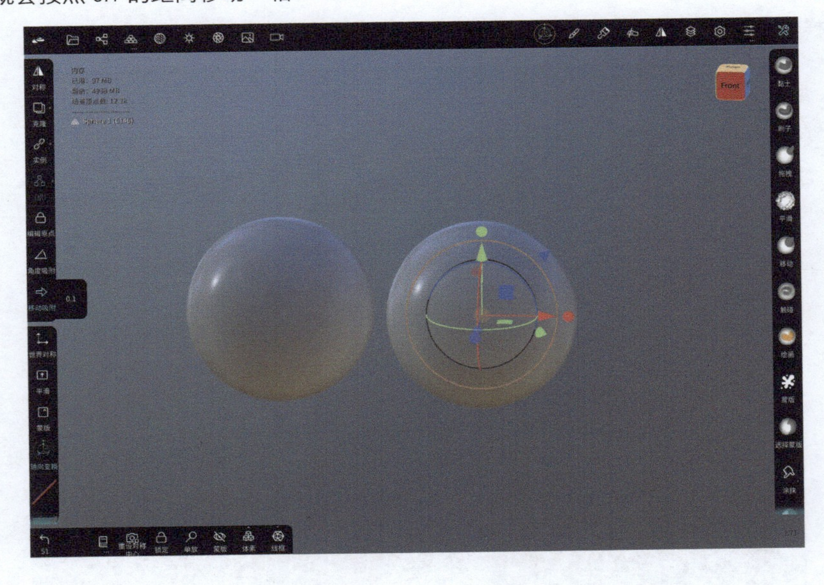

第 3 章 Nomad 基础功能

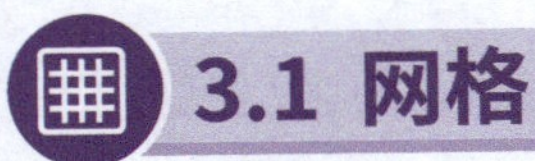 

3.1 网格

点击左下角的“网格”图标，就能显示模型的网格。这里简单讲解一下什么是网格。在三维世界里，模型都是以网格的形式来表达一个面的，也可以说网格组成了三维模型的形状。那么网格的密度也就决定了这个模型的精细度。我们对模型进行雕刻，也是对网格进行变形。

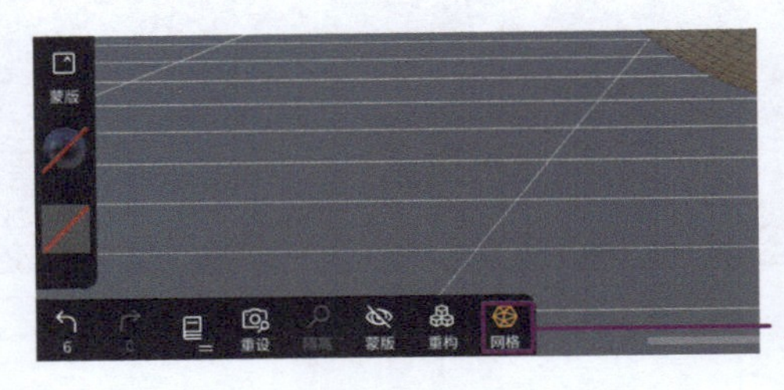

通过对比可发现，网格密度决定了模型的精细度。

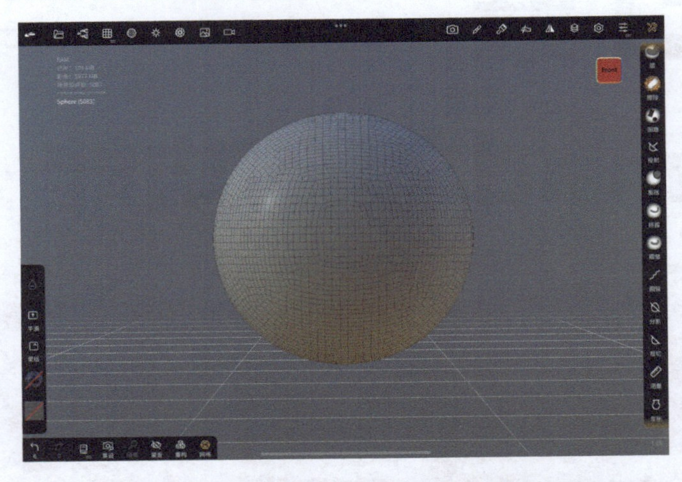

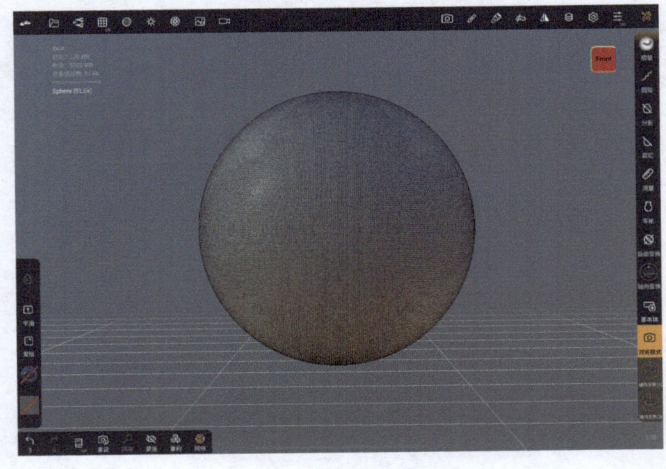

在对模型进行雕刻操作时，网格会随着雕刻工具的使用而变形。不难发现，网格的密度决定了雕刻的质量和精细度。

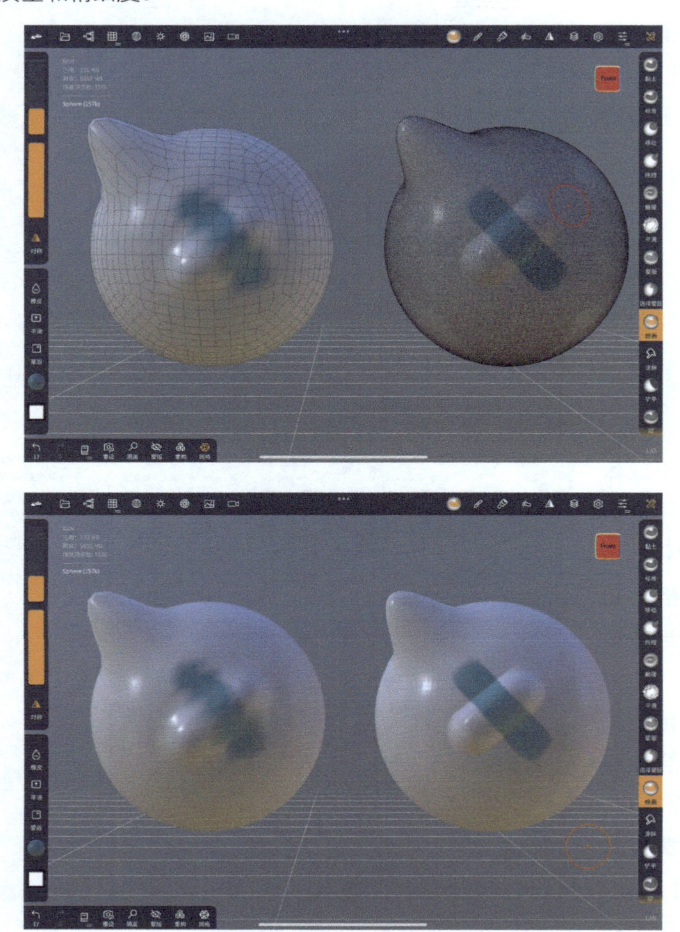

3.1.1 多重网格

打开“网格”菜单，可以看到“多重网格”“重构”“动态网格”“拓扑”4个子菜单。

“多重网格”子菜单中显示的是当前模型的“面数”“顶点”“三角面”“四边形”等数据。如果场景里有多个模型，则还会显示场景面数和场景顶点数。

在“多重网格”子界面中可对模型现阶段的网格进行“简化”或者“细化”，同时保留模型的不同分辨率。

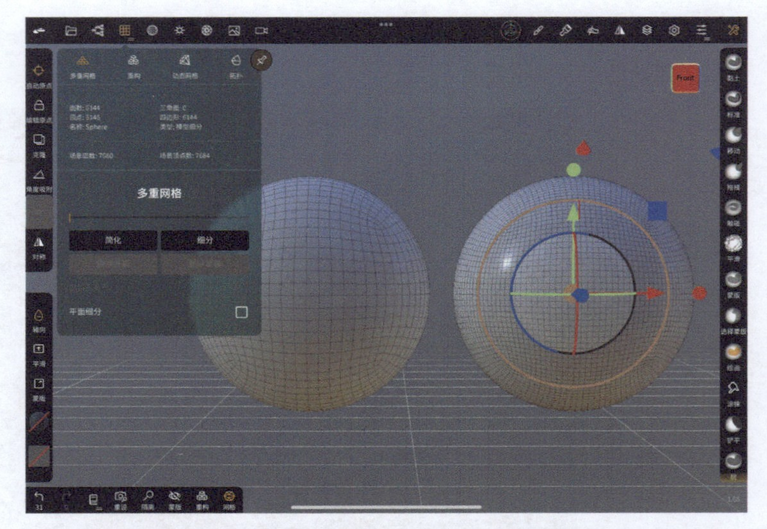

现在以一个球体为例讲解多重网格的“简化”和“细化”功能。开启“网格”功能，可以看到当前球体的面数。

点击“简化”按钮，模型网格会在原有基础上进行简化，同时出现一个黄色的操控点。向右滑动，可以恢复为模型最初的网格；向左滑动，可切换到简化后的网格。

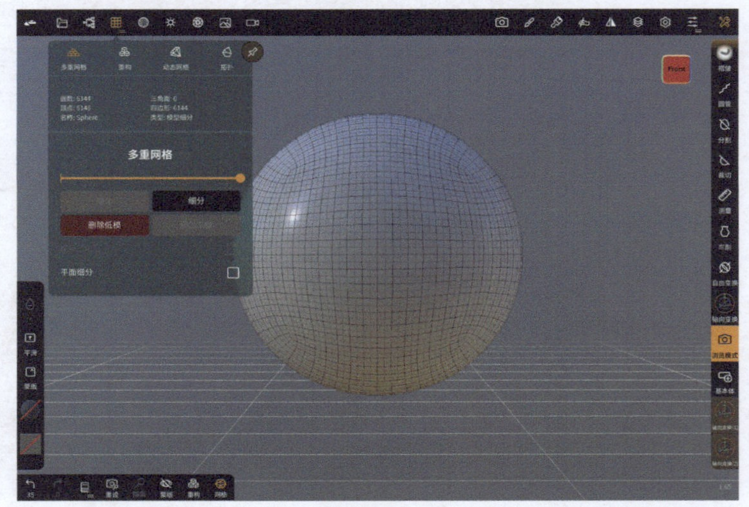

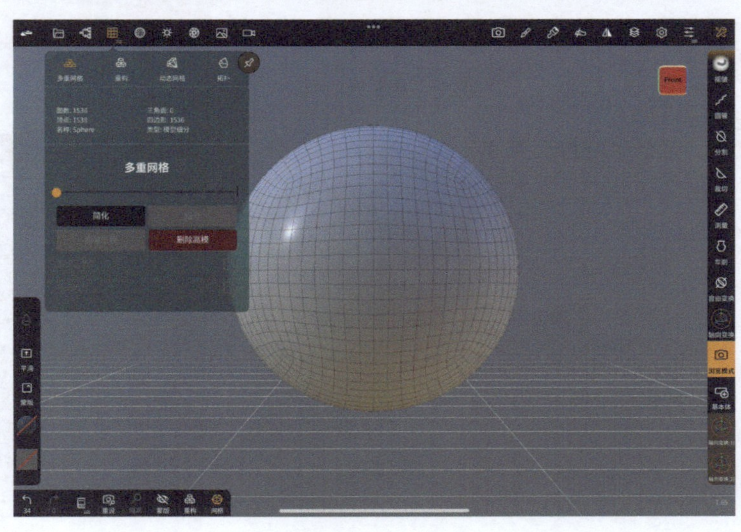

“简化”按钮是可以重复点击的，每点击一次，就会在现有网格的基础上再次简化，同时“多重网格”界面中会出现不同网格的切换调节杆。

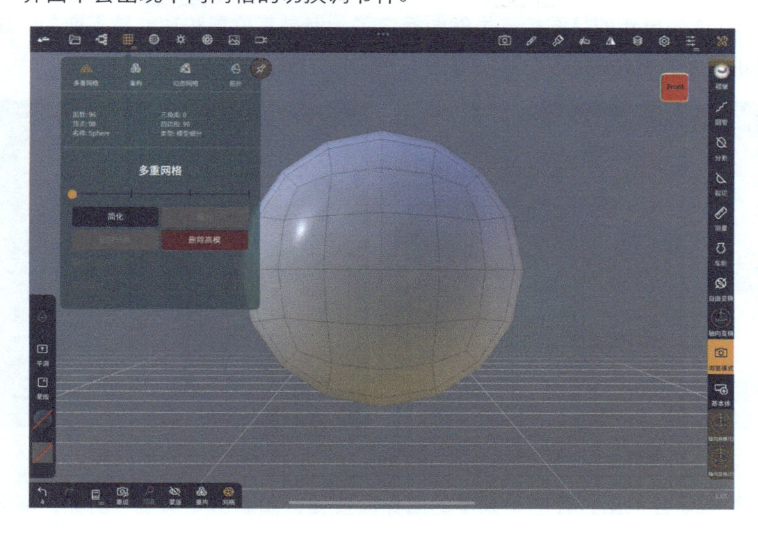

点击“细分”按钮可在现有网格的基础上细分模型网格，同样会出现黄色的操控点，可左右调节切换“低模”和“高模”。其操作方式和“简化”功能是一样的。同样，“细分”按钮也可以重复点击，以叠加细分的模型网格。

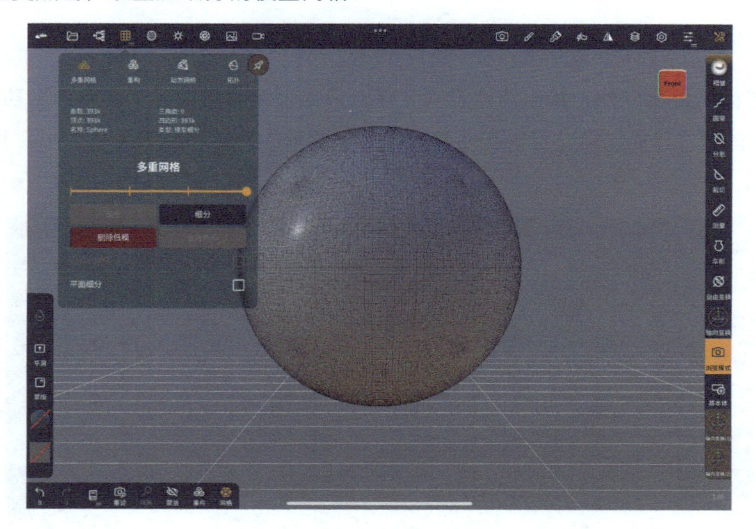

在切换不同的网格时，下方出现了“删除高模”和“删除低模”按钮。

删除高模：在向左切换到低网格模型时，出现“删除高模”按钮，点击该按钮可将该模型的高网格删除，保留现在的低模。

删除低模：在向右切换到高网格模型时，出现“删除低模”按钮，点击该按钮可将该模型的低网格删除，保留现在的高模。

Nomad 1.68 版本更新——“网格”菜单更新

“网格”菜单先更新的是图标。虽然图标变了，但是其位置和功能是不变的，这里对比一下旧版本和新版本的图标。

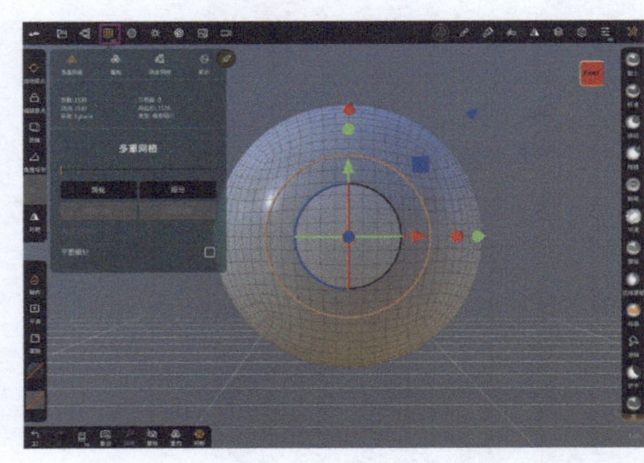
旧版本

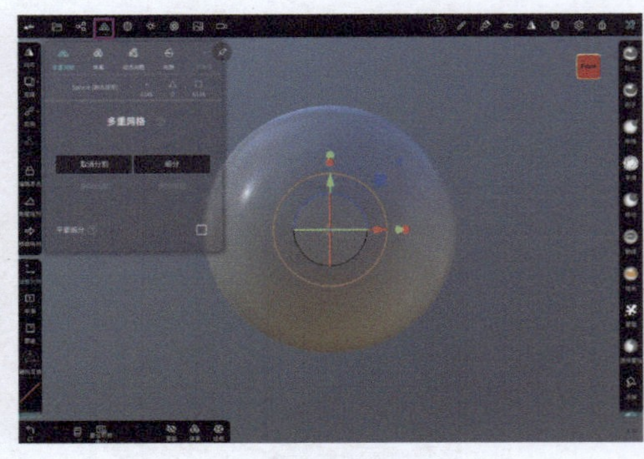
新版本

新版本的图标会根据打开的子菜单的图标而变化，如点击“体素”图标，那么菜单图标也会变成“体素”图标。而旧版本的图标是不会变化的。

除了图标的更新以外，其他功能没有变化，只是在最后增加了“基本体”功能的图标。当新建基本体后，转换之前，可以在“基本体”子菜单中设置和调节网格大小，其功能和旧版本的一致。

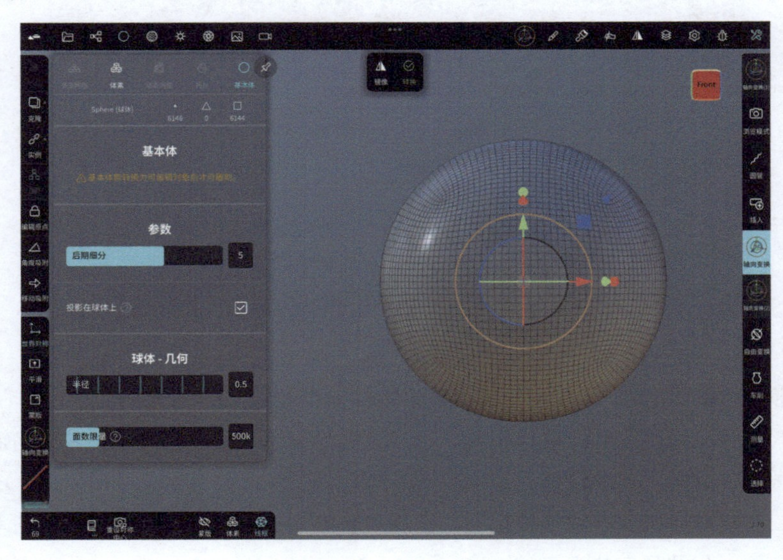

3.1.2 重构

切换到“重构”子菜单，可以看到“分辨率”调节条，左右滑动可以调节分辨率的大小。什么是分辨率呢？这里的分辨率代表网格密度，分辨率数值越小，网格越少，反之则越多。

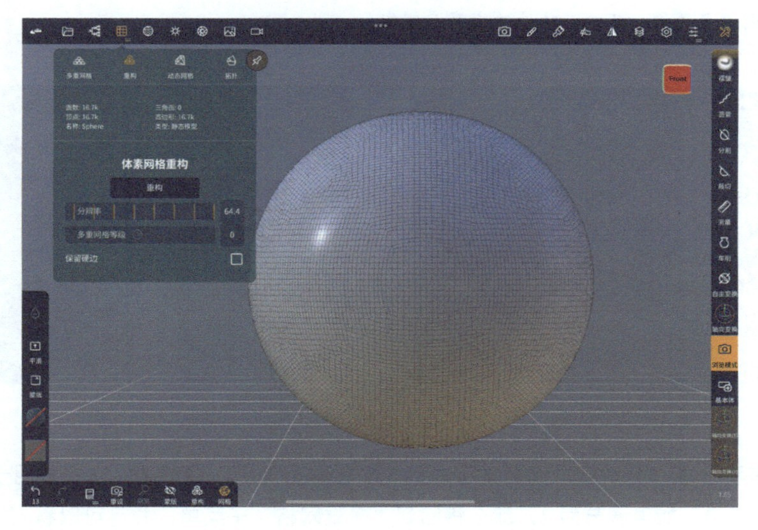

在调节分辨率的时候，可以看到模型上出现了一个类似马赛克的示意框，马赛克的格子代表网格的格子。格子越大，网格越大、越少；格子越小，网格越小、越多。完成调节后，示意框消失。点击“重构”按钮以后，模型将按照现在的数值重新构建网格。

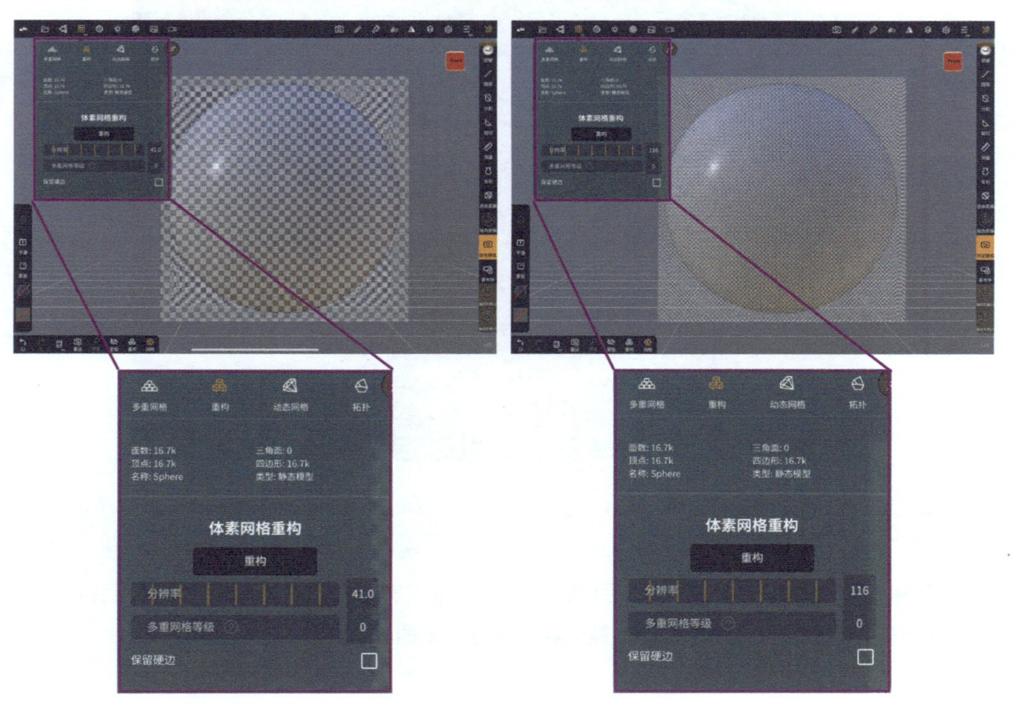

提示

在调节分辨率时，如果“分辨率”字样的颜色从白色变为橙色，代表分辨率过高，到达所用设备的性能极限；如果变为红色，代表当前负荷超出所用设备的性能，软件可能会崩溃。所以合理设置网格密度是关键，不能一味地追求高分辨率。

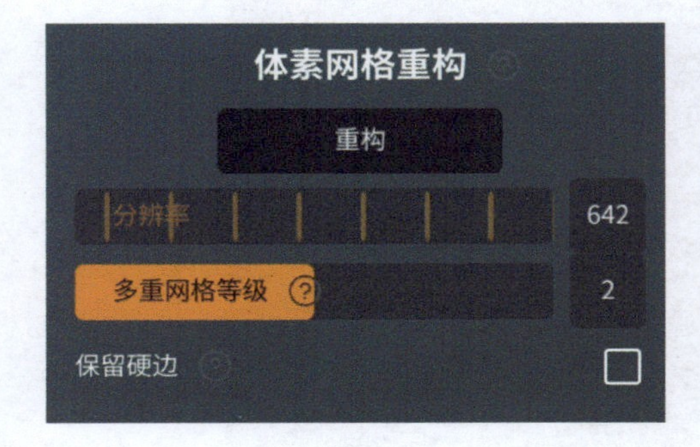

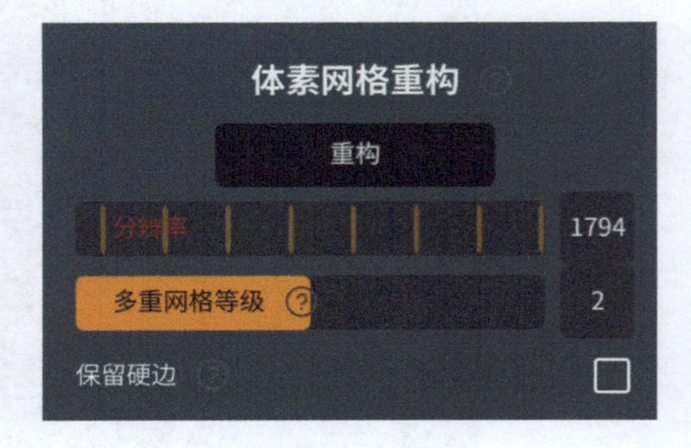

接下来看一下“分辨率”调节条下面的“多重网格等级”调节条，它主要用于调节多重网格的细分等级。如果调节为 2，那么将回到“多重网格”子菜单，并且可以看到模型自动细分了两级的可调节选项。

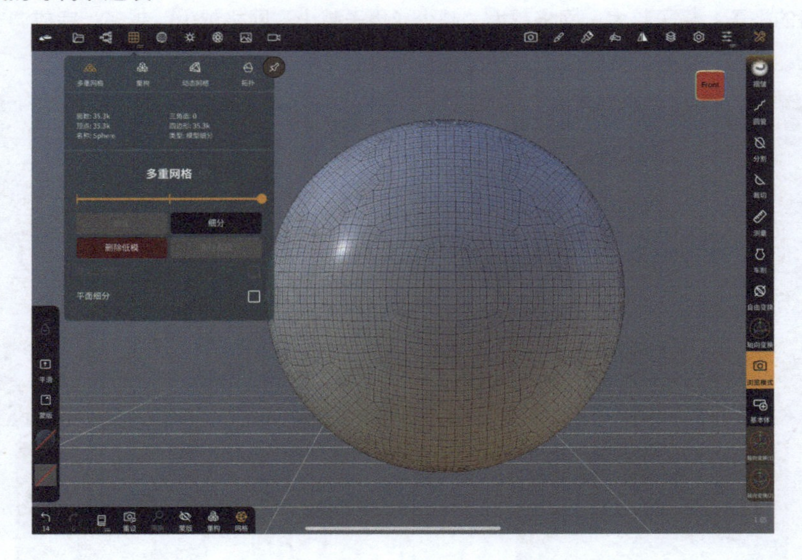

3.1.3 动态网格

启用“动态网格”功能以后，可以在雕刻的过程中实时增加网格面数。该功能会占用大量内存空间，对硬件性能要求很高，默认状态下是关闭的。

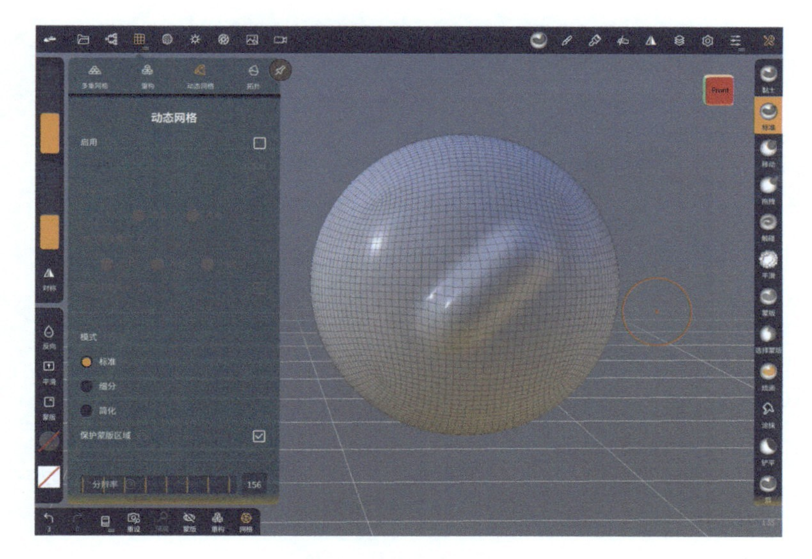

先看一下对比效果，在没有启用“动态网格”功能时，是在原来的网格基础上进行雕刻变形操作的。

启用“动态网格”功能后再进行雕刻，可以看到雕刻的位置自动增加了很多面。

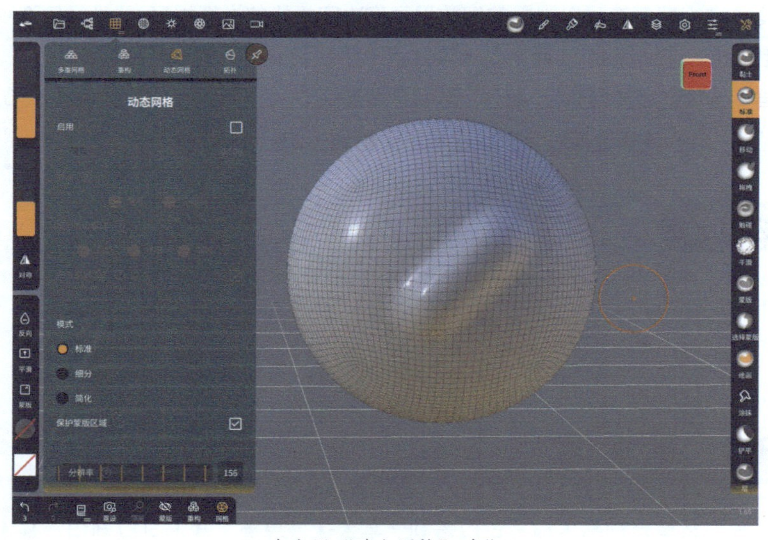

未启用“动态网格”功能

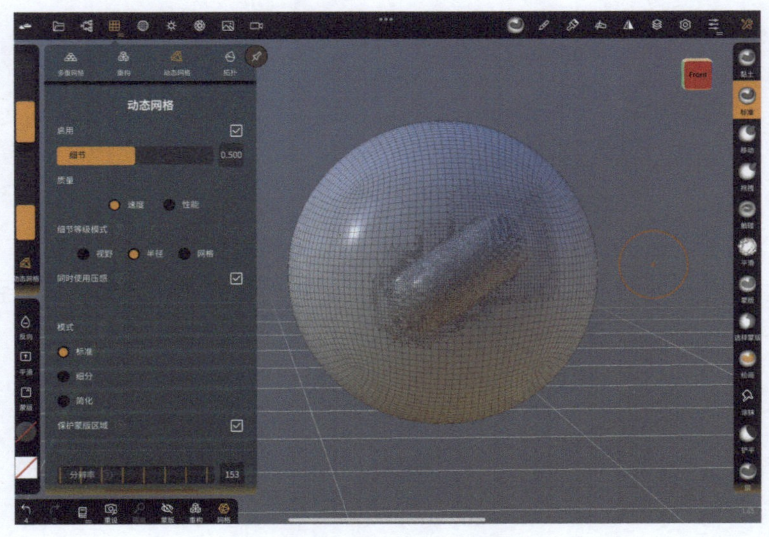

启用“动态网格”功能

细节：调节动态网格的精细度。

质量：“速度”选项以运算速度为主，“性能”选项则以所用设备的性能为主。

细节等级模式：“视野”选项以视野的缩放程度来决定拓扑的详细程度，“半径”选项以笔刷的半径来决定拓扑的详细程度，“网格”选项则用于手动调节网格的细节程度。

模式：“标准”选项是智能判断，“细分”选项是增加细节，“简化”选项则是减少细节。

保护蒙版区域：勾选该复选框后，蒙版区域不会受到影响。

找到知识

关于蒙版的相关内容，3.5 节会详细讲解。

3.2 基本体

将“场景”菜单拉到最下面，可以看到“基本体”界面，我们可以利用“基本体”功能快速地在场景里添加基本模型，有“立方体”“球体”“圆柱”“圆环”“圆锥”等基本体。我们在创作的时候，就是从基本体开始雕刻的。创建好基本体后，会自动跳转到“网格”菜单，以便对基本体做进一步的编辑。

利用“基本体”功能可以向雕刻区域添加基础模型，选择该功能后，在左侧快捷栏中可以选择需要添加的基本体形状。选择好形状后，点击想要添加的位置。在雕刻区域有模型的情况下，只能点击该模型来添加新的基本体。也可以点击“场景”菜单里的基本体来添加基础模型。

例如，想要添加一个球体，选择左侧球体，再点击雕刻区域中的模型，就会在点击位置创建一个球体。

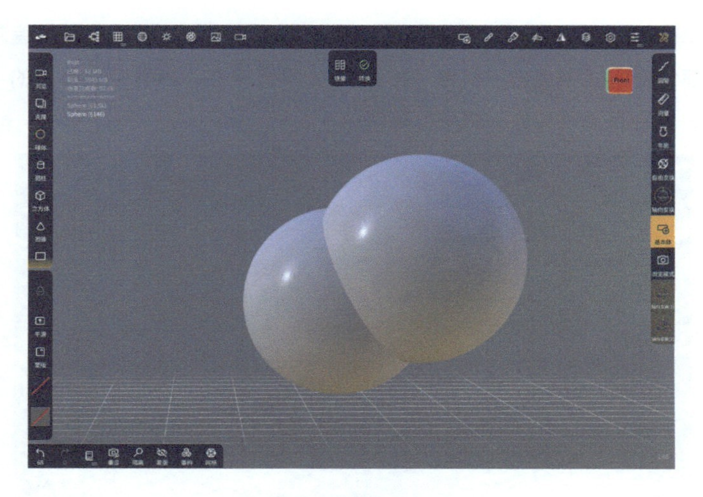

选择“轴向变换”工具以后，可以调整该模型的位置及大小。

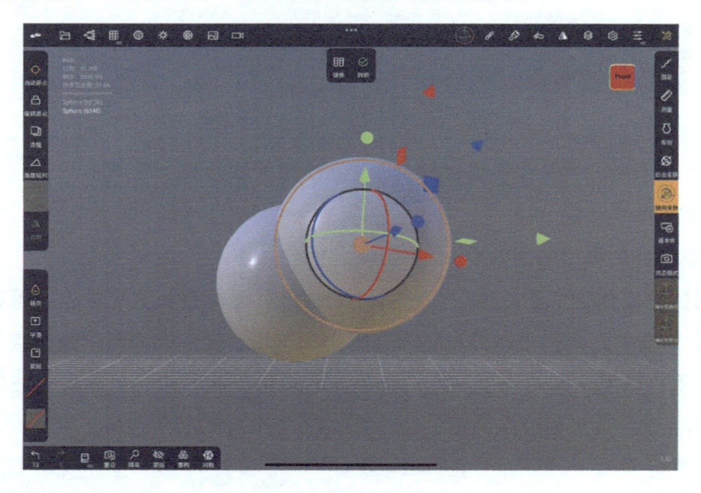

点击“镜像”按钮则会以世界坐标系为基础，创造一个镜像球体；点击“转换”按钮以后，该模型才可雕刻。

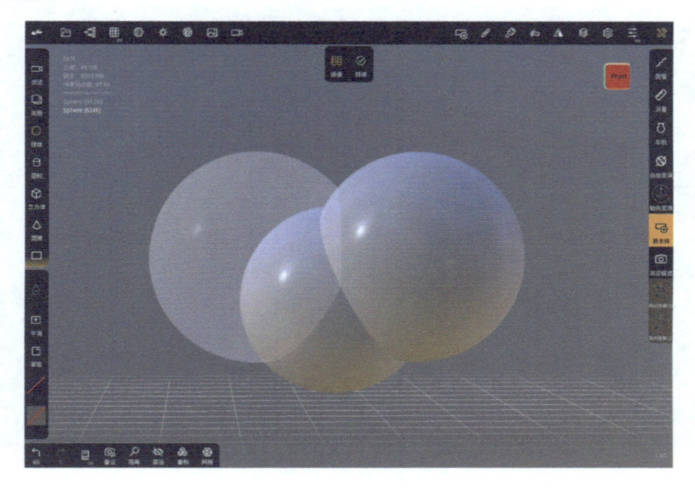

在添加了基本体且没有转换之前，可以打开“网格”菜单，在这里可以编辑模型的网格属性（需在底部快捷方式中点击“网格”按钮）。如果直接在“场景”菜单里的“基本体”界面中添加模型，则会自动跳转到“网格”菜单。

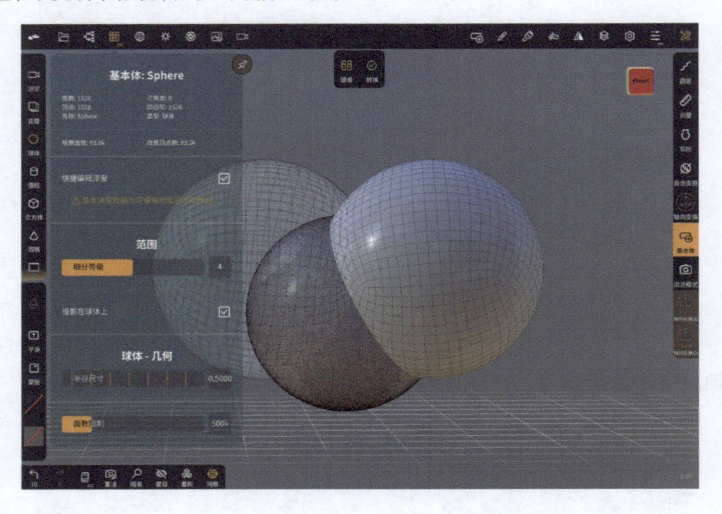

细分等级：调节网格密度。

投影在球体上：将点分布在一个完美的球体上（默认勾选）。

半径尺寸：调节球体大小。

面数限制：限制创建的模型的面数。

如果添加的基本体为“圆柱体”“立方体”“圆锥”等具有长宽高或半径等属性的可编辑模型，“网格”菜单中则会多出调节长宽高或半径的选项。我们同样可以通过模型上的操作杆来调节。绿色调节点用于调节模型高度，黄色调节点用于调节半径。同时生成的附属菜单和“圆管”工具的一致，这里不过多介绍。

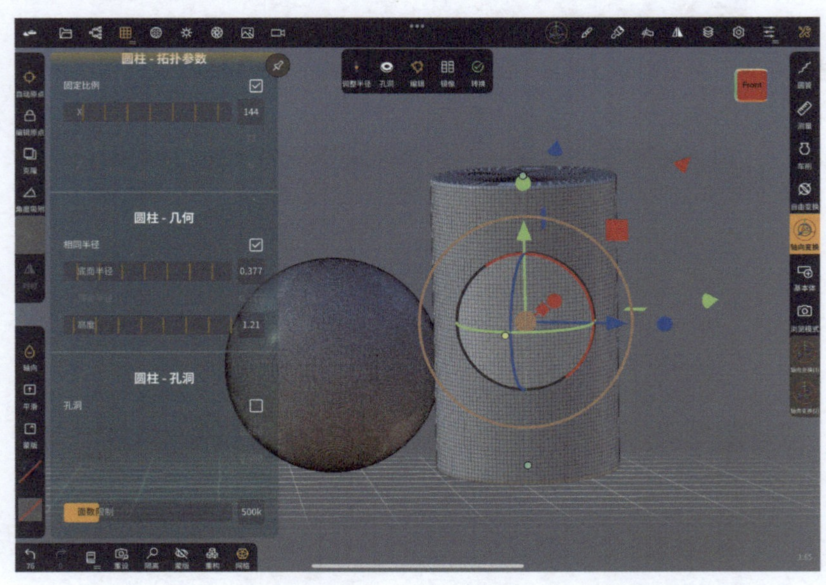

3.3 雕刻工具 

建模需要通过“雕刻”的方式来完成。下面我们来认识 Nomad 最主要的雕刻功能。打开软件会有一个初始的球体，我们就用这个球体进行操作。

点击右上角的图标，可以切换工具栏的显示方式，读者可按照自己的使用习惯设置。

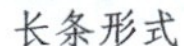

长条形式

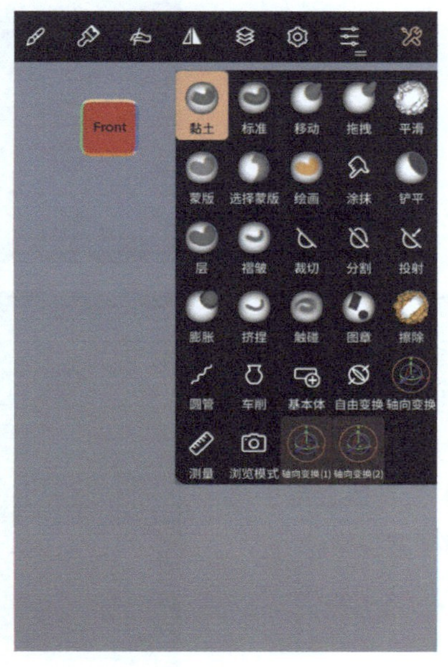

方格形式

3.3.1 黏土 

1. “黏土”工具

该工具属于雕刻的基础工具，作用就是通过画笔给模型添加黏土。

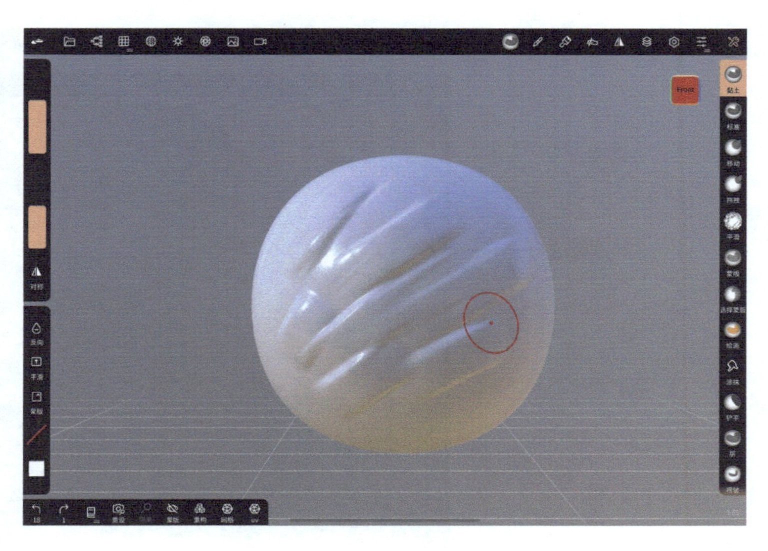

2. 反向

点击左侧快捷栏中的“反向”图标，可以减去黏土，类似绘图软件中橡皮擦的功能。

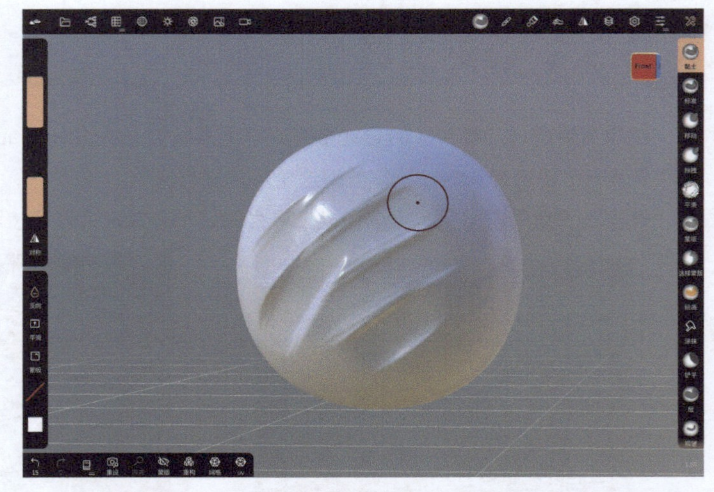

3. 对称

点击左侧快捷栏中的“对称”按钮，可以根据对称轴进行镜像操作。本工具适合用于绘制脸部等对称物。

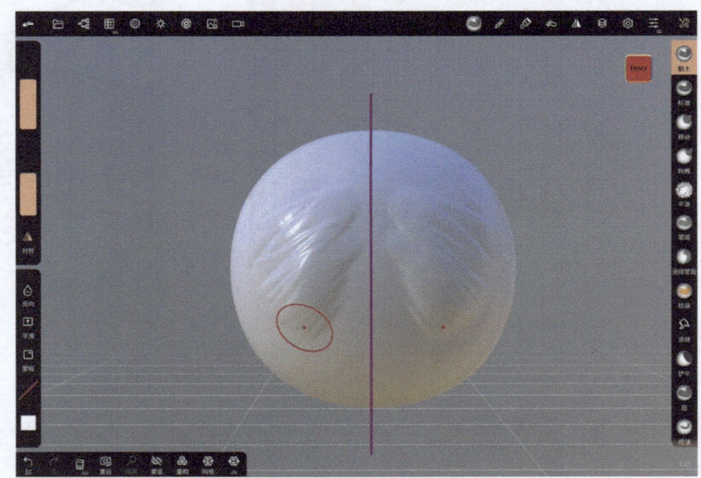

4. 左侧竖立的调节条

分别用于调节笔刷大小和笔刷强度。调节笔刷大小会影响画笔示意区的圆环大小。

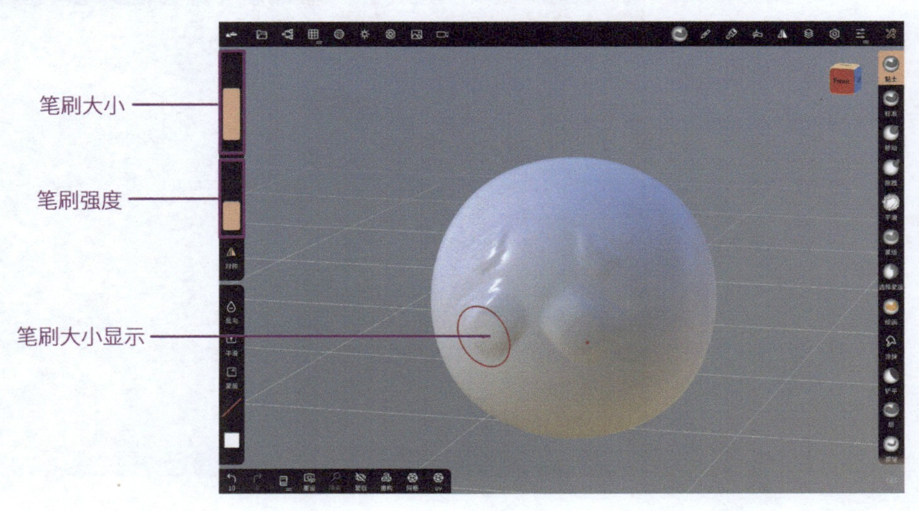

调节笔刷强度将影响画笔的轻重变化。

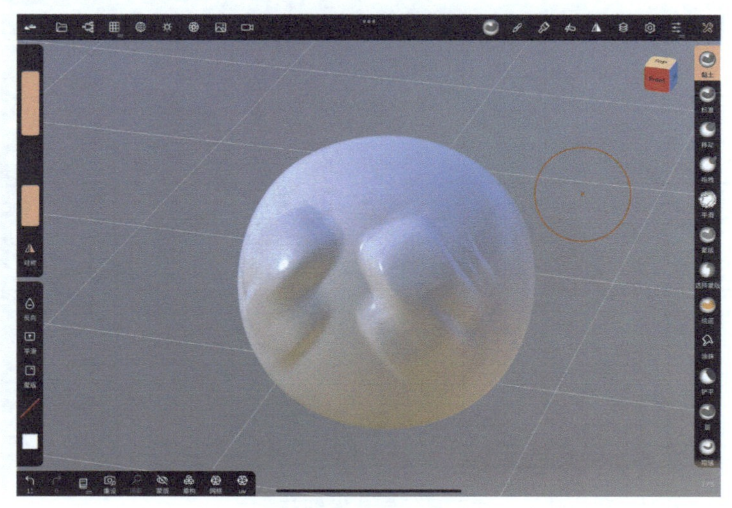

笔刷强度调高后的效果

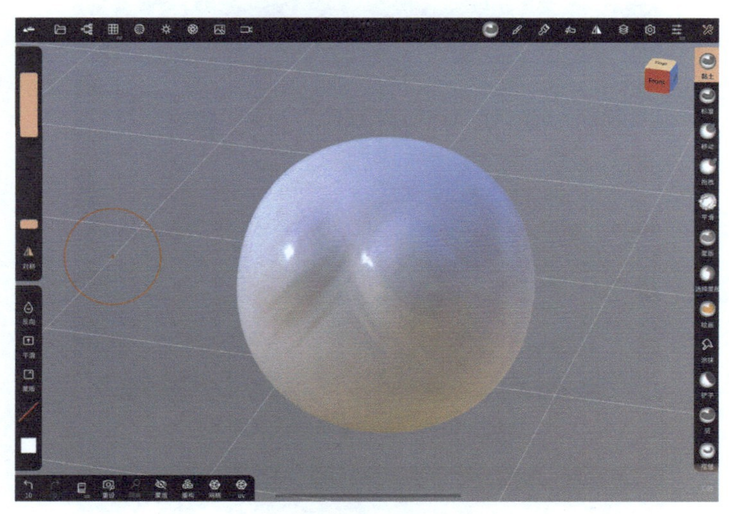

笔刷强度调小后的效果

3.3.2 标准

“标准”工具的功能和“黏土”工具基本一样，区别在于笔刷两头的边缘不一样，“黏土”工具的笔刷两头为方形，“标准”工具的则为圆形。

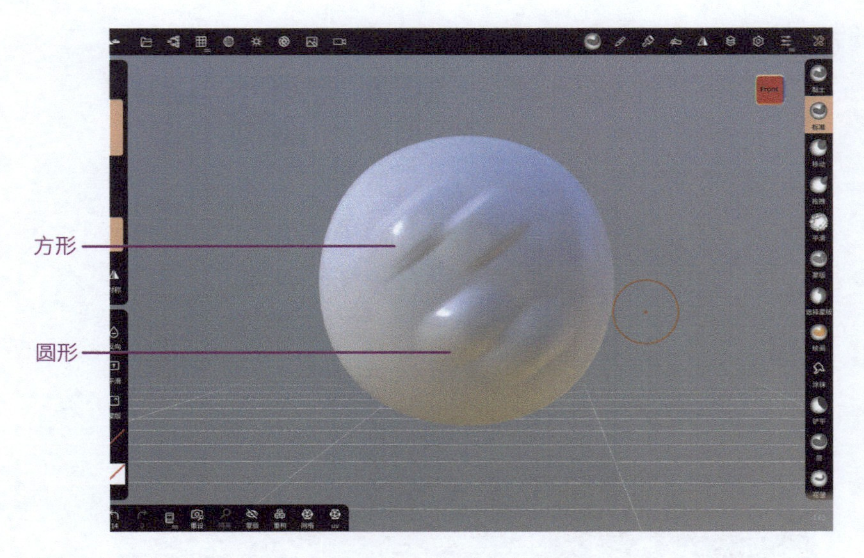

制作人物头发时，建议使用上述工具绘制头发细节。

使用“标准”工具绘制的头发效果

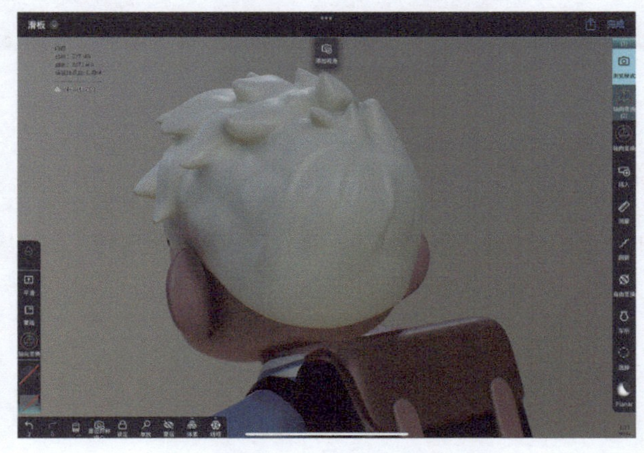

使用“黏土”工具绘制的头发效果

3.3.3 移动

“移动”工具可以根据画笔的推拉来改变模型的形状。在左侧快捷栏中同样可以调节笔刷大小和笔刷强度。

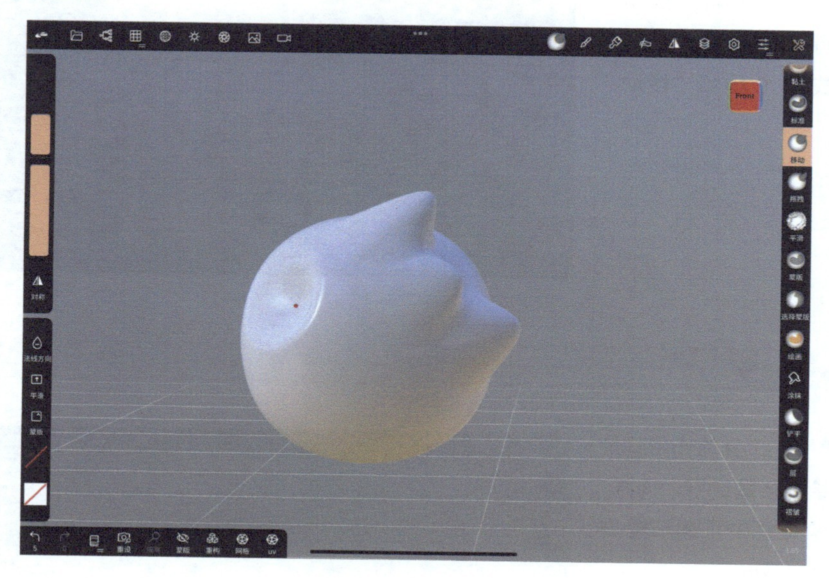

3.3.4 拖拽

“拖拽”工具和“移动”工具的功能相似，区别在于操作时，画笔起点处对原有模型形状的影响大小。用同样的笔刷大小和笔刷强度做一个对比就能发现：“移动”工具影响范围大，拉出来的形状也比较大；而“拖拽”工具影响范围小，拉出来的形状也比较小，效果更精细。

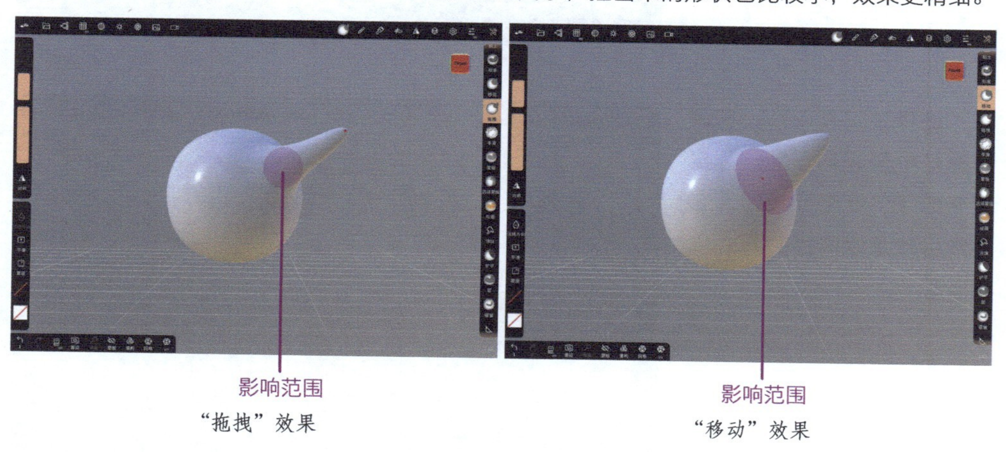

“拖拽”效果　　　　“移动”效果

对于角色头部的建模，笔者先使用基本体中的“球体”创建大致形状，再通过“拖拽”工具或者“移动”工具进行细化。请尽量多使用“拖拽”工具和“移动”工具。

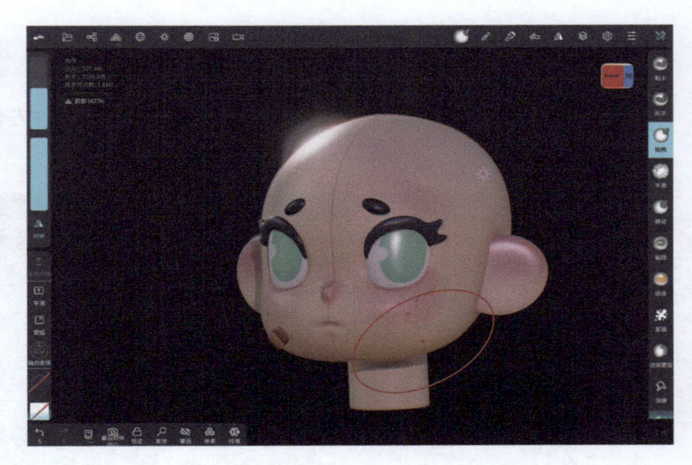

3.3.5 铲平

“铲平”工具的作用就是将画笔绘制区域铲平。同样，在左侧快捷栏中可调节笔刷大小和笔刷强度。

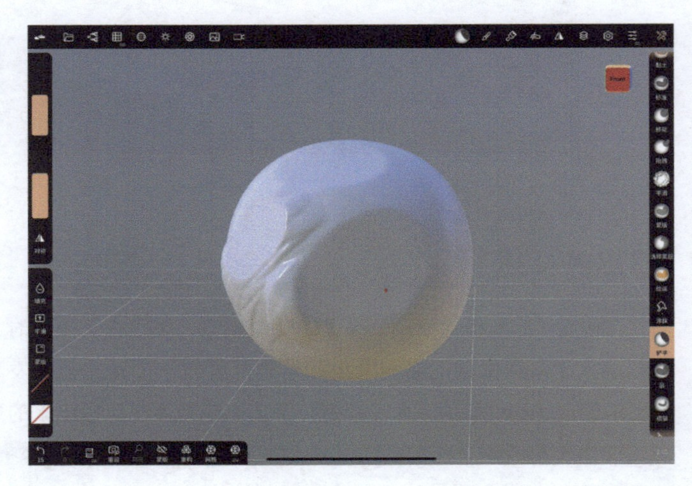

选择该工具以后，左侧快捷栏中原来的“反向”按钮变成了“填充”按钮，它的作用就是以同样的方式填补模型。

例如，在角色头部建模中，耳朵通过一个球体来制作，而凹陷的部分使用“铲平”工具来实现。

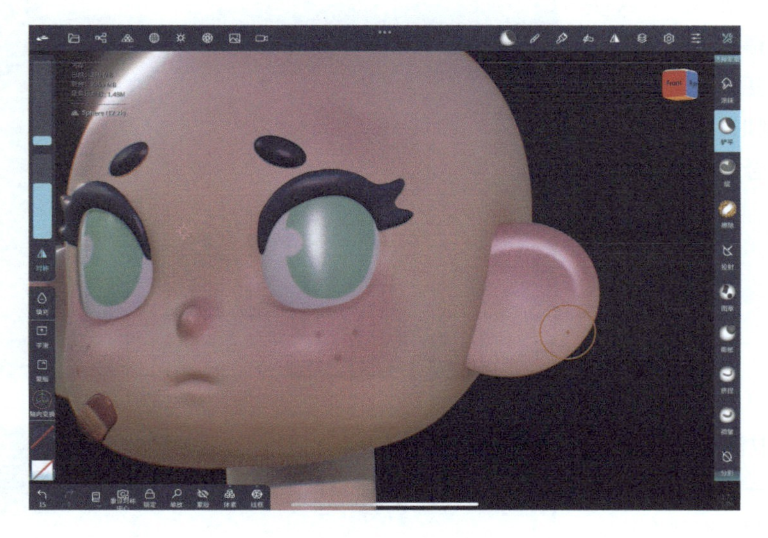

3.3.6 层

讲解“层”工具之前，我们要先了解 Nomad 的“图层”的概念和功能。“图层”功能在软件的顶部位置，打开以后就可以看到“添加图层”按钮和图层列表等，使用过绘画软件（如 Photoshop、Procreate 等）的读者应该了解什么是图层。Nomad 里的“图层”的功能和概念和绘画软件是基本一致的，只是多了一些特色功能。下面搭配图层来使用“层”工具。

◎举个例子

01 打开“图层”菜单，点击“添加图层”按钮新建一个图层并在此图层上操作。

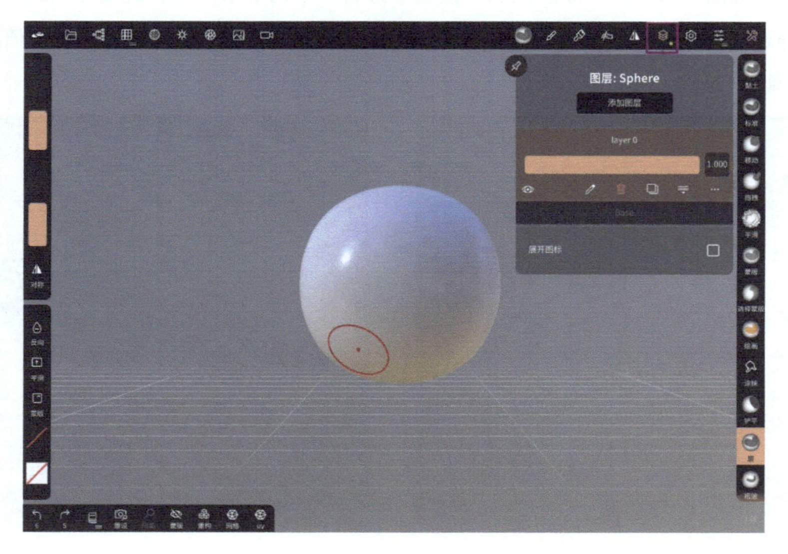

02 打开“层”工具的附属菜单，如右图所示。可以看到一个未翻译的英文选项。勾选左侧的复选框以后，在模型上绘制时，每一笔的相交处会融合在一起。

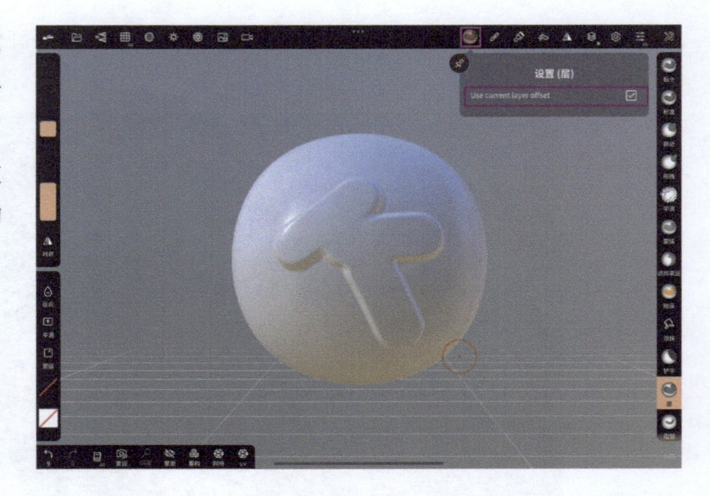

03 如果取消勾选该复选框，那么每一笔的相交处就会叠加到一起。继续在该区域绘制会继续叠加。

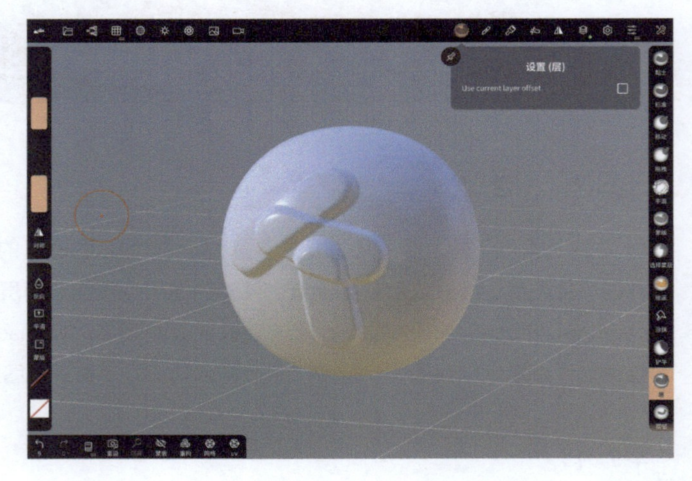

04 打开“图层”菜单，“添加图层”按钮下方有一个调节条，左右拖曳可以调整其数值，向左表示减少，向右表示增加。这时我们可以看到模型绘制部分的效果会随着数值的变化而减弱或增强。

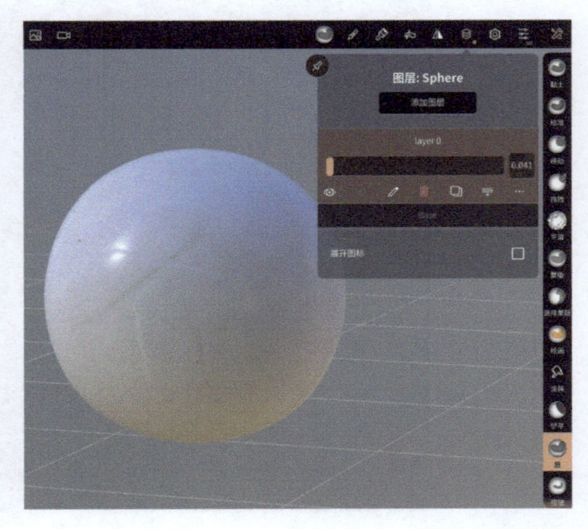

3.3.7 褶皱

“褶皱”工具可用于雕刻凹痕或者切口，可以雕刻衣物上的褶皱线等。如果点击左侧快捷栏中的“反向”按钮，则为凸痕效果。

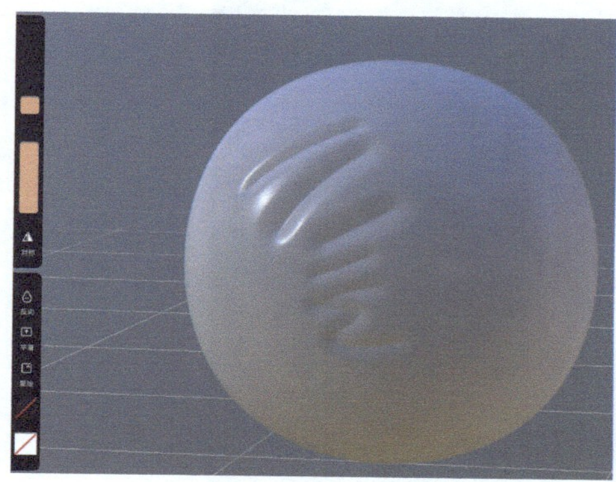

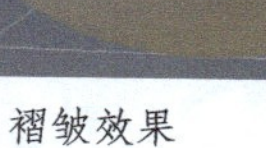

褶皱效果

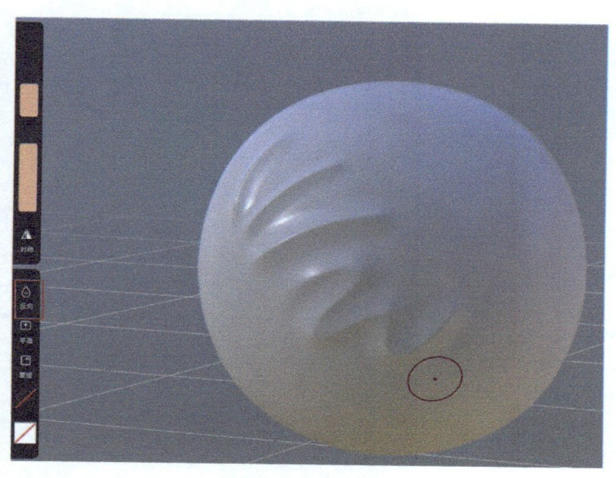

褶皱反向效果

衣服上的褶皱和头发上的效果都是用“褶皱”工具来完成的。

3.3.8 膨胀

“膨胀”工具用于让雕刻区域膨胀，即鼓起来。

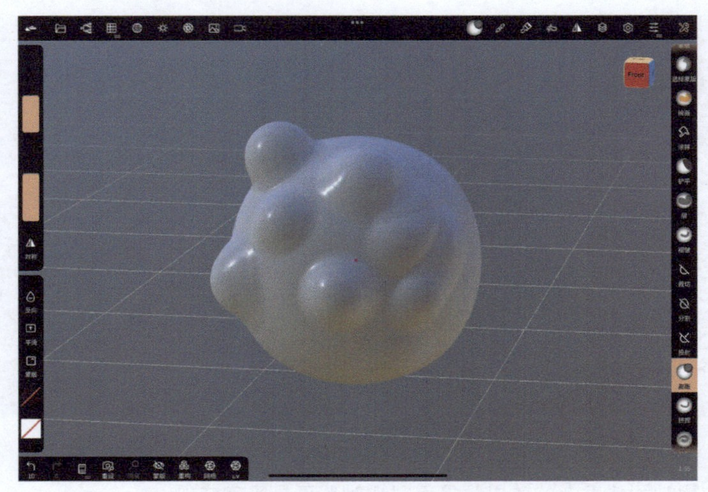

膨胀效果

例如，可以使用“膨胀”工具制作猫爪上的小肉垫。

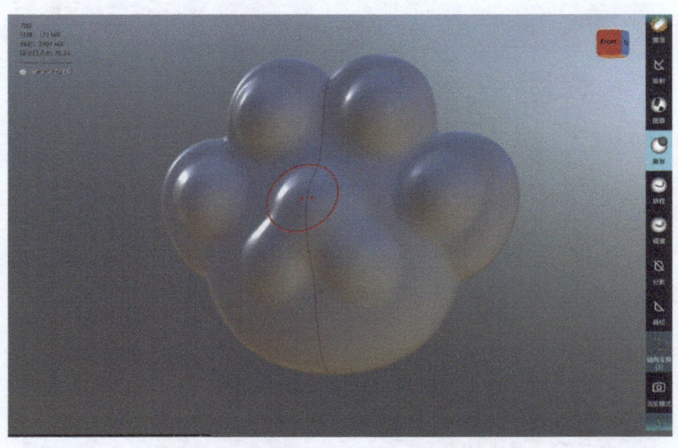

点击快捷栏中的“反向”按钮，则会向反方向凹陷。

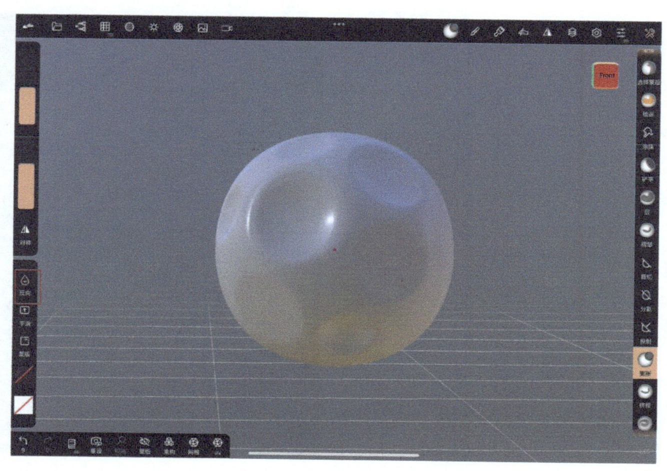

凹陷效果

例如，可以使用“膨胀”工具配合“反向”功能制作奶酪的孔洞。

3.3.9 挤捏

“挤捏”工具用于以画笔的雕刻区域为中心，向内挤压模型。该工具可以用来锐化模型边缘。

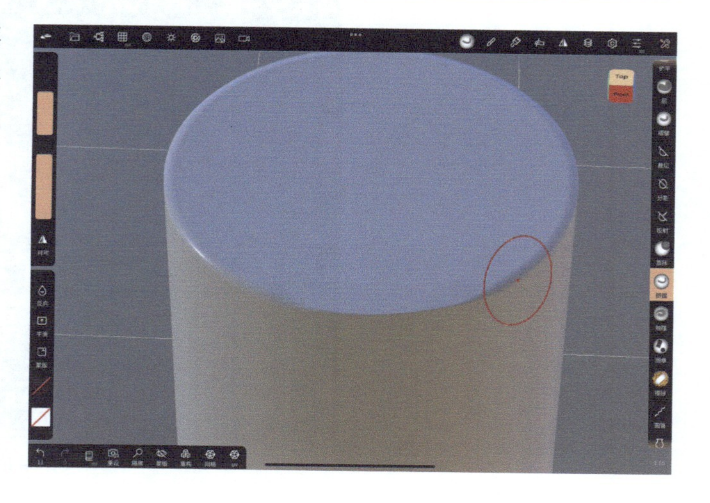

点击“网格”按钮可清晰地看到效果。

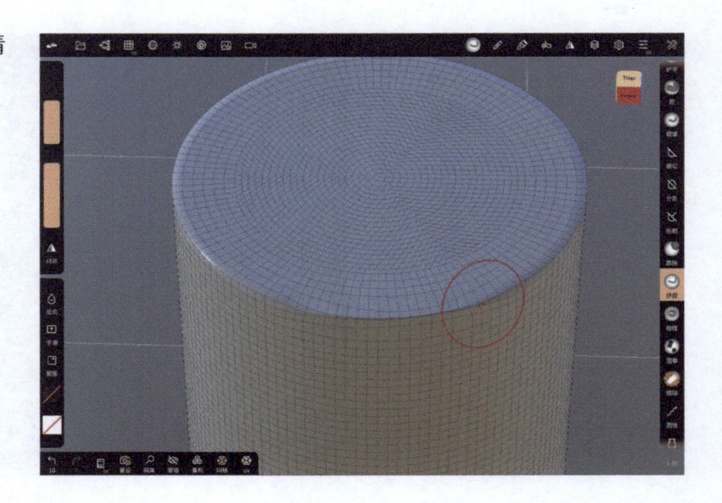

3.3.10 触碰

“触碰”工具类似于涂抹功能，用于随着笔刷方向涂抹模型。

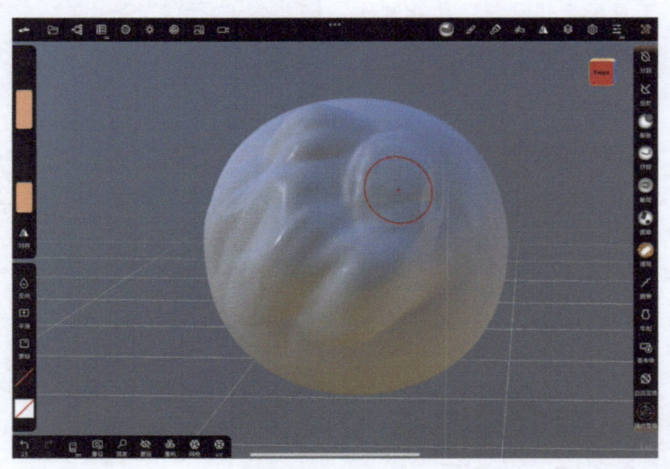

未使用的效果

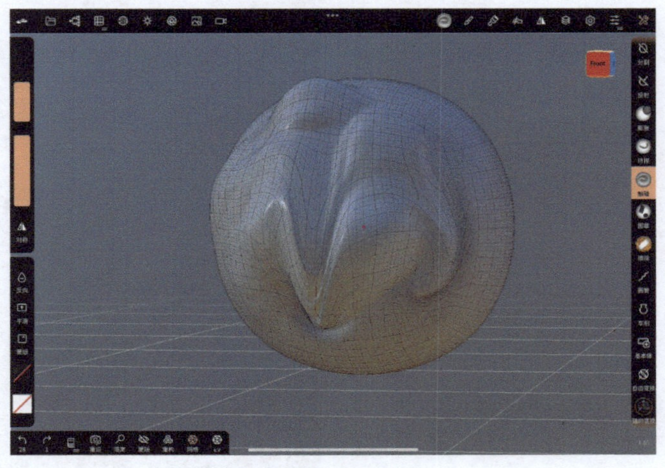

使用后的效果

3.3.11 图章

“图章”工具需要配合笔刷形状来使用。

◎举个例子

01 注意看左下角的笔刷形状快捷方式，默认显示图标，表示当前没有指定笔刷形状。点击以后可以加载笔刷形状。Nomad 内置了 3 个笔刷形状，点击界面上方的加号可以加载自己绘制的笔刷。为了方便观看效果，笔者用一个自己绘制的笔刷形状来演示。

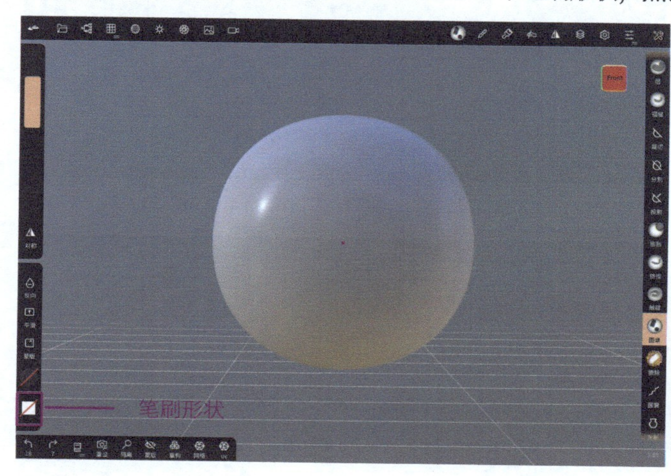

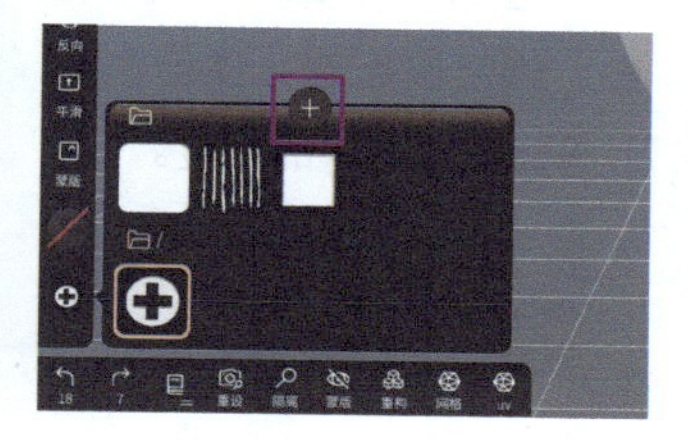

02 打开“画笔”菜单，其中有更详细的笔刷设置。

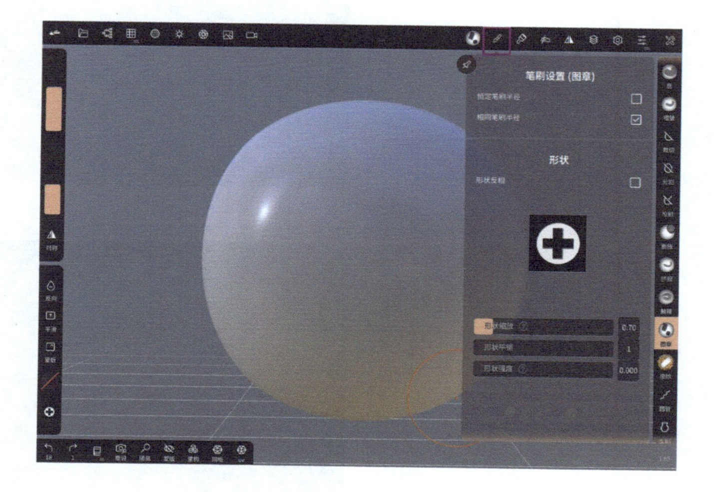

下滑菜单可以看到“笔刷类型”中有两个选项——“抓取 - 可调半径”和“抓取 - 可调强度”，抓取的意思就是用画笔点击雕刻区域的同时向上下方向拖动，可以调节形状的半径或者强度。我们来看下面的例子。

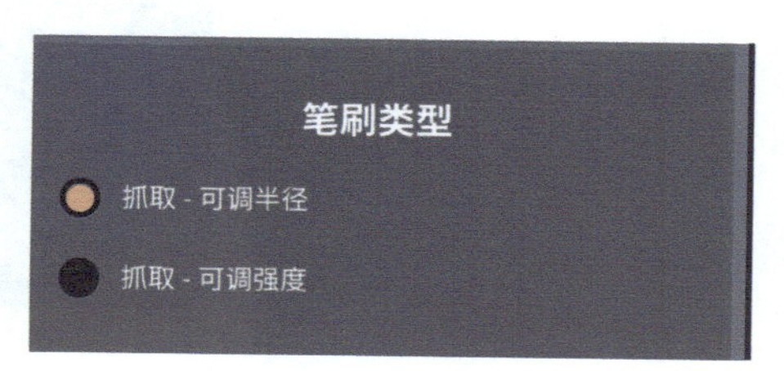

选择“抓取－可调半径”单选按钮后，使用画笔可调节图章形状的大小。

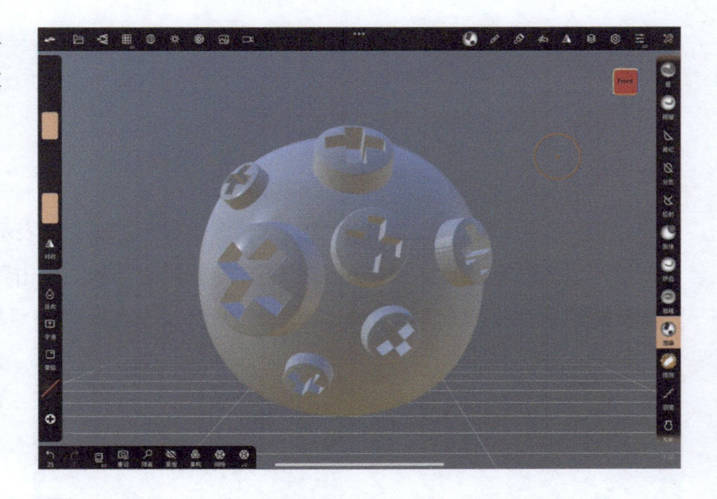

选择“抓取－可调强度”单选按钮后，使用画笔可调节图章形状的强度。

掌握“图章”工具后，我们就可以制作出更多好看的形状了。

3.3.12 擦除

使用“擦除”工具可以擦除之前雕刻的形状，但只能在新建的图层上使用该工具。

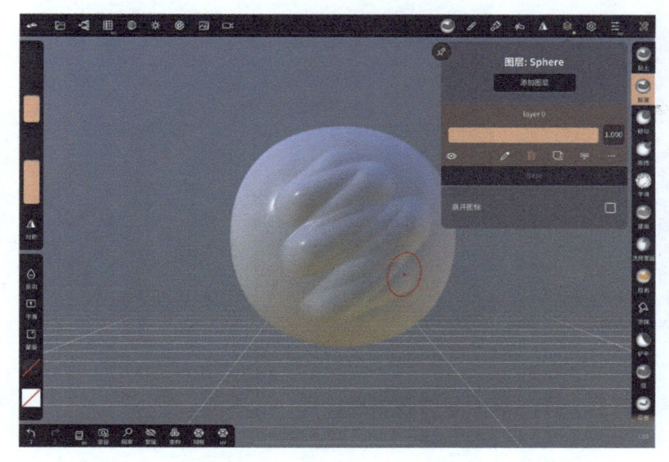

在新建图层上雕刻

擦除效果

3.3.13 平滑

“平滑”工具的作用就是通过均匀网格来平滑雕刻区域，类似捏泥巴时用手抹平泥巴表面。此工具的效果依赖于模型的网格密度，网格密度越大，平滑效果就越不明显，反之则越明显。在右侧工具栏和左侧快捷栏中都可以选择该工具。

平滑前

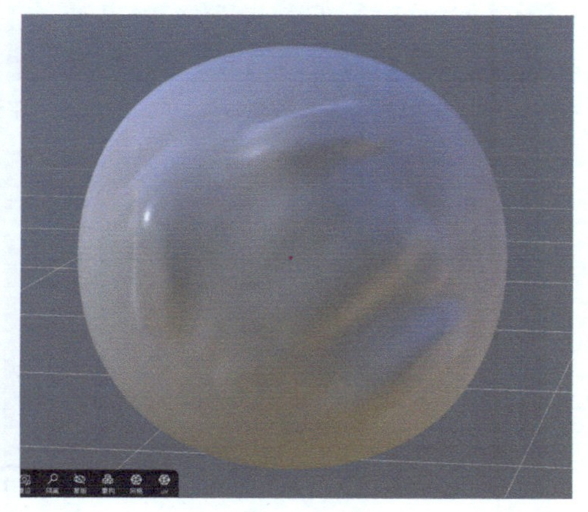

平滑后

点击下方“网格”图标，打开网格以查看效果。

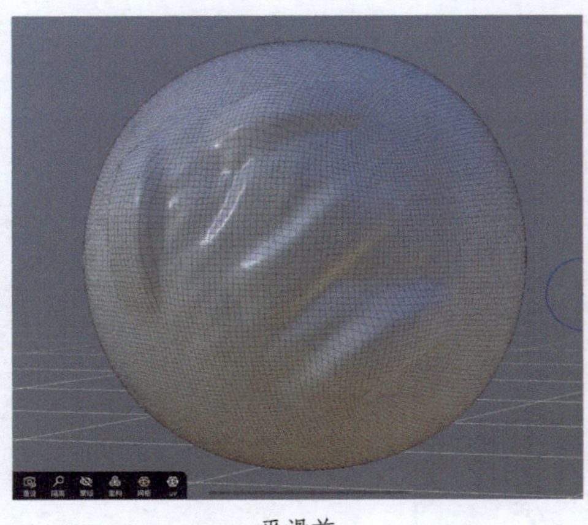

平滑前

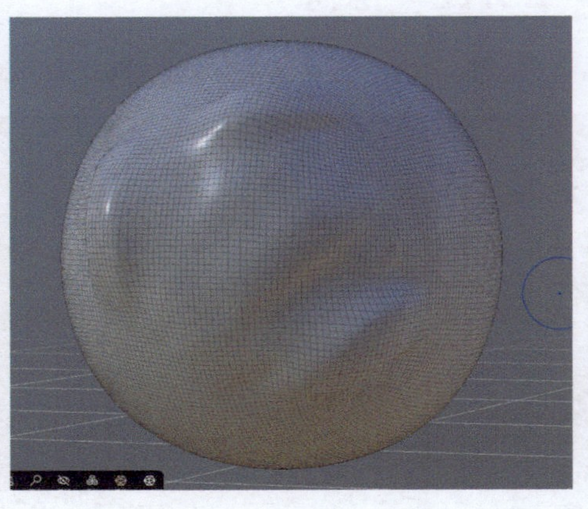

平滑后

下面看一下增大模型的网格密度后，和之前的平滑效果相比有什么不同。

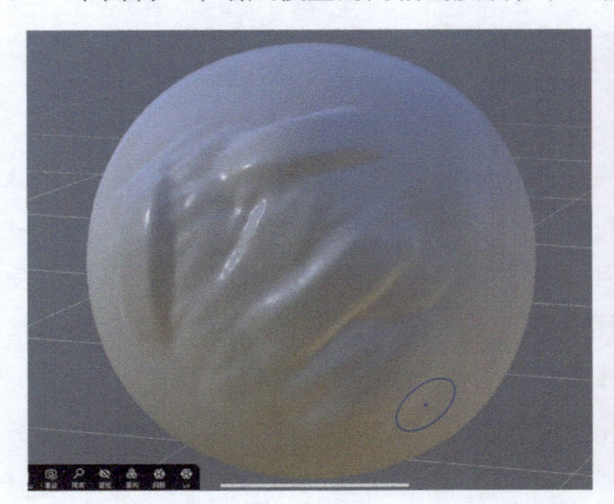

平滑前

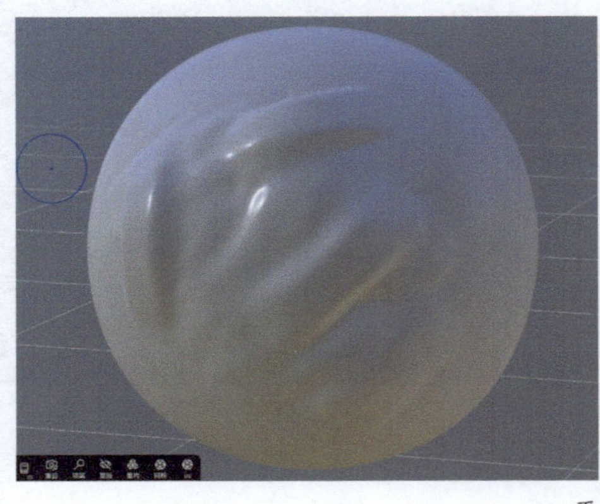

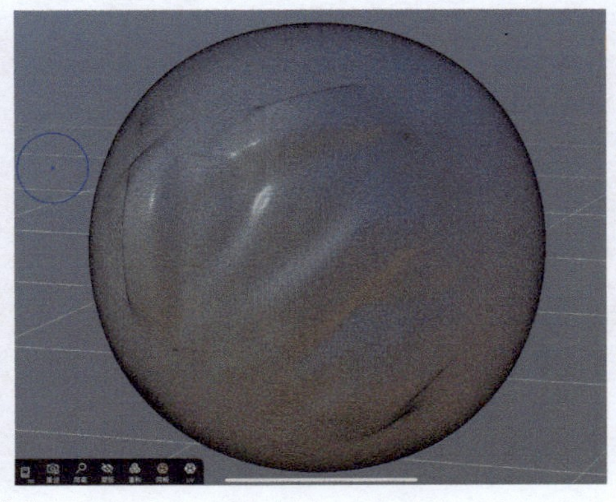

平滑后

由于模型网格密度的增大和面数的增多，模型比之前更加细腻，需要平滑的面也就更多，所以肉眼看上去平滑效果不会太明显。

3.4 雕刻工具案例：绘制“苹果人”

前面讲解了雕刻工具的功能和用途。下面结合上述内容，使用几个常用的雕刻工具制作一个“苹果人”。

提示

笔者制作案例时使用的是 Nomad 1.68，如果读者发现界面有所不同，可查看“版本更新”的内容进行对比。

◎步骤

01 新建一个项目，这时雕刻区域中有一个初始的球体。

02 打开“对称”菜单，勾选“高级设置”界面里的“显示线条”复选框，这样模型中间会有一个世界中轴线，可以辅助我们进行对称雕刻。

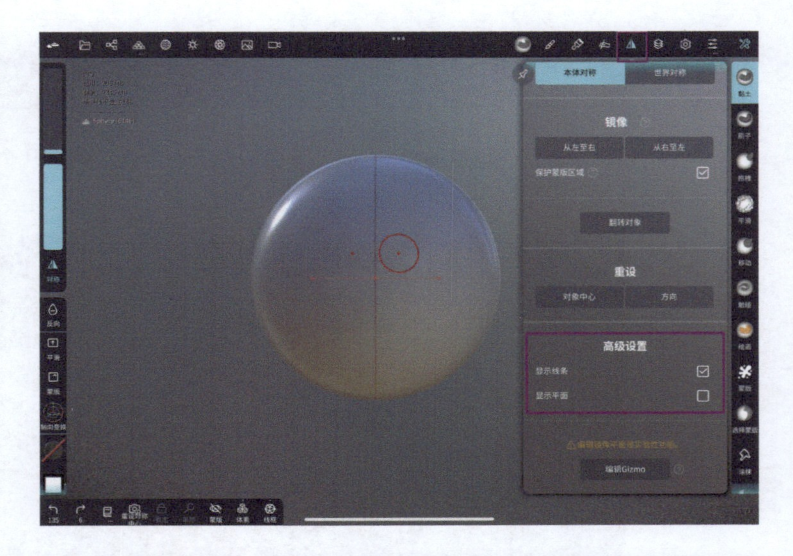

03 选择“拖拽”工具，并在左侧快捷栏中调整笔刷大小，让笔刷大于模型，这样方便塑造模型的大致形状。将球体的上下两端压扁。

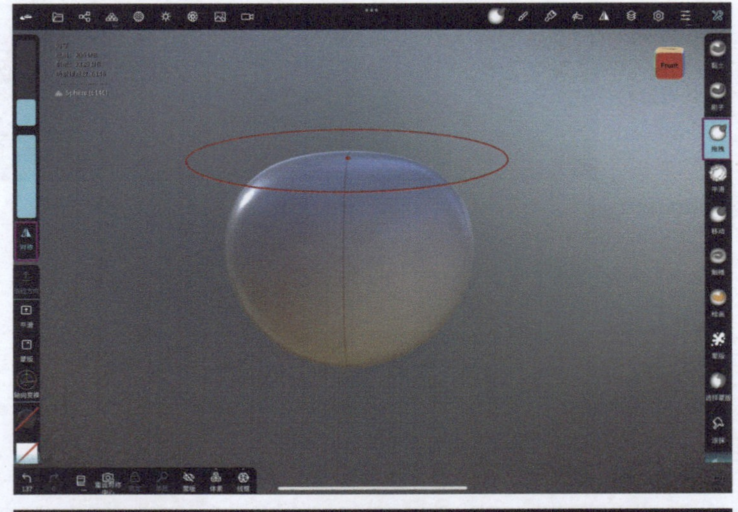

提示

注意把左侧的“对称”功能打开，这样能同时拖动世界中轴线的两侧。多角度地观察模型，查看拖动区域是否正确。

04 选择“膨胀”工具，点击“反向”按钮，做出苹果上方凹进去的部分。

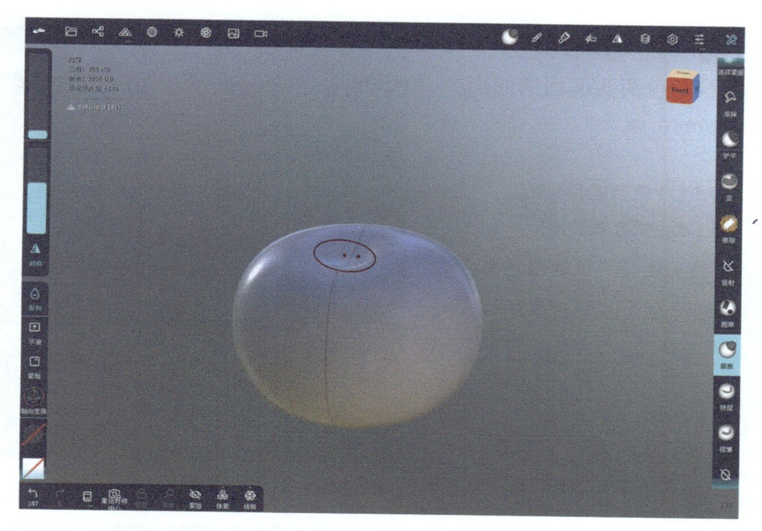

05 苹果的大致形状确定以后，新建一个球体来制作叶子。

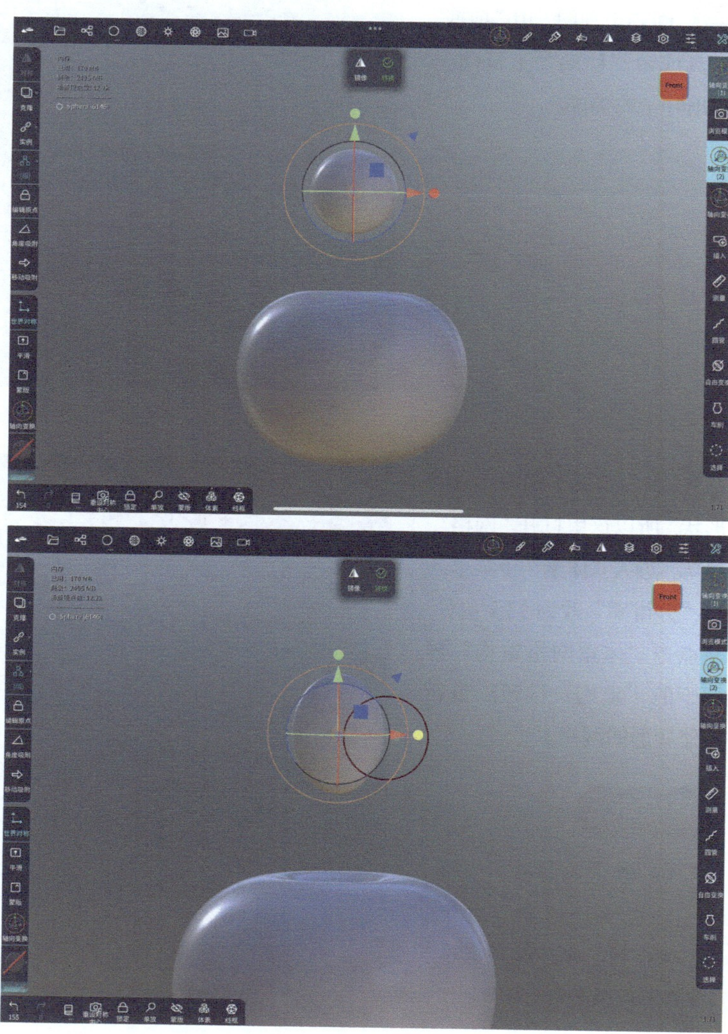

06 使用“轴向变换”工具推拉蓝色箭头前面的圆点，将模型压扁。

找到知识

“轴向变换”工具的使用方法将在3.15节讲解。

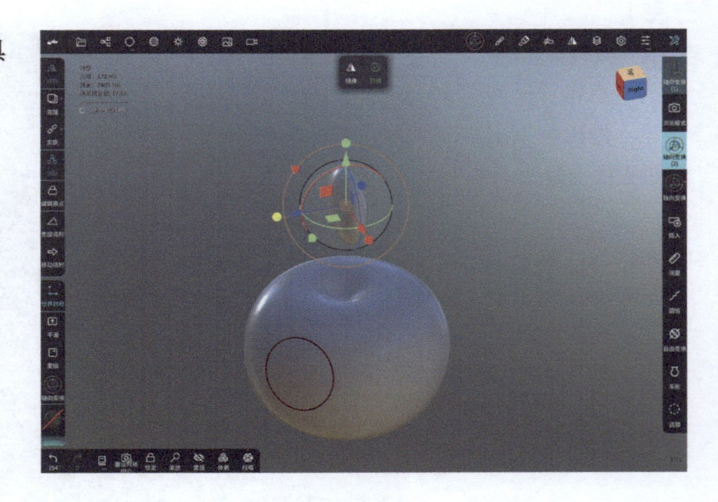

07 回到正视图，用“拖拽”工具或者“移动”工具向上拉出叶子的尖部。

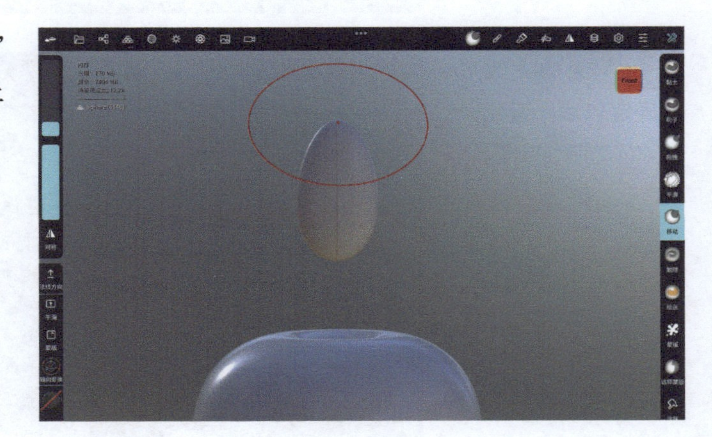

08 因为改变了模型本身的形状，所以这里打开“网格”菜单，进入“体素”子菜单，将“分辨率”改为115左右，并点击“体素网格重构”界面下的“重构”按钮，重新构建变形的网格。

提示

这里的界面为新版本的界面，在“版本更新”中会详细讲解，其功能和使用方法与旧版本是一样的。

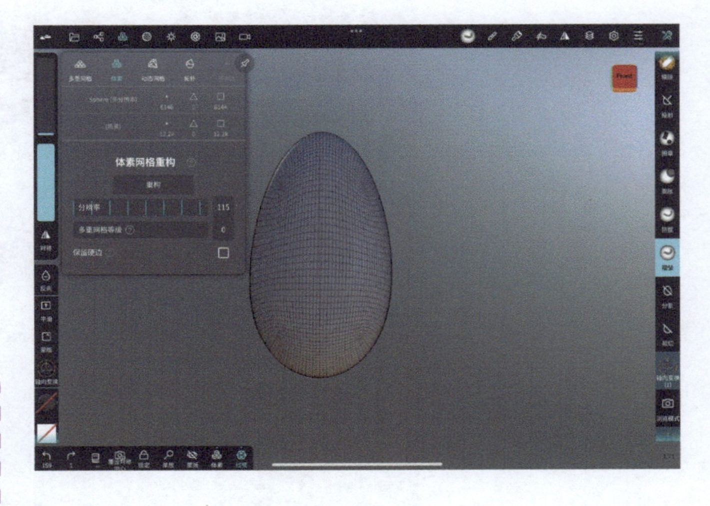

09 使用“褶皱”工具在叶子表面绘制出叶脉。

10 使用“平滑”工具将叶脉周围不匀称的线条变得平滑、柔和。

11 使用“轴向变换”工具将叶子移动到苹果的上方，并旋转叶子。

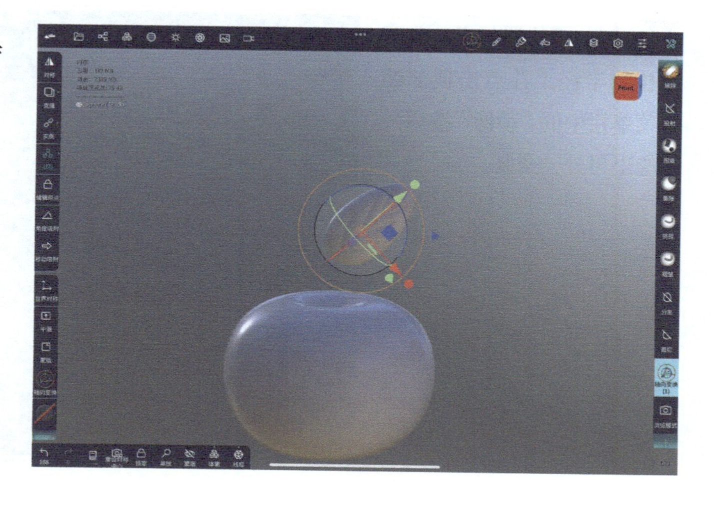

12 点击快捷栏中的“克隆”按钮，然后使用“轴向变换”工具将复制出的叶子放在左边。可以把其中一片叶子缩小以营造差异化效果。

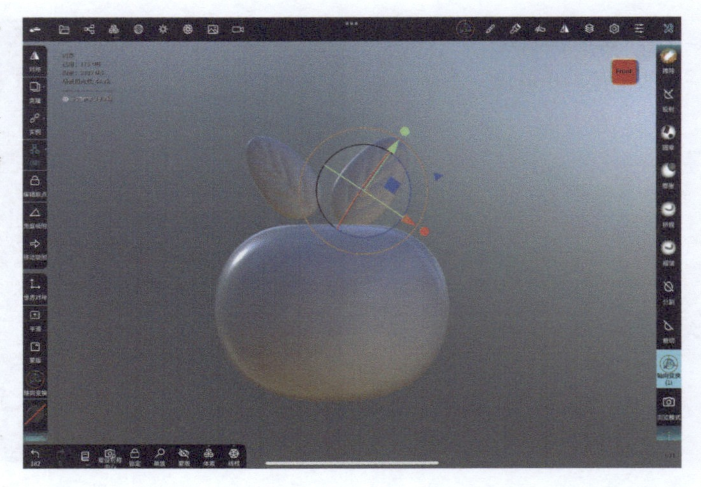

13 新建基本体“圆柱”，用于制作“苹果人”的腿。

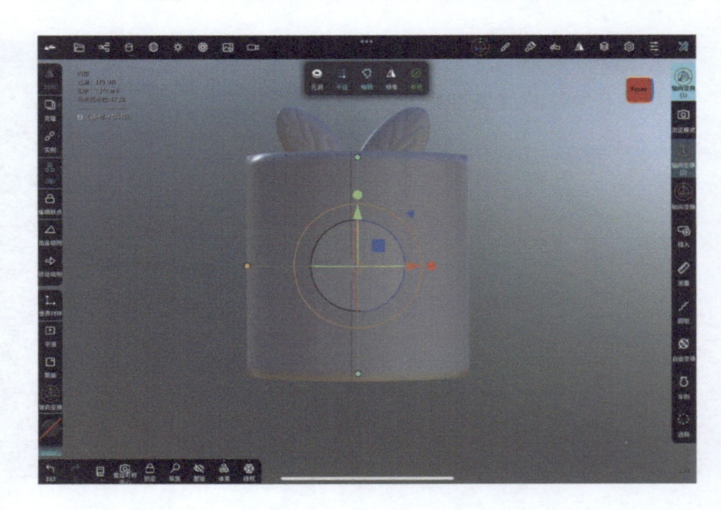

14 拖动橙色调节点，改变圆柱的半径，并点击顶部编辑菜单栏中的“镜像”按钮，镜像出另外一条腿。

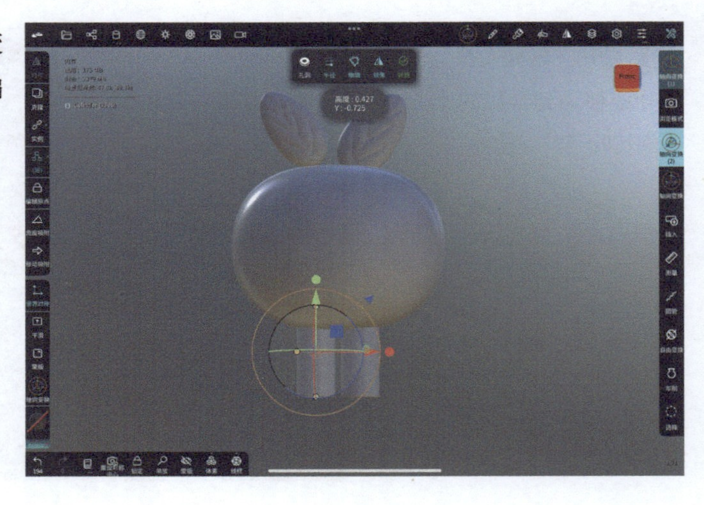

15 制作鞋子的筒形部分。点击左侧的“克隆”按钮，使用“轴向变换”工具向下拖动复制出的圆柱。

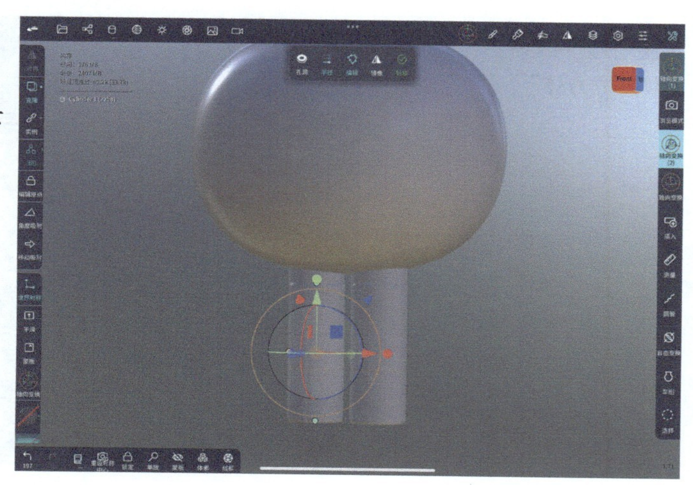

16 打开“网格”菜单，把“后期细分”的数值改为2，调小分段数，直到圆柱边缘出现圆角。

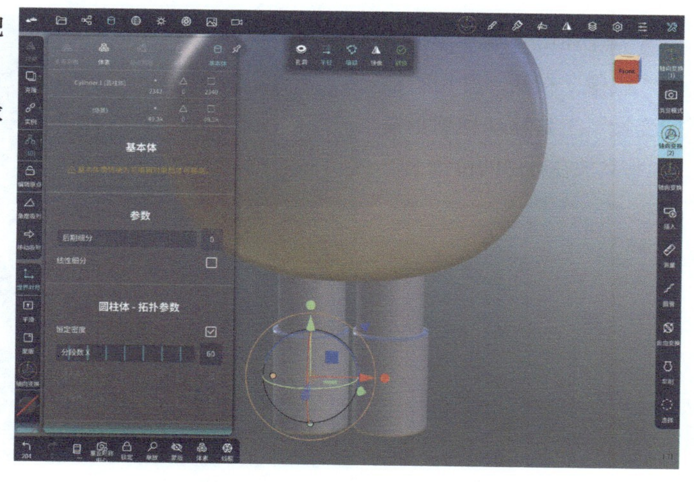

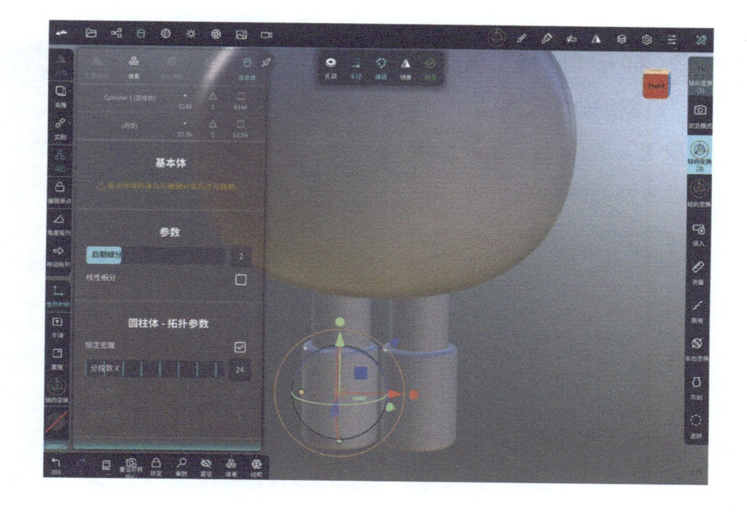

17 制作鞋掌部分。新建基本体“立方体”。

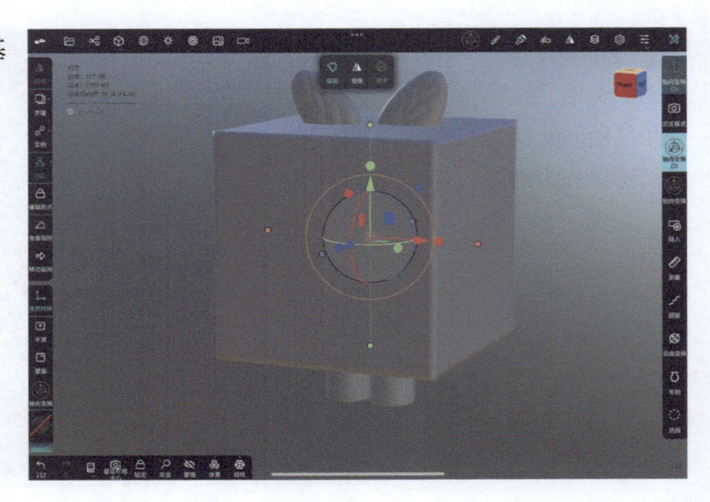

18 点击顶部编辑菜单栏中的“镜像”按钮，并用“轴向变换”工具移动和缩小模型，将其放在鞋子的位置上。

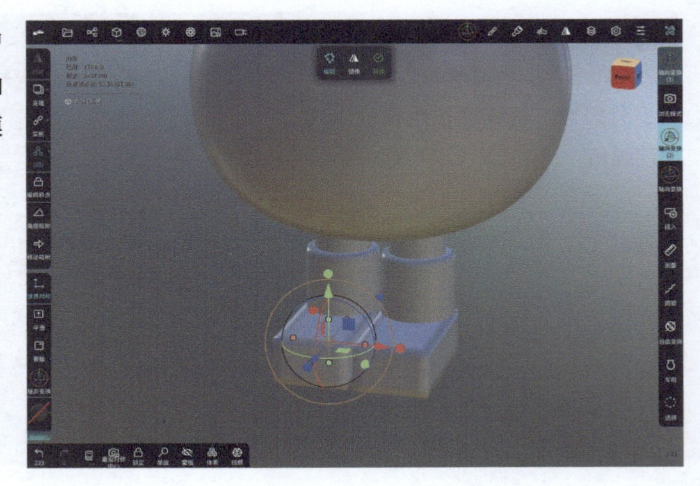

19 打开“网格”菜单，把“后期细分”改为3，“分段数X”改为1，将立方体边缘调整为圆润的。

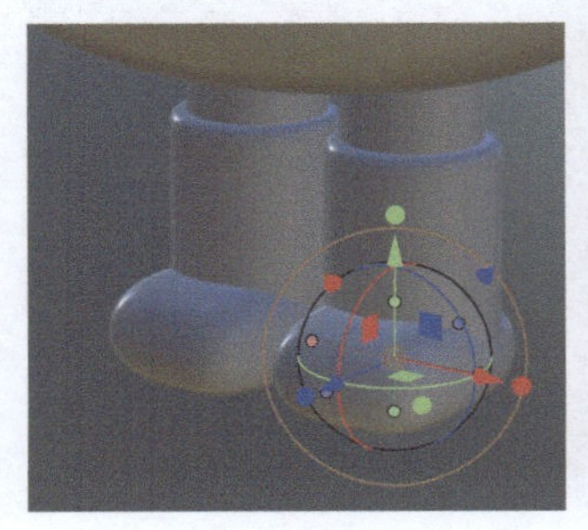

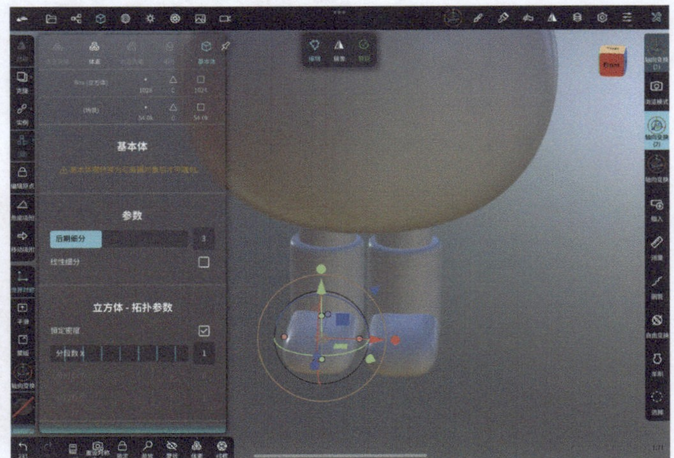

20 把鞋子的所有部分选中，然后点击“体素合并”按钮将它们合并到一起。“分辨率”的数值可以调整为150～200。

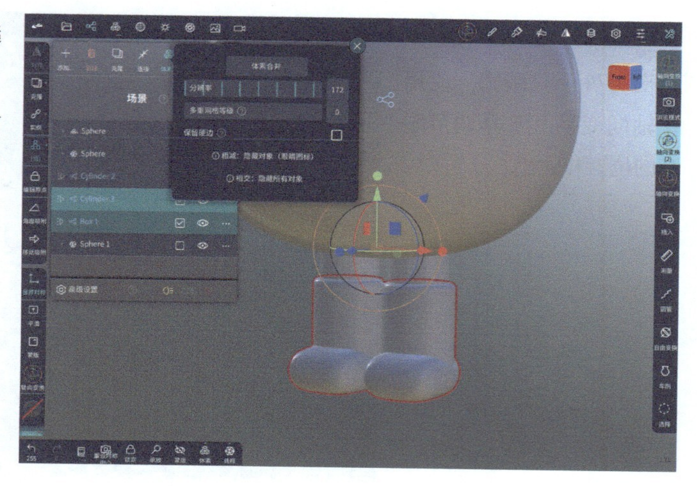

21 合并模型后，选择“平滑”工具，将模型衔接的部分变得平滑、柔和。

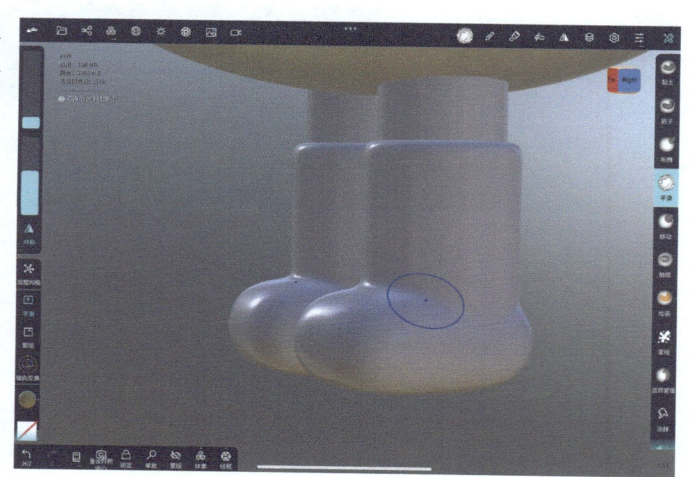

22 制作“苹果人”的眼睛。新建一个基本体“球体”。

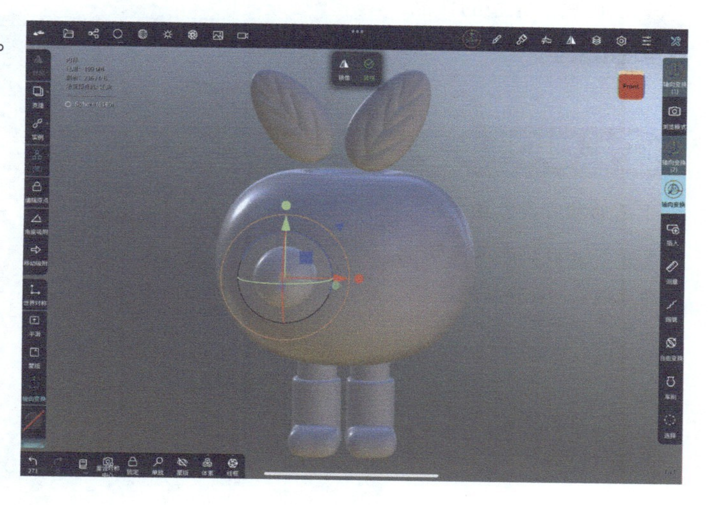

23 点击“镜像”按钮复制出另外一只眼睛，使用“轴向变换”工具调节眼睛的位置和大小。

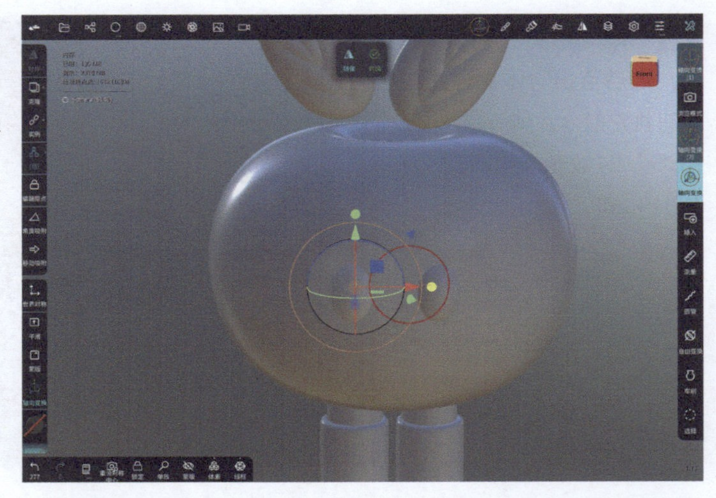

24 白模制作完成。

25 上色后，完整的作品就呈现出来了。

找到知识

上色的相关内容在“第4章 Nomad 绘画工具与灯光渲染”会详细讲解。

3.5 蒙版工具

使用蒙版工具可以在模型上绘制出遮罩区域，以保护该区域不被选择、雕刻或者绘制。蒙版工具主要有“蒙版”工具和“选择蒙版”工具，可以在顶部右侧的工具栏中看到对应的图标，点击可打开对应的设置菜单。

3.5.1 蒙版

1. 遮罩功能

绘制一个蒙版区域，该区域会形成遮罩效果且不会被操作影响，如下图所示。

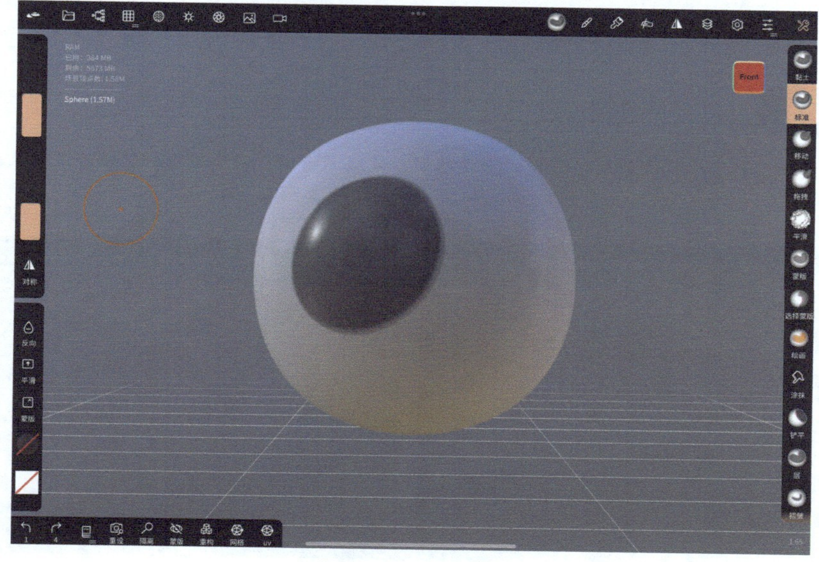

未使用雕刻工具时的效果

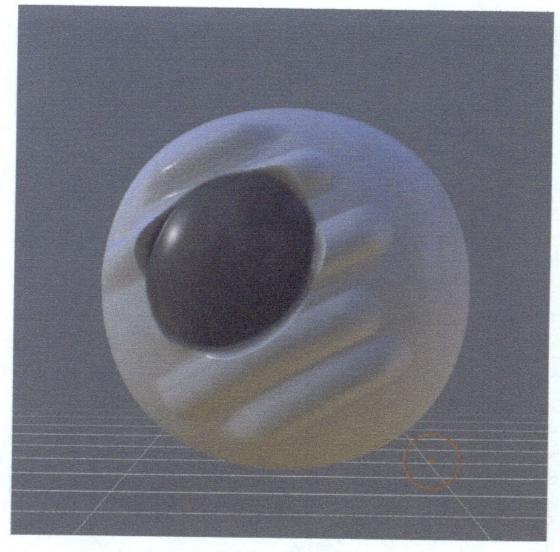

使用雕刻工具时的效果

使用“拖拽”工具时的效果

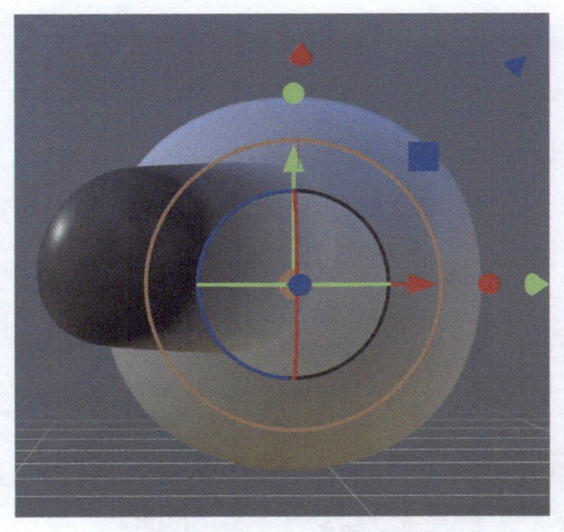

使用“移动”工具时的效果

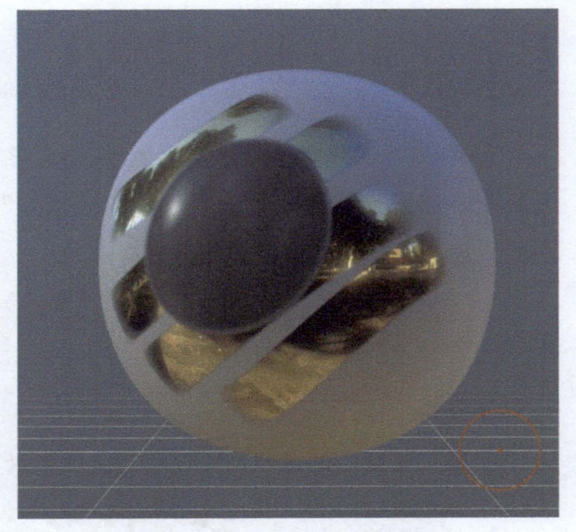

使用“绘画”工具时的效果

提示

蒙版的清晰度取决于模型的网格密度。密度越大，蒙版越清晰；密度越小，蒙版边缘会呈现马赛克效果。

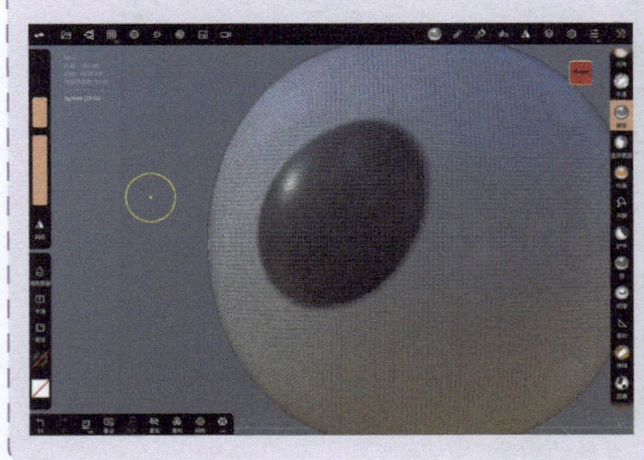

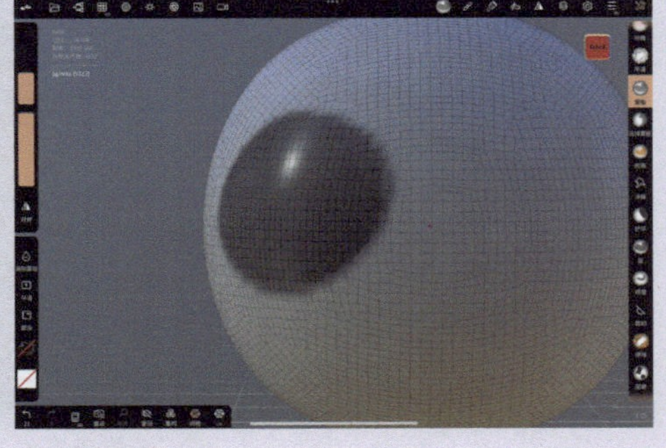

2. 设置（蒙版）

如果要用到“蒙版”工具的更多功能，需要打开“蒙版”工具的附属菜单。点击顶部的“蒙版”图标，打开的附属菜单的第一部分为“设置(蒙版)”界面，其中有“清除”“反相”“模糊”“锐化”4个按钮。

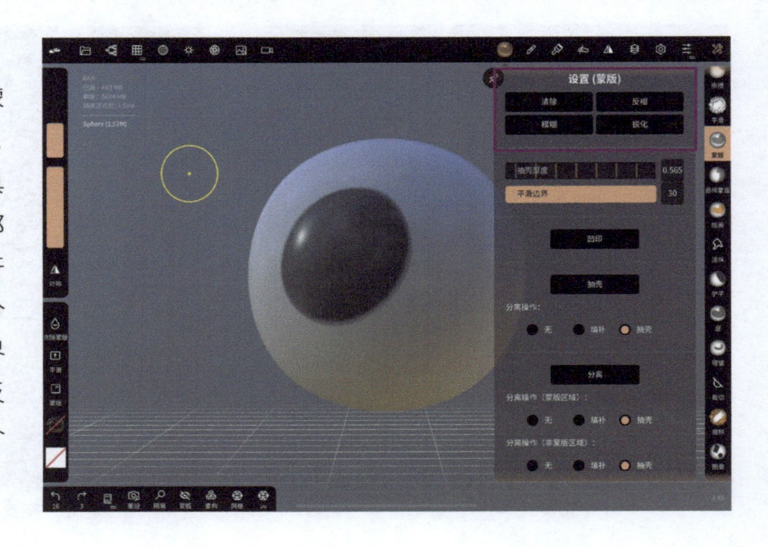

清除：一键清除绘制的蒙版。

反相：反相绘制蒙版。

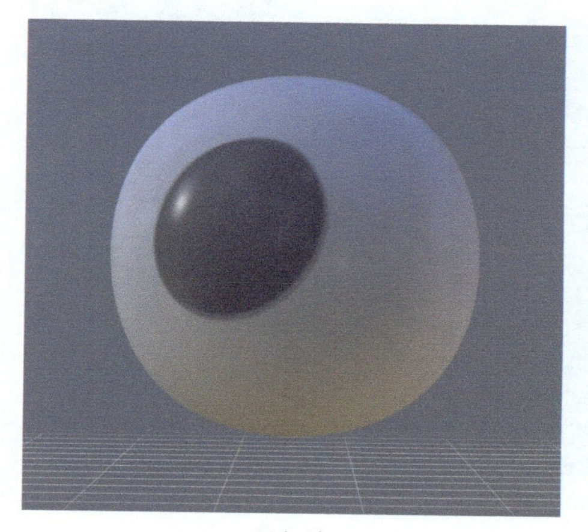

反相前

反相后

模糊：模糊绘制的蒙版的边缘，可重复点击该按钮，直到达到自己想要的模糊效果。

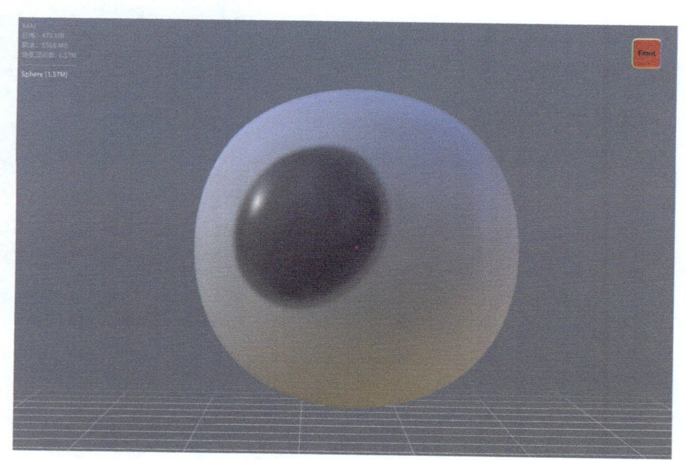

锐化：锐化绘制的蒙版的边缘，可重复点击该按钮，直到达到自己想要的锐化效果。

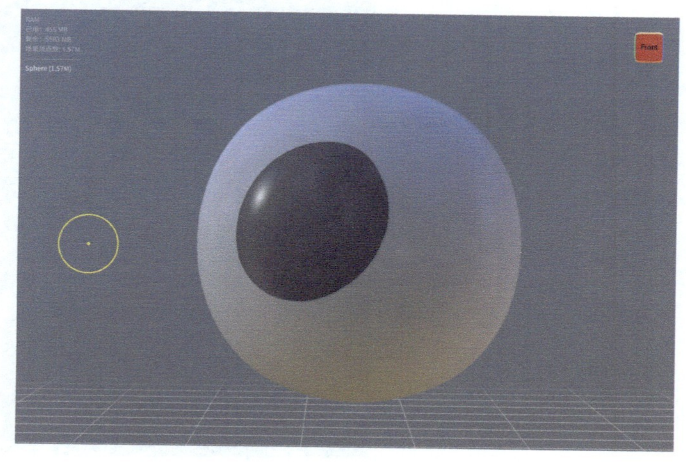

3. 凹印、抽壳、分离

“设置（蒙版）”界面下方有“抽壳厚度”和“平滑边界”调节条，以及“凹印”“抽壳”“分离”3个按钮和其他附属选项。

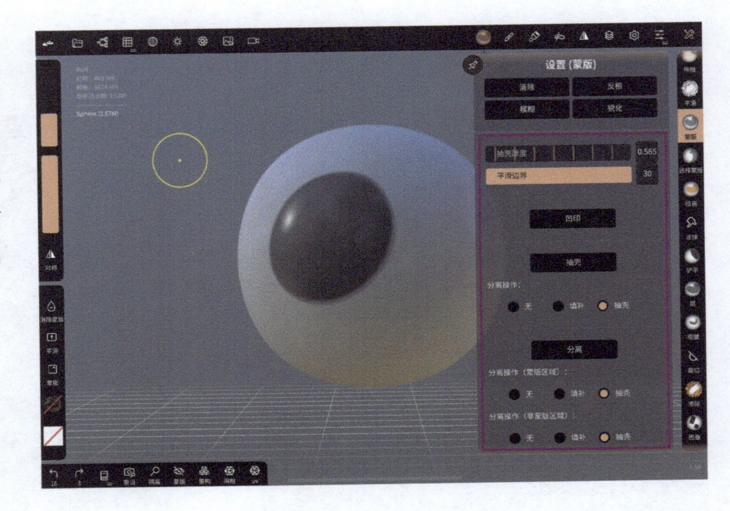

凹印：以绘制的蒙版形状为基础，在模型上形成一个凹痕，凹痕厚度取决于“抽壳厚度”的数值。

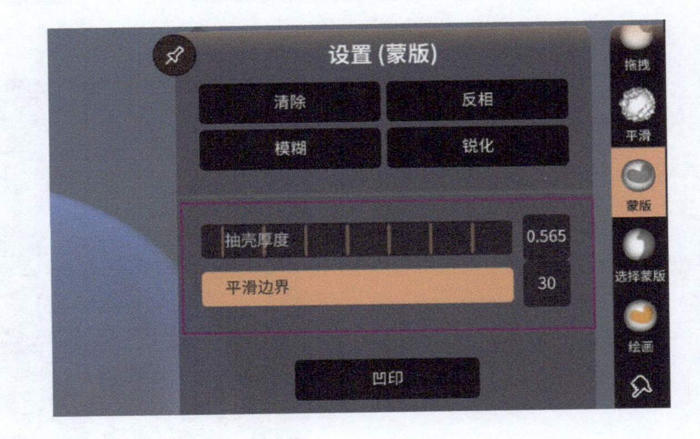

◎举个例子

01 绘制一个爱心形状的蒙版。

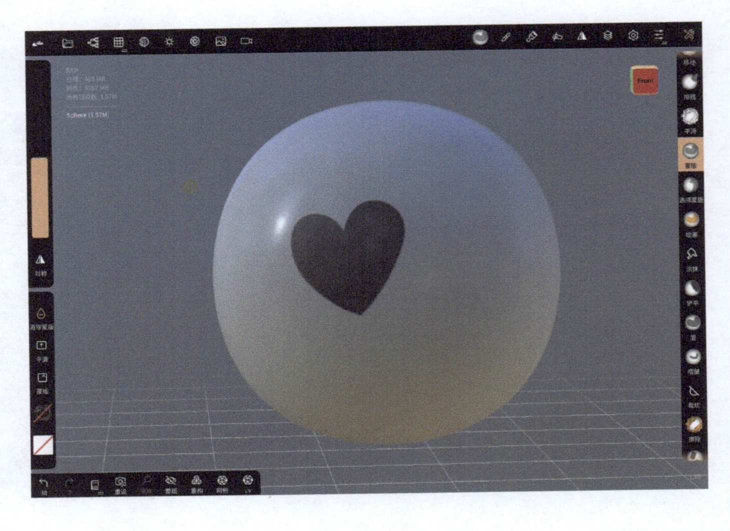

02 调整好厚度，点击“凹印”按钮，这时就会单独生成一个蒙版形状的模型。

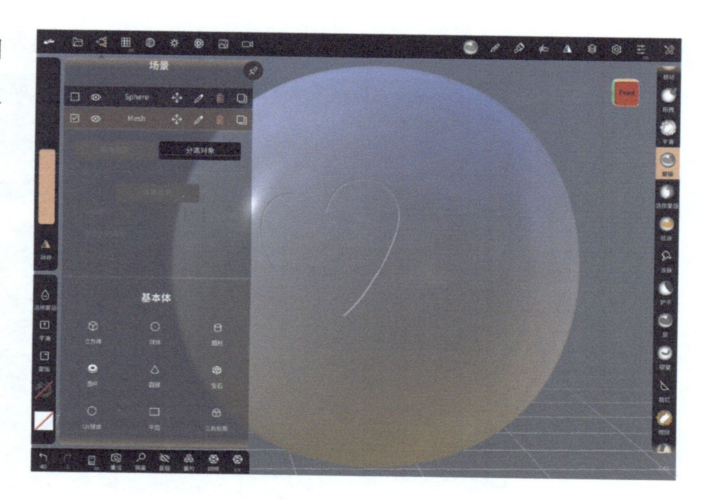

03 选择这个模型并移动，就能看到生成的凹印。

提示

如果无其他蒙版操作，记得清除蒙版，避免影响后续的雕刻操作。

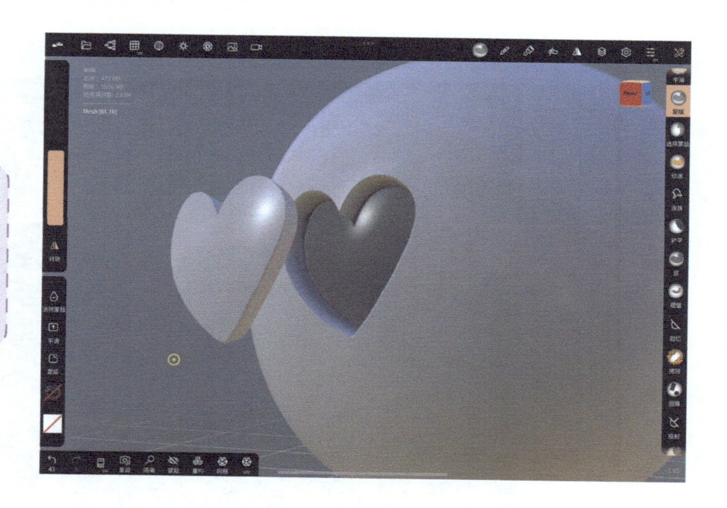

抽壳：以绘制的蒙版形状为基础，在模型上抽出一个厚度。在“分离操作”选项栏中选择“抽壳”单选按钮，其厚度取决于“抽壳厚度”的数值。

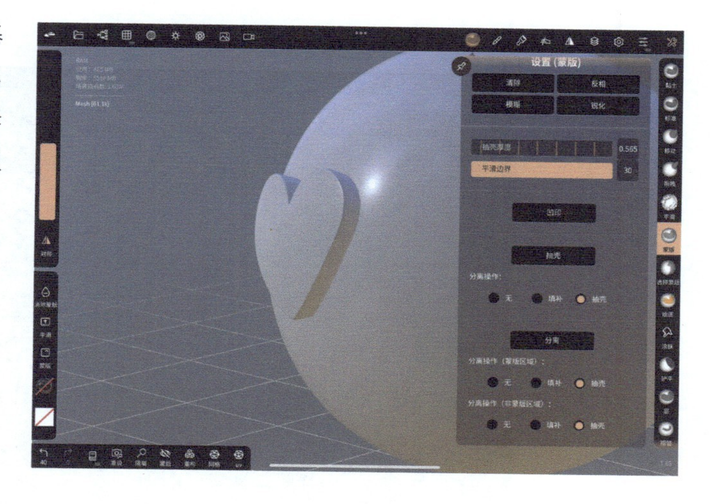

如果选择了“无”或者“填补”单选按钮，是无法设置抽壳厚度的。

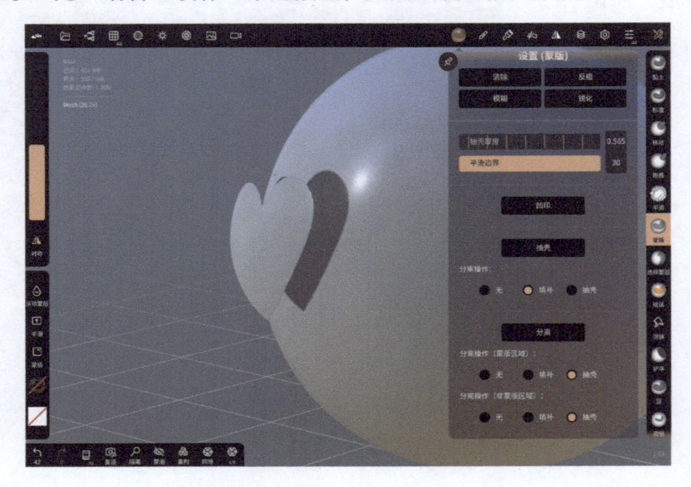

分离：把绘制的蒙版分离出来，作为单独的模型。

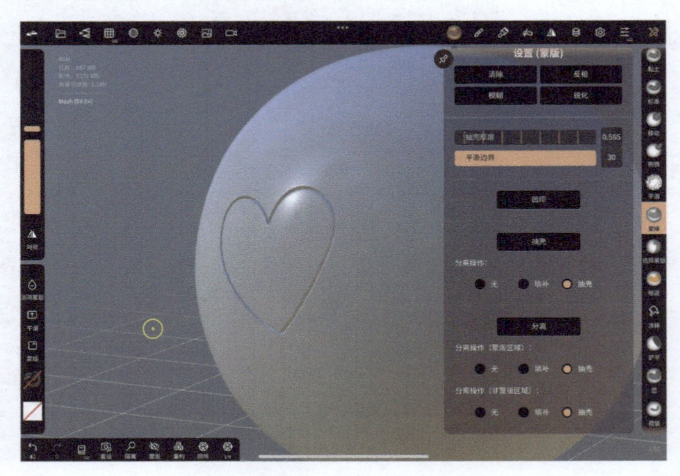

同样要选择“抽壳”单选按钮，否则形状无法设置厚度。

3.5.2 选择蒙版

“选择蒙版”工具和“蒙版”工具的功能基本一致，区别在于绘制蒙版的方式不同，“蒙版”工具通过笔触绘制，多用于绘制不规则形状。“选择蒙版”工具常用于规则形状的绘制，如常用的圆形、方形等。在左侧快捷栏上可以选择形状工具。

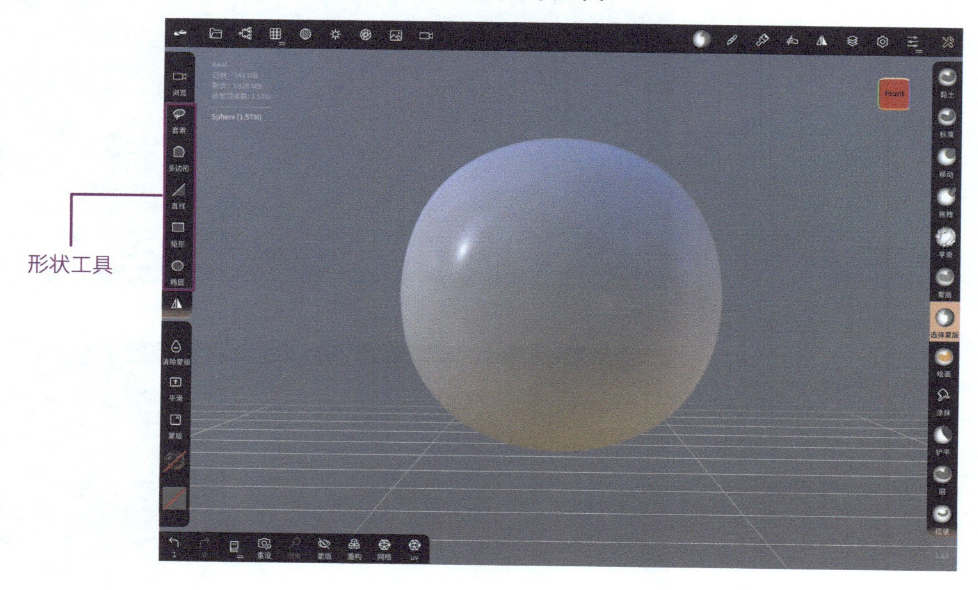

1. 套索

通过画笔自由绘制想要的蒙版形状，如一些不规则形状。

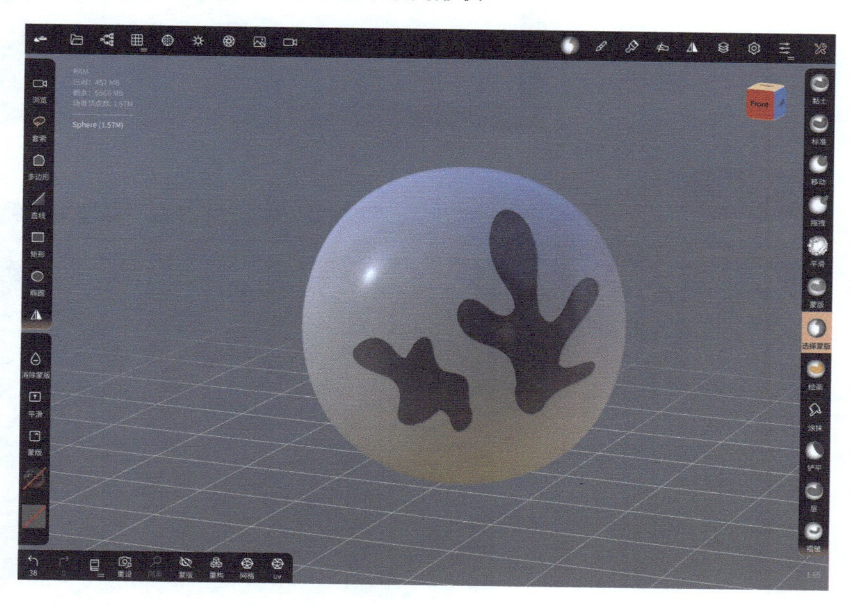

2. 多边形

点击想要选择的位置并勾勒出多边形选区，默认为3个顶点，可在线条上添加顶点。完成形状的绘制后点击绿色圆点确定。

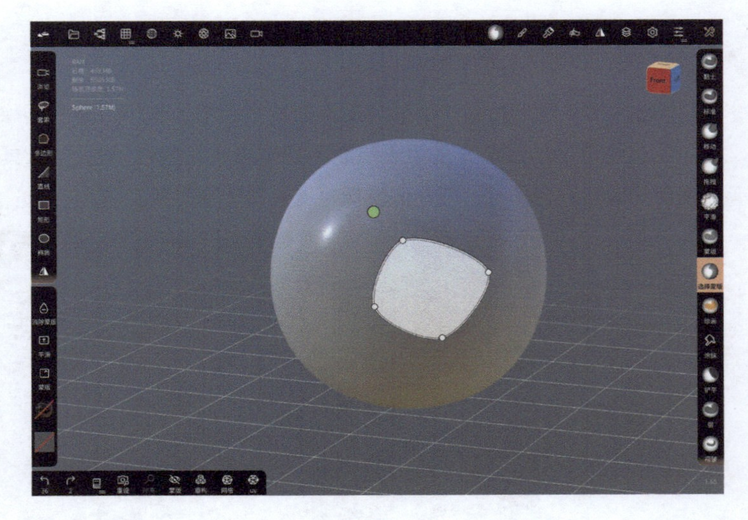

3. 直线

用一条贯穿整个屏幕的直线来选择选区，白色区域为蒙版选区。

提示

“选择蒙版”工具的附属菜单里有“形状－直线”界面，其中的“旋转角度”调节条可以调节直线的倾斜角度。

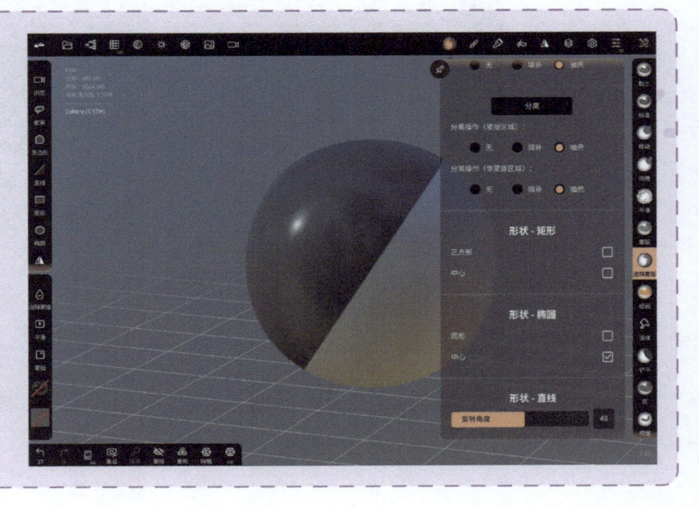

4. 矩形

以拖动的方式绘制矩形来框选蒙版选区。

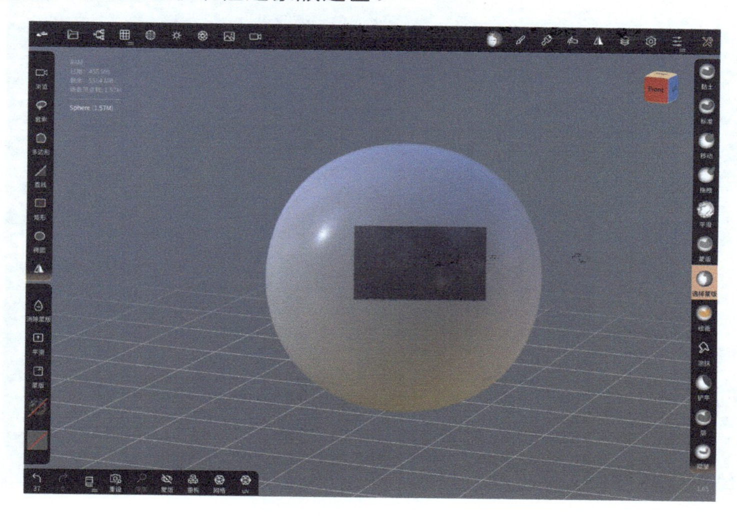

提示

打开附属菜单，可以看到“形状–矩形”中的两个选项，分别是“正方形”和“中心”选项，勾选“正方形”复选框以后，拖动绘制出来的形状就是正方形。

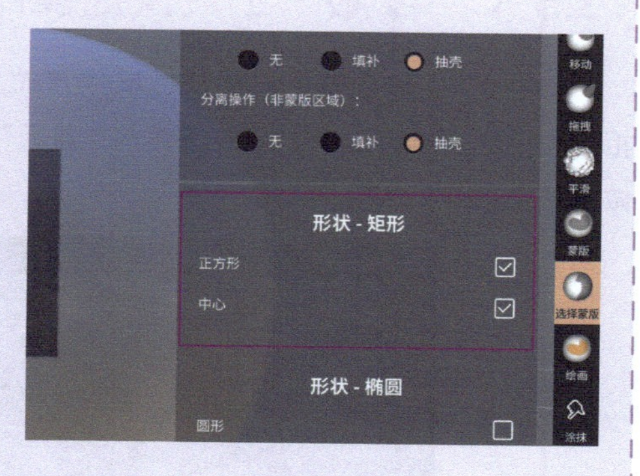

勾选“中心”复选框以后，会以正方形的中心为基点进行等比绘制。

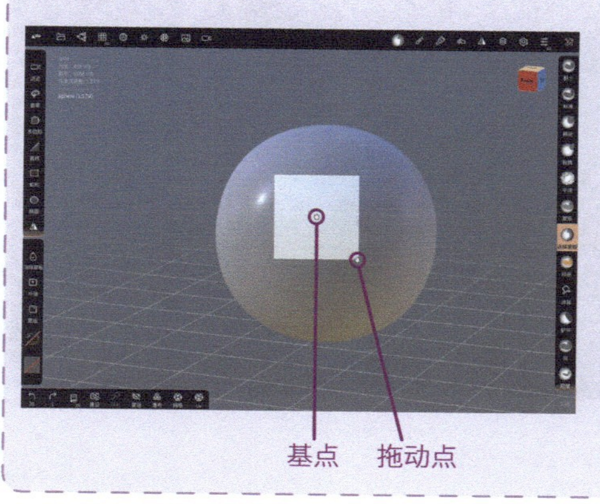

取消勾选“中心”复选框，则以多边形顶点为基点进行绘制。

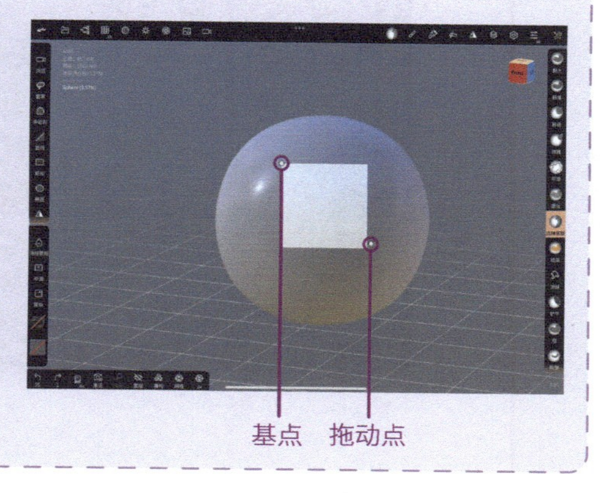

5. 椭圆

以拖动的方式绘制椭圆来框选蒙版选区。

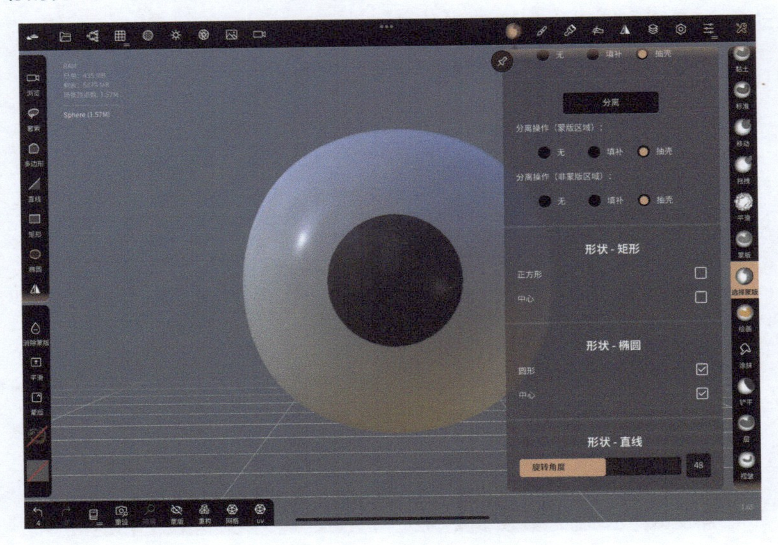

3.5.3 “蒙版”工具快捷操作方式

“蒙版”工具也有自己的快捷操作方式，分别对应附属菜单里的“模糊”“锐化”“反相”“清除”功能。首先找到左下角的“蒙版”按钮，左手按住此按钮，然后右手使用触控笔做出对应的操作。

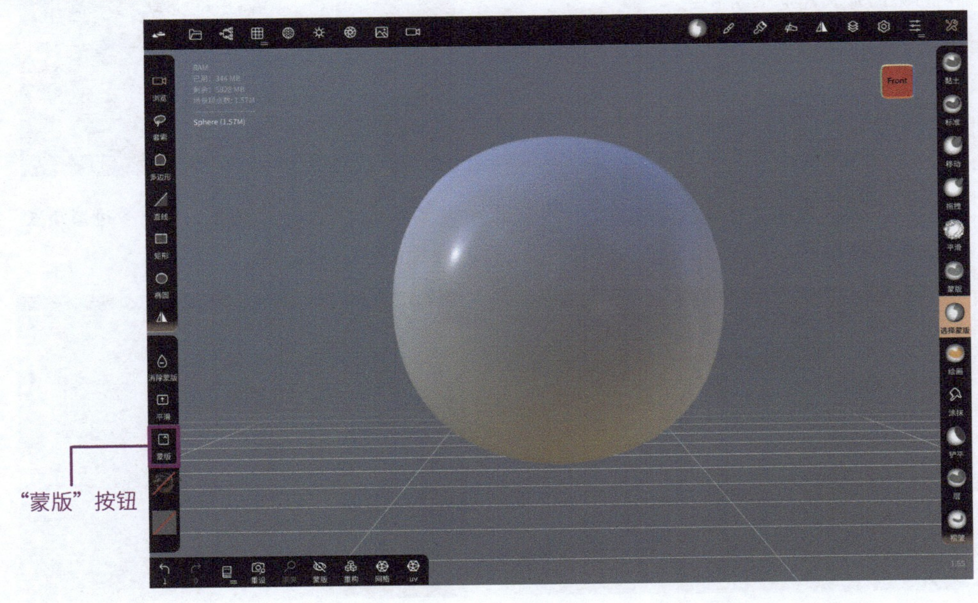

1. 模糊

左手按住“蒙版”按钮，右手用触控笔点击绘制的蒙版区域，可模糊蒙版边缘。

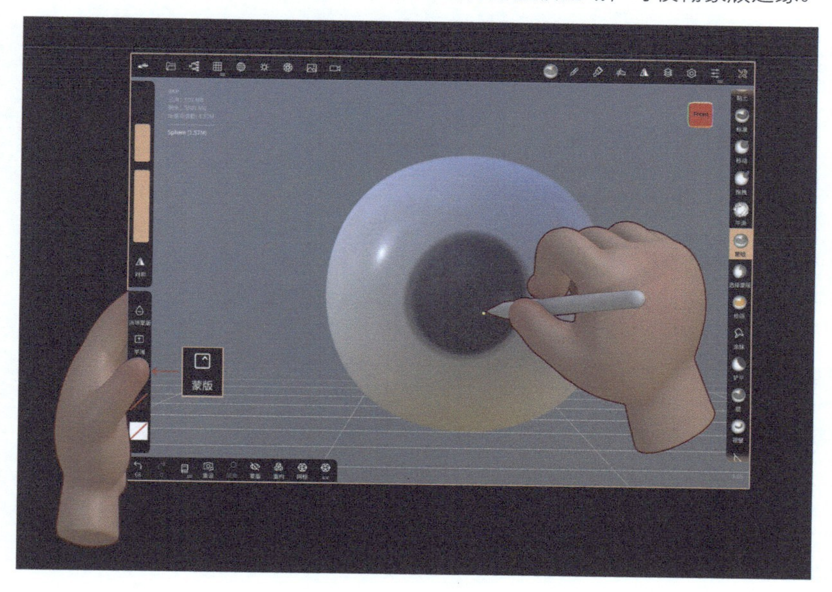

2. 锐化

左手按住“蒙版”按钮，右手用触控笔点击蒙版区域外的地方，可锐化蒙版边缘。

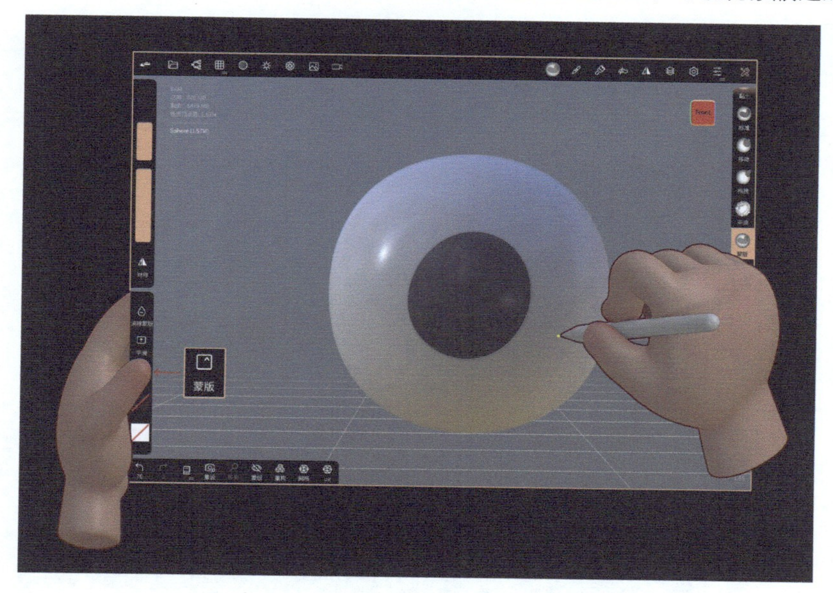

3. 反相

左手按住“蒙版”按钮，右手用触控笔点击模型以外的空白区域，可反选蒙版区域。

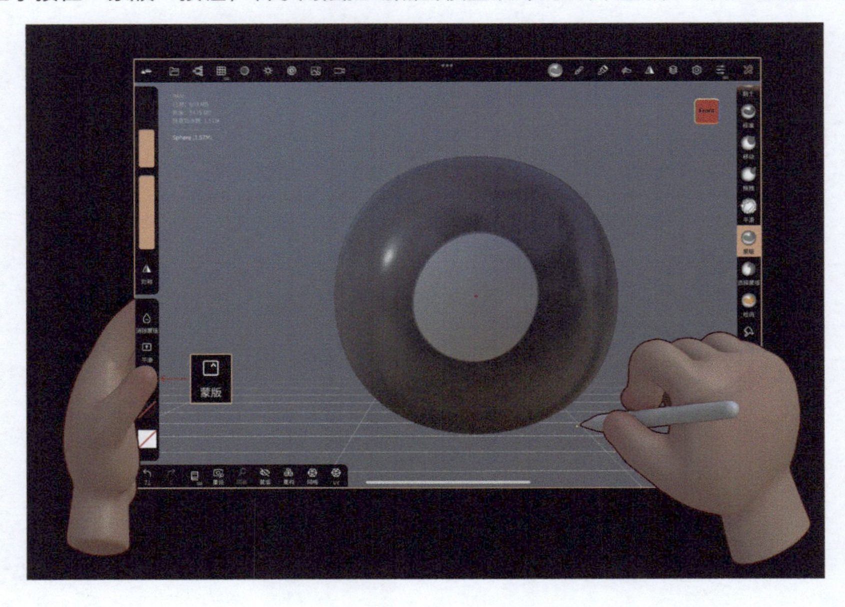

4. 清除

左手按住“蒙版”按钮，右手用触控笔在模型以外的空白区域朝任意方向滑动，可清除蒙版区域。

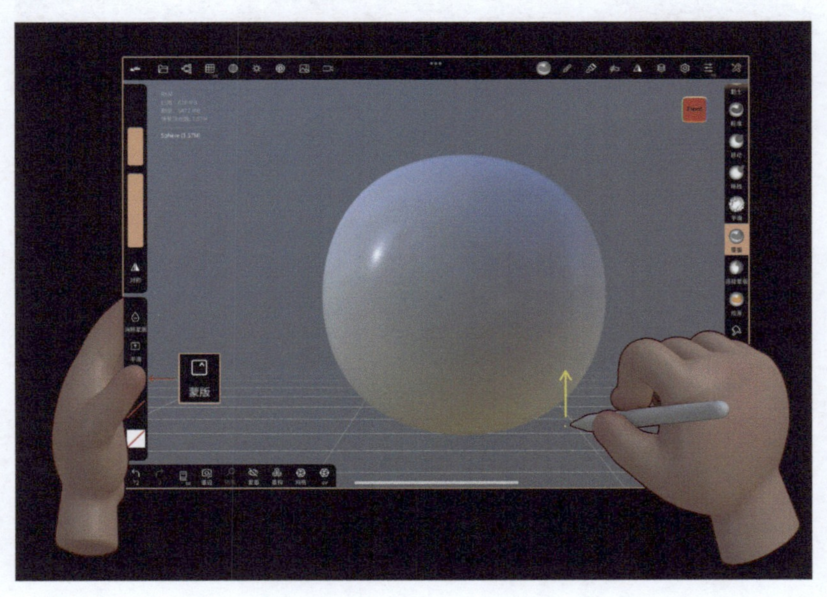

3.6 雕刻工具 + 蒙版工具案例：绘制运动鞋 >>>

本节将结合使用雕刻工具和蒙版工具来制作一只可爱的鞋子，让读者更加直观地了解蒙版工具的使用场景和方法。

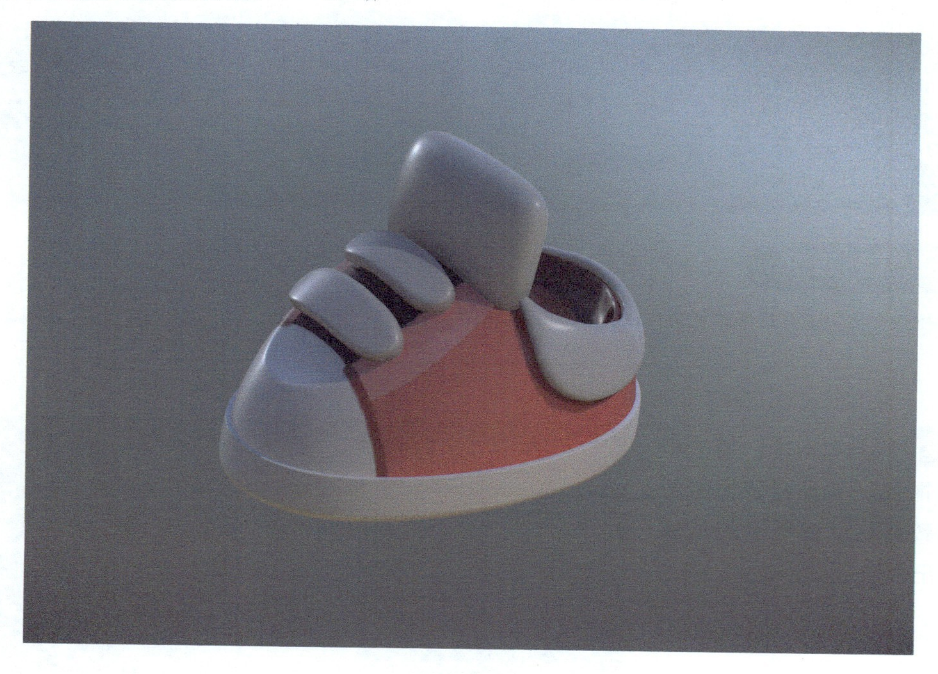

◎步骤

01 新建一个基本体“球体”。

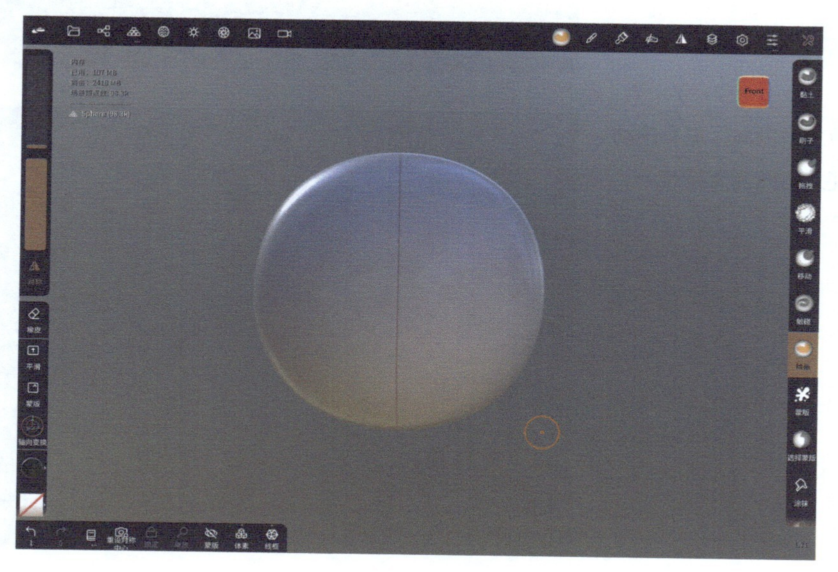

02 使用“轴向变换”工具将模型压扁。

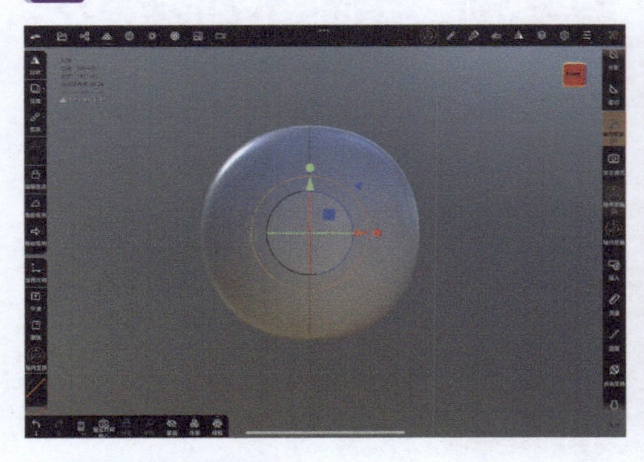

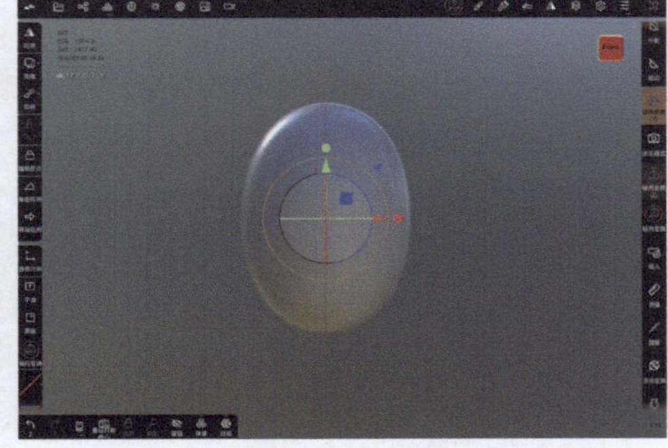

找到知识

“轴向变换”工具的具体使用方法将在 3.15 节讲解。

03 转到右视图，然后用“拖拽”工具调整模型的大致形状，把鞋子的顶端拖出来。

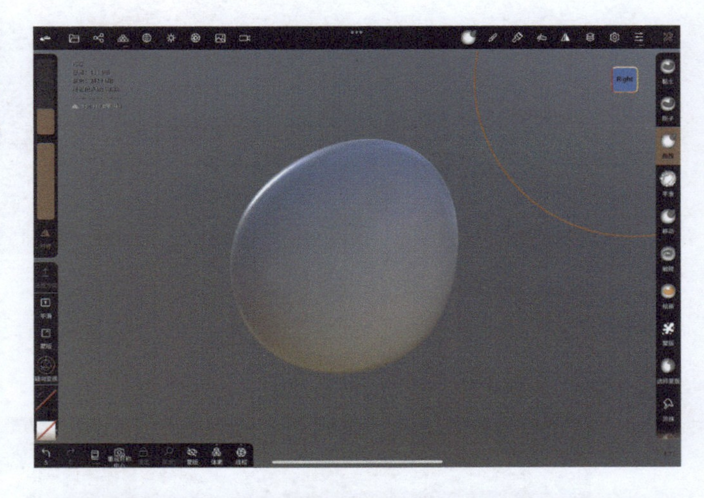

04 转到半侧面，查看拖动位置，使左右两侧保持统一。

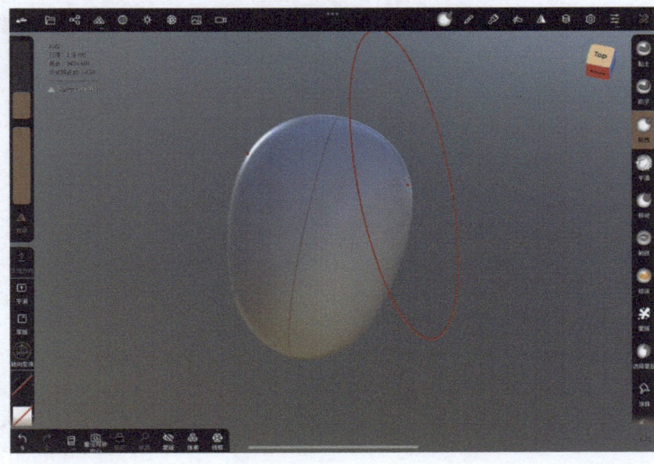

05 转到右视图，选择“裁切”工具，并在左侧快捷栏中选择“矩形”工具，把鞋子的底部裁切掉。

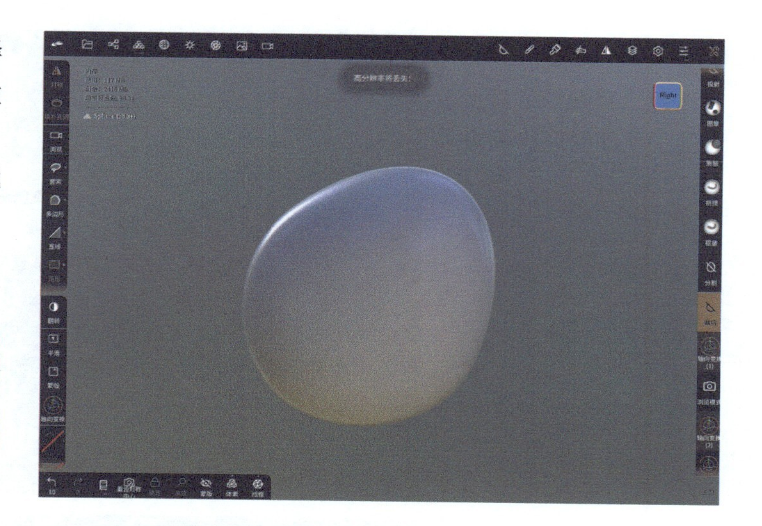

找到知识

“裁切”工具的具体使用方法将在 3.7 节讲解。

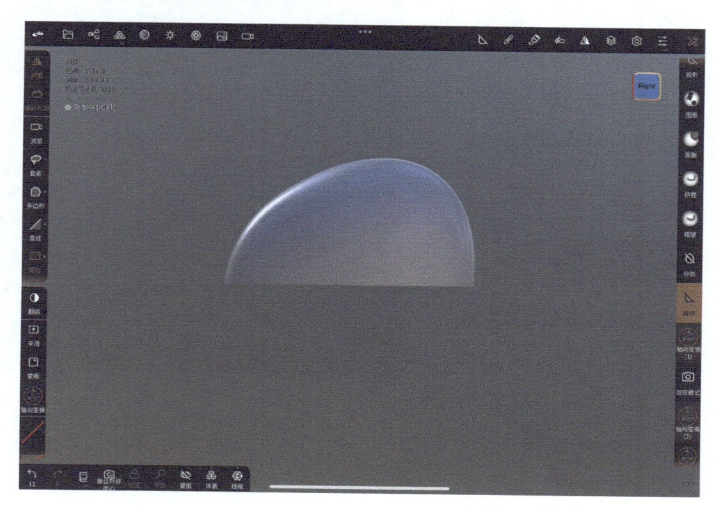

06 选择“裁切”工具，再选择“套索”工具，将鞋子顶部的形状裁切出来。

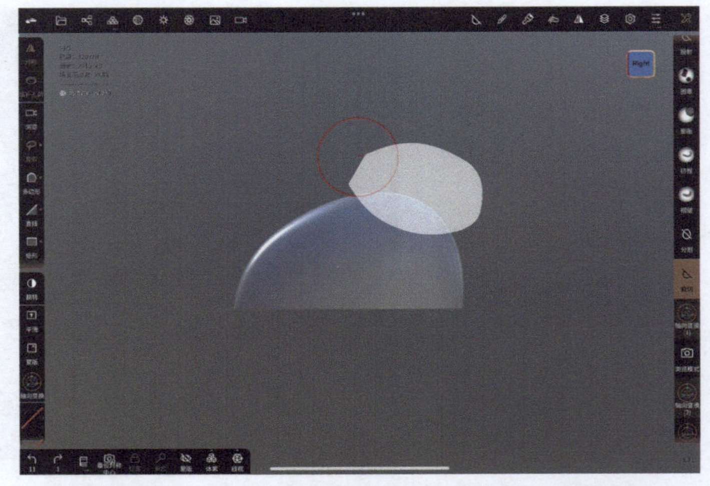

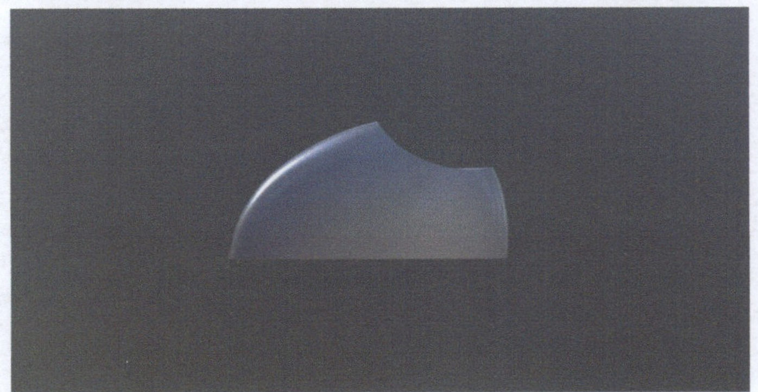

07 打开“网格”菜单，将鞋子模型的“分辨率”改为218左右，然后点击“体素网格重构”界面下的“重构”按钮，将模型的网格重新排列。

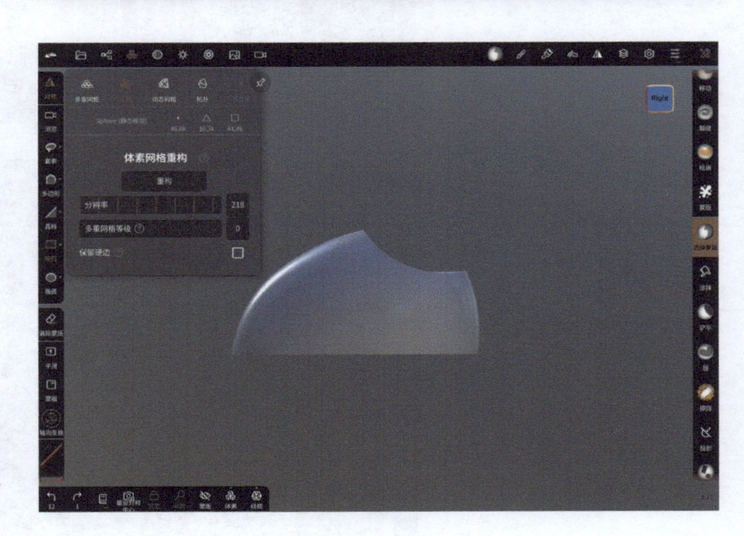

提示

新版本的“网格”菜单的布局与旧版本有所不同，但是功能、位置和使用方法一致，详情可查看“版本更新”的内容。

08 选择“选择蒙版”工具，在左侧的快捷栏中选择“矩形”工具，框选鞋子的底部。

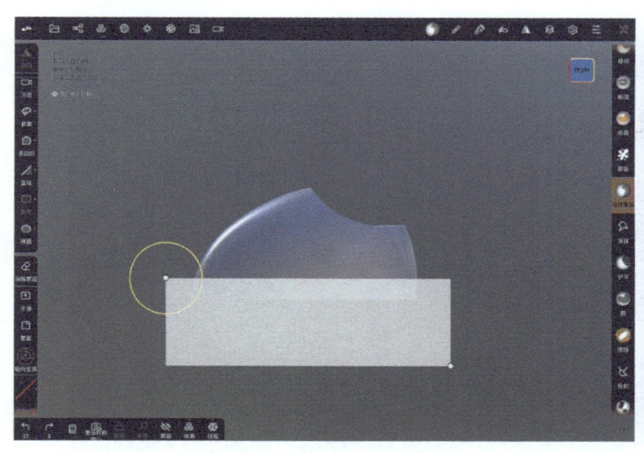

09 将视角转到鞋子的底部，在底部添加蒙版。

10 选择“蒙版”工具，把底部填满。

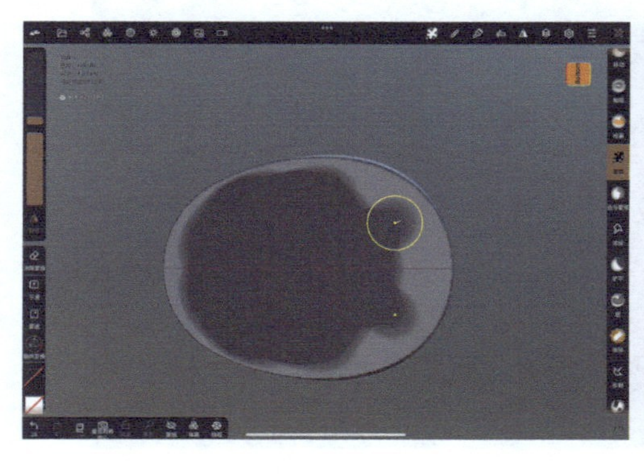

11 打开“蒙版”工具的附属菜单，将“抽壳厚度”改为0.06，然后点击“抽壳”按钮，鞋底的厚度就会被抽壳出来。

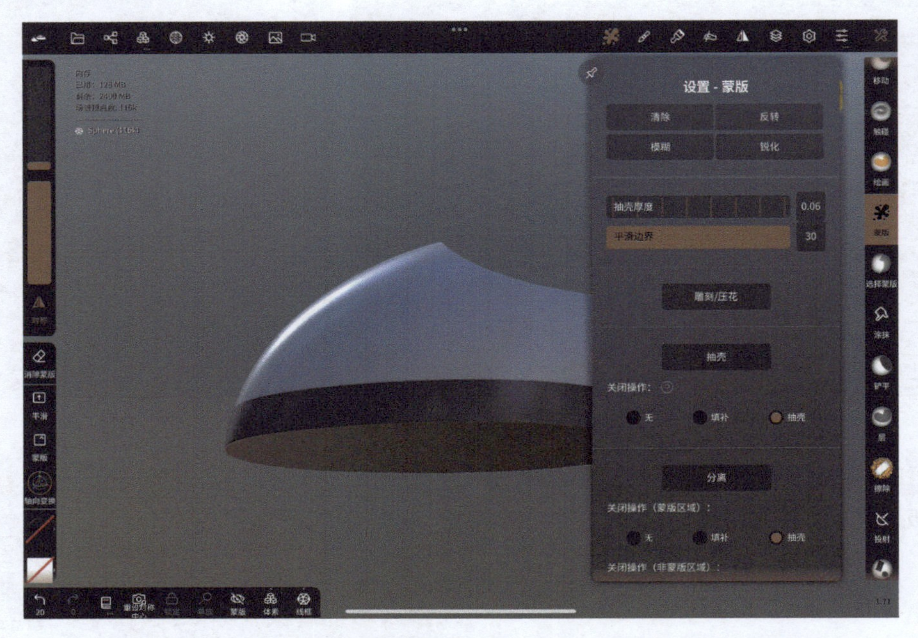

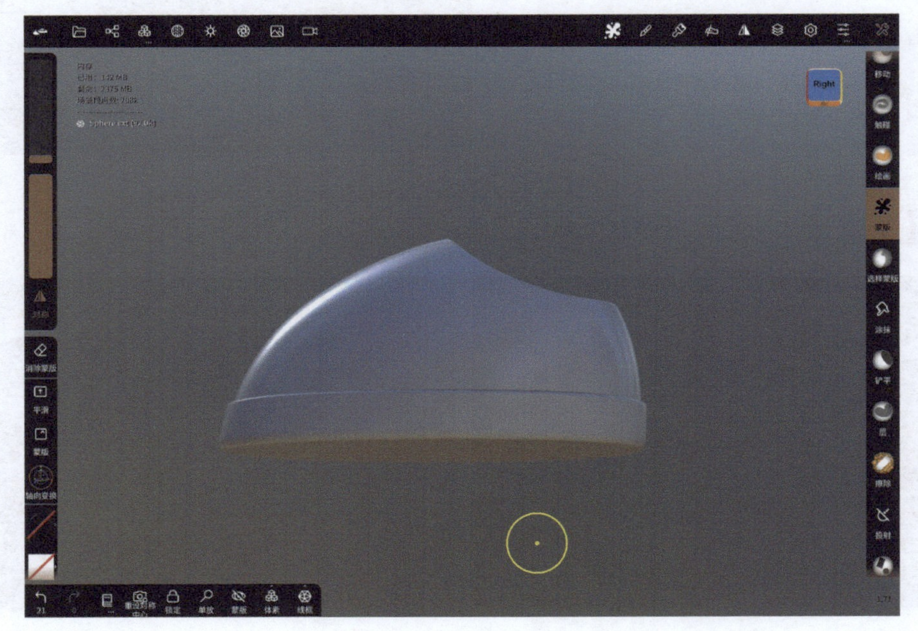

提示

抽壳完成以后记得清除蒙版。

12 转到顶视图，选择“蒙版”工具，在鞋子的顶部绘制蒙版，制作一个凹槽。

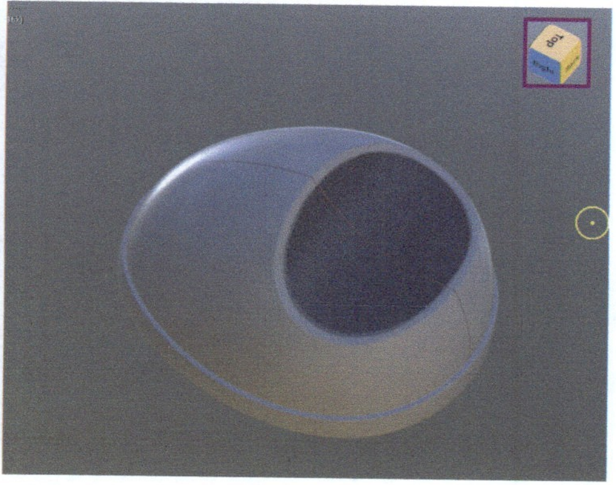

13 同样，打开“蒙版”工具的附属菜单，调节“抽壳厚度”为1.0，然后点击“凹印”按钮。将凹印出来的模型删除。

> **提示**
>
> 笔者这里采用的是新版本，“凹印”按钮名称变为了“雕刻 / 压花”。

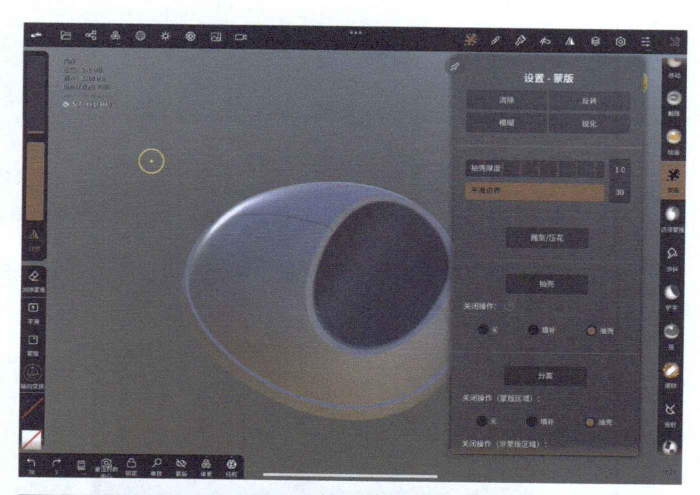

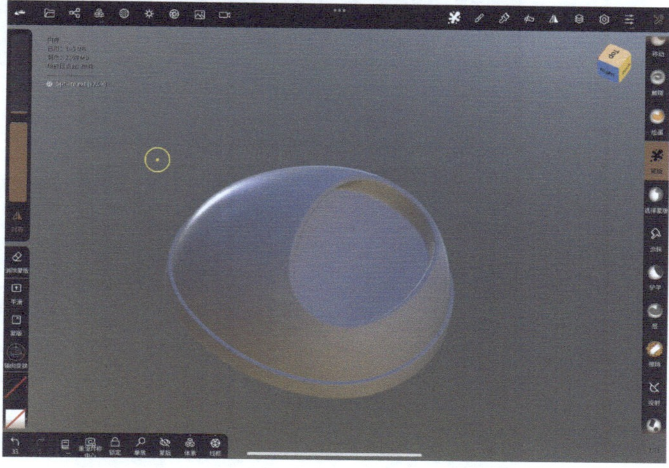

14 使用“平滑”工具将凹槽的边缘变平滑、柔和。

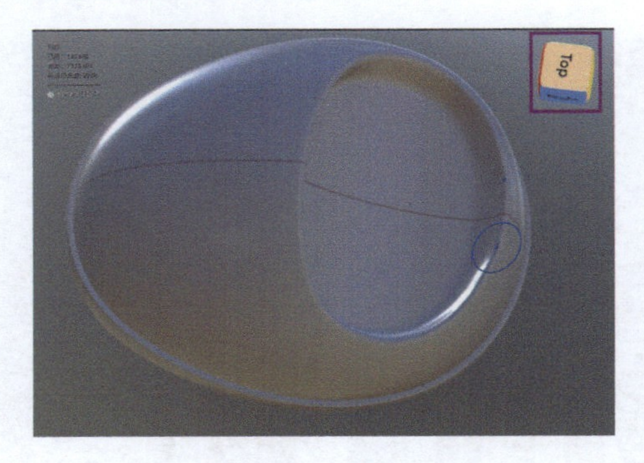

15 绘制鞋带部分，使用“蒙版”工具绘制出想要的形状。

16 打开“蒙版”工具的附属菜单，把“抽壳厚度”改为0.162左右，然后点击“抽壳”按钮，抽出厚度。

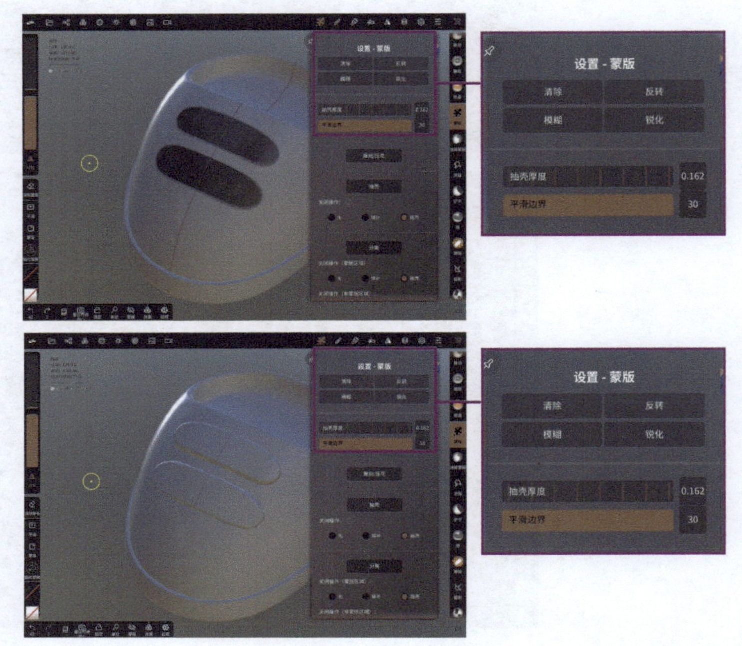

17 选中抽壳出来的模型，将模型的“分辨率”改为 201 左右，然后点击“体素网格重构”界面下的“重构”按钮，重新构建网格。

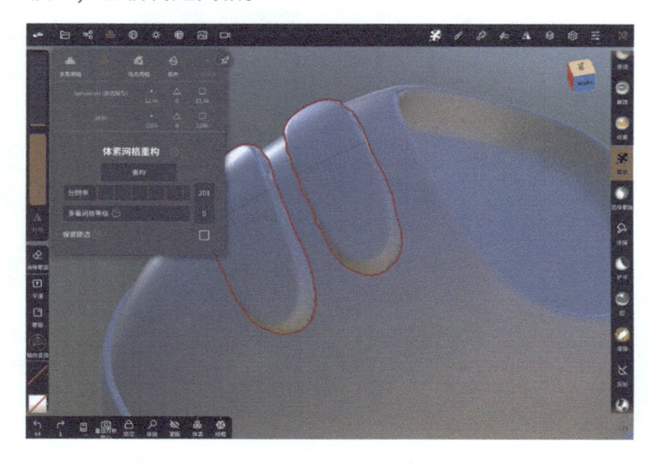

18 使用“平滑”工具平滑模型的边缘。

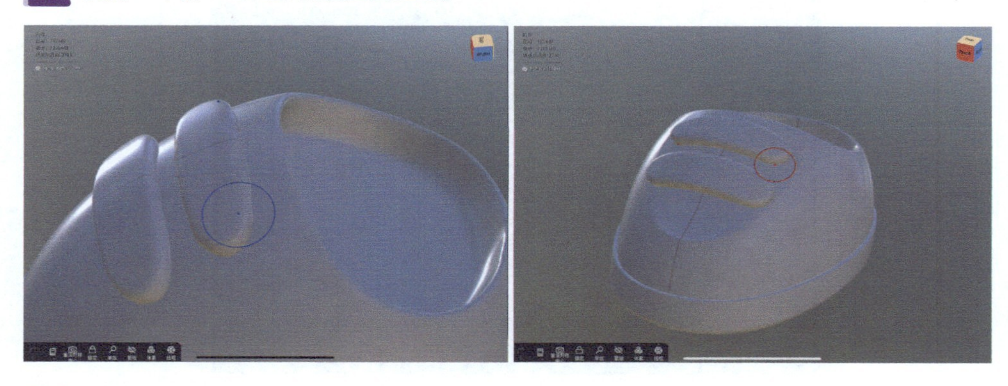

19 制作鞋子的细节，使用“蒙版”工具绘制出想要抽壳的形状。

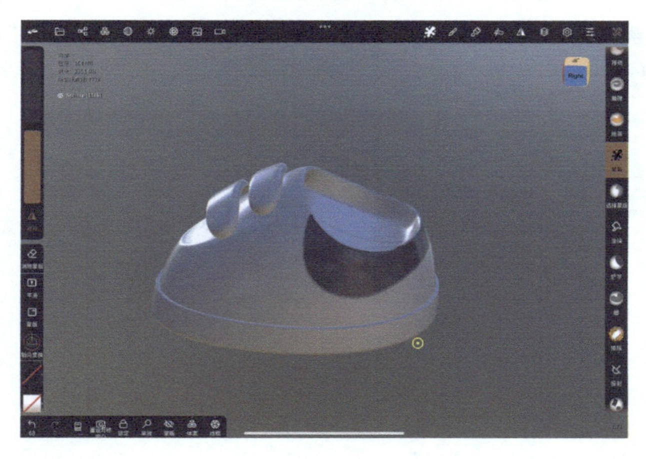

20 打开“蒙版”工具的附属菜单，把“抽壳厚度”调整为 0.162 左右，然后点击“抽壳”按钮，抽出厚度。

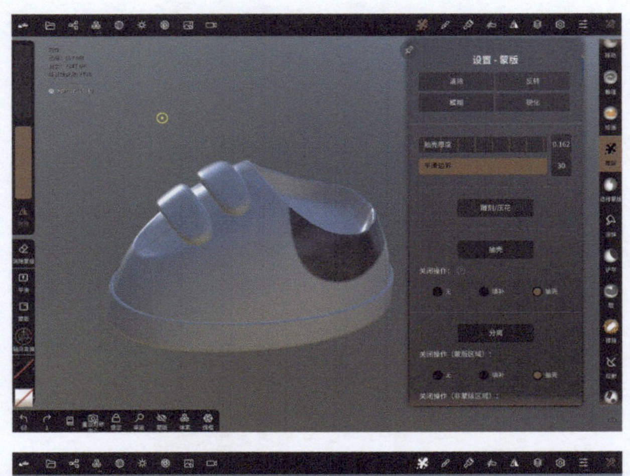

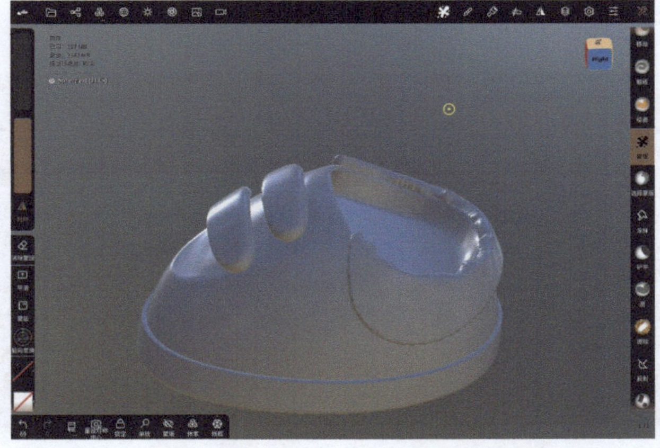

21 抽壳得到的模型的边缘都不太平滑，在调整之前需要重新构建一下网格。打开“网格”菜单，调节“分辨率”为 200 左右，然后点击“体素网格重构”界面下的“重构”按钮，重新构建模型的网格。

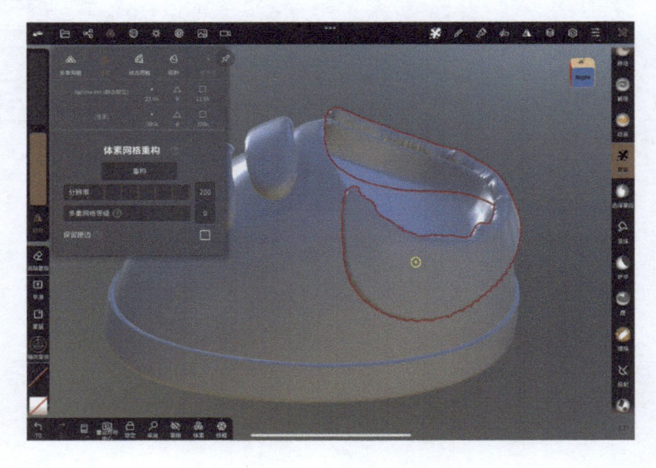

22 使用“平滑”工具将模型边缘变平滑。

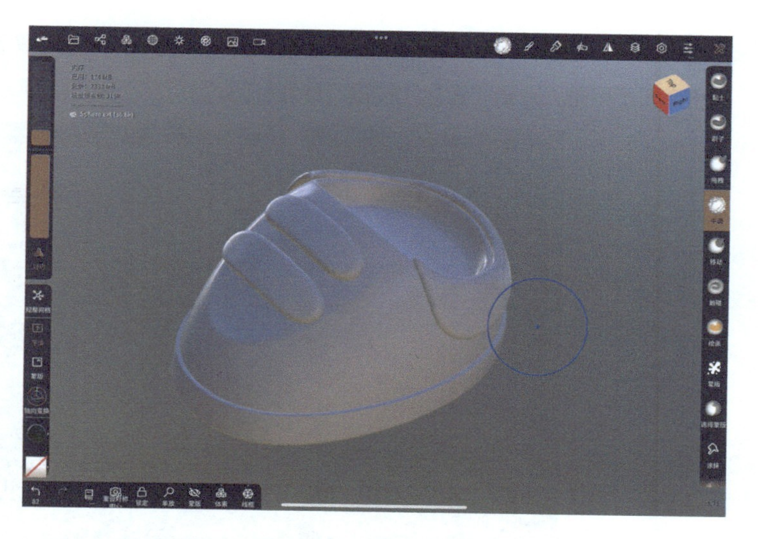

23 制作鞋舌部分，新建基本体“立方体”。

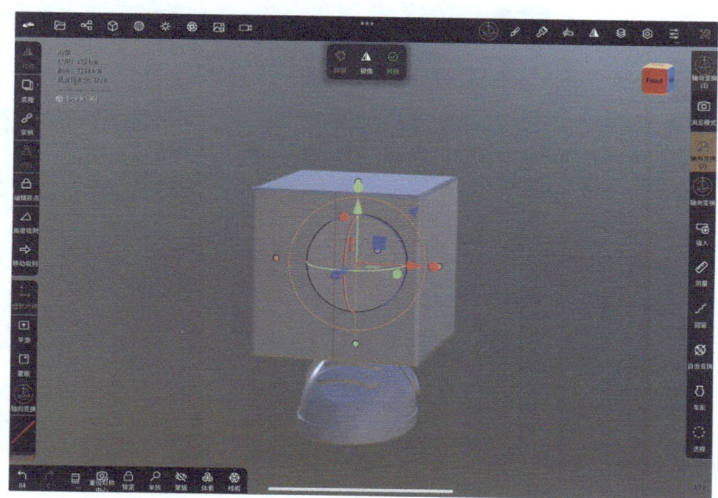

24 调节立方体的顶点和位置，将其放在鞋舌的位置。注意，这里不要着急点击“转换”按钮。

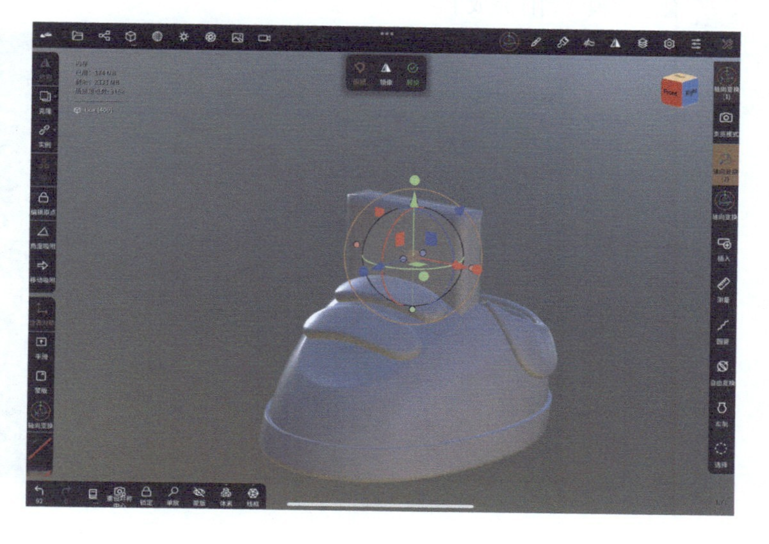

25 打开“网格”菜单，将模型的“后期细分”改为 3，“分段数 X”改为 2，这时立方体的角变成了圆角。点击“转换”按钮，转换模型。

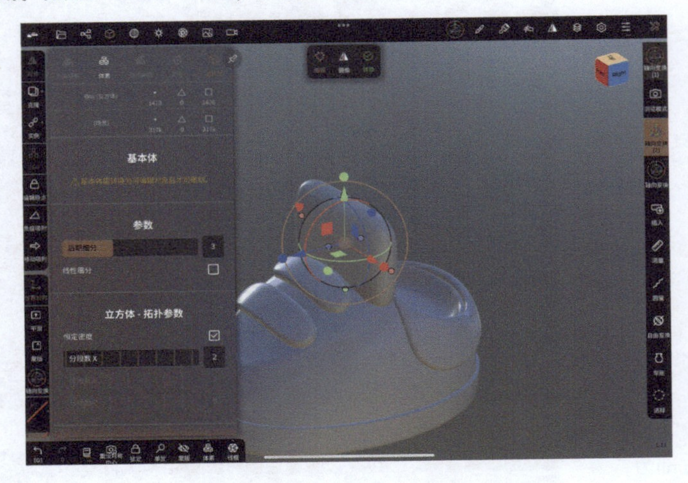

26 选择“拖拽”工具，把鞋舌拖弯曲。

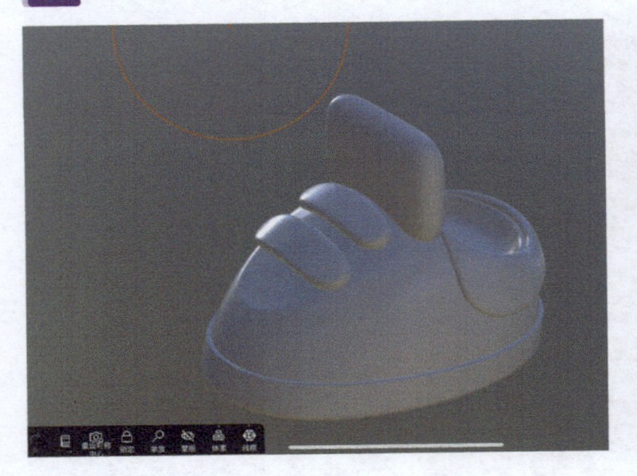

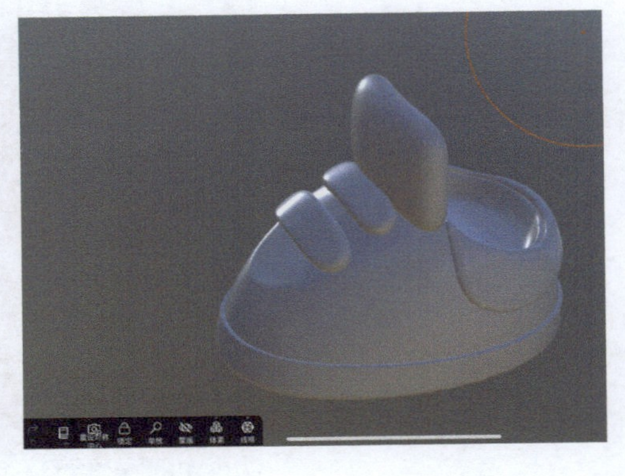

27 鞋子白模就制作完成了。

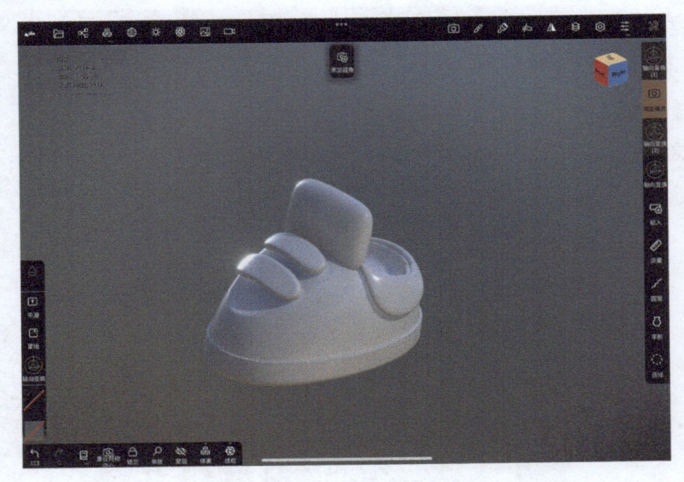

28 上色后，完整的作品就呈现出来了。

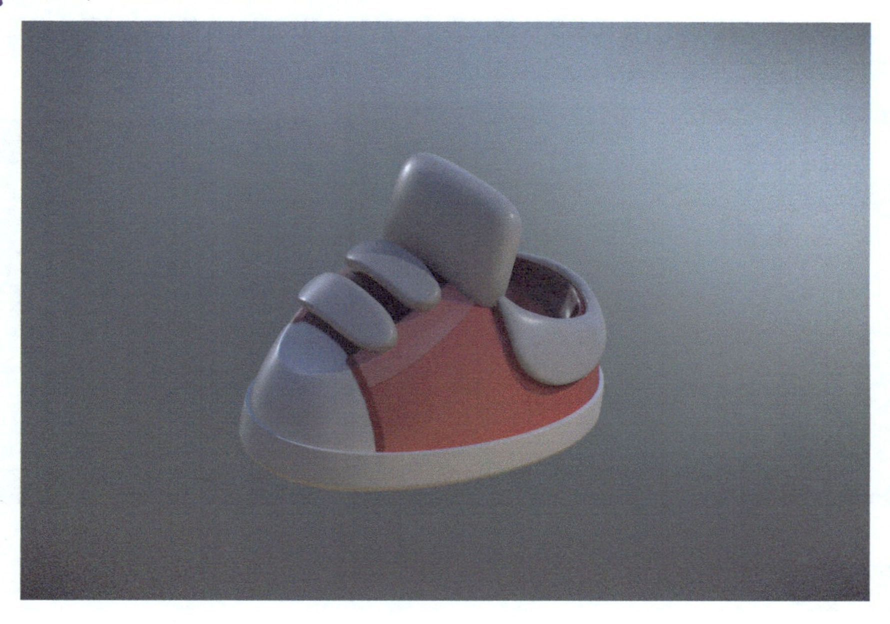

3.7 裁切

“裁切”工具利用左侧快捷栏中的功能裁切模型。当选中“裁切”工具时，软件底部会出现蓝色提醒文字：“为了避免因透视视图而产生的偏差，建议在相机设置里切换到正交视图。”这个时候需要点击顶部的“相机”图标，在打开的“相机”菜单中把“透视视图”改为“正交视图”，这样就不会因为透视而导致裁切偏差了。裁切完以后可以自行切换回“透视视图”。

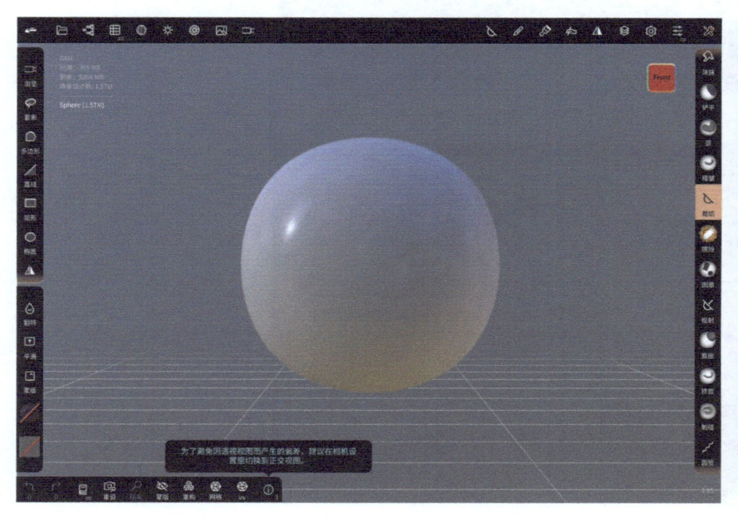

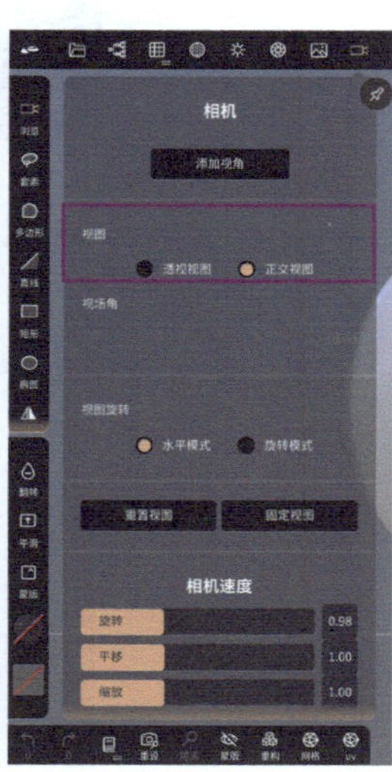

◎**举个例子**

以“矩形”工具为例，选择左侧快捷栏的“矩形”工具，用触控笔按住屏幕，在需要裁切的地方绘制矩形，白色高亮部分为裁切区域，将触控笔移开屏幕即可确定裁剪。

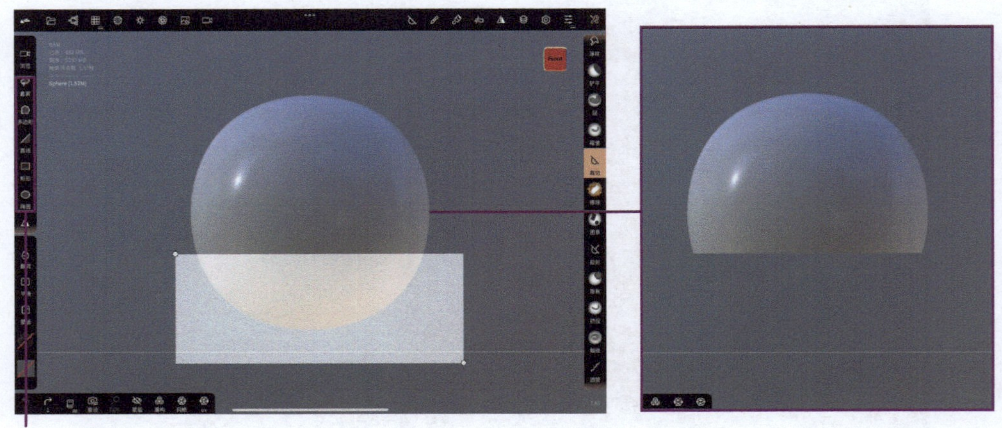

提示

“剪切”工具的附属菜单里有一个“填补孔洞”选项。

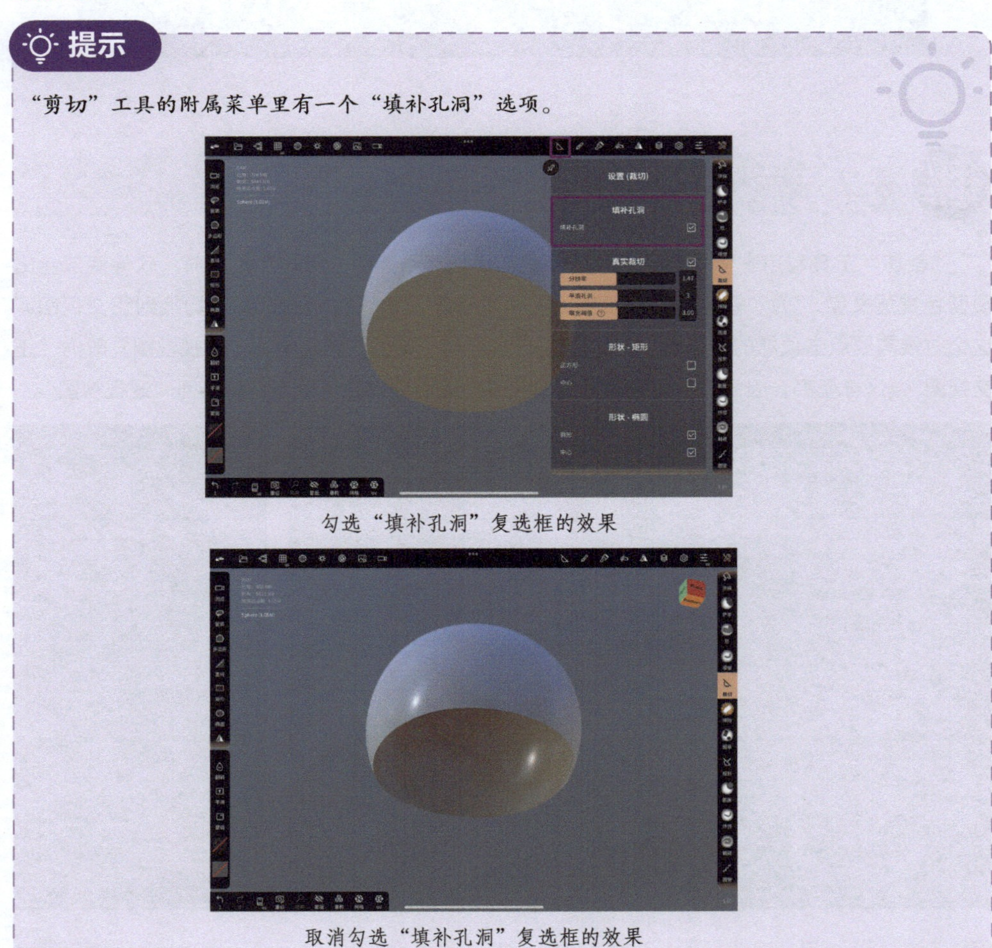

勾选“填补孔洞”复选框的效果

取消勾选“填补孔洞”复选框的效果

3.8 投射

“投射”工具的图标和“裁切”工具相似，该工具的功能为向箭头方向挤压模型并保持网格不变。

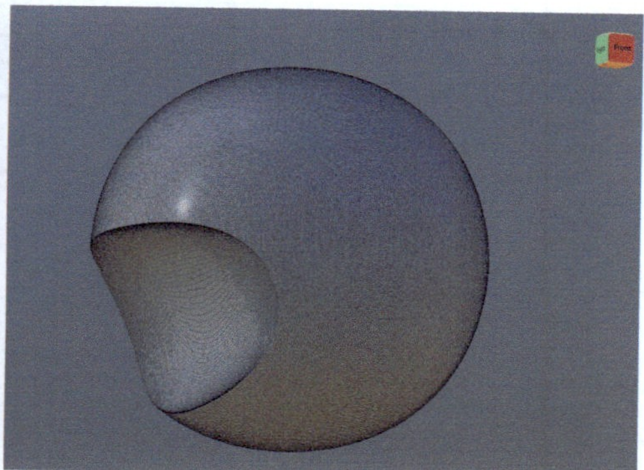

3.9 分割

“分割”工具可以将一个模型快速分割为两个。

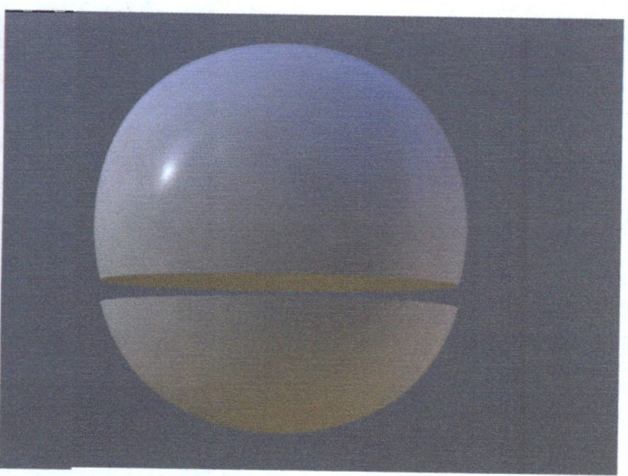

3.10 圆管

“圆管”工具适用于制作各种曲折、复杂、不规则的线条与形体。

3.10.1 创建圆管

用户可以通过触控笔绘制曲线来创建圆管模型。然后可以通过编辑菜单栏来编辑圆管。

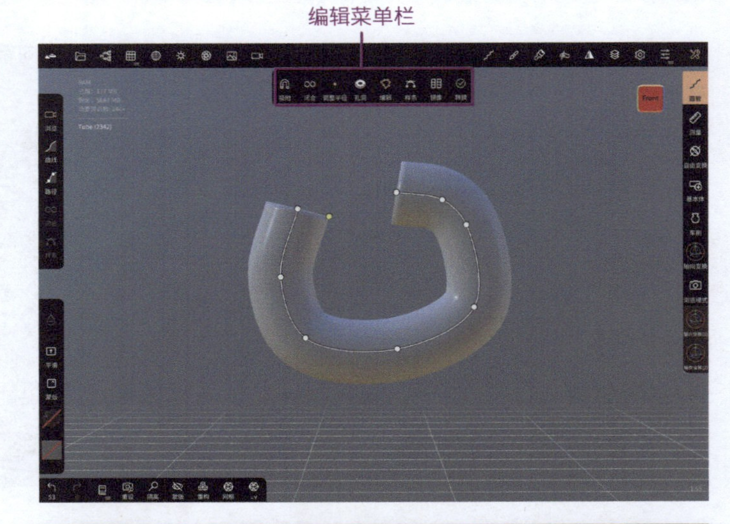

当绘制完圆管以后，Nomad 会根据绘制的曲线自动添加可编辑的顶点。可自由拖动顶点来改变圆管形状。

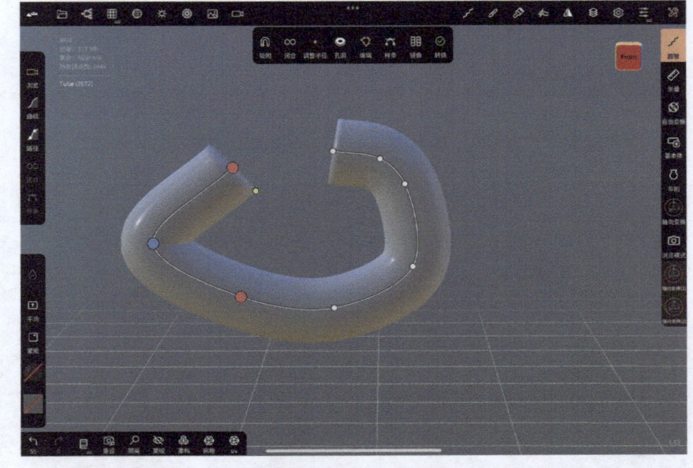

1. 合并顶点

如果自动生成的顶点过多，想删除不需要的顶点，可拖动其中一个顶点到另外一个顶点上，这时两个顶点相交并显示为红色，将触控笔移开屏幕，两个顶点就会合并为一个顶点。

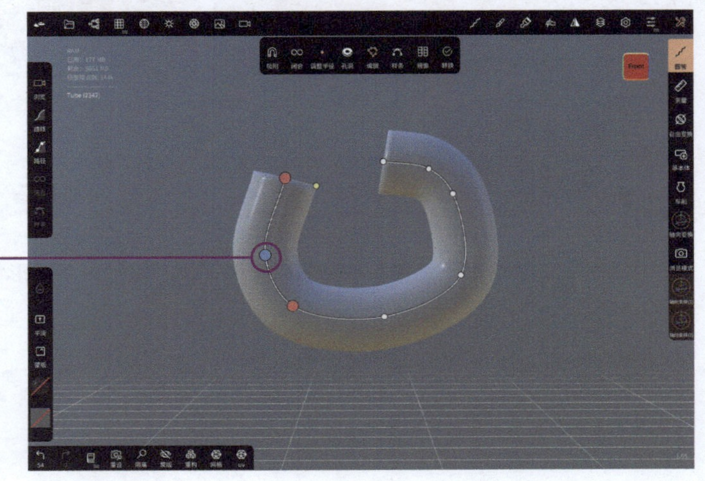

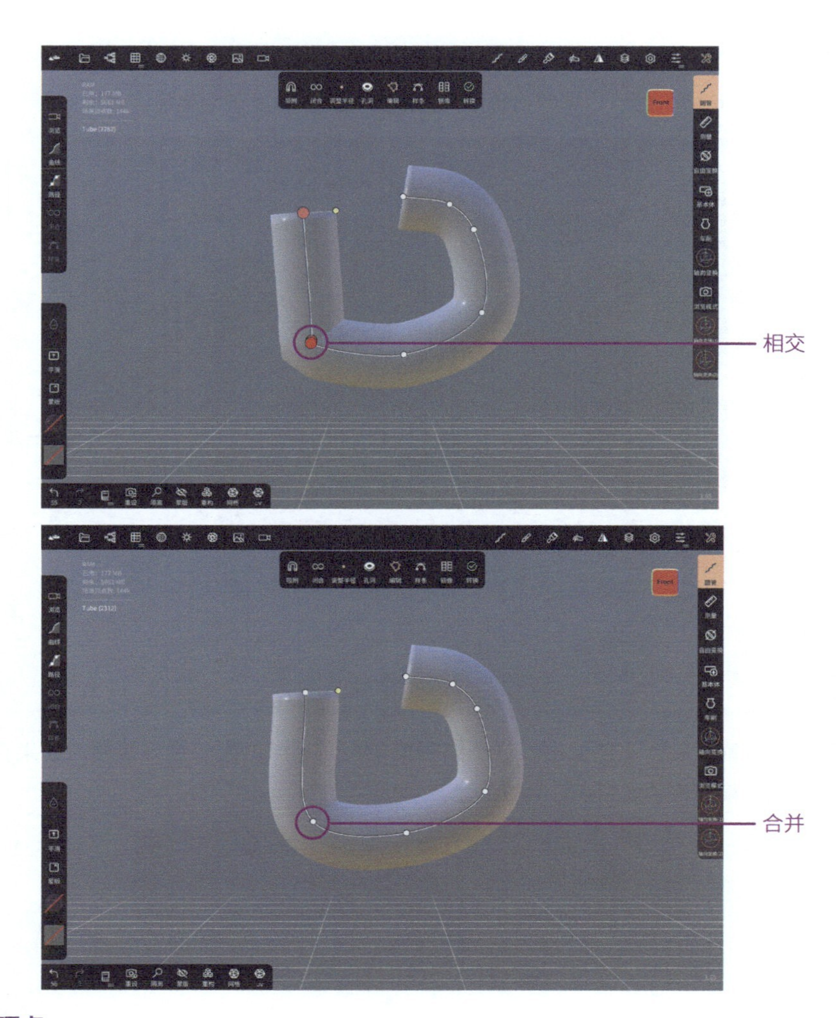

2. 增加顶点

点击想要增加顶点的部分，就能生成新的顶点。

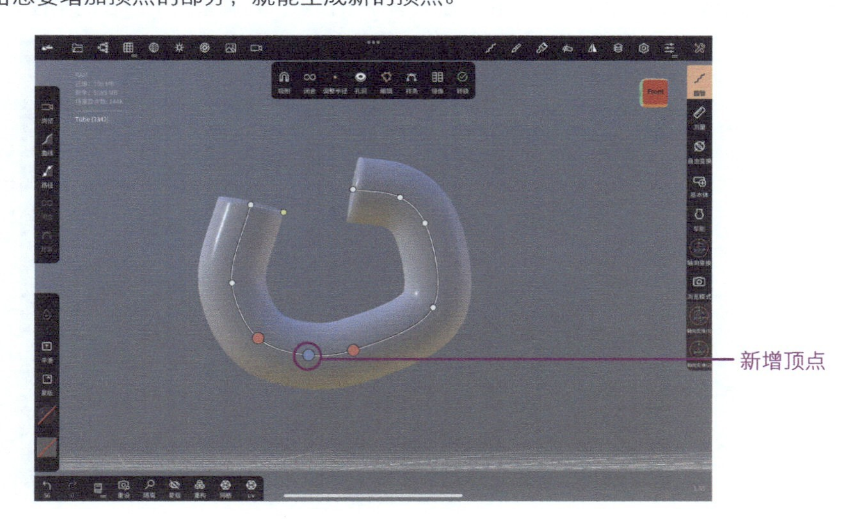

3. 直角

点击顶点，可将与顶点相连的线转换为直线，此时顶点显示为黑色。

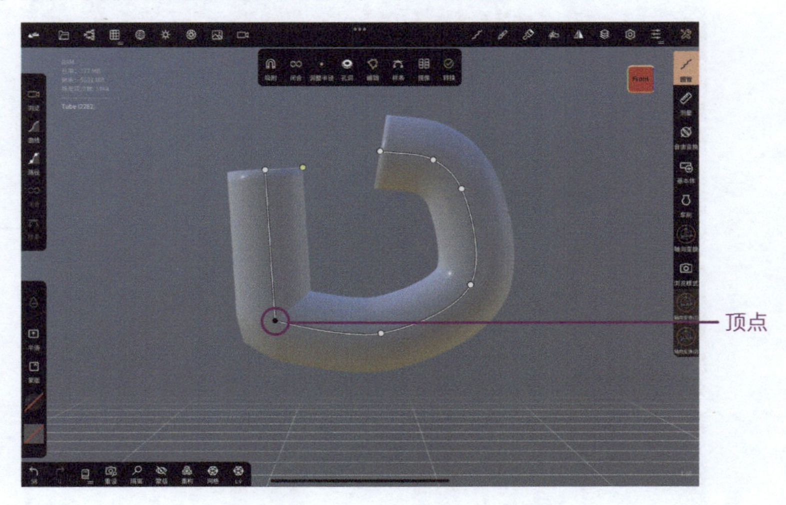

3.10.2 “圆管”工具的编辑菜单栏

在创建圆管以后，顶部会出现一个编辑菜单栏，可以对圆管进行编辑。如果直接点击“转换”按钮，模型将转换为不可编辑模型。

1. 吸附

打开“吸附”功能以后，拖动圆管的顶点靠近“球体”模型，圆管将会吸附在模型表面，并会根据被吸附模型的表面形状而变化。若只有单个顶点，则调整整个圆管的半径。

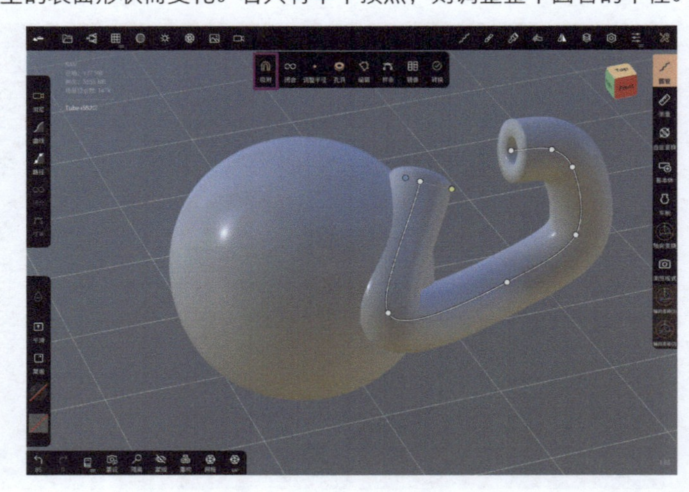

2. 闭合

打开“闭合”功能能将圆管闭合。

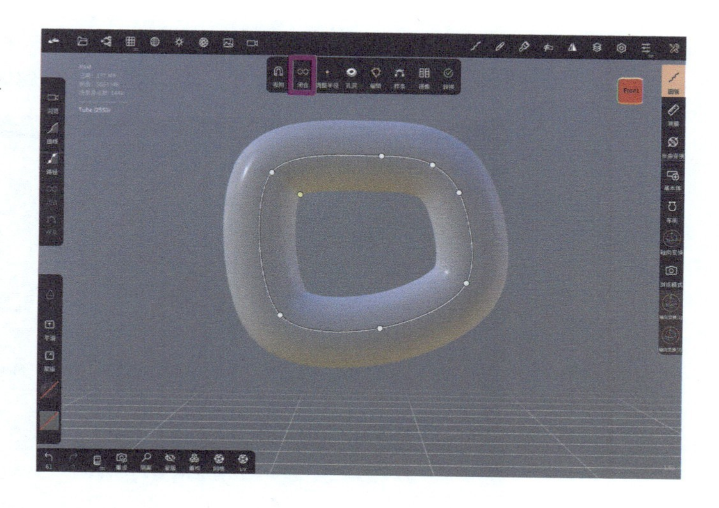

3. 调整半径

“调整半径”功能是在顶点旁增加一个可调整圆管半径的橙色的调节点，共有 3 个挡位，分别是：“单个顶点，调整整个圆管半径”“两个端点顶点，调整圆管前后半径”“全部顶点，可调整所有顶点半径”。

右图为“单个顶点，调整整个圆管半径”挡位，拖动橙色的调节点会调整整个圆管的半径。

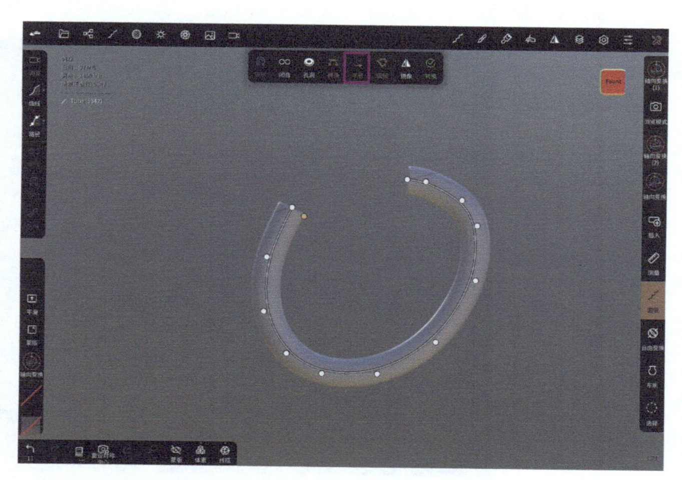

点击“半径”按钮，改变为“两个端点顶点，调整圆管前后半径”挡位，拖动两端橙色的调节点可以分别调整圆管两端的半径。

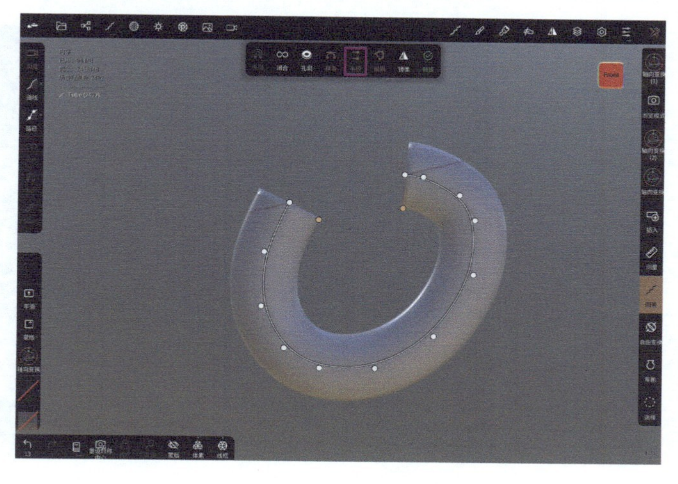

点击“半径”按钮，改变为“全部顶点，可调整所有顶点半径”挡位。这样可以看到曲线上的每一个顶点旁都会出现橙色的调节点，分别移动它们能够调节对应位置的半径。

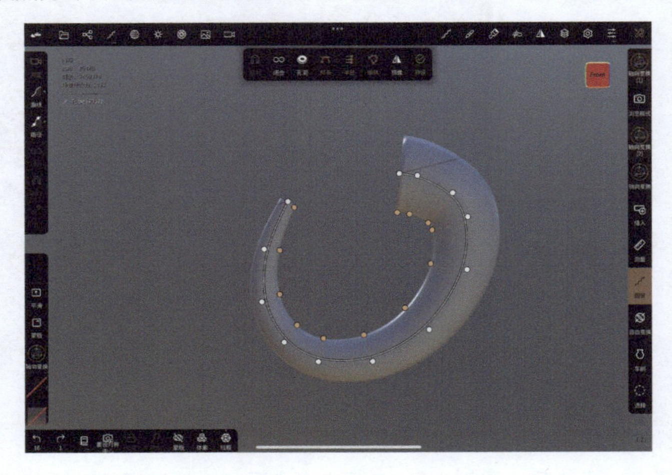

4. 孔洞

“孔洞”功能用于将圆管转换为空心状态，其内部半径可通过蓝色的调节点调节。

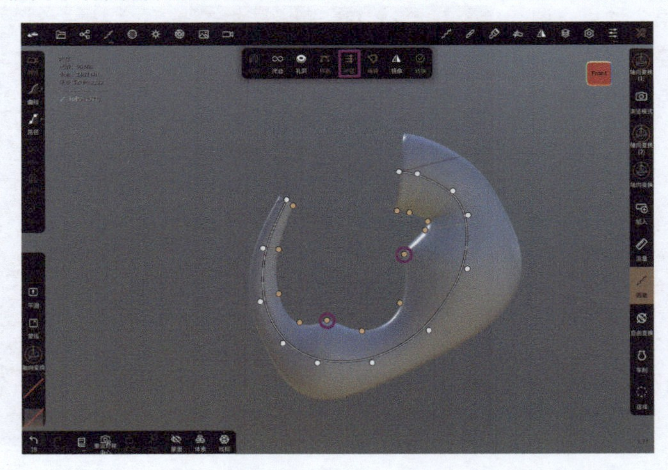

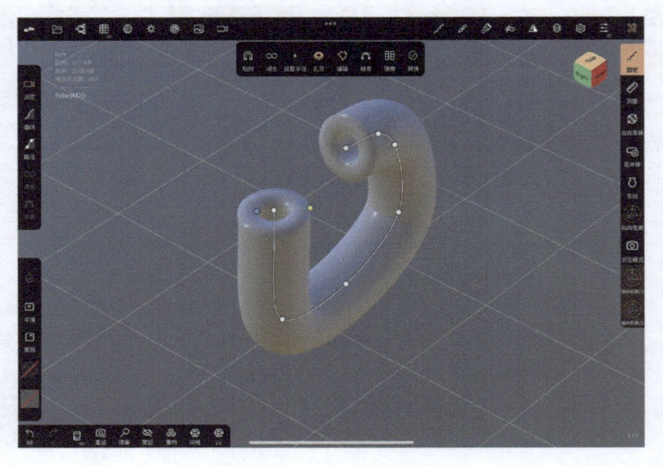

5. 样条

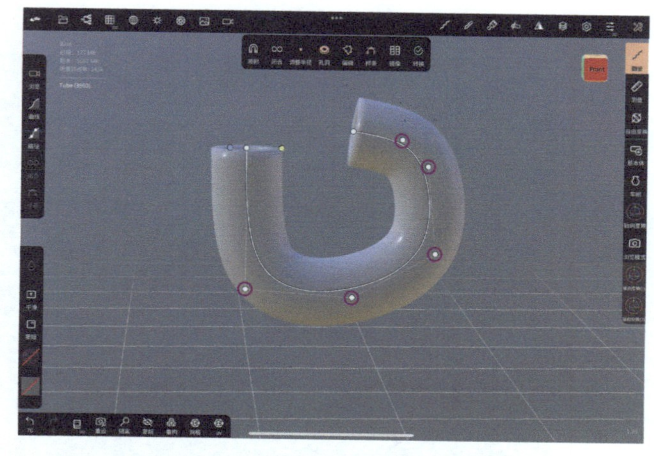

“样条”功能用于将所有顶点两边的线条转换为样条曲线，并增加一个用于调节曲线的手柄。

6. 镜像

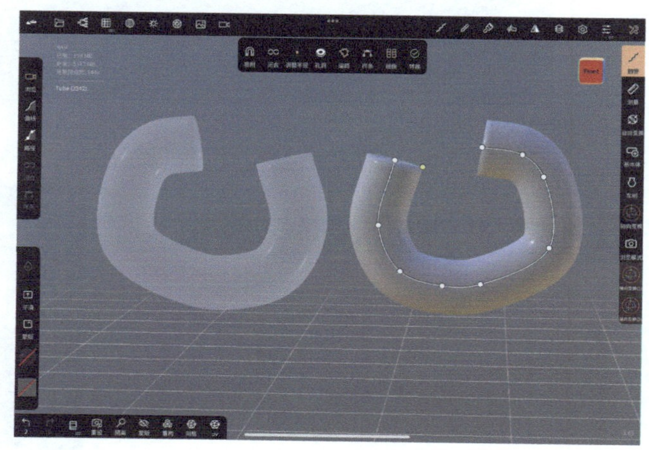

打开“镜像”功能以后，则会以世界中轴线为基础，出现一个与原模型对称的模型，编辑时这两个模型会相互影响。

3.11 “圆管”工具案例：绘制可爱的盆景 >>>

“圆管”工具是笔者在使用 Nomad 时，使用较多的一个工具，因为它的可塑性很强，可以用在很多领域中，如制作角色的头发、手臂和脚，以及制作一些小道具等。

接下来使用“圆管”工具制作一个可爱的盆景。

◎步骤

01 新建基本体“圆柱”，用来制作花盆。

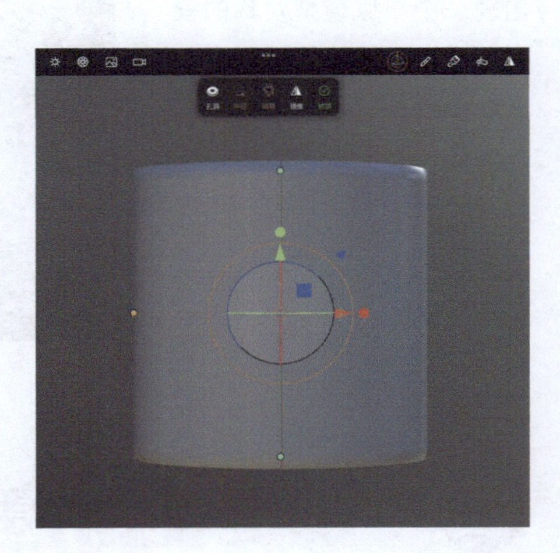

02 打开顶部的“半径”功能，在圆柱的顶部和底部分别添加一个绿色的调节点，然后把底部的半径缩小。

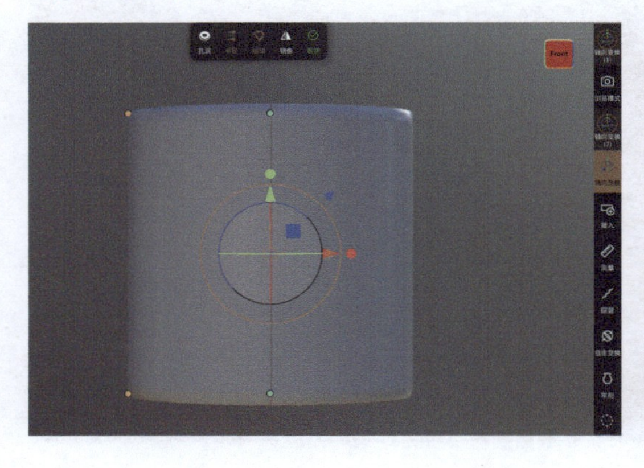

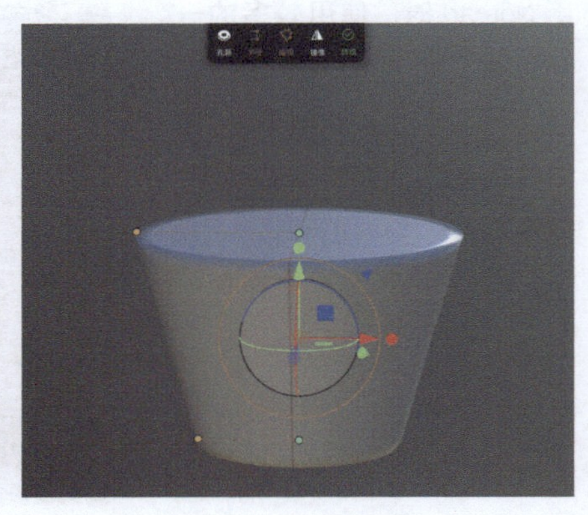

03 打开顶部的“孔洞”功能，使模型中间镂空，通过蓝色调节点调节孔洞的半径。

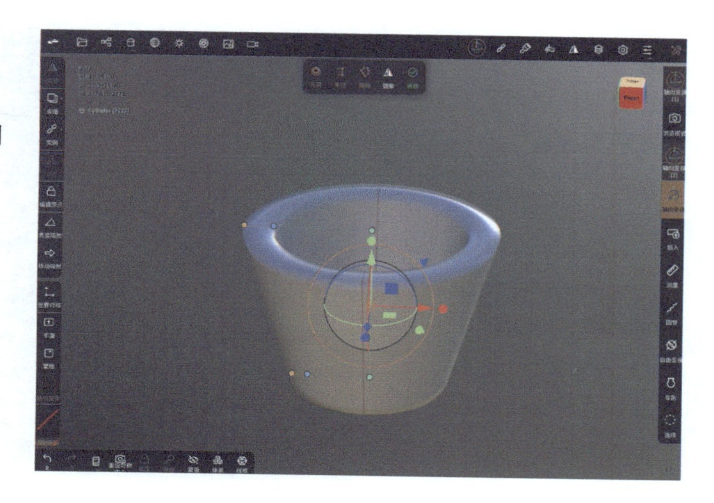

04 这个时候不要点击“转换”按钮。打开“网格”菜单，将“后期细分”改为 2，“分段数 X”改为 24，这时圆柱的边缘就会变平滑，看起来更可爱了。

05 新建基本体“球体”，用来制作花盆里的泥土。

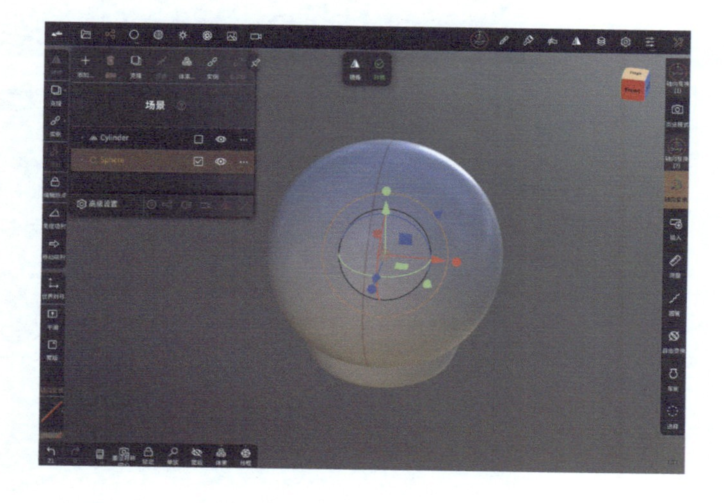

06 使用“轴向变换”工具将模型移动到花盆里，并将球体压扁。

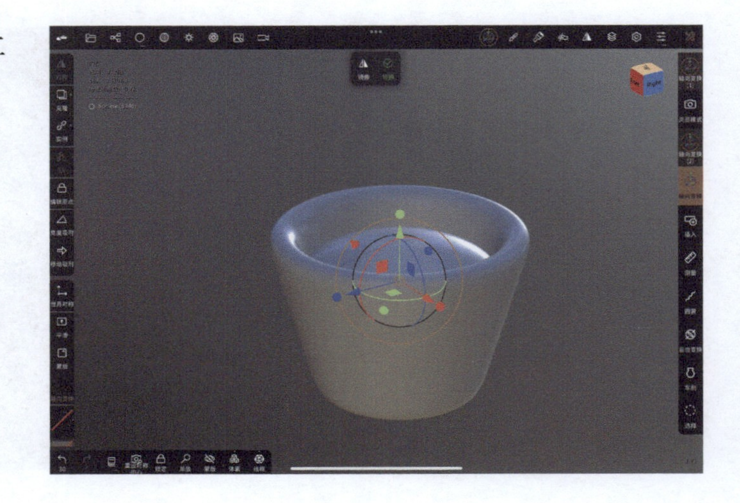

找到知识

“轴向变换”工具的具体使用方法将在3.15节讲解。

07 回到正视图，选择“圆管”工具，在空白处绘制出藤的形状。后期可以通过调节顶点改变其形状。将触控笔移开屏幕后会生成圆管模型。

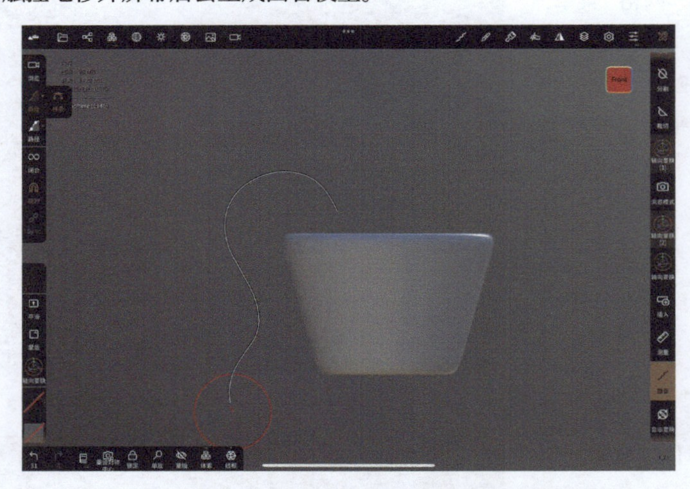

08 根据自己想要的形状，把多余的顶点删除。下图中相交且呈现为红色的两个顶点需要删除。

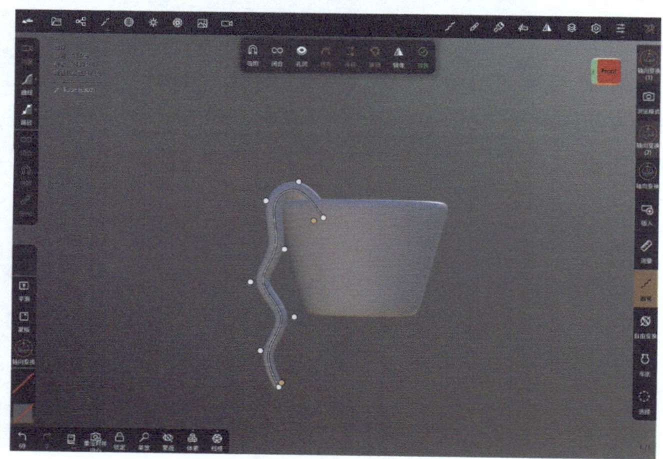

09 打开“样条”和“半径”功能，通过顶点调整藤的形状。注意，不要点击“转换”按钮。

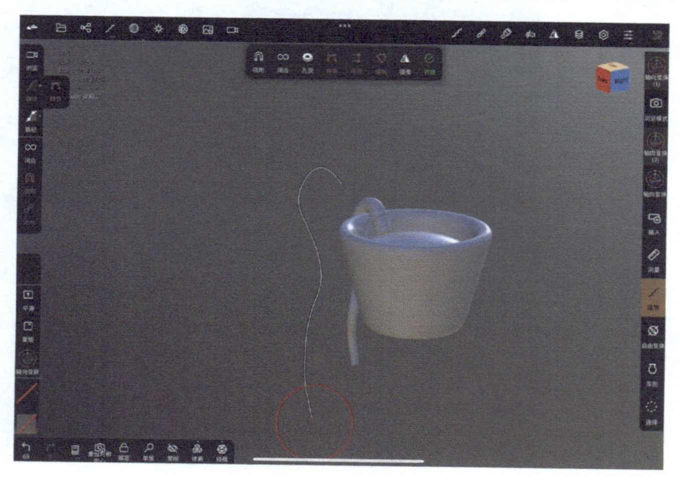

10 克隆圆管模型或者绘制新的圆管，根据自己的设定排列其他的藤，丰富画面内容。

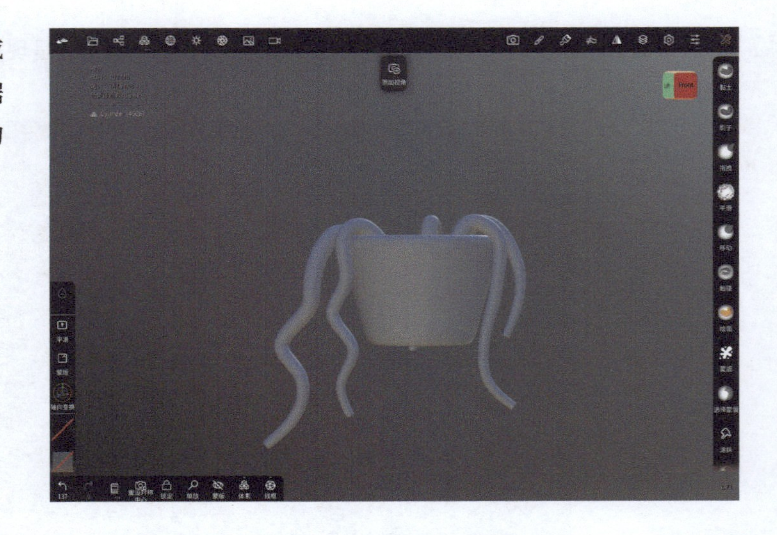

11 制作藤上的叶子。还记得 3.4 节的案例里苹果的叶子怎么制作吗？这里所使用的方法和之前是一样的。新建基本体“球体”。

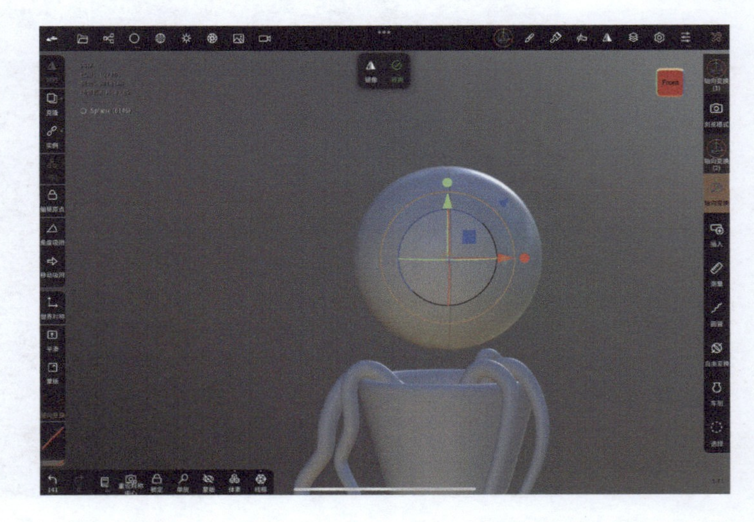

12 通过“轴向变换”工具将球体压扁为叶子的形状。

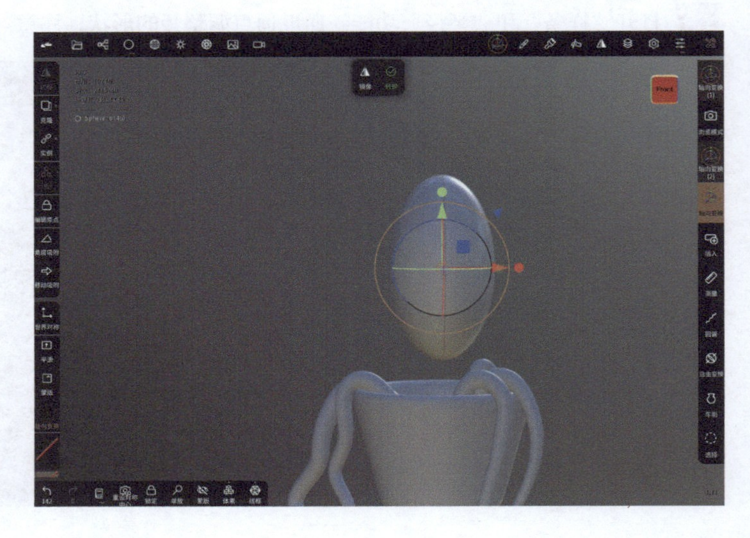

13 转为正视图，使用“拖拽”工具将叶子的顶部拉出。

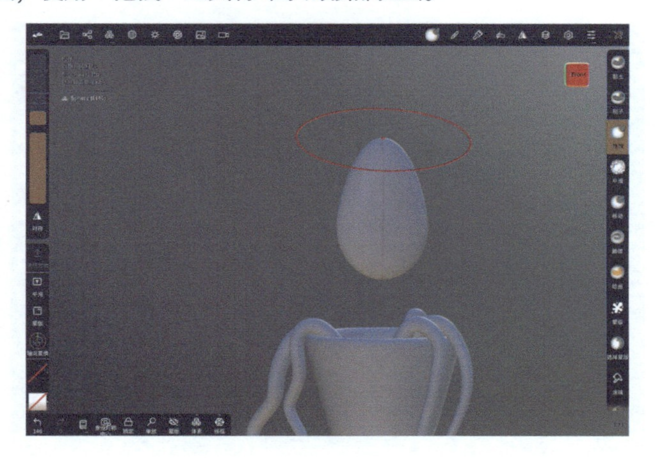

14 打开“网格”菜单，把叶子的“分辨率”改为 150 左右，然后点击“体素网格重构”界面下的“重构”按钮，重新布局叶子的网格。

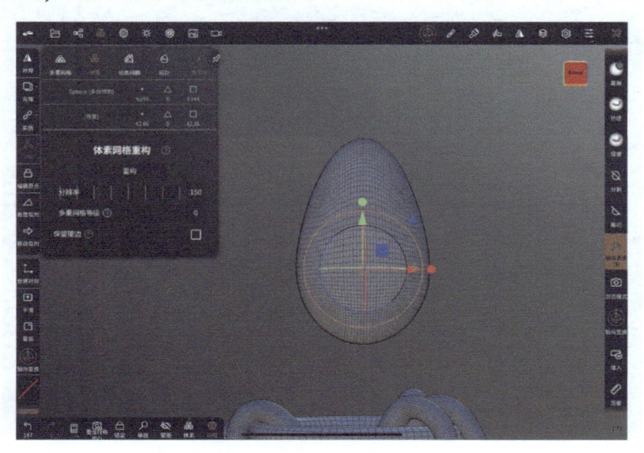

15 使用“褶皱”工具绘制叶子的叶脉纹理。

16 完成叶子的制作以后，使用“轴向变换”工具把叶子缩小并放在藤上。

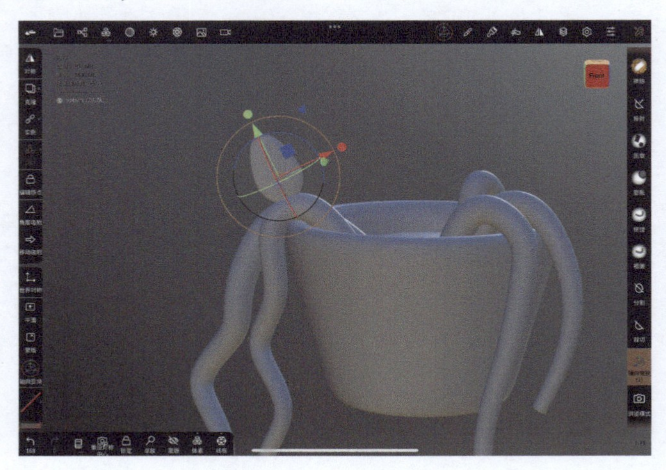

17 克隆叶子，耐心地排列到藤上的不同位置。

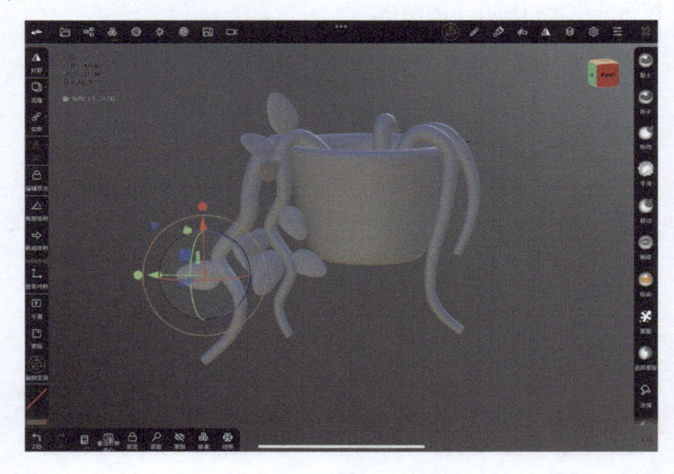

18 排列完成以后，模型就制作完成了。选中不需要调节的圆管模型并点击“转换”按钮。

19 进行上色和灯光处理后，作品就制作完成了。

3.12 车削

用户可以通过绘制曲线来创建对称的曲面模型。

选择“车削”工具以后，左侧快捷栏中会出现绘制工具。选择“曲线”工具，这时雕刻区域会出现一条对称线，在对称线的左侧绘制想要的曲线，将触控笔移开屏幕以后，就会出现一个带有编辑菜单栏的对称曲面模型。

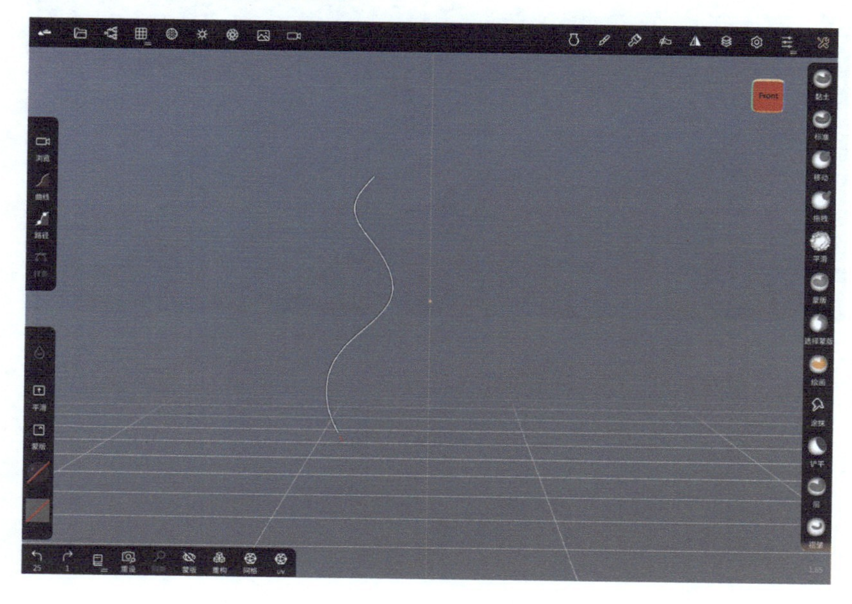

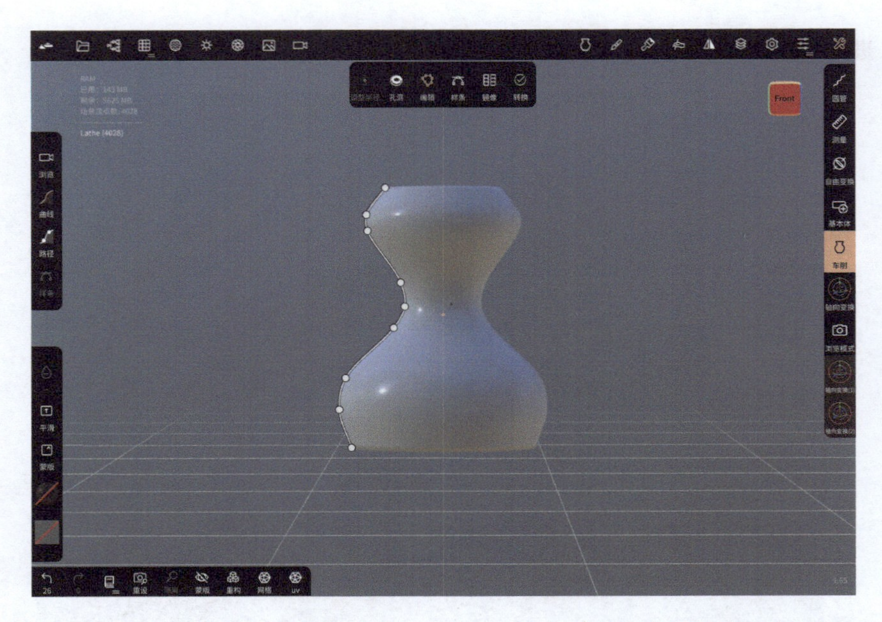

其编辑菜单栏的功能和“圆管”工具的一致。可以拖动顶点来改变模型的形状，变化是对称、同步进行的。

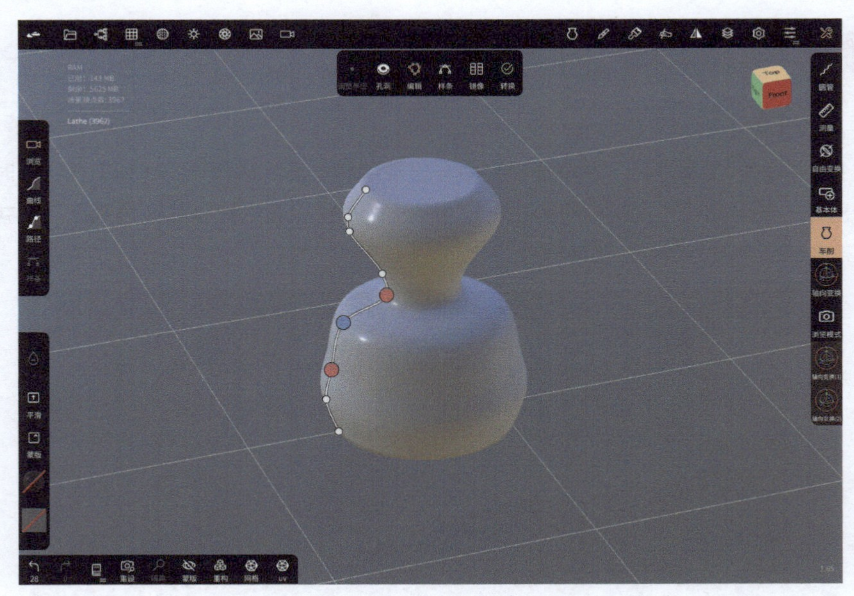

3.13 "车削"工具案例：绘制可爱的花瓶 >>>

在制作角色时，"车削"工具常用来制作角色的身体部分。此外，"车削"工具很适合用来制作瓶子、罐子之类的物品。结合之前学到的雕刻工具的用法，配合"车削"工具，下面来制作一个可爱的花瓶。

◎步骤

01 选择"车削"工具，然后在左侧快捷栏中选择"曲线"工具。

02 在对称线左侧绘制出花瓶的曲线形状，将触控笔移开屏幕即可生成模型。

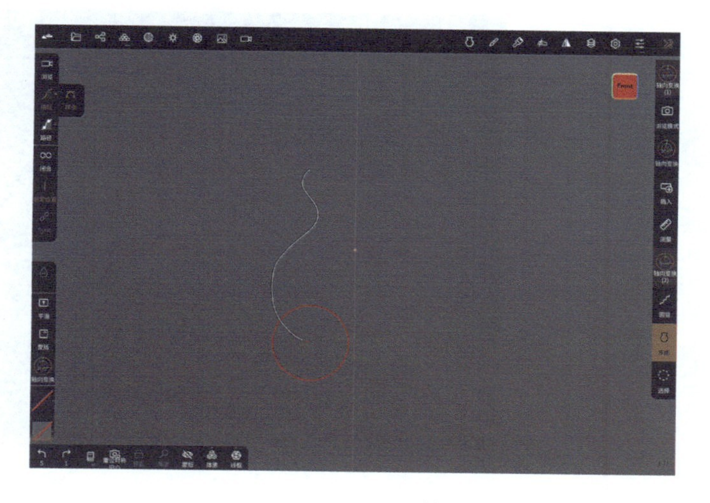

03 通过调节曲线上的点来改变模型，将其调整为自己想要的花瓶形状。

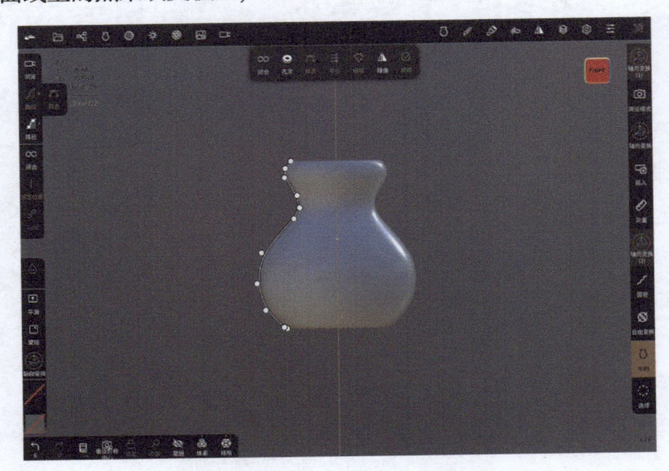

04 点击编辑菜单栏中的“孔洞”按钮，在花瓶的中间开一个洞。点击“半径”按钮，将两端调整半径功能打开。

05 转到底视图，调整蓝色的调节点，把底部的孔洞补上。

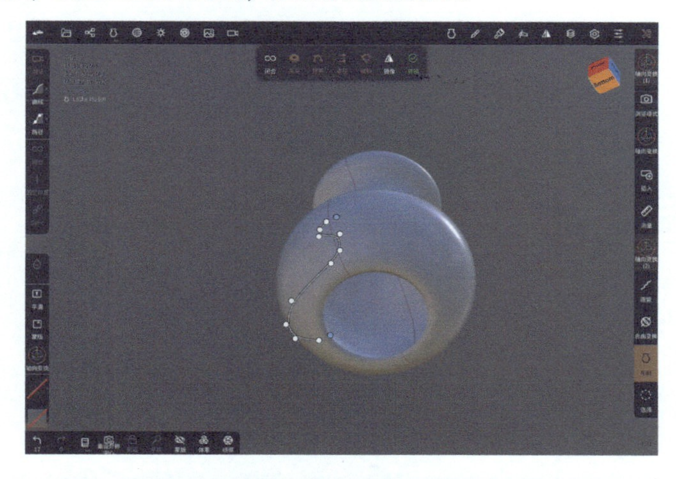

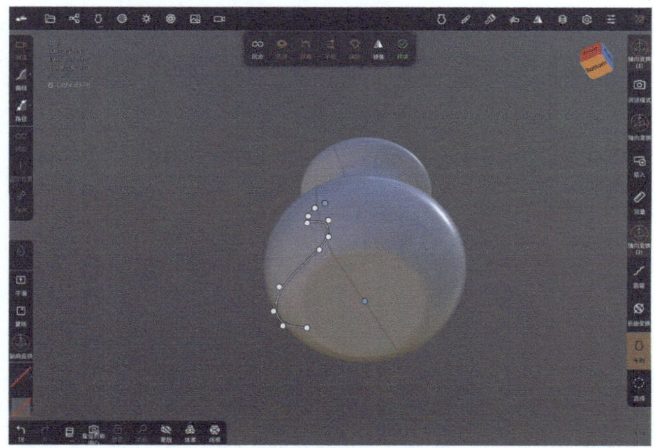

06 回到顶视图，调整顶部的蓝色调节点，将花瓶内侧的半径调整到自己认为合适的大小。

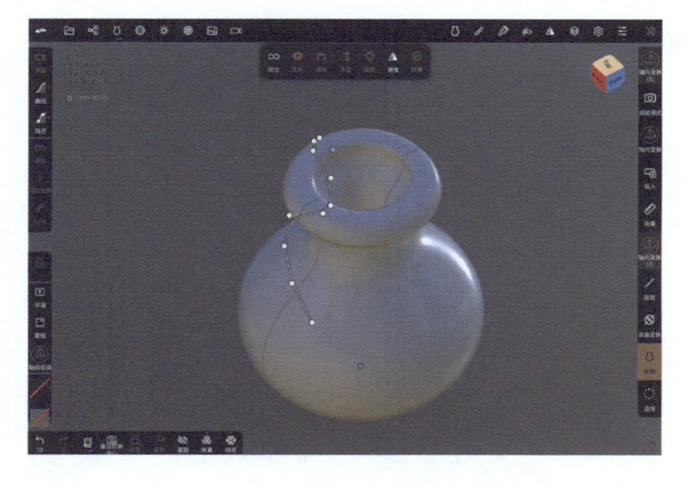

07 打开“网格”菜单，将“后期细分”改为 1，增大花瓶的网格密度。

08 确定花瓶的形状以后，点击“转换”按钮，得到转换完成的花瓶模型。

09 制作花瓶的两条腿，新建基本体“圆柱”。

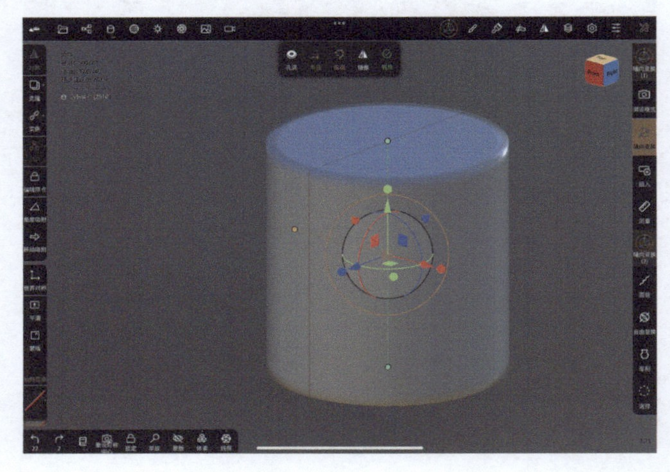

10 使用“轴向变换”工具将圆柱缩小并放在花瓶底部的位置，开启“镜像”功能。

提示

开启“镜像”功能时需查看是否选择了“世界对称”单选按钮。

11 用同样的方法，用基本体“球体”来制作脚。

12 把球体对齐到腿的位置，然后将视图切换到右视图。

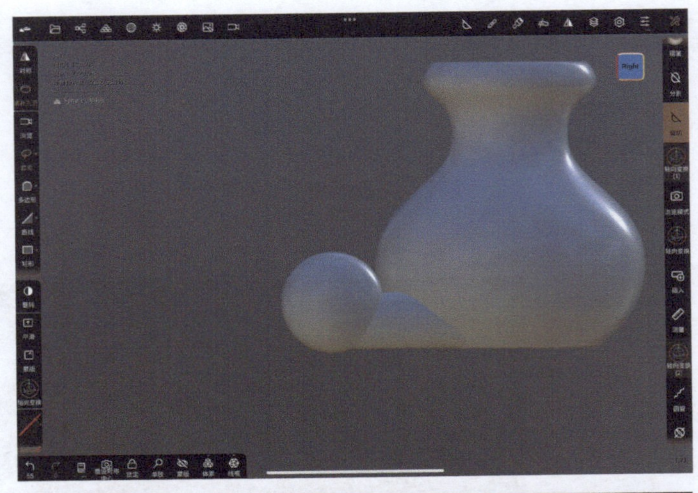

13 选择“裁切”工具，在快捷栏中选择“矩形”裁切工具，然后拖动出矩形以裁切掉脚多余的部分。

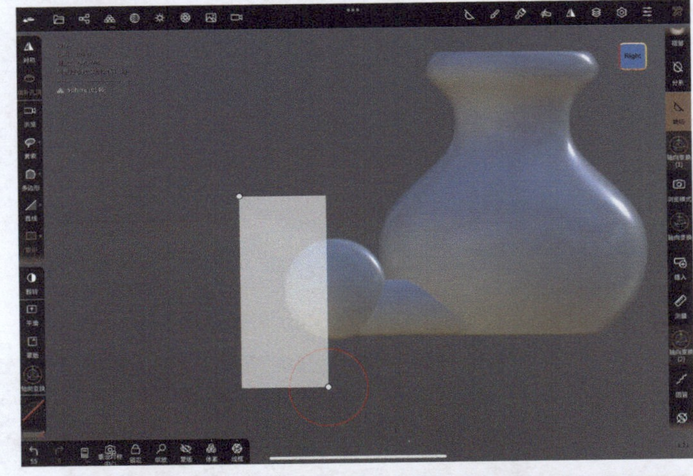

找到知识

“裁切”工具的具体使用方法在3.7节中有详细讲解。

14 把腿和脚的模型同时选中，准备进行“体素合并”操作。

15 打开“体素合并”界面，将“分辨率”改为 130 左右，然后点击“体素合并”按钮。

16 得到合并后的模型，使用“平滑”工具平滑模型的衔接部分。

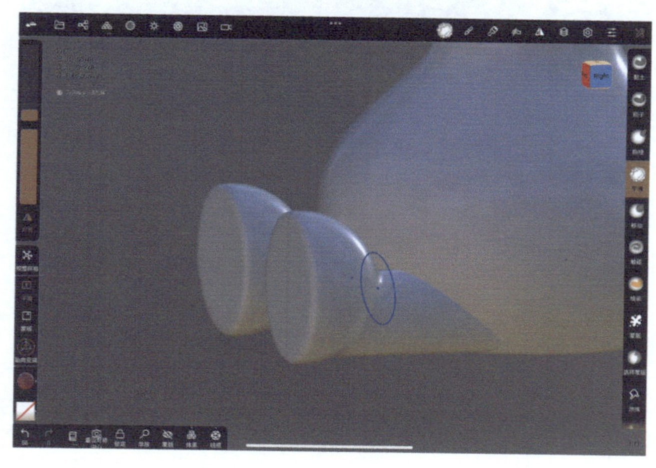

17 制作花瓶里的植物，用“圆管”工具绘制出植物的藤的形状。

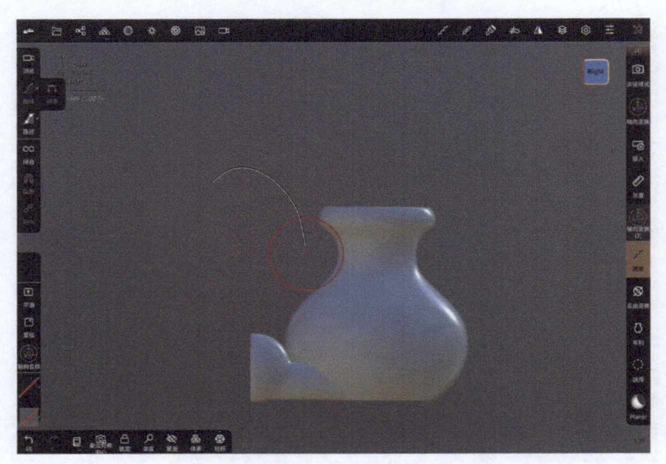

18 调整顶点和藤的位置，把藤放到花瓶的内部。

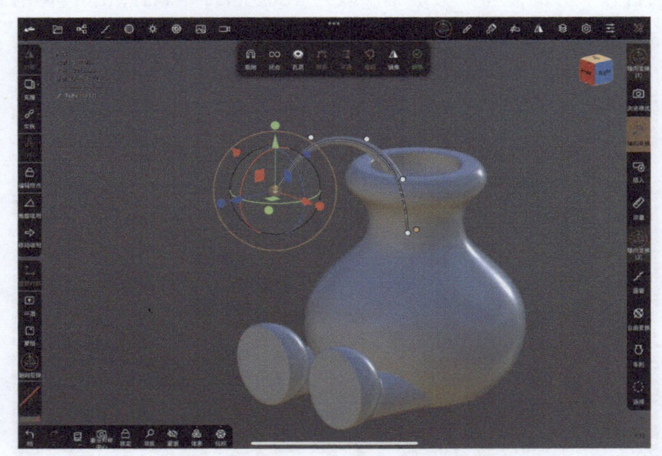

19 使用之前学到的方法制作叶子。

20 使用“克隆”按钮和“轴向变换”工具调整叶子的位置，丰富画面。

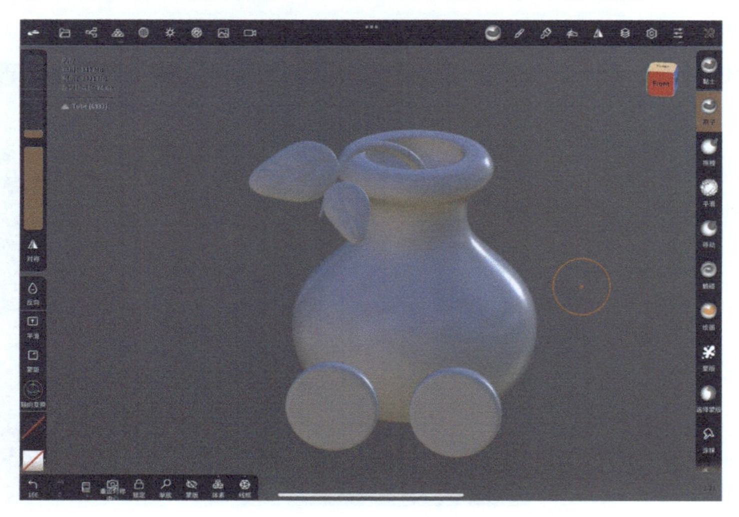

21 上色以后，进行灯光和后期处理，作品就制作完成了。

3.14 自由变换

“自由变换”工具通过手势来移动、旋转、缩放模型。注意，这里的操作影响的不是视图，而是模型。

3.14.1　移动

双指按住模型并滑动可移动模型。

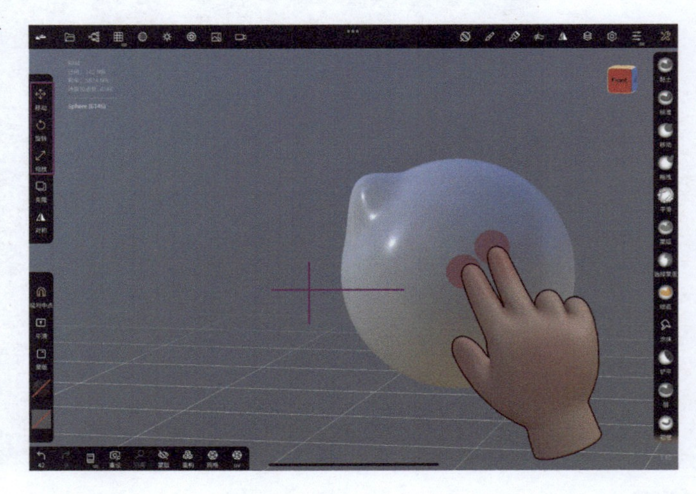

3.14.2　旋转和缩放

单指在模型上滑动可旋转模型。

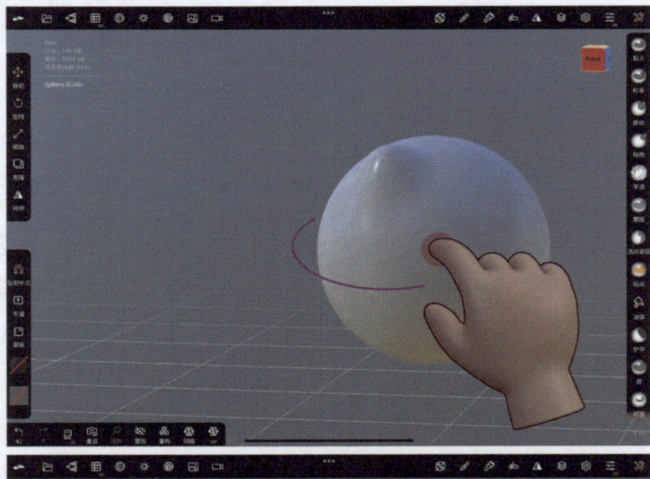

双指向内捏合或者向外滑开可以缩放模型。

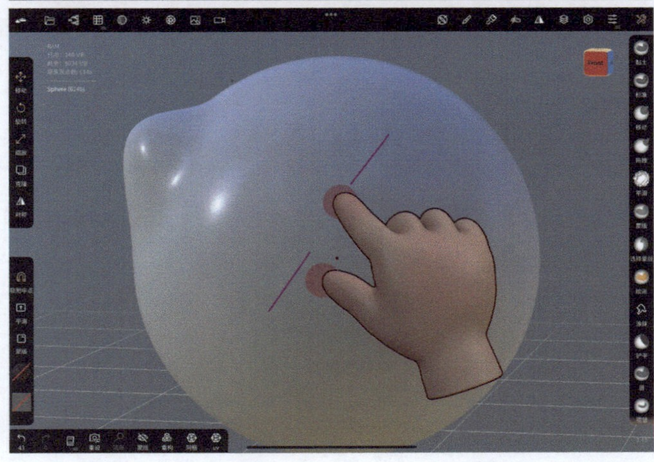

3.15 轴向变换

轴向变换指的是将一个三维模型沿着某个轴方向进行旋转和缩放，通常用于对模型进行重新布局或调整大小处理。

3.15.1 轴向变换基本操作

选择“轴向变换”工具后可以看到模型上有 4 种颜色的操作杆。不同颜色的箭头用于朝着对应方向移动模型，不同颜色的圆点用于朝着对应方向拉伸模型，不同颜色的弧线用于朝着对应方向旋转模型，橙色外圈用于整体缩放模型。

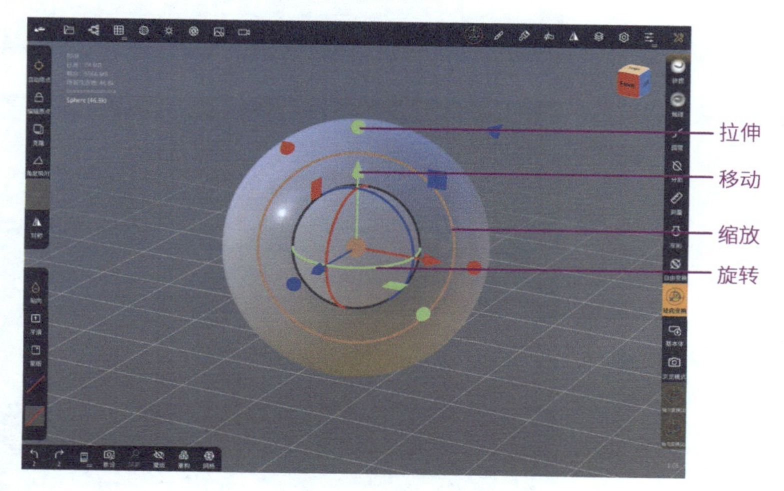

1. 移动模型

轴向变换操作杆的箭头用于移动模型。

拖动绿色箭头可以上下移动模型。（选中状态下箭头的颜色会变成黄色。）

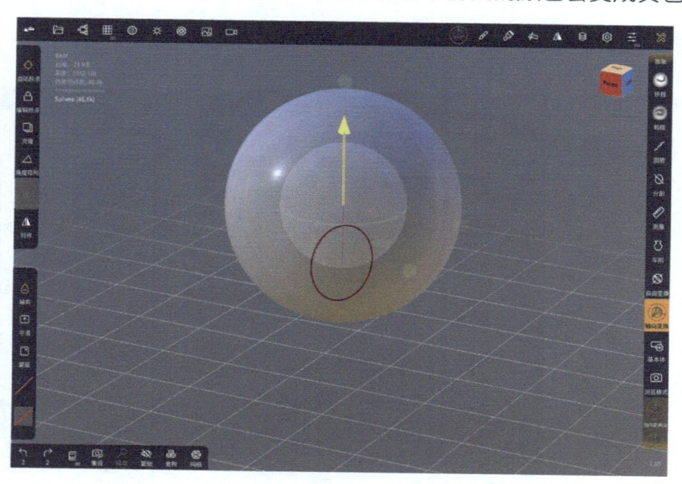

拖动红色箭头可以左右移动模型。

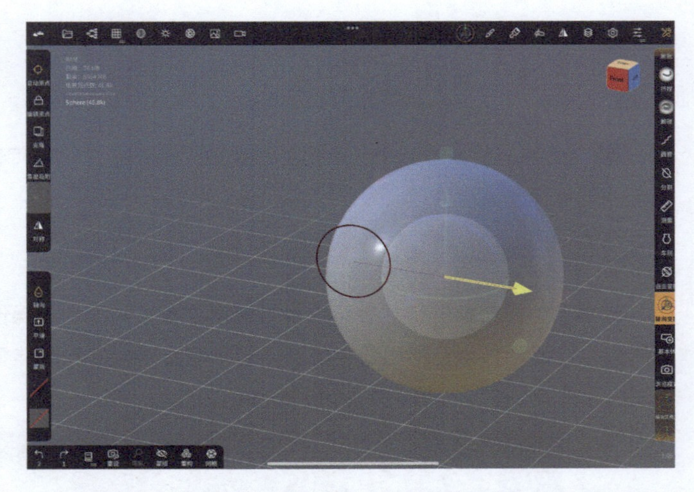

拖动蓝色箭头可以前后移动模型。

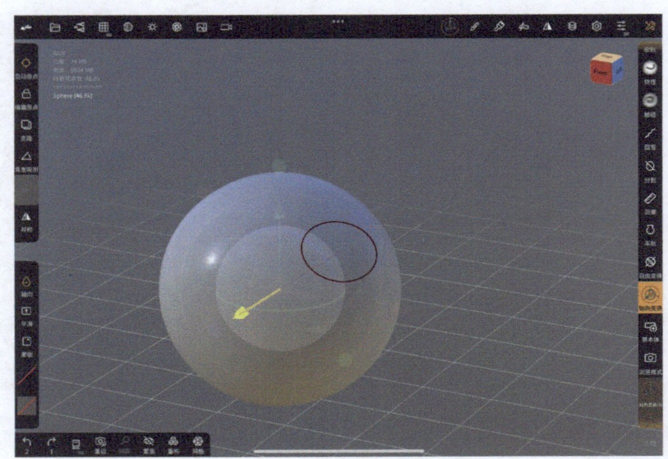

2. 拉伸模型

轴向变换操作杆的圆点用于拉伸模型。

拖动绿色圆点可以上下拉伸模型。（在选中状态下圆点颜色会变为黄色。）

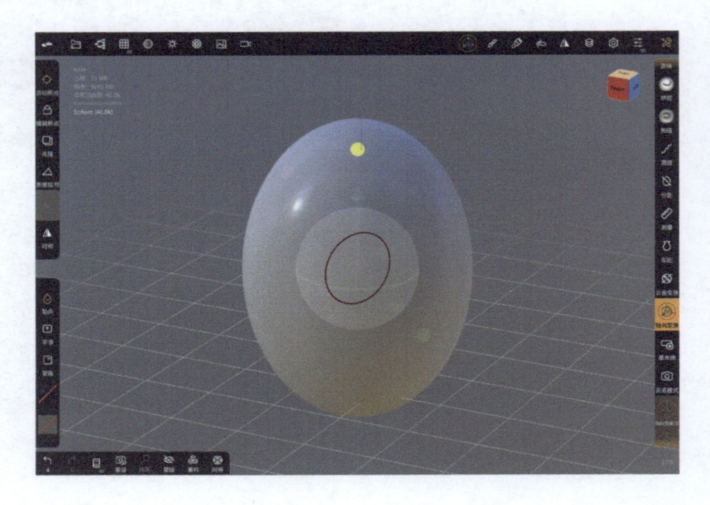

拖动红色圆点可以左右拉伸模型。

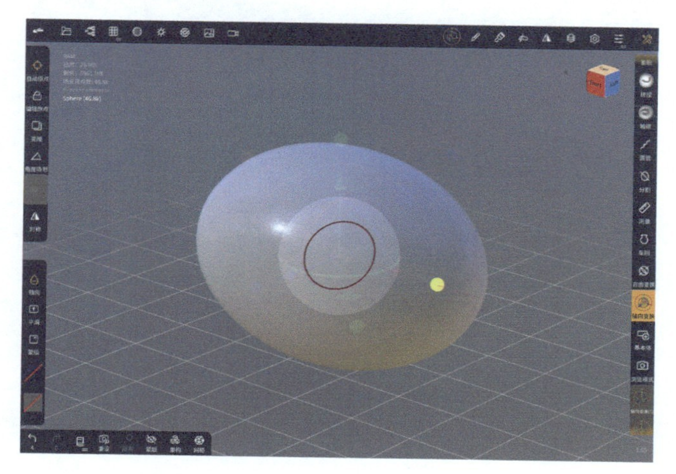

拖动蓝色圆点可以前后拉伸模型。

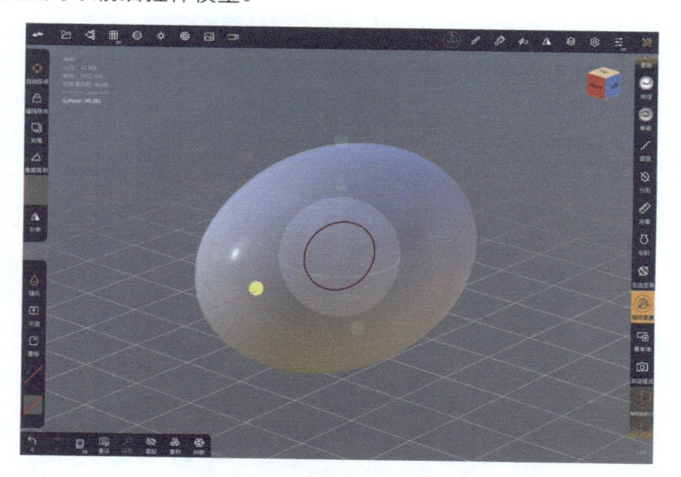

外围的红色、蓝色箭头用于往对应方向倾斜拉伸模型。

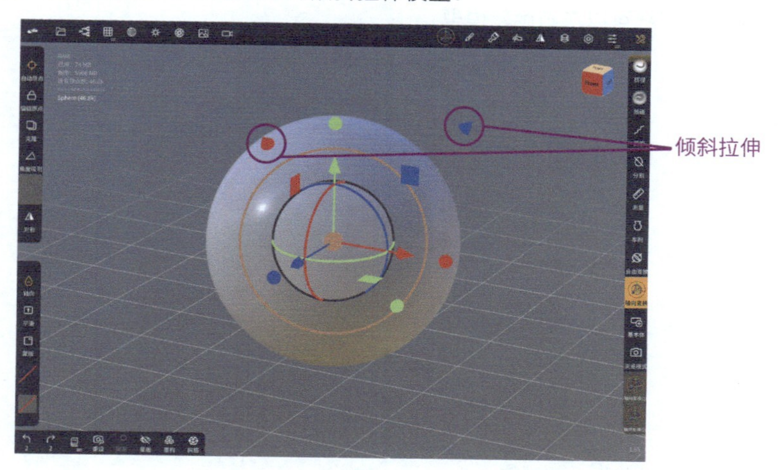

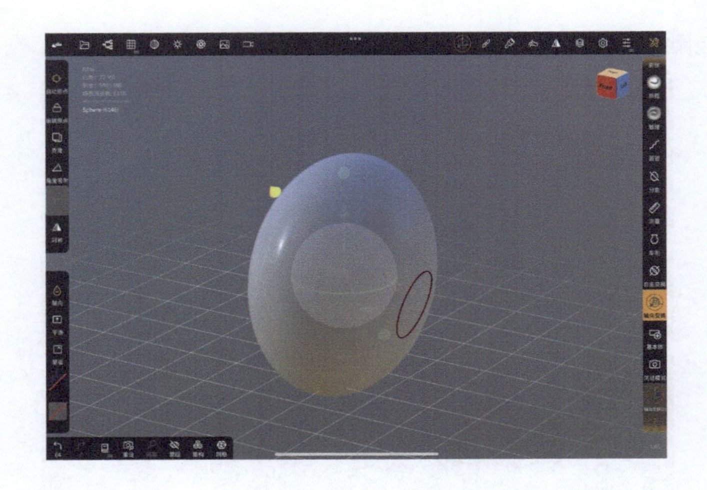

3. 旋转模型

轴向变换操作杆的弧线可以用于旋转模型。

拖动绿色弧线可以上下旋转模型。（选中状态下弧线颜色会变成黄色。）

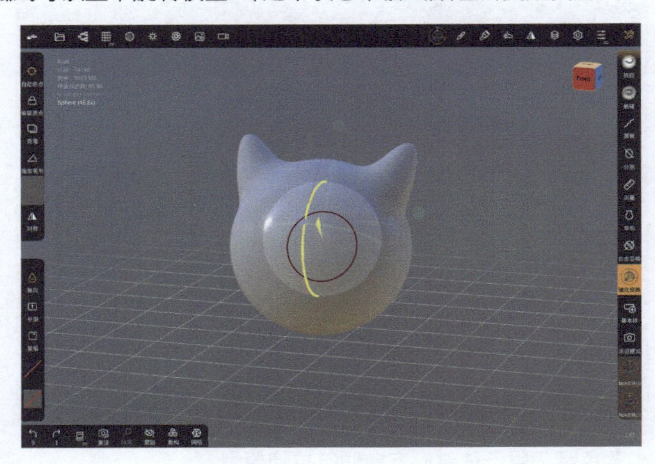

拖动红色弧线可以左右旋转模型。

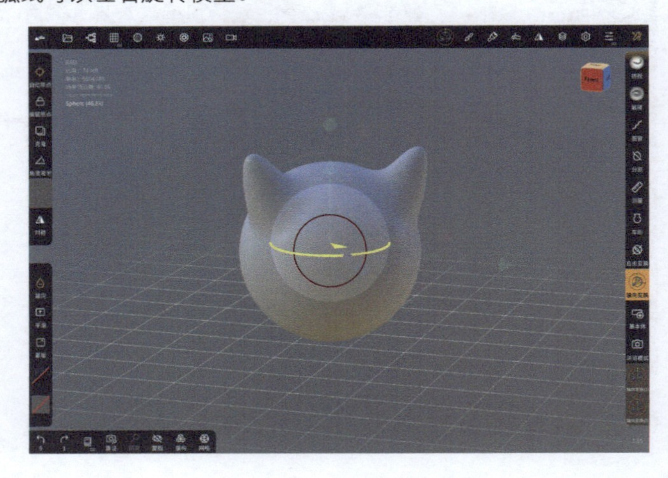

拖动蓝色弧线可以左右倾斜模型。

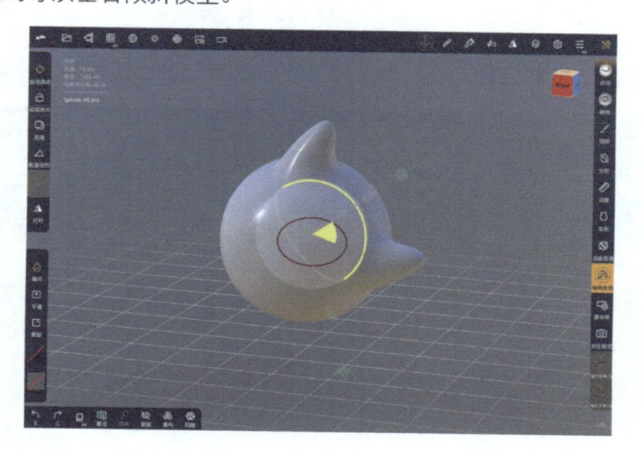

4. 缩放模型

拖动橙色外圈可以缩放模型。(在选中状态下外圈颜色会变为黄色。)

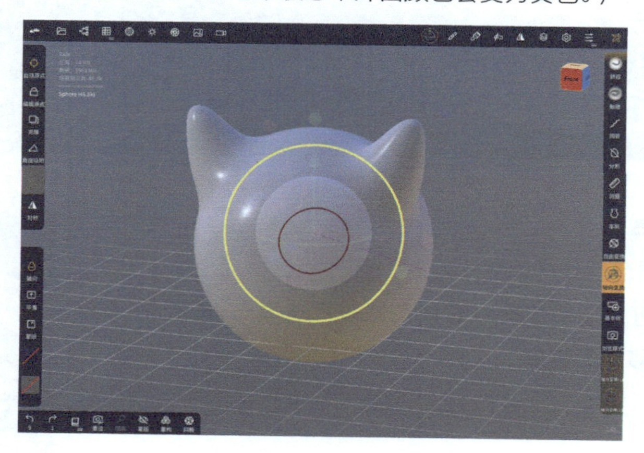

5. 自由移动

拖动轴向变换操作杆中心的橙色圆点，以及红色、蓝色的方块，可以自由移动模型。(选中状态下，橙色圆点的颜色会变为黄色。)

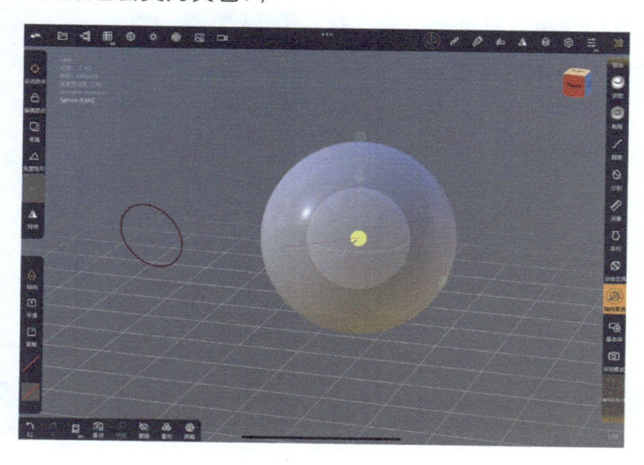

3.15.2 “轴向变换”工具的附属菜单

选择“轴向变换”工具以后，点击顶部的“轴向变换”图标，可以打开其附属菜单。

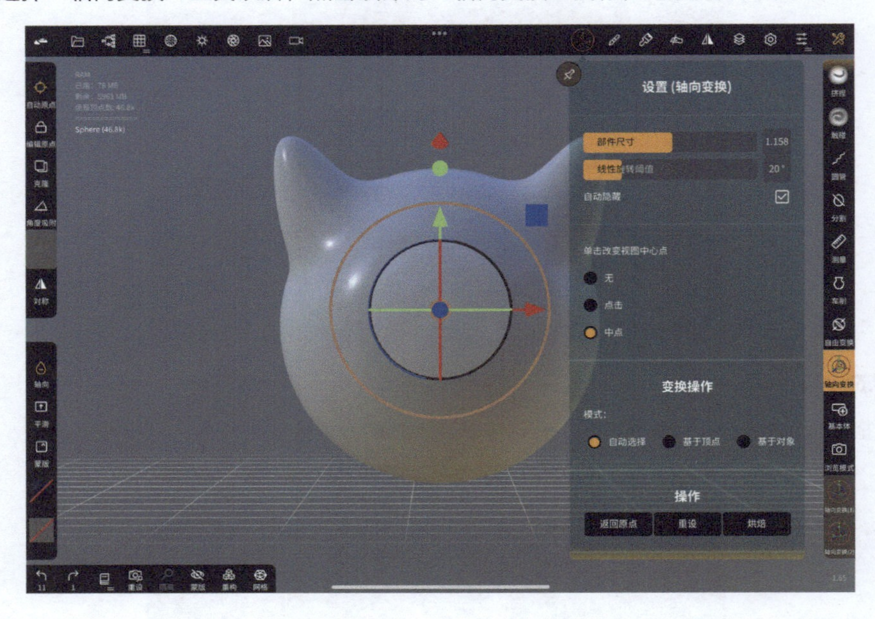

1. 设置（轴向变换）

部件尺寸：可以调节操作杆的大小。

线性旋转阈值：可以调节旋转过程中的“跟手速度”，即旋转时模型跟着手部动作移动的速度。

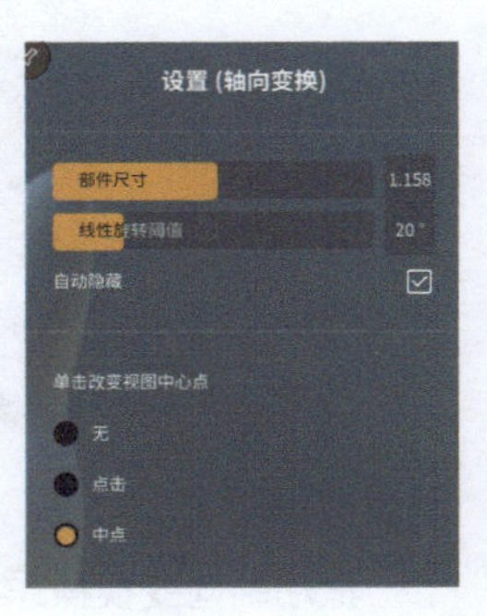

自动隐藏：勾选“自动隐藏”复选框以后，操作过程中操作杆会变为半透明状态。

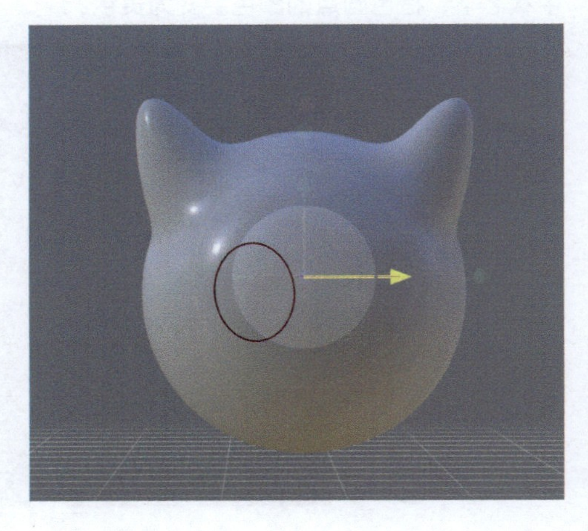

单击改变视图中心点：此功能用于编辑轴向变换的中心点位置，需要启用快捷栏的“编辑原点”功能才能使用。

当选择“无”单选按钮以后，可以通过移动箭头改变模型的轴向变换中心点。

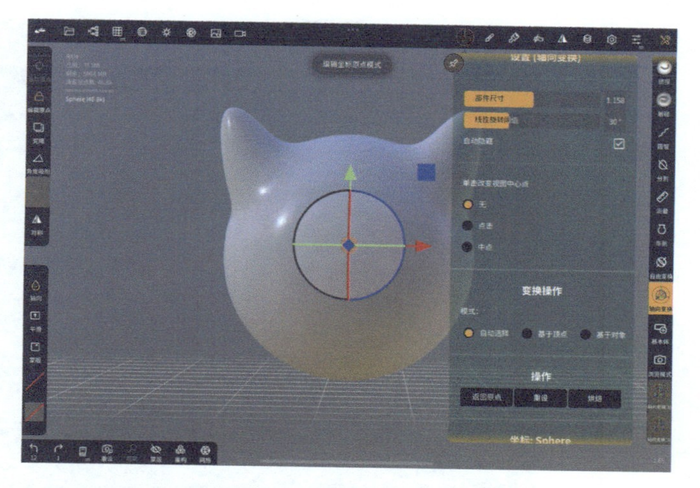

选择“点击”单选按钮以后，可以通过点击想要的位置来改变轴向变换的中心点。

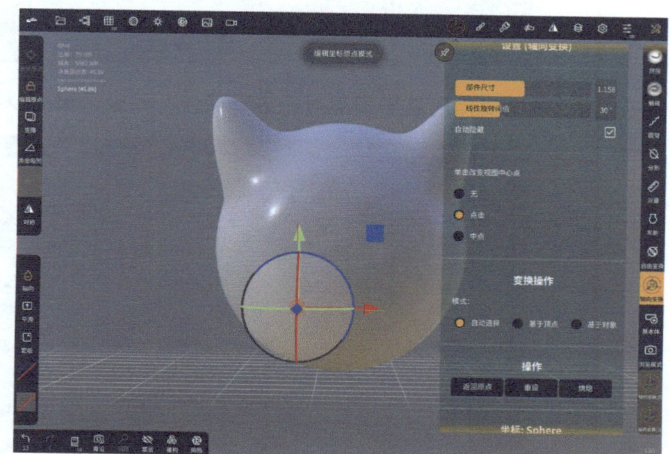

选择“中点”单选按钮以后，轴向变换的中心点则会设置在两次点击位置的中间位置。

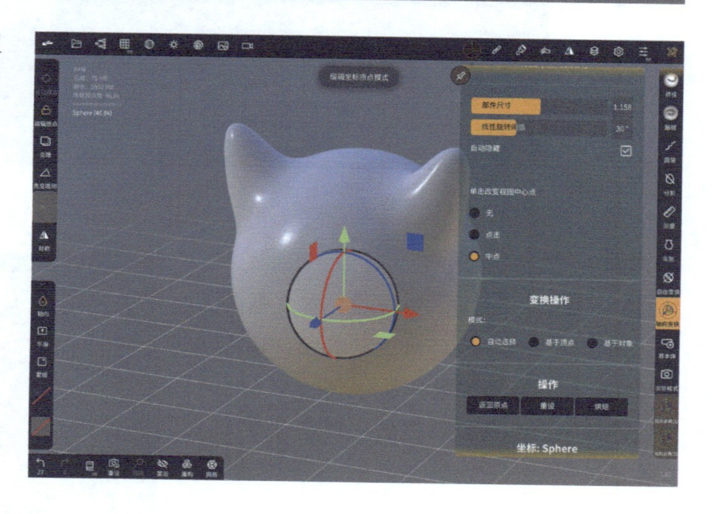

2. 变换操作

自动选择：Nomad 将自动选择“基于顶点”或“基于对象”两种模式。

基于顶点：轴向变换时基于顶点进行操作，蒙版区域无法变换。

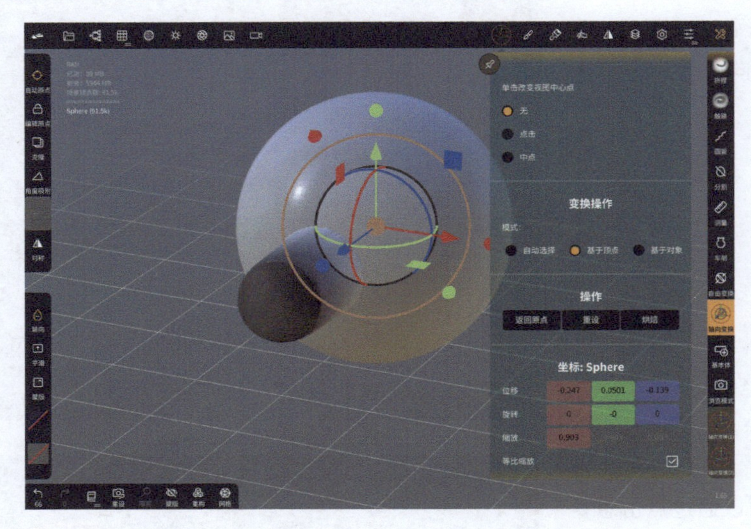

基于对象：轴向变换时基于模型对象进行操作，蒙版区域可以同时变换。

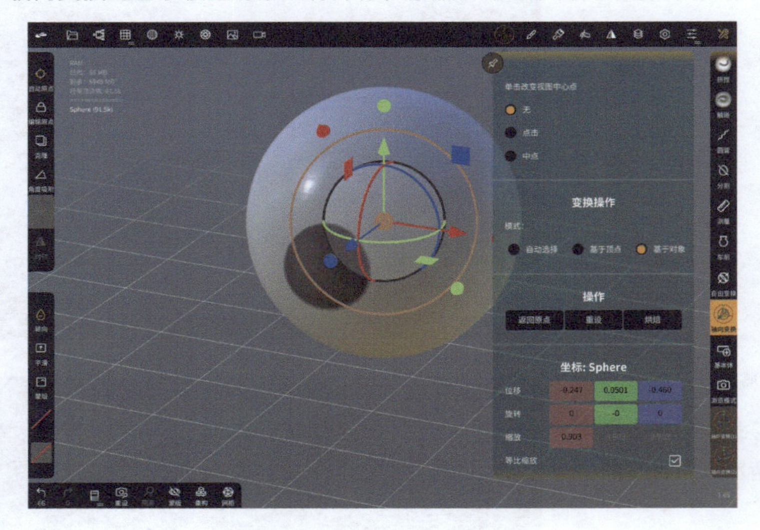

3. 坐标

“位移”“旋转”“缩放”数据框：数据框的颜色对应轴向变换操作杆上的颜色，输入数值可改变对应的参数。

等比缩放：勾选该复选框后，将进行等比例缩放。

坐标: Sphere

位移	-0.247	0.0501	-0.460
旋转	0	-0	0
缩放	0.903	0.903	0.903
等比缩放			☑

3.16 测量

选择“测量”工具，点击并按住屏幕可确定起点，拖动到想要的位置并将触控笔移开屏幕可确定终点。下图模型上的数字就是测量数据，单位为 mm。

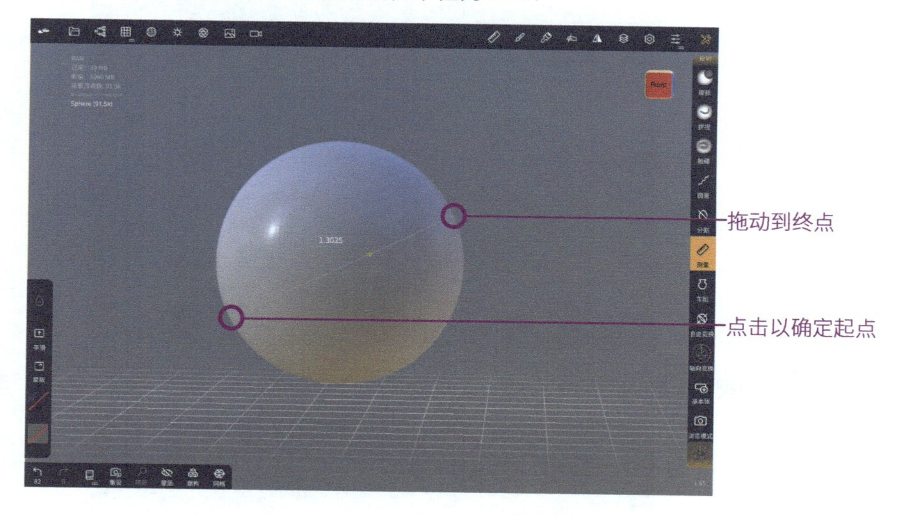

3.17 对称

下面看一下“对称”菜单。点击顶部的“对称”图标，打开“对称”菜单，可以看到模型中央出现了一条红色的中轴线，这就是对称中心线，也是世界中轴线。

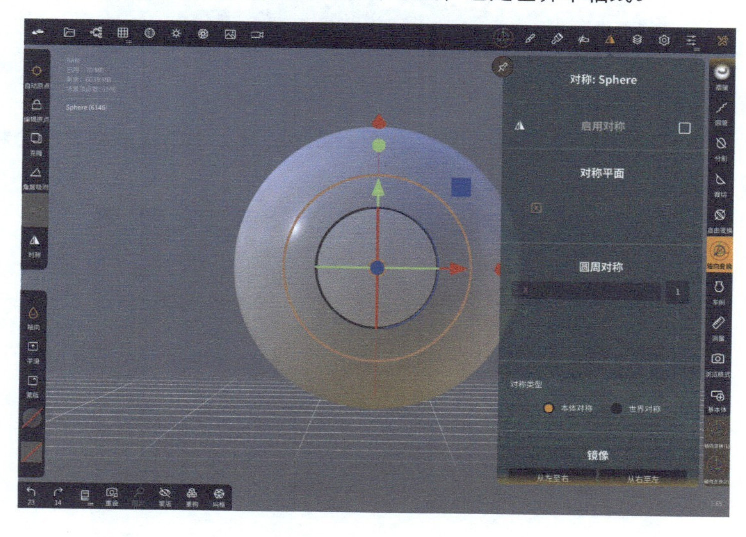

1. 启用对称

勾选“启用对称”复选框后，可以看到模型上的轴向变换操作杆移到了模型左侧，这是因为在“对称平面”界面中选择了“X”。

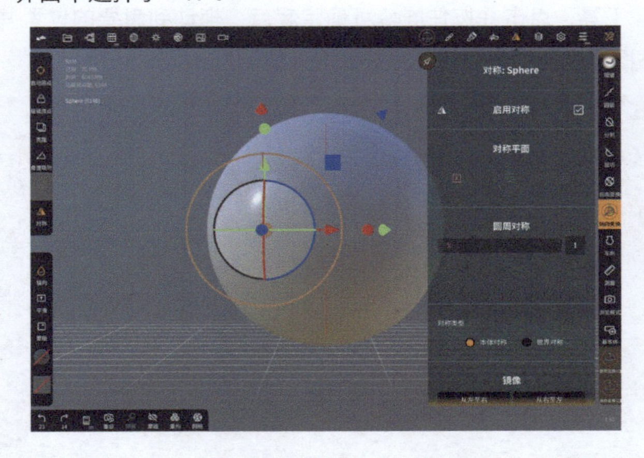

这时模型以 x 轴为对称中心线，左右移动模型时，就会对称拉伸模型，形成“胶囊”形状。

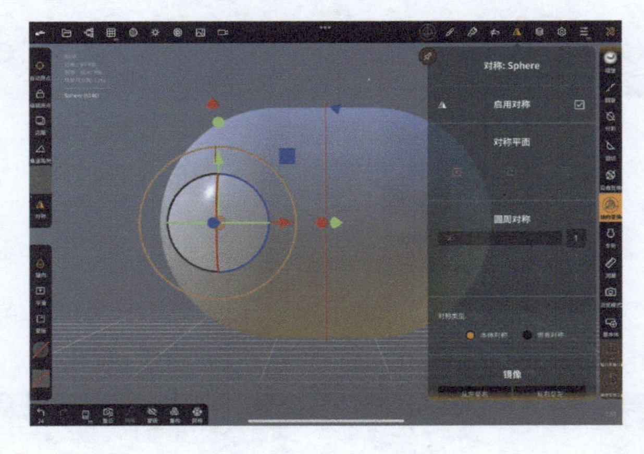

2. 对称平面

如果在“对称平面”界面里选择“Y”作为对称中心线，上下拖动模型时会将其拉伸为“胶囊”形状。

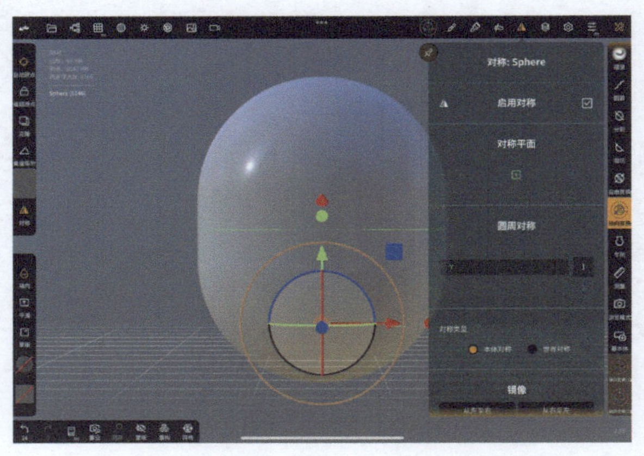

同理，选择“Z”作为对称中心线，可前后拉伸出“胶囊”形状的模型。

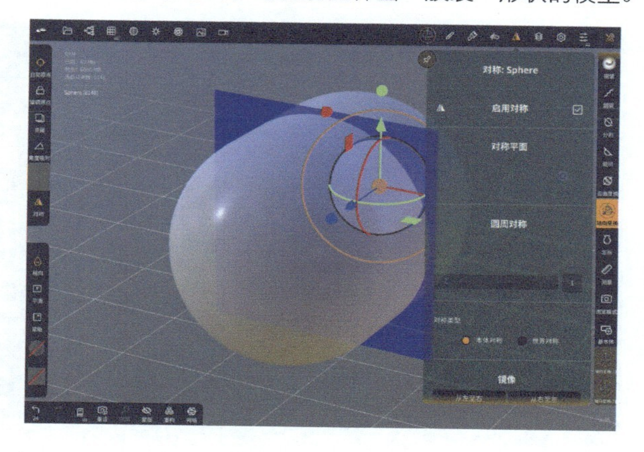

3. 圆周对称

该功能以圆周环绕为基础形成多个对称对象。在“对称平面”界面里选择固定的轴向，如“X”，那么在“圆周对称”界面里就可以针对 x 轴来调节圆周对称数量。取消选择“对称平面”界面中的所有选项，便可以激活“圆周对称”界面中的所有选项。

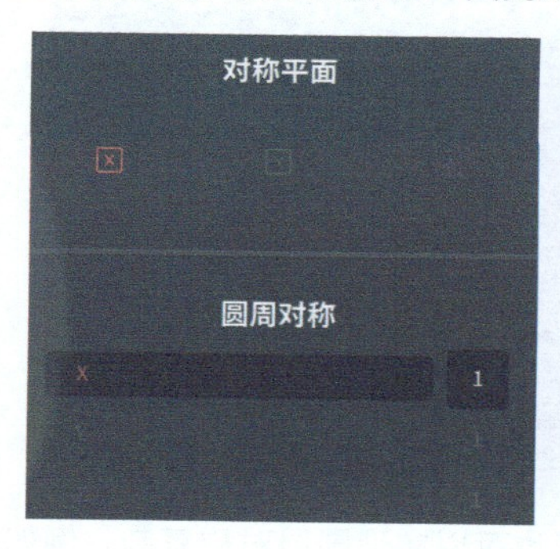

下面举例来说明“圆周对称”功能的作用。例如，调节“X”调节条，设置数值为 7，那么在进行雕刻操作时，模型会以 x 轴为基础，圆周对称地产生 7 个操作点。雕刻时会同时雕刻这 7 个位置。

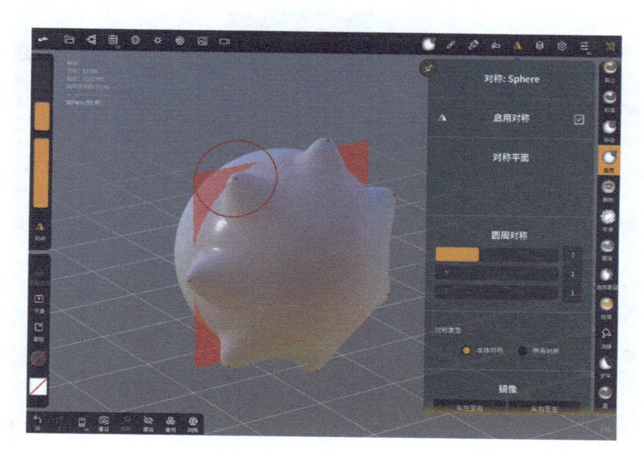

同理，选择“Y”或者“Z”，那么模型会以 y 轴或 z 轴为基础进行圆周对称。

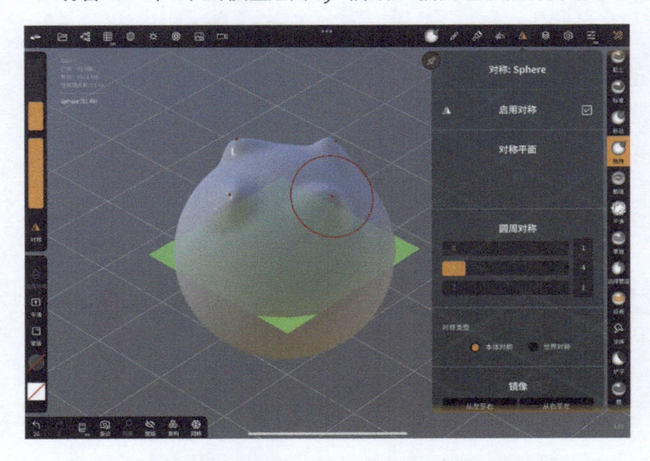

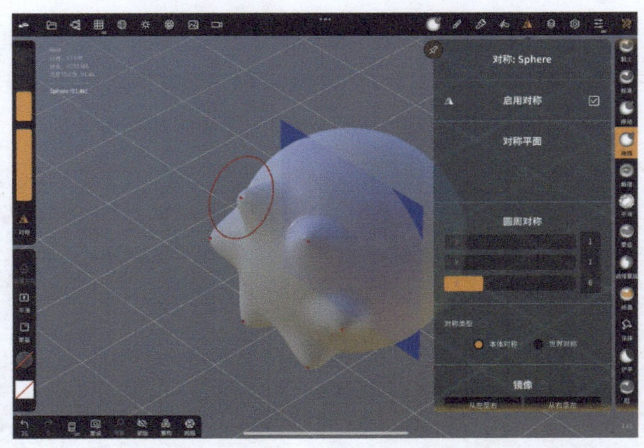

在新建几何体的时候，启用“镜像”功能也可以实现圆周对称复制。例如，设置圆周对称的“X”数值为 4，就可以环绕式地新建 4 个球体。同理，可以选择其他轴向和设置其他数值来实现圆周对称复制。

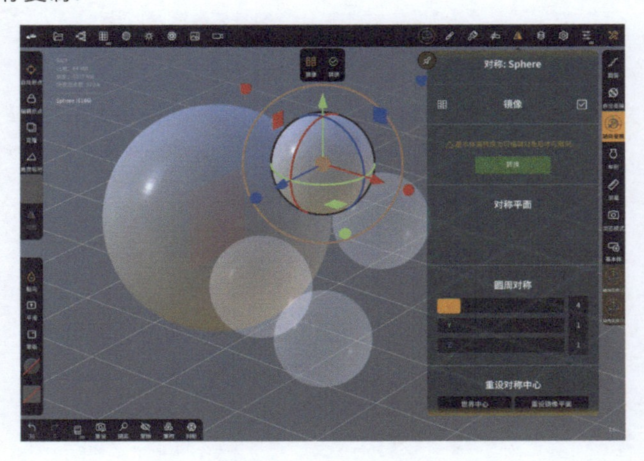

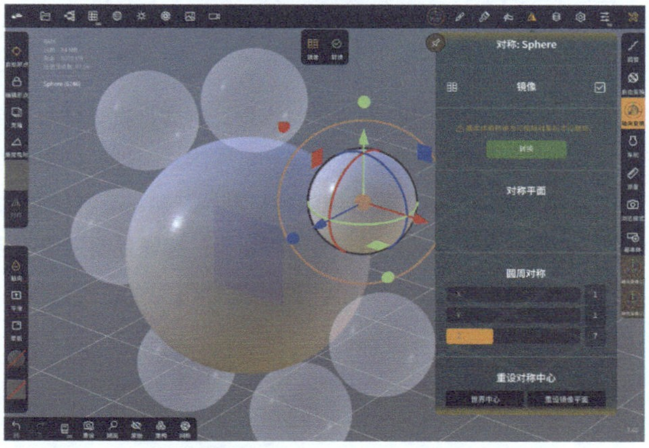

4. 对称类型

选择“世界对称”单选按钮，所有模型将以世界中心点为基础进行操作，世界中心点不可移动和改变；选择“本体对称”单选按钮，选择对应模型，以该模型的中心线作为世界中轴线，可通过“轴向变换”工具或者“自由变换”工具来移动和调整对称平面。

例如，圆柱在世界中轴线上，球体在世界中轴线的右侧。

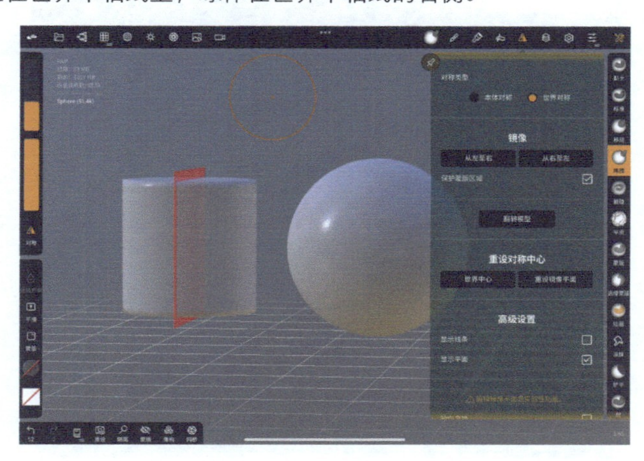

选择球体，并把“对称类型”改为“本体对称”，那么世界中轴线会出现在球体的中央。

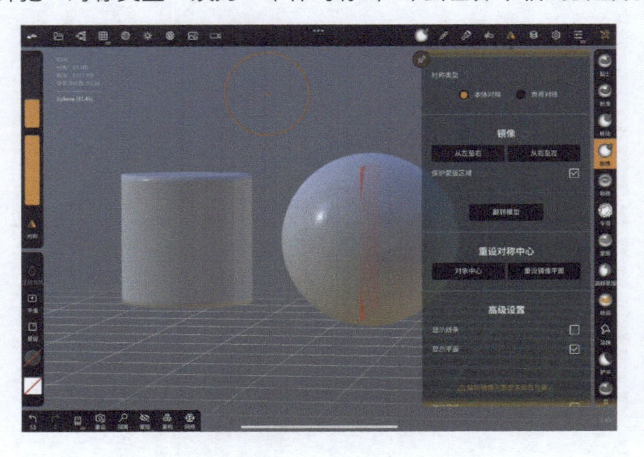

5. 镜像

以世界中心点为基础，向左或者向右镜像复制模型。例如，把球体移动到世界中轴线的左侧，点击“从左至右”按钮，则会镜像地向右复制一个球体。同理，如果模型在世界中轴线的右侧，那么点击“从右至左”按钮，模型就会镜像地复制到左侧。笔者经常使用该功能复制左右手，或者其他对称模型。勾选“保护蒙版区域”复选框以后，镜像复制操作不会影响蒙版区域。

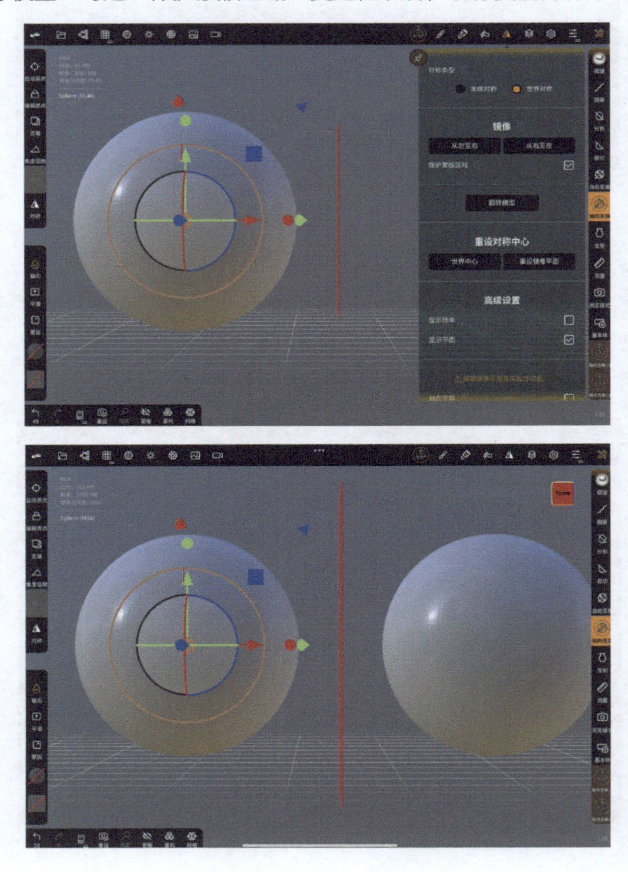

6. 翻转模型

该功能用于镜像翻转模型，如制作手时，可以镜像翻转手。

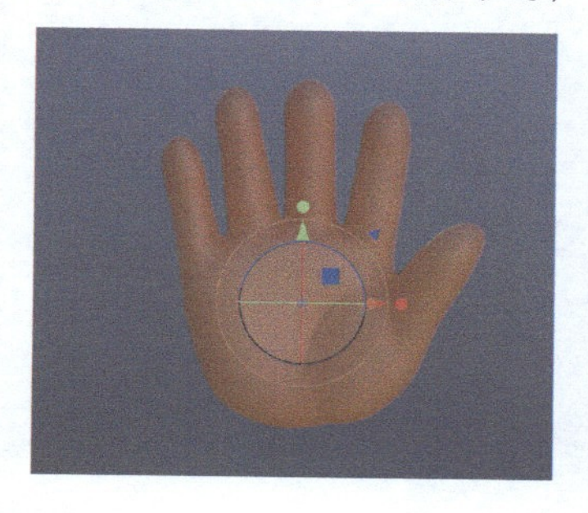 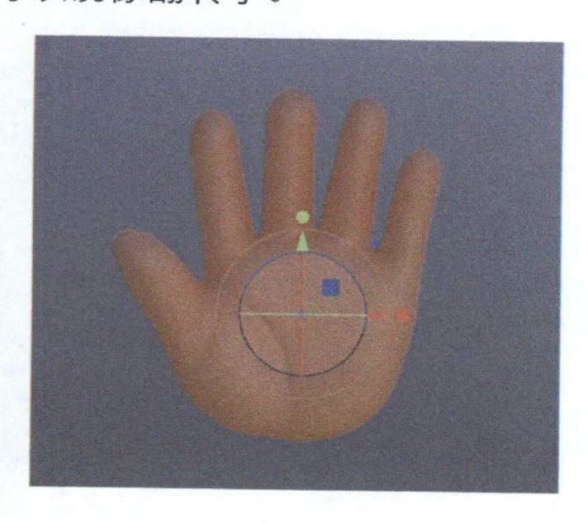

7. 重设对称中心

该功能用于在世界对称出现问题或者偏差时，重置世界中心或重设镜像平面。

8. 高级设置

勾选“显示线条”复选框，世界中轴线将以线条的形式一直显示于模型表面。勾选“显示平面”复选框，世界中轴线则以平面的形式一直显示于模型表面。

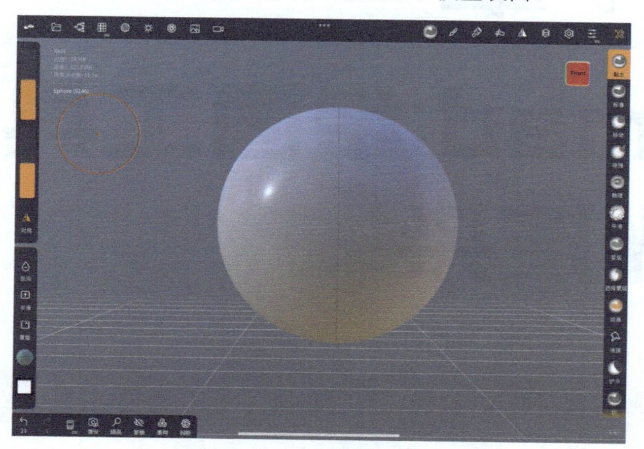

勾选“显示线条”复选框的效果

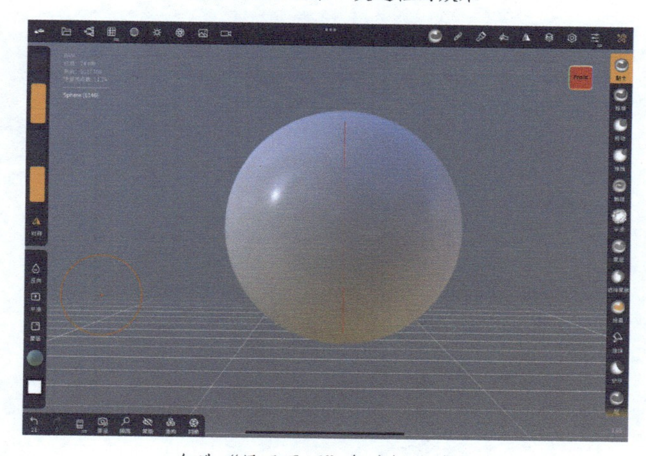

勾选“显示平面”复选框的效果

第4章 Nomad 绘画工具与灯光渲染

4.1 绘画 

Nomad 的绘画功能虽然没有常用的 Photoshop、Procreate 等软件的那样强大，但是其具备了应有的基本功能。利用这些功能能够直接在模型上绘画，非常直观和便捷。下面我们来认识一下 Nomad 的绘画功能。

选择“绘画”工具，这时雕刻笔变成绘画笔，可以直接在模型上绘制颜色效果。在左侧快捷栏中可以调节笔刷大小和画笔强度，还可以切换至“橡皮擦”功能。同时，“材质球”功能也会自动打开，点击材质球可以选择颜色和材质效果。

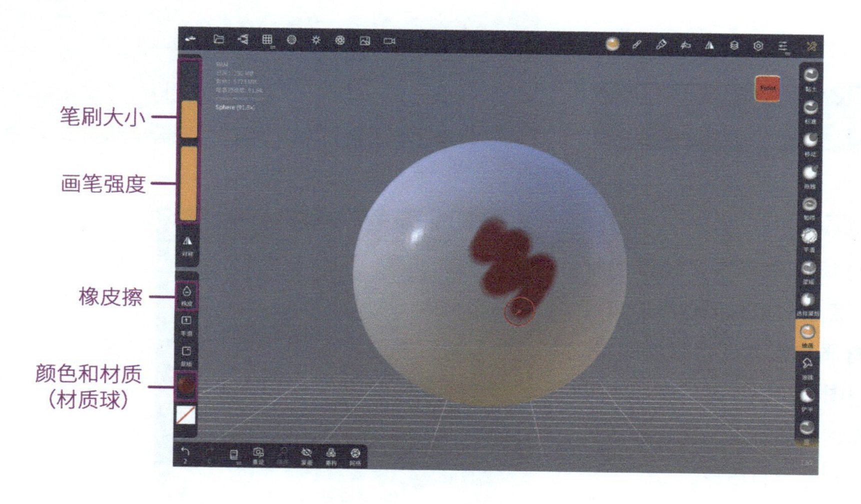

4.1.1 材质球 

点击材质球以后，会弹出材质球设置界面，其中包括“画笔强度”“材质库”“粗糙度”“金属强度”“颜色库”“贴图区域”等。

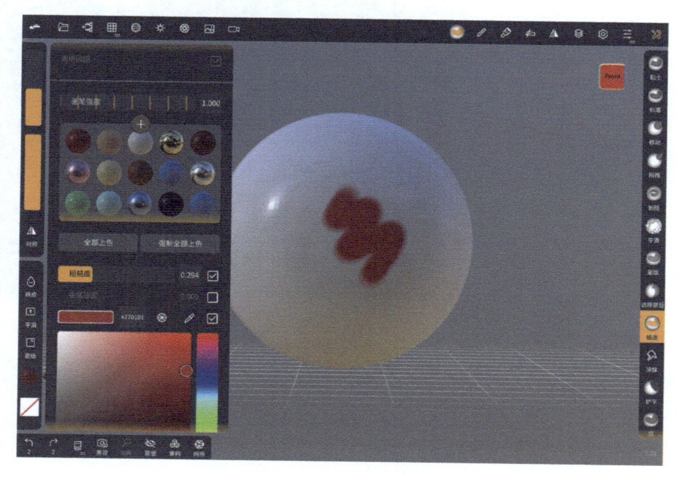

1. 画笔强度

调节用画笔绘制时的强度。画笔强度越大，笔刷边缘就越实，压感就越小。

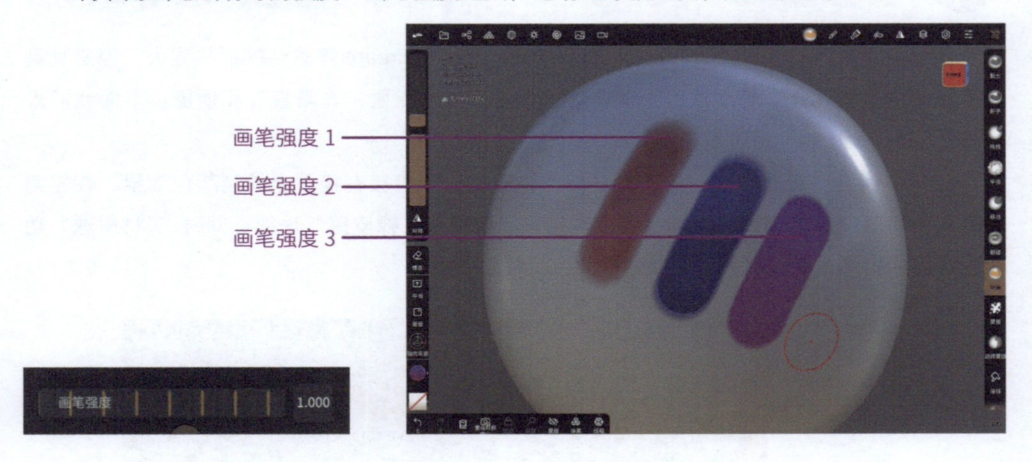

2. 材质库

材质库中有很多预设的材质球，点击对应材质球可以直接使用材质，或者进行材质编辑。点击图标将以现在的参数保存一个新的材质球。长按材质球可以保存和删除材质球。

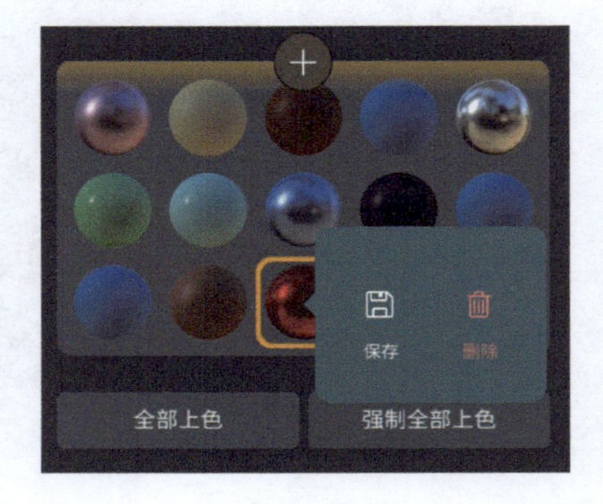

3. 全部上色及强制全部上色

点击对应按钮会直接改变选中模型的颜色或者材质。

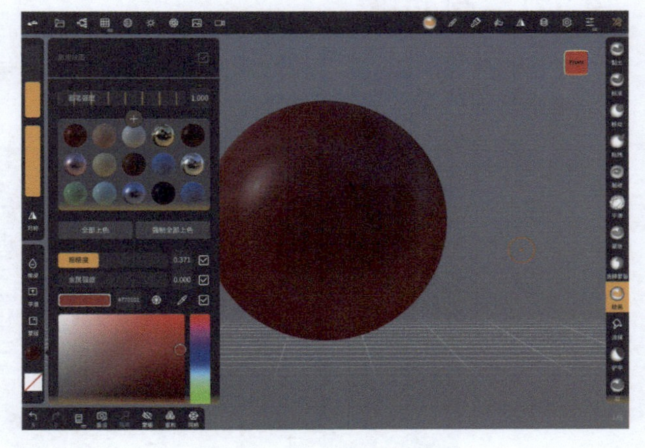

4. 粗糙度

调节材质球的粗糙度，设置数值时，能够在模型上看到预览效果。

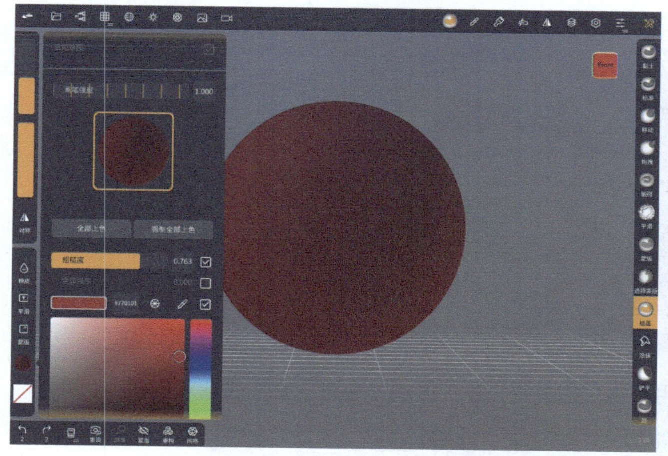

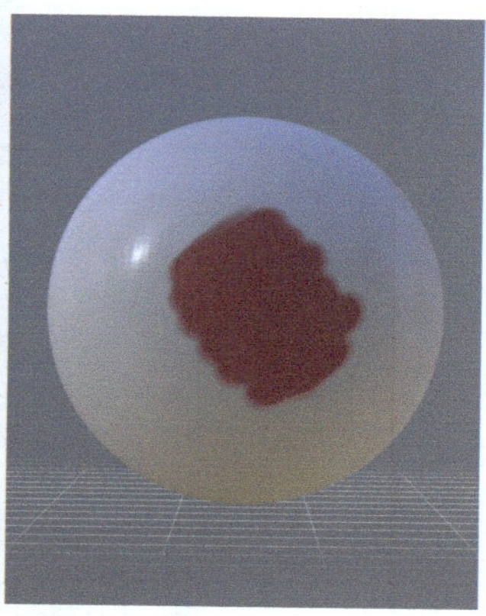

调节粗糙度后的绘制效果

5. 金属强度

调节材质球的金属强度，设置数值时，能够在模型上看到预览效果。

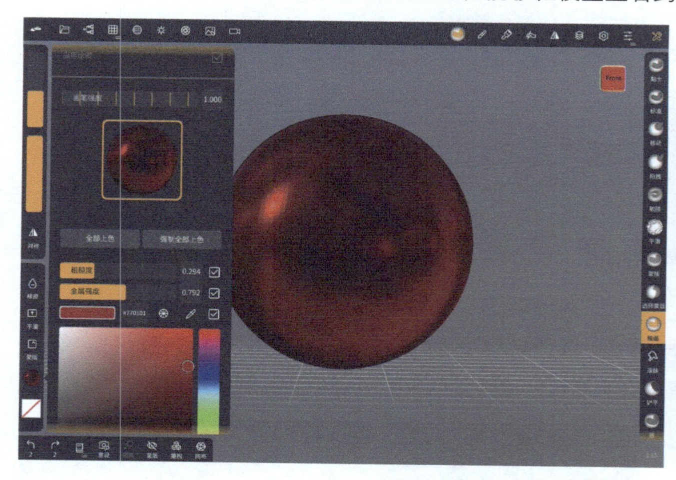

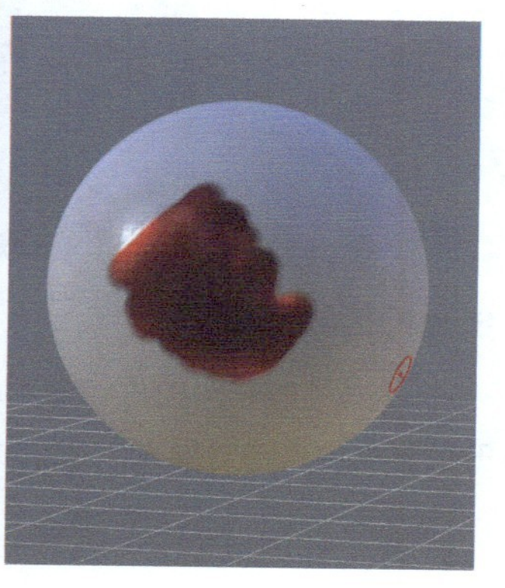

调节金属强度后的绘制效果

6. 颜色库

选择材质颜色。点击按钮可以切换调色盘类型。

7. 吸管工具

点击“吸管工具”按钮，可以吸取模型的颜色或材质。

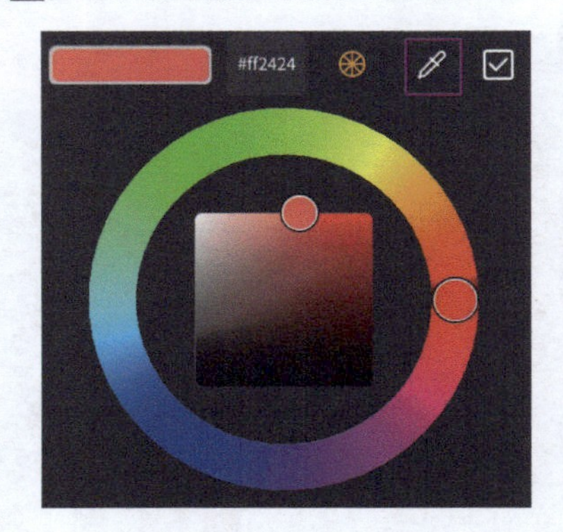

选择“绘画”工具以后，用手指点击想要吸色的区域，也可以直接吸取对应的颜色。

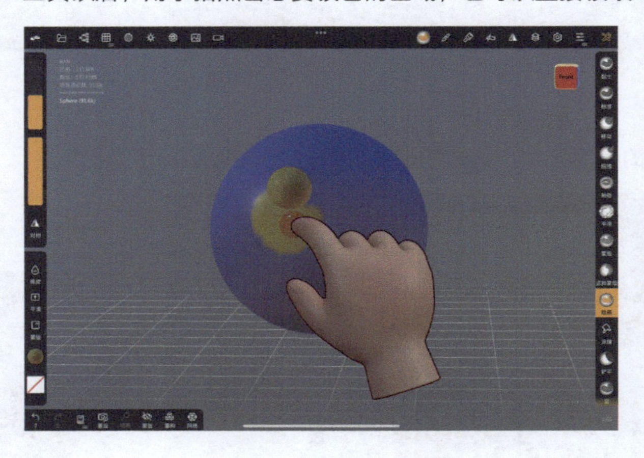

8. 贴图区域

可以将加载的图片作为笔刷形状，以便在模型上绘制。点击“笔刷形状”按钮，在打开的界面中点击“导入”按钮就可以添加照片或者文件里的图片作为笔刷使用。

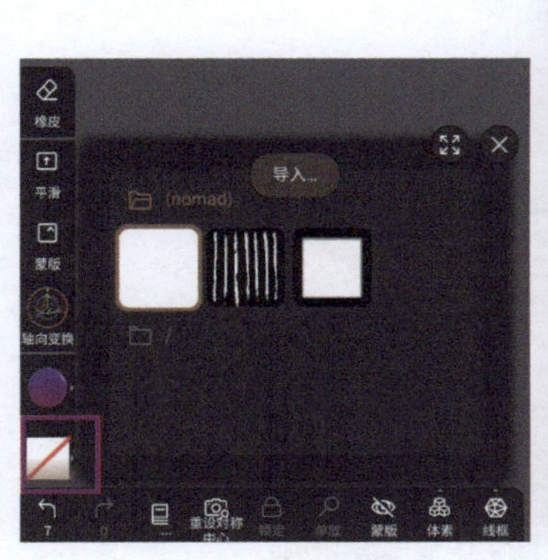

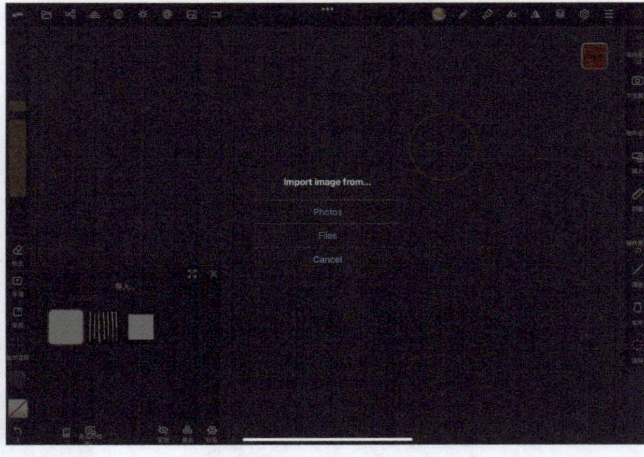

4.1.2 笔刷设置

选择“绘画”工具以后，点击“笔刷设置”按钮，打开“笔刷设置”菜单。在这里可以进一步设置笔刷。

提示

雕刻工具和“绘画”工具都能进行笔刷设置。

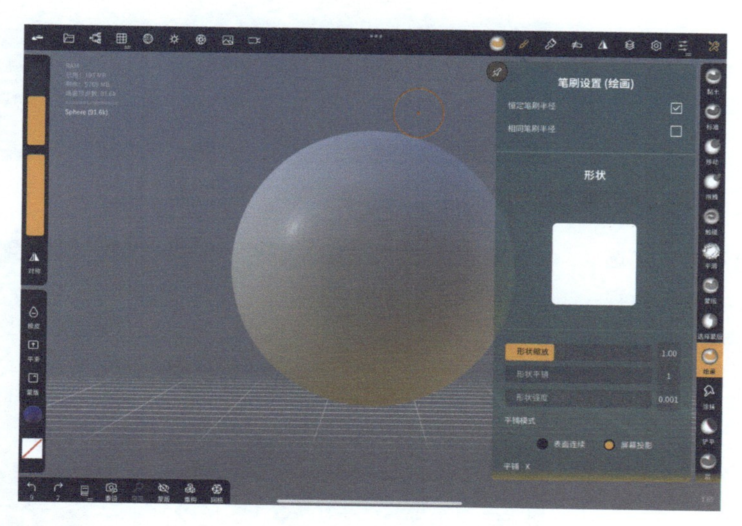

1. 笔刷设置（绘画）

（1）恒定笔刷半径。

勾选该复选框以后，笔刷大小不会因为视图的缩放而改变。

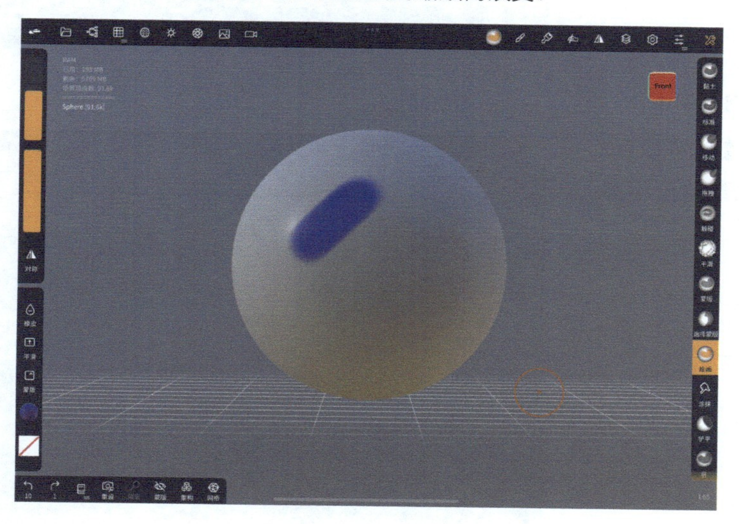

视图缩小以后，绘制到模型上的笔触大小不变。

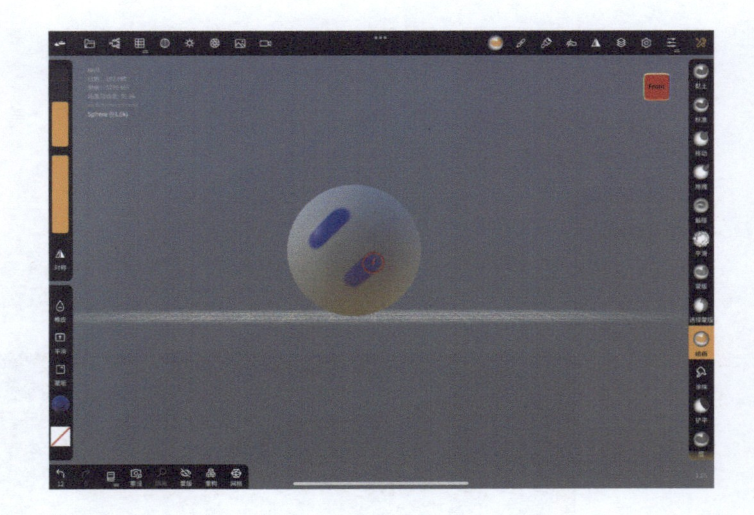

如果未勾选该复选框，笔刷大小会因为视图的缩放而改变。

(2) 相同笔刷半径。

勾选该复选框以后，所有工具的笔刷大小都是相同的。

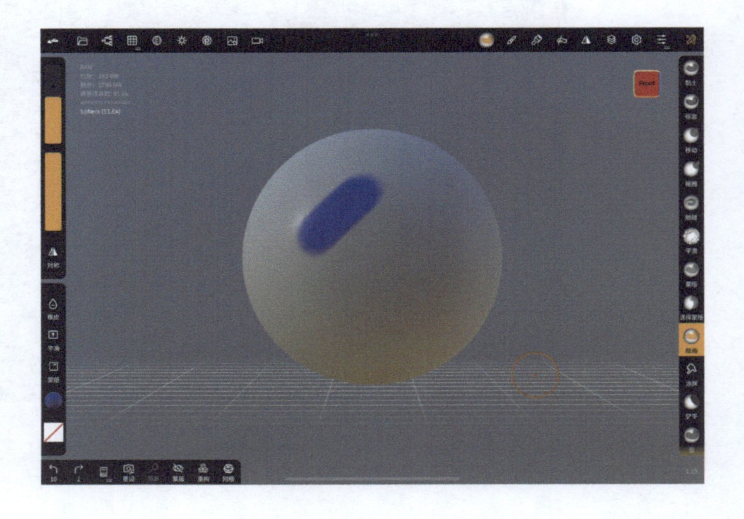

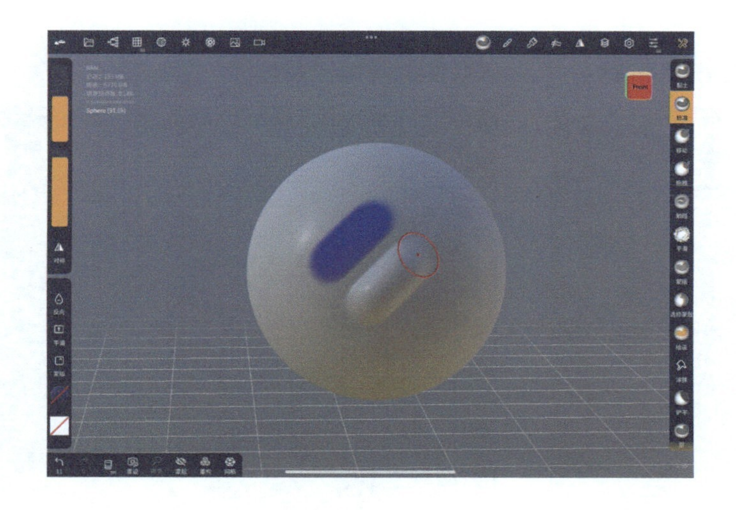

2. 形状

在“形状”界面可以添加或者改变笔刷形状（与点击“笔刷形状”按钮打开的界面中的功能是大致相同的）。点击形状图片可以打开笔刷库，软件自带的笔刷不多，在下面可以看到之前讲解“图章”功能时导入的笔刷，这里还是以这个笔刷为例进行讲解。

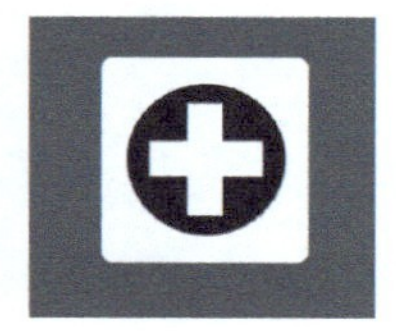

形状反相： 反转形状的颜色，即黑白两色交换位置。

形状缩放： 数值为 1.00 表示正常大小，以 1.00 为基础，数值小于 1.00 表示缩小形状，数值大于 1.00 表示放大形状。

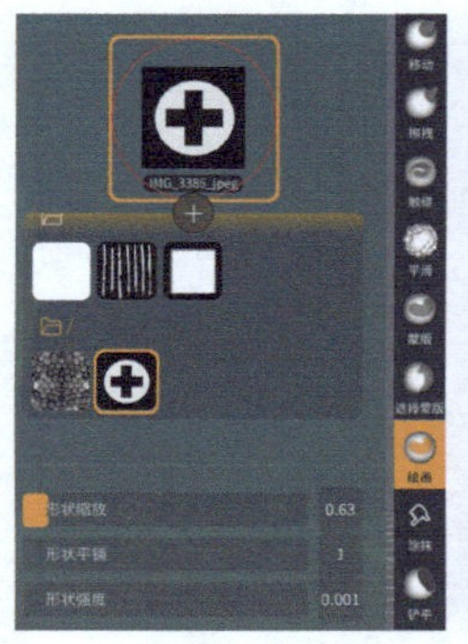

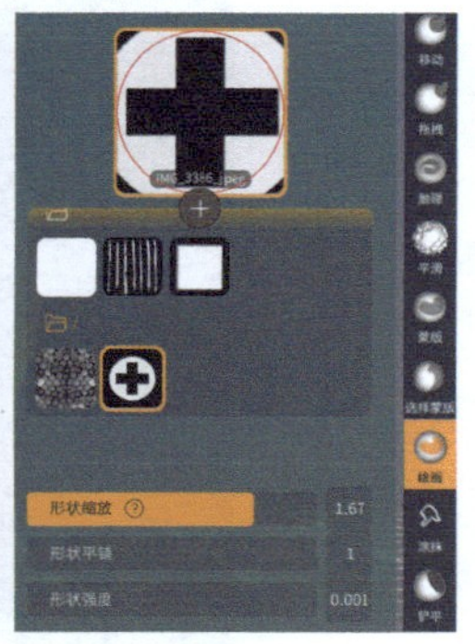

形状平铺：设置形状平铺大小。

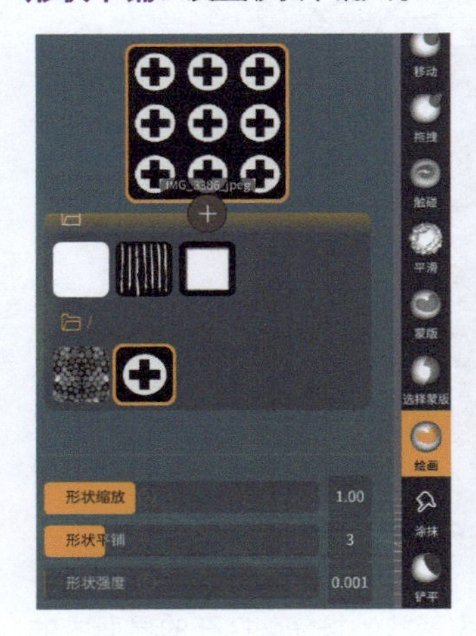

形状强度：调节绘制形状时的画笔强度。

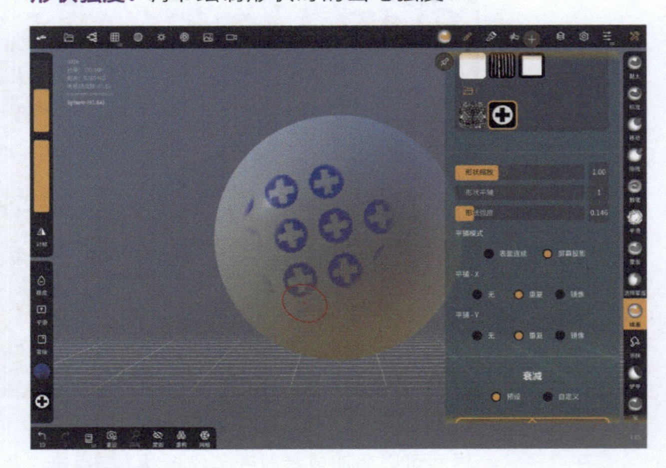

提示

此功能对“图章”功能才起作用。

平铺模式。

表面连续：绘制的图案重叠到一起，适合绘制纹理。

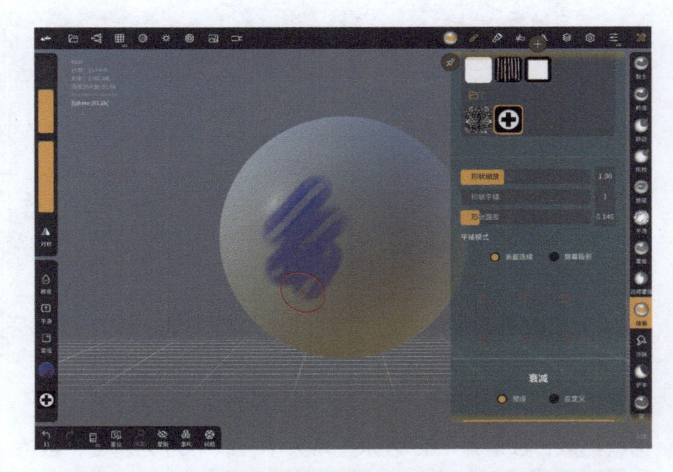

屏幕投影：绘制平铺图案，适合制作花纹。

平铺 -X 和平铺 -Y。

无：一笔只能绘制单个图案。

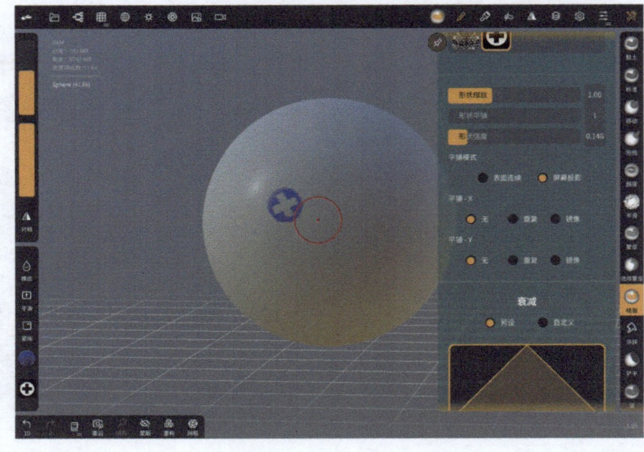

重复：一笔可连续绘制多个图案，图案数量取决于形状平铺大小。

镜像：除位置不一样外，绘制效果和"重复"一致。

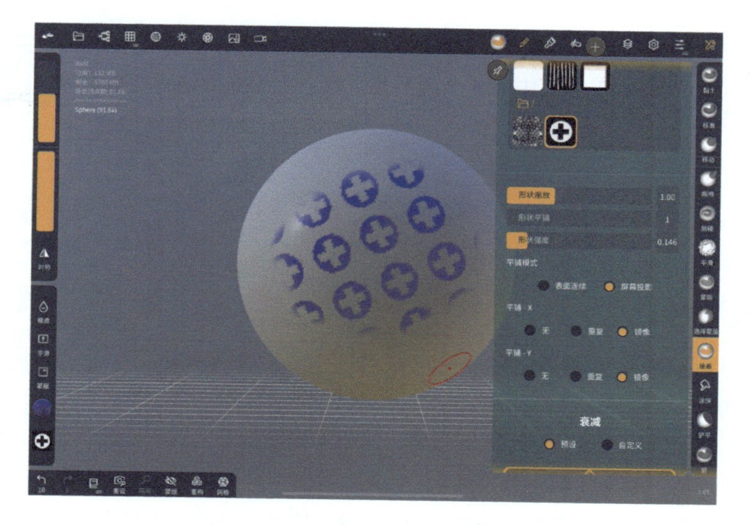

3. 衰减

调节绘制图形时的笔刷强度衰减情况，软件自带多种衰减预设，读者也可以自定义衰减预设。

提示

使用不同的衰减预设，图案会呈现不同的过渡效果。例如，使用"直线"衰减预设，绘制出来的形状就是清晰、没有过渡的；而使用其他带有曲线的衰减预设，绘制出的形状会有不同的透明度过渡变化。

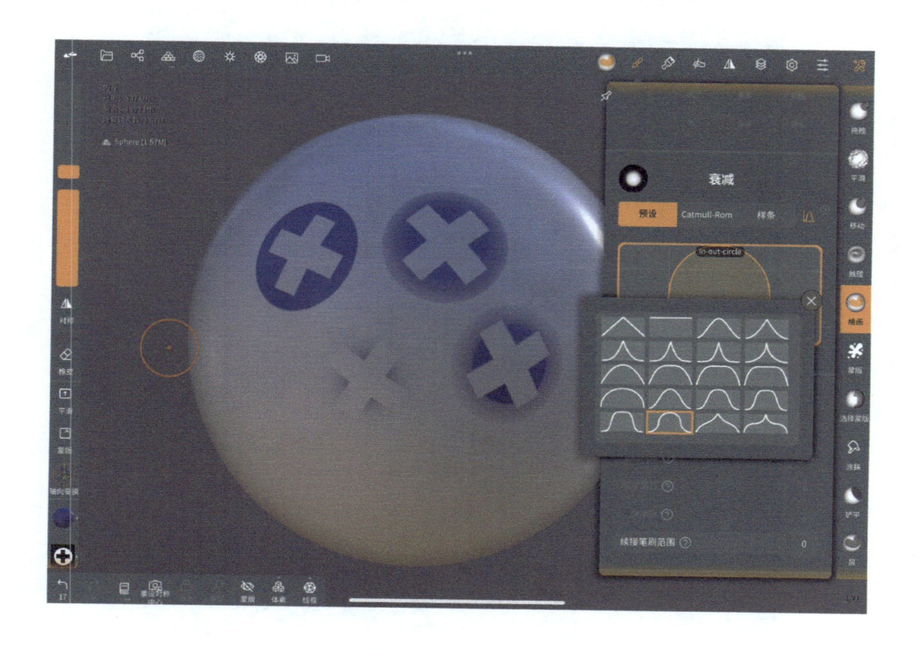

4. 笔刷

“笔刷”界面中有 4 个调节条，可以更加细微地调节笔刷数值。

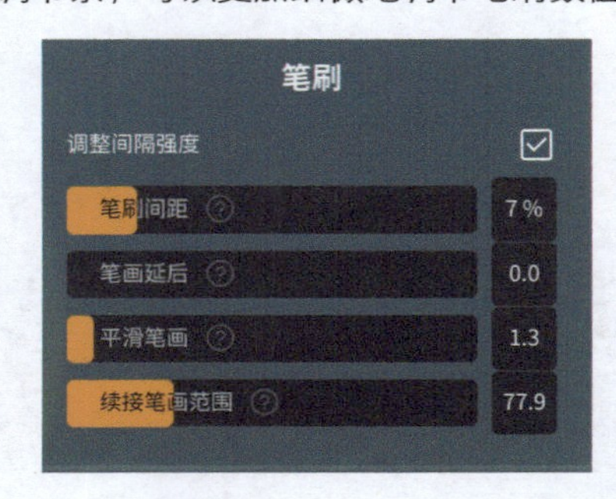

调整间隔强度： 调整笔刷强度，使笔刷根据画笔间距的变化而产生一定的变化。勾选该复选框以后，笔刷间距才有效果。

笔刷间距： 调整每个画笔之间的距离（笔者使用后发现效果不太明显，它不是常用的功能，与之前讲解的笔刷强度区别不大，建议保持默认设置）。

笔画延后： 笔画将会按照一定的距离延后于指针位置出现。当绘制时，笔尖点击位置并不是绘画位置，而是有一条轴线，拉直轴线才能拖动绘制。该功能适用于绘制笔直的线条。

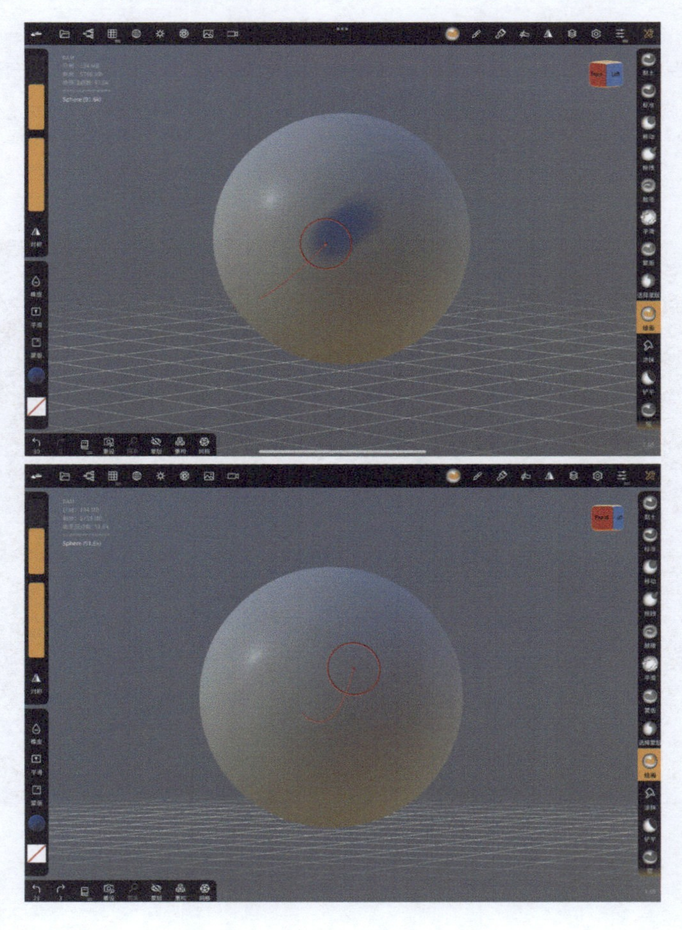

平滑笔画：通过计算获得更加平滑的笔画，类似于绘画软件的防抖动功能。数值越大，笔画越不跟手。

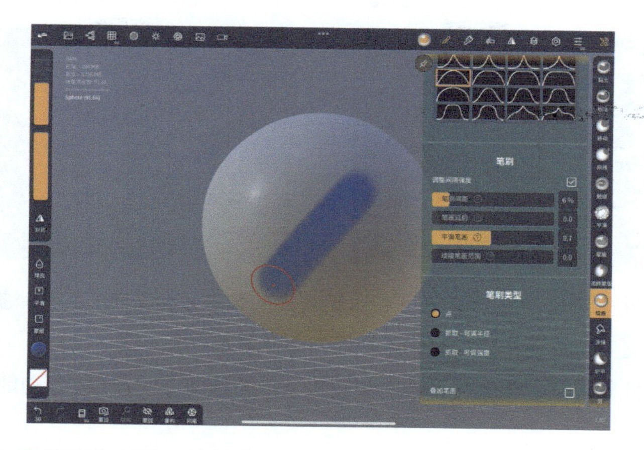

续接笔画范围：如果笔画落到第一笔的范围内，会自动接着第一笔的末端继续绘制。该功能适用于绘制长线条。

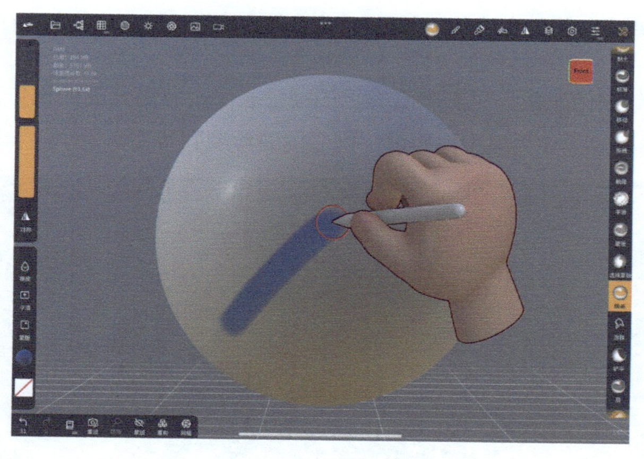

第二笔即使没有在原来的位置（即第一笔画下去最终停留的位置），也会接着第一笔的末端继续绘制。

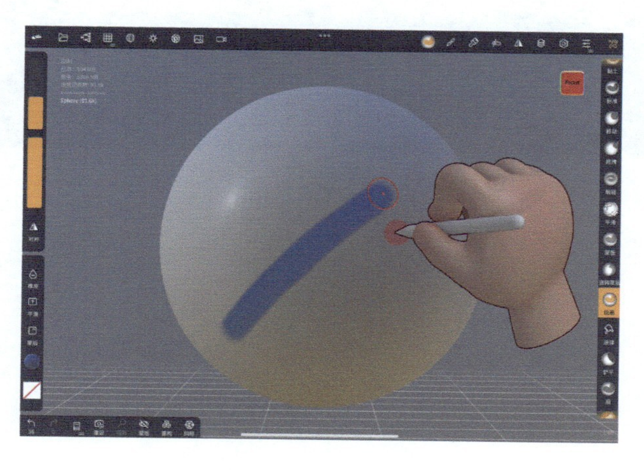

5. 笔刷类型

调节画笔绘制的方式，有“点”“抓取 - 可调半径”“抓取 - 可调强度”3 个选项。

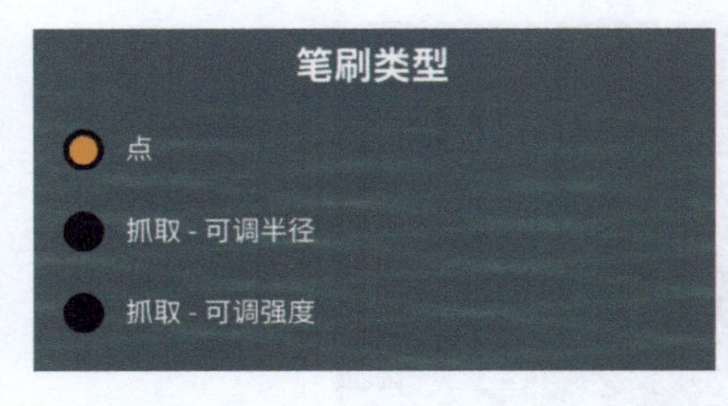

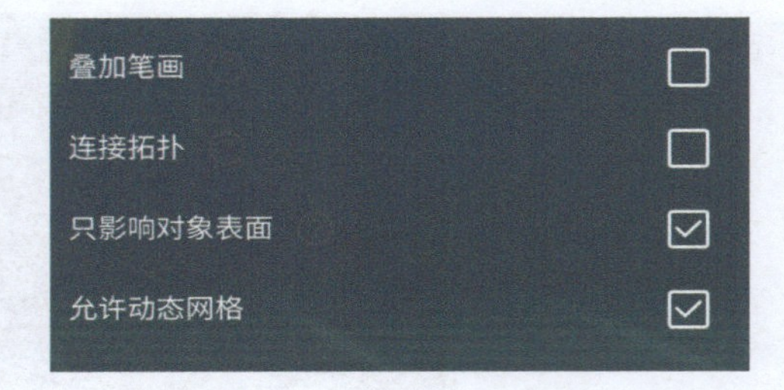

叠加笔画：勾选此复选框，每个画笔可添加和减去的数量不受限制（选择“抓取 - 可调半径”和“抓取 - 可调强度”单选按钮的时候，不能勾选此复选框）。

连接拓扑：勾选此复选框，画笔将只会雕刻连接到的所选表面的顶点（该功能一般只用于“移动”工具）。

提示

“叠加笔画”和“连接拓扑”两个功能对绘画没有效果，建议保持默认，即不勾选。

只影响对象表面：绘制的时候，只影响看得见的模型表面，忽略背面的操作。

未勾选该复选框时，如果模型比较薄，则会同时绘制到背面。

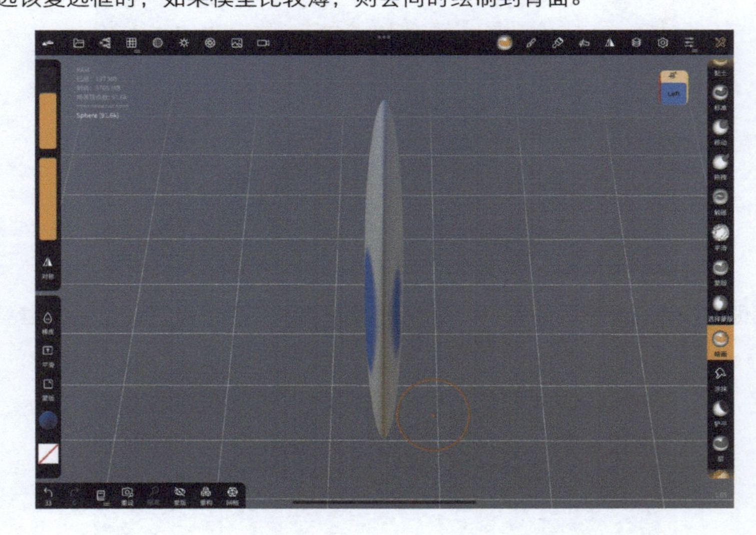

勾选该复选框时，绘制时不会影响背面。

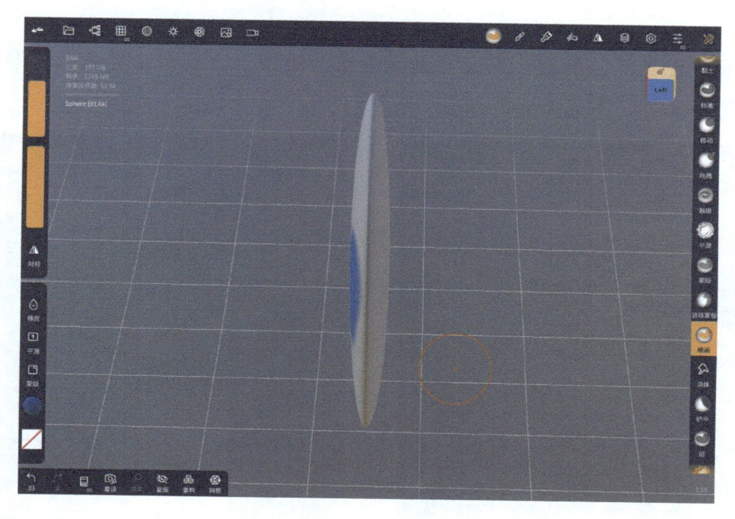

允许动态网格：与网格菜单中的“动态网格”功能相同，此处勾选“允许动态网格”复选框后，当前笔刷会启用动态网格功能。

6. 笔刷偏移

使笔刷偏移触控区，该功能适合在小屏幕上使用，防止触控笔遮挡屏幕。

此功能为全局设置。

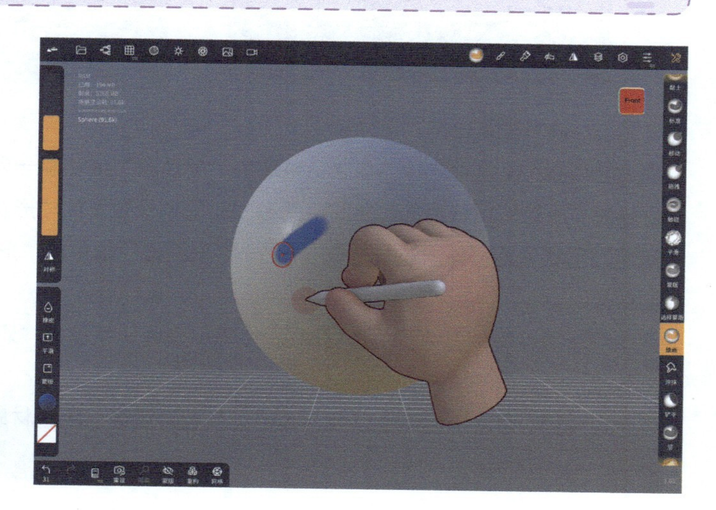

4.1.3 画笔设置

点击“画笔设置”图标，打开“画笔设置”菜单，该菜单主要包含“画笔设置（绘画）”“材质混合模式”“贴图绘制”等。

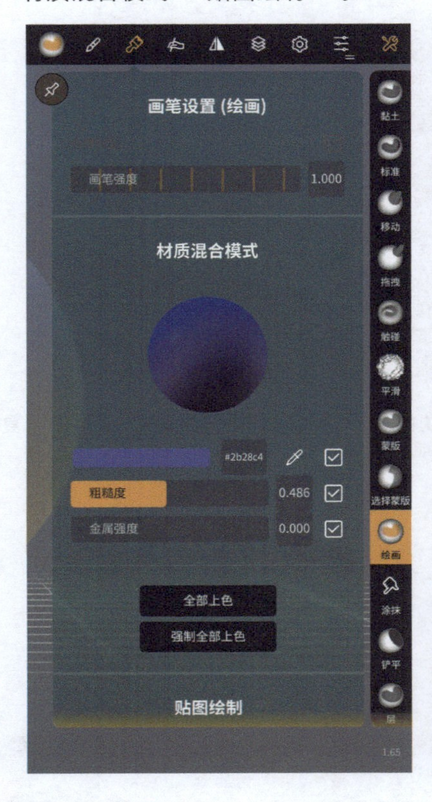

画笔强度：调节画笔压感。

材质混合模式：设置材质球，与之前讲解的“材质球”的功能一致，可参考前面的内容。

贴图绘制：加载笔刷贴图，与之前讲解贴图和笔刷设置里的“形状”的功能一致。

使用笔刷形状设置：勾选该复选框以后，“笔刷设置”菜单的“形状”设置也会作用于贴图的绘制效果。

使用笔刷衰减设置：勾选该复选框以后，“笔刷设置”菜单的“衰减”设置也会作用于贴图的绘制效果。

应用全局材料：勾选该复选框以后，其他工具的材质会与所选材质相同。

4.1.4 压感

点击“压感”图标，可以打开触控笔的压感设置菜单。该功能会影响所有工具，不单指“绘画”工具的压感。

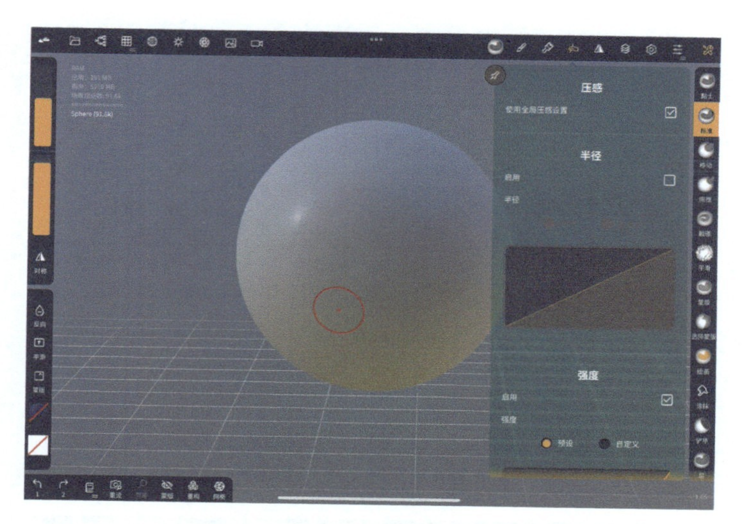

使用全局压感设置： 勾选该复选框以后，所有工具都会使用相同的压感参数；如果取消勾选该复选框，则只会影响当前工具的压感参数。

半径： 启用该功能以后，笔刷线条的粗细会随着触控笔压感的设置而变化。选择“预设”单选按钮可以选择软件自带的压感曲线，也可以自定义压感曲线。该功能只对雕刻工具有明显效果。

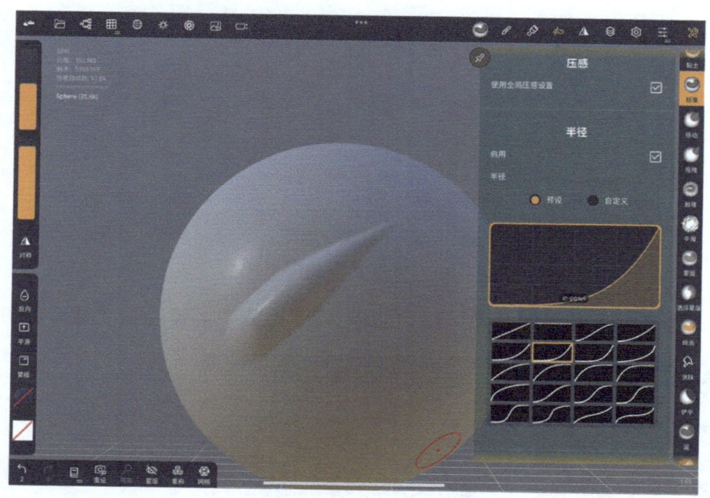

选择预设的曲线，使用触控笔的力度决定了雕刻形状的粗细

强度： 启用该功能以后，可以调节压感的强度。该功能对“绘画”工具有明显效果。如果选择没有曲线的强度预设，绘画时每一笔线条都会很硬。如果选择有曲线的强度预设，绘画时的压感效果就类似于喷枪效果。

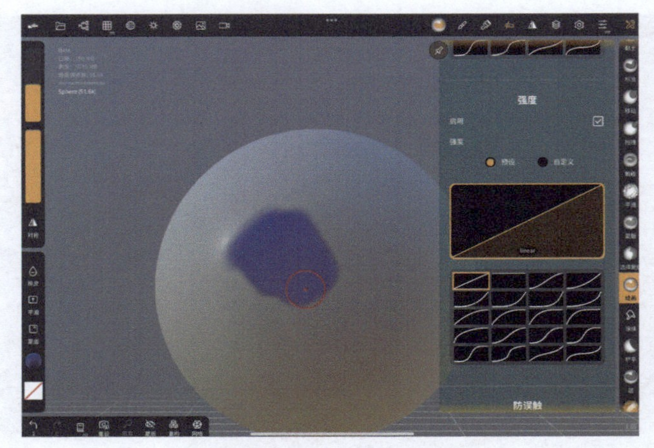

选择直线强度预设的压感效果

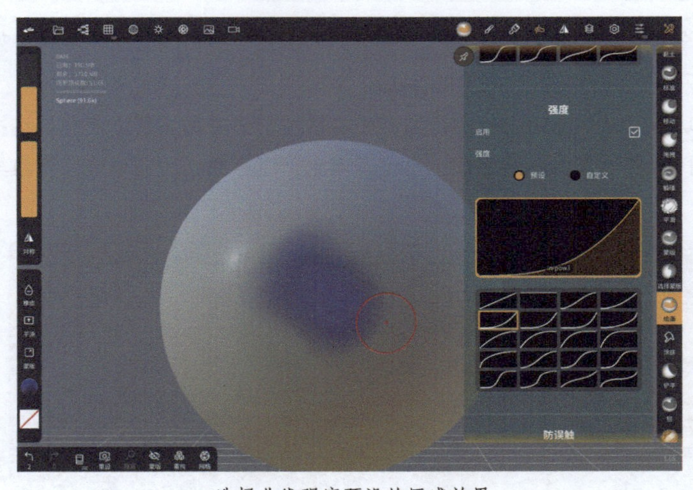

选择曲线强度预设的压感效果

防误触：防止手指点击屏幕而误操作。该功能在 2.2.4 小节中讲解过，读者可查阅前面的内容。

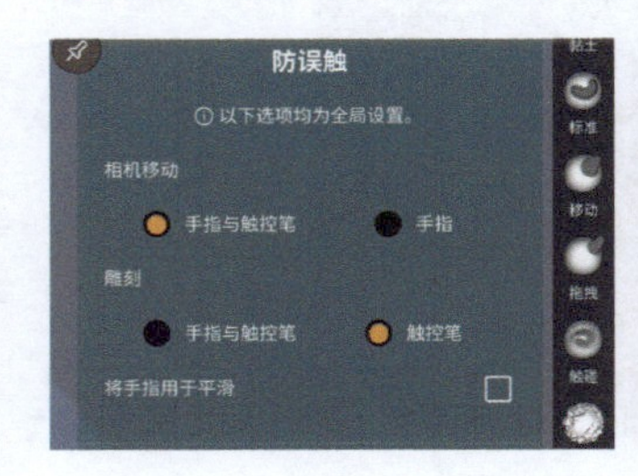

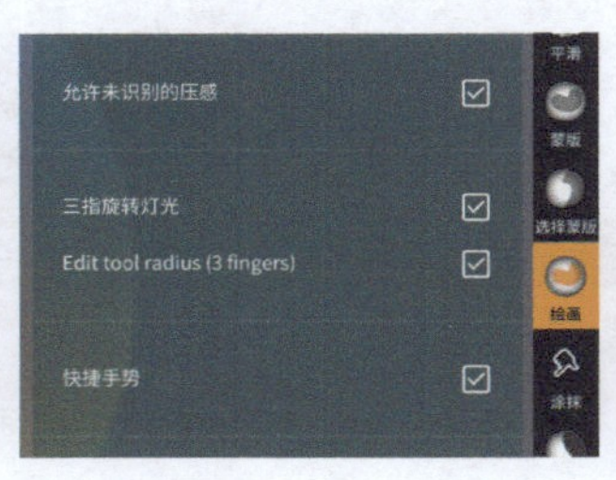

将手指用于平滑：勾选该复选框后，滑动手指可让模型变平滑。

允许未识别的压感：当触控笔无法使用压感或者希望手指有压感时，可勾选此复选框。

三指旋转灯光：3 个手指在屏幕上水平移动可旋转环境灯光。

Edit tool radius (3 fingers)：勾选该复选框以后，3 个手指同时在屏幕上垂直移动时，可调节画笔半径。

快捷手势：勾选该复选框后，双指轻点为撤销，三指轻点为重做。

双击 Pencil：该选项仅支持带双击功能的触控笔。

平滑：切换为“平滑”工具。

添加或减去：在使用“绘画”工具时，可在画笔和橡皮擦之间切换；使用雕刻工具时，可在添加和减去之间切换。

4.1.5 图层

图层的概念在 3.3.6 小节简单讲解过，运用到绘画中也是一样的原理，而且与 Procreate、Photoshop 等数字绘画软件中的图层的用法也是一样的。

◎步骤

01 **点击右上角的“图层”图标，然后点击“添加图层”按钮，新建图层。**

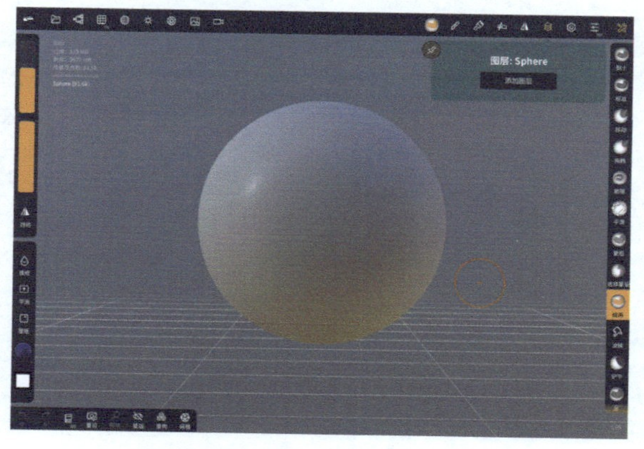

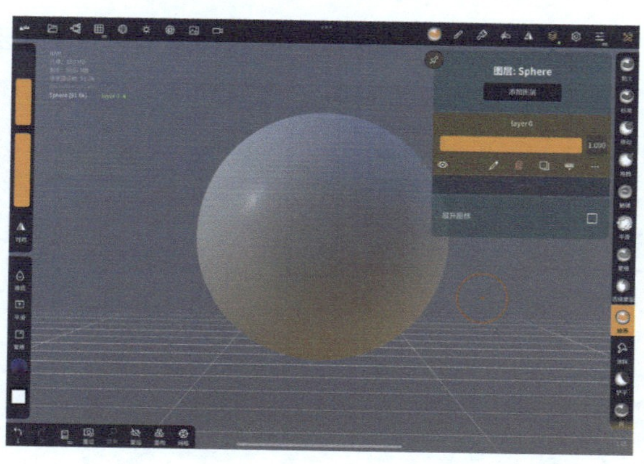

02 在“layer 0”图层上进行绘画，不会直接影响到下方的“Base”模型本体图层。

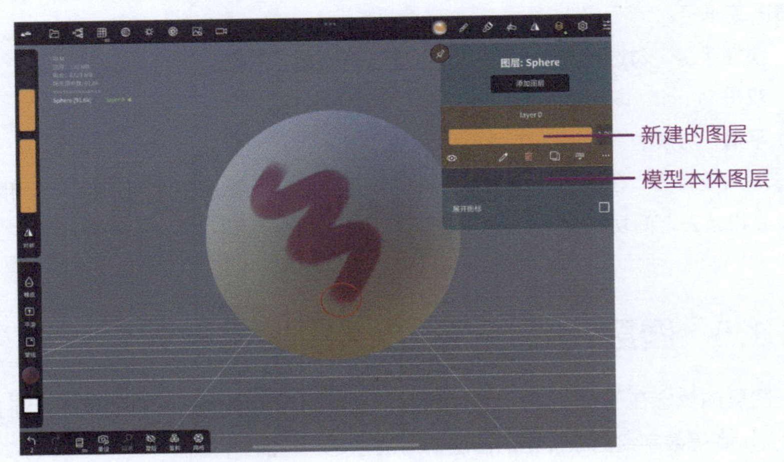

03 在“layer 0”图层上调节透明度。

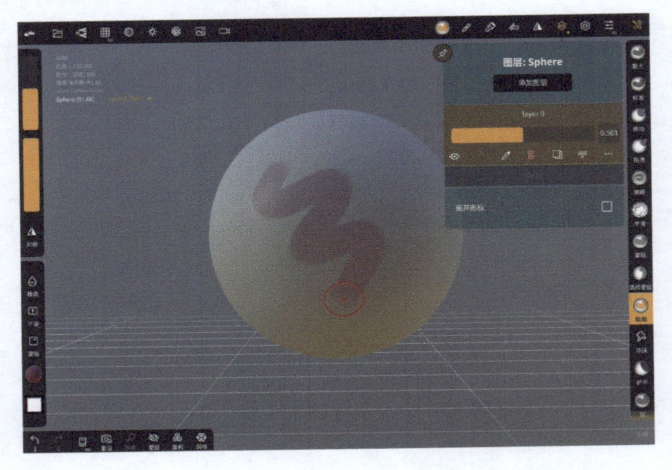

04 点击“layer 0”图层上的“眼睛”图标，可以隐藏或者打开该图层。

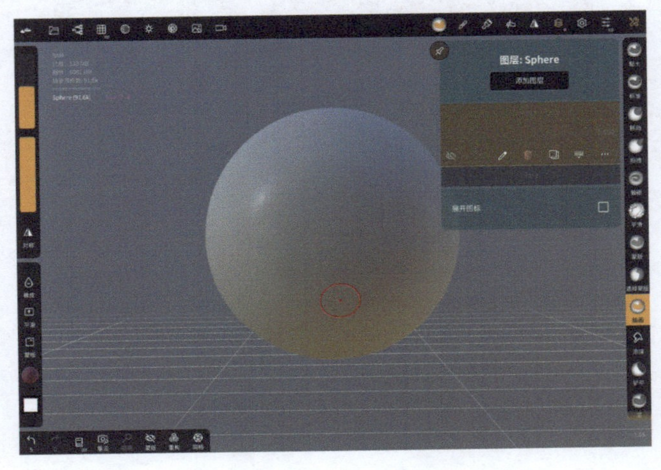

05 点击“layer 0”图层上的图标，重命名该图层为“上色”。

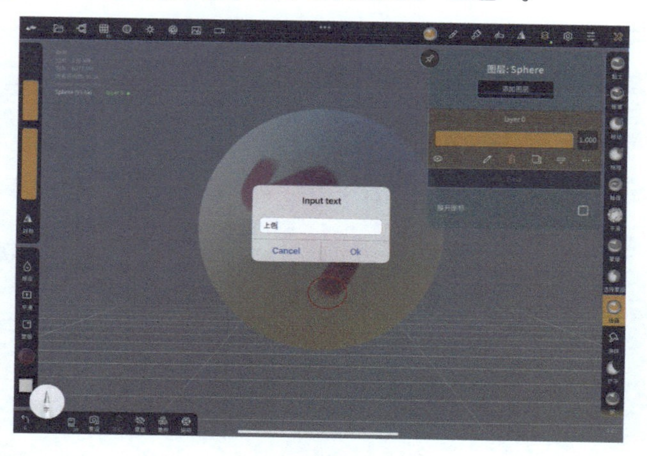

图层上的图标用于删除该图层，旁边的图标用于复制当前图层。

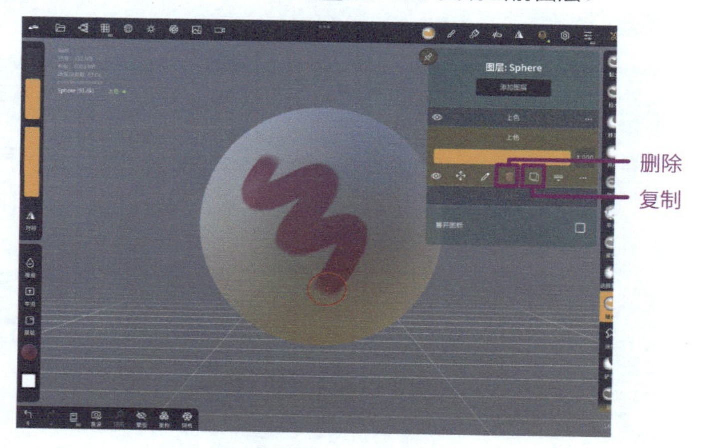

06 点击图标可以向下合并图层，点击图标可以展开图层属性。这里可以调节“颜色浓度”“粗糙度”“金属强度”等，下方则是“抽壳”界面。

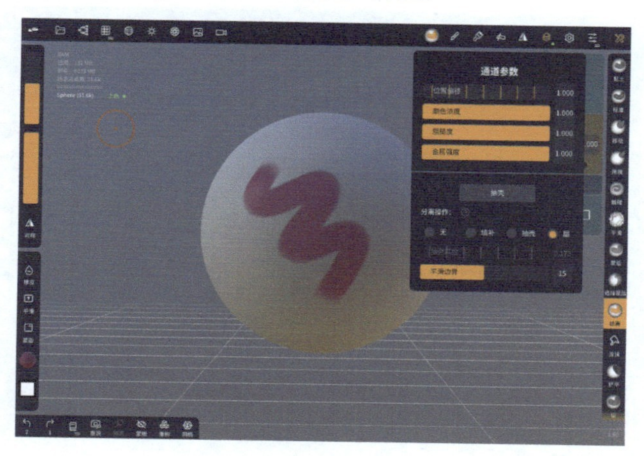

07 在新建了一个图层后，点击图标，则可上下移动图层。按住对应图层的该图标并向需要移动的位置拖动，松开即可完成移动。

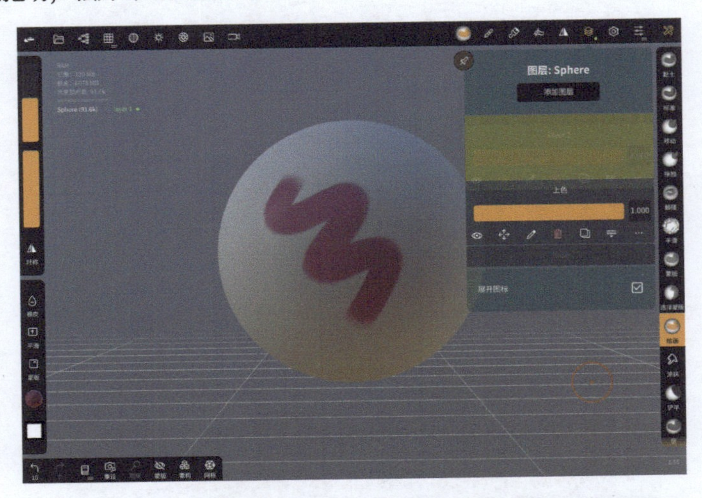

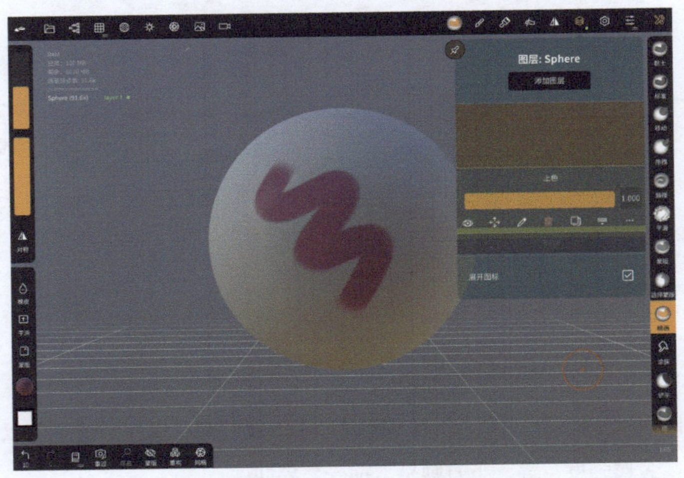

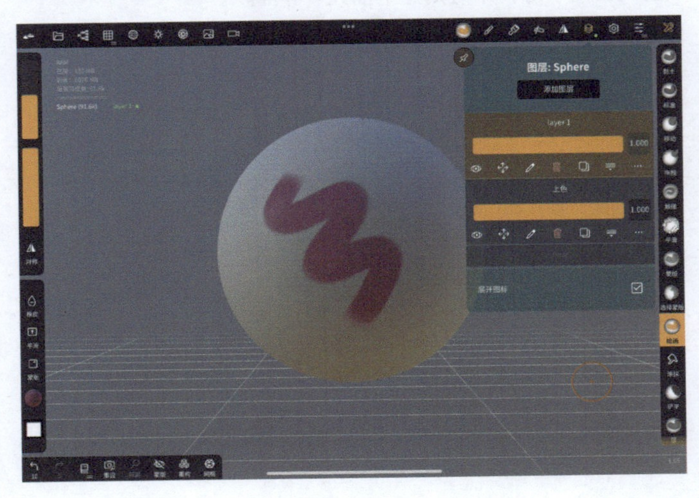

08 勾选“展开图标”复选框，则可显示所有图层的功能图标；取消勾选该复选框，则只显示当前图层的功能图标。

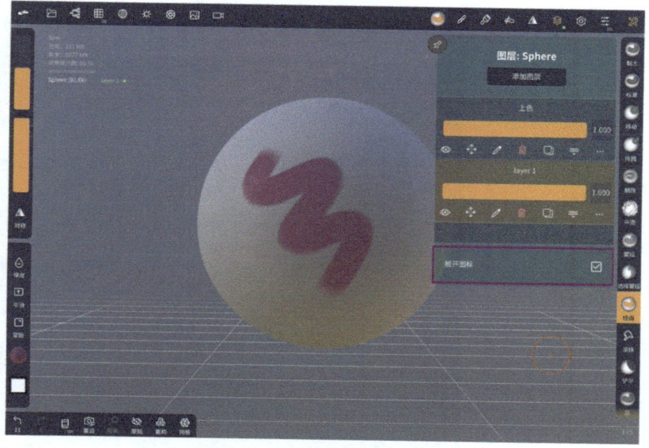

勾选“展开图标”复选框

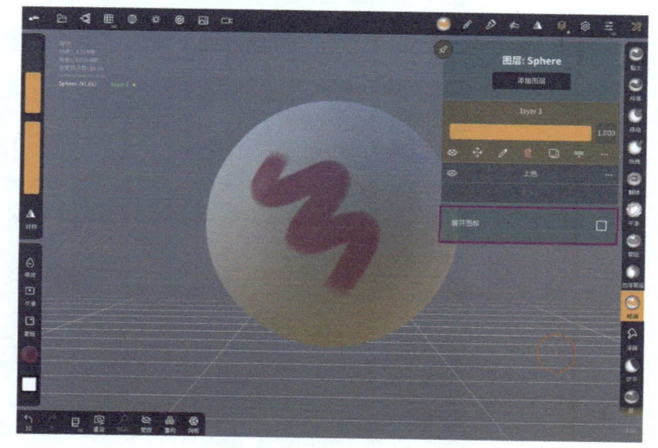

取消勾选“展开图标”复选框

4.2 材质混合模式

在学会雕刻建模及绘画上色以后，下面来看一下 Nomad 提供的材质混合模式，了解具体的材质效果。

点击左上角的图标，打开“材质混合模式”菜单，可以看到有 5 种不同的材质混合模式，分别是“实心”“正常混合”“线性减淡”“折射”“抖动”，下面依次来看一下它们的效果。

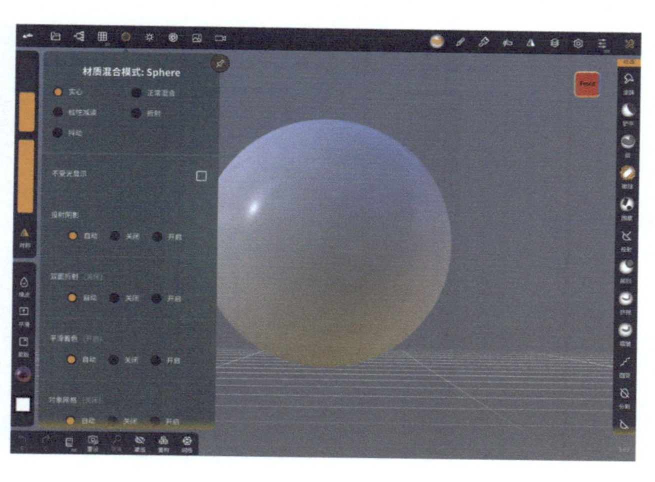

实心：默认的材质混合模式，没有额外的设置选项，需配合材质球的参数来完成设置。

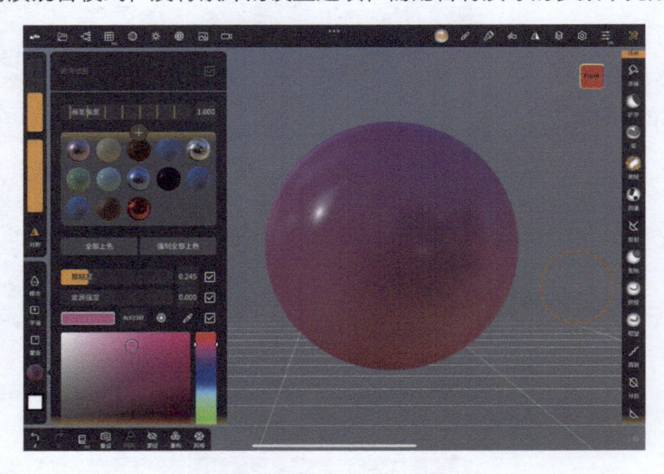

正常混合：在“实心”材质混合模式的基础上增加了调节模型透明度的选项。

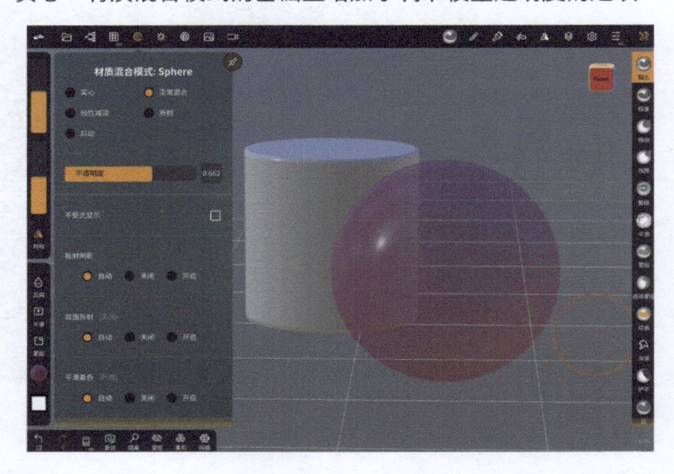

线性减淡：与常用的绘画软件的“线性减淡”效果一致，通过增加亮度（使基色变亮）来反映混合色。同样增加了调节透明度的选项。

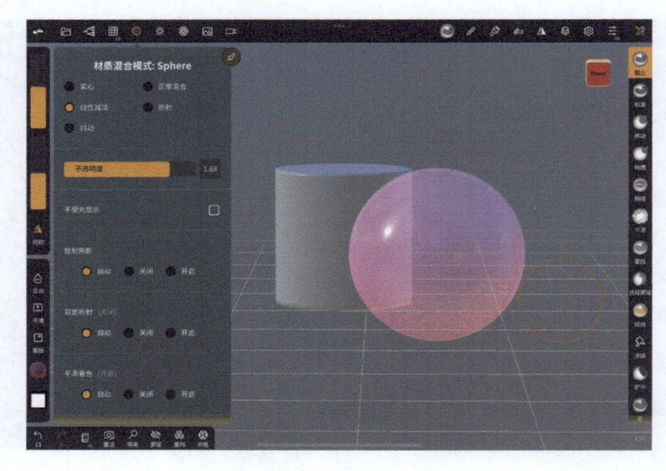

折射： 该材质混合模式用来模拟“玻璃”材质的效果，可调节材质的“折射率”“漆面效果”“吸收效果”“表面效果”等。下面重点讲解该材质混合模式。

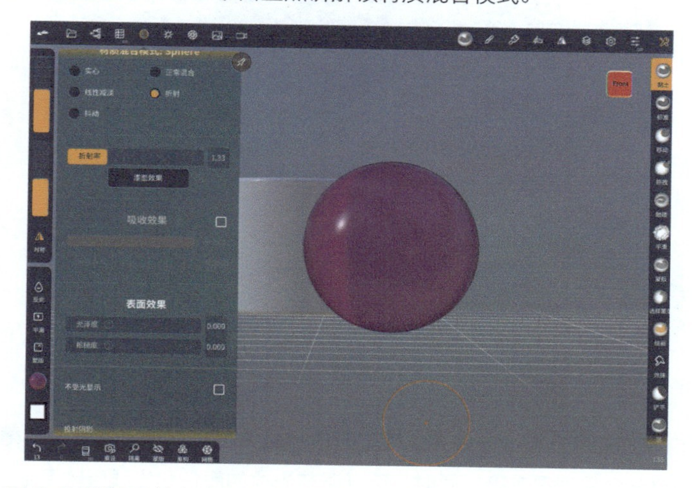

折射率：调节模型材质的折射率。数值越小，后面的模型在前面的模型内部的折射形变越小；反之则折射形变越大。

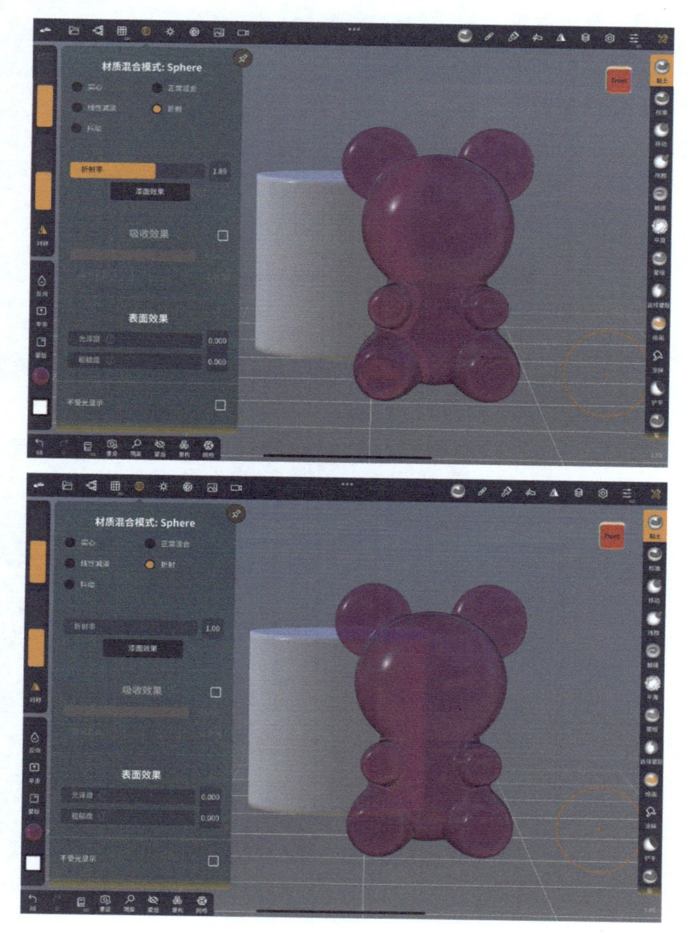

漆面效果：点击该按钮以后，材质粗糙度将变为 0，从而呈现更锐利、明显的折射效果。

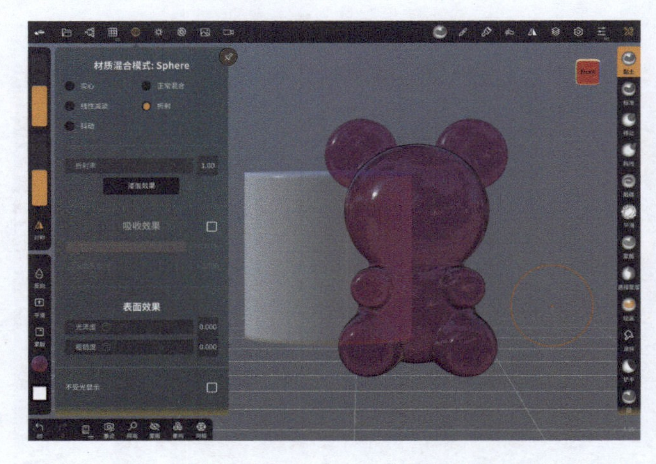

吸收效果：该效果用于模拟光线穿过模型时的衰减情况；简单来说就是越薄的部分会呈现得越亮，越厚的部分会呈现得越暗。同时，可以调节光线的颜色和光线吸收系数。

表现效果：主要调节模型表面的光泽度和粗糙度。光泽度越高，表面反射效果越强，反之越弱；粗糙度越高，模型表面磨砂效果越强，反之越弱。

光泽度调高的效果

粗糙度调高的效果

提示

点击“漆面效果”按钮以后，光泽度默认为最高，无法再调节。

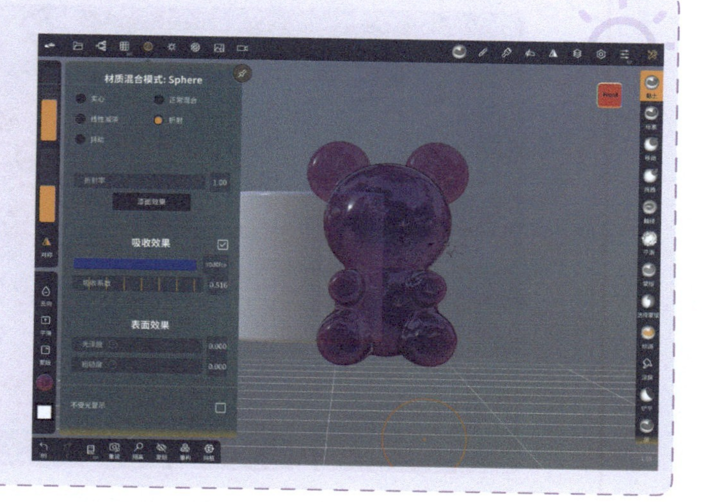

抖动：在“实心”材质混合模式的基础上增加了调节透明度的选项。在旋转视图时，材质将呈现出抖动颗粒效果。为了更加清晰地看到效果，右图调整了材质参数和环境色。

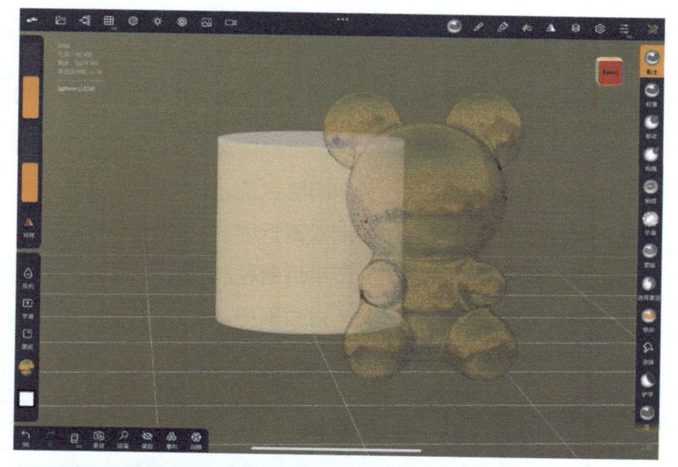

提示

抖动颗粒效果需要调节透明度且旋转视图才能得到。

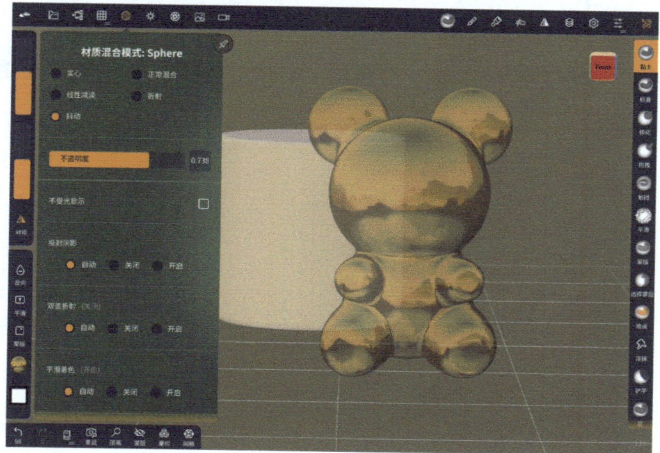

不受光显示：勾选该复选框以后，材质只显示纯色，不受任何参数和光线的影响。

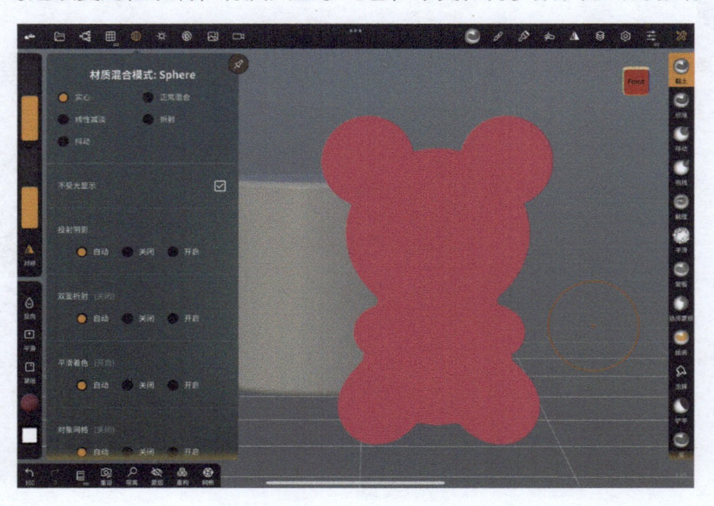

提示

笔者建议平时将材质混合模式中的全局设置调整为自动，在遇到特殊情况时再手动调节。

投射阴影：自动或者开启、关闭阴影显示。

双面折射：自动或者开启、关闭双面折射。

平滑着色：自动或者开启、关闭平滑着色。

对象网格：自动或者开启、关闭对象网格。

Nomad 1.68 版本更新——“材料”菜单更新

1. 名字变更和新功能

按照顺序往下看，原来的“材质混合模式”菜单现在更名为“材料”，位置和功能都不变。

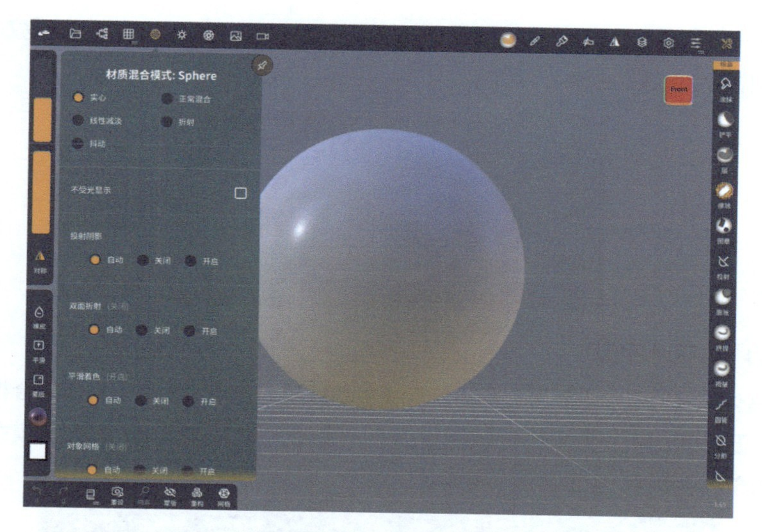

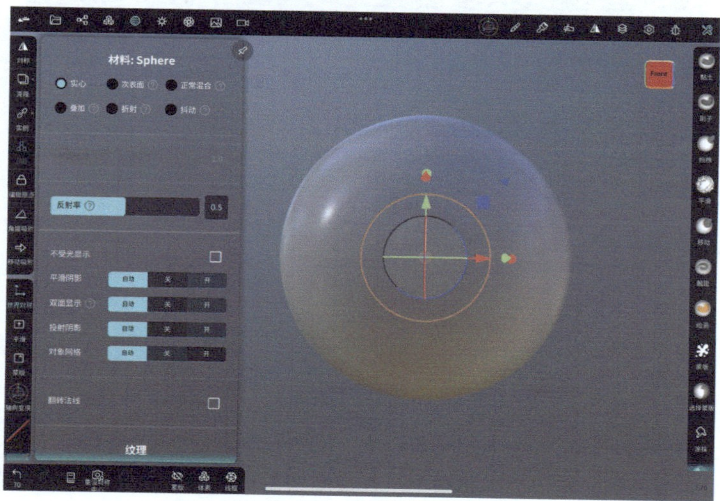

原来叫“线性减淡”的材质混合模式现在更名为“叠加”。

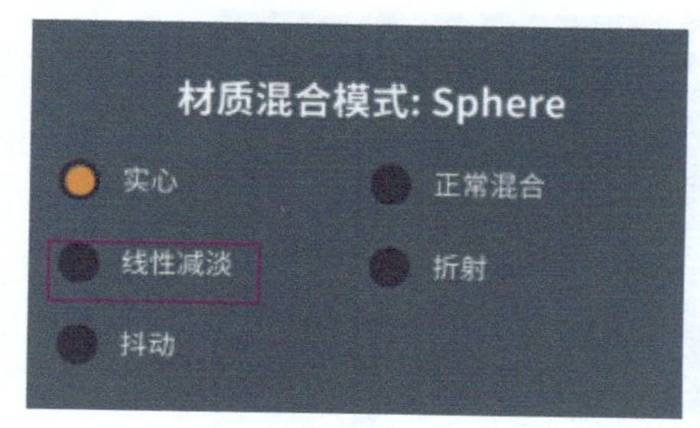

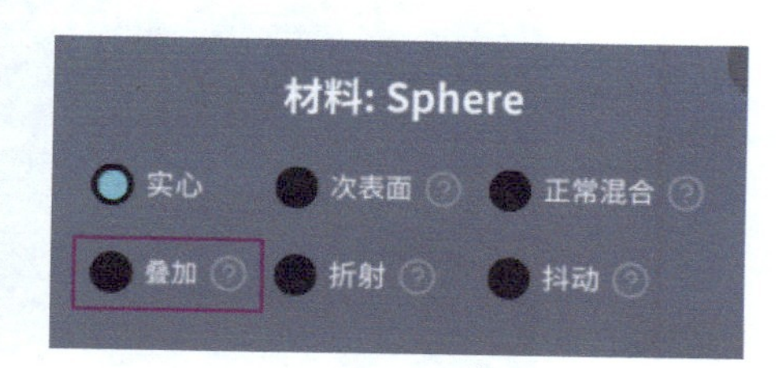

增加了一个新的材质混合模式——“次表面”，该材质混合模式可以模拟半透明效果，平时常用来制作人物的透光效果。

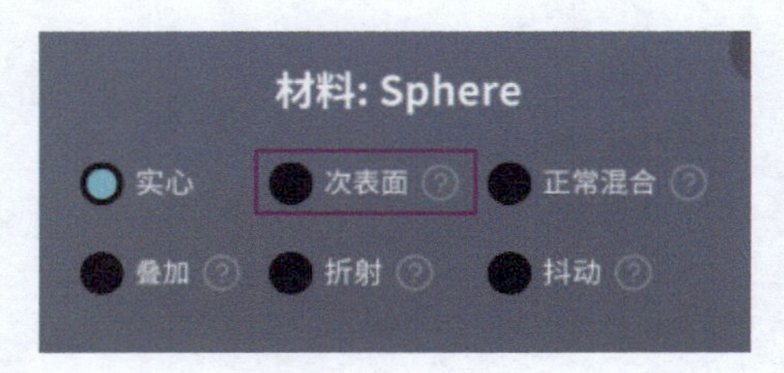

2. “次表面”材质混合模式

下面具体来看一下“次表面”材质混合模式的效果，先用“实心”材质混合模式和“次表面”材质混合模式做一个对比。从对比结果能明显看出，“次表面”材质混合模式可以很好地模拟灯光穿透模型时产生的朦胧、透明的质感。

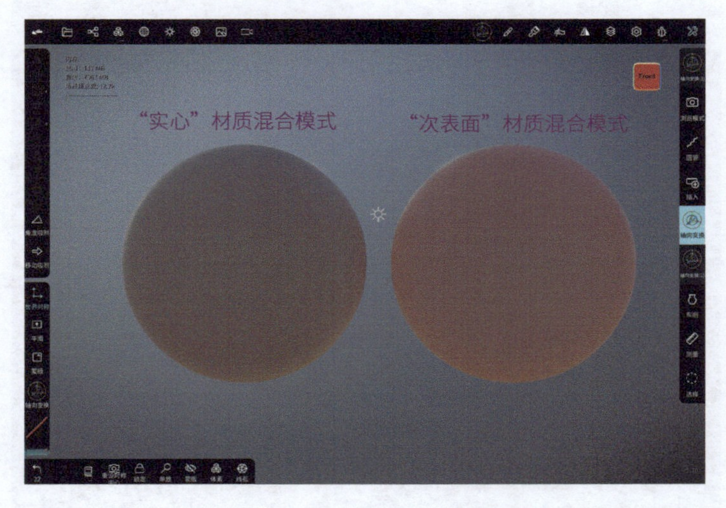

然后将材质混合模式运用到手模型上，在模型后面放一盏灯，可以明显地感受到光线透过模型以后，模型表面更加贴近皮肤的效果。

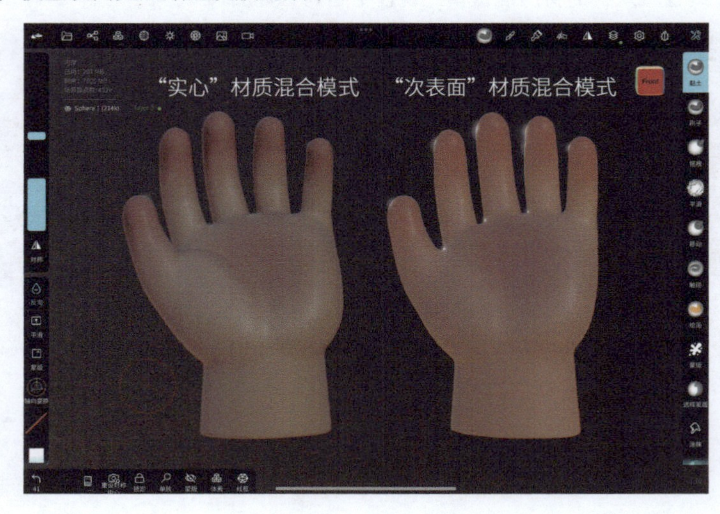

下面具体来看“次表面”材质混合模式的选项和设置。先用“饼”状的模型来讲解，并在模型背后放一盏灯，方便观看效果。在“次表面”界面中，可以看到有“颜色”“深度”“半透明”3 个参数供调节。

颜色：调节模型透光效果以后，想要呈现出半透明的颜色，如半透明的肤色，笔者会设置为偏红色或者偏橘色。点击该调节条能打开颜色设置界面。

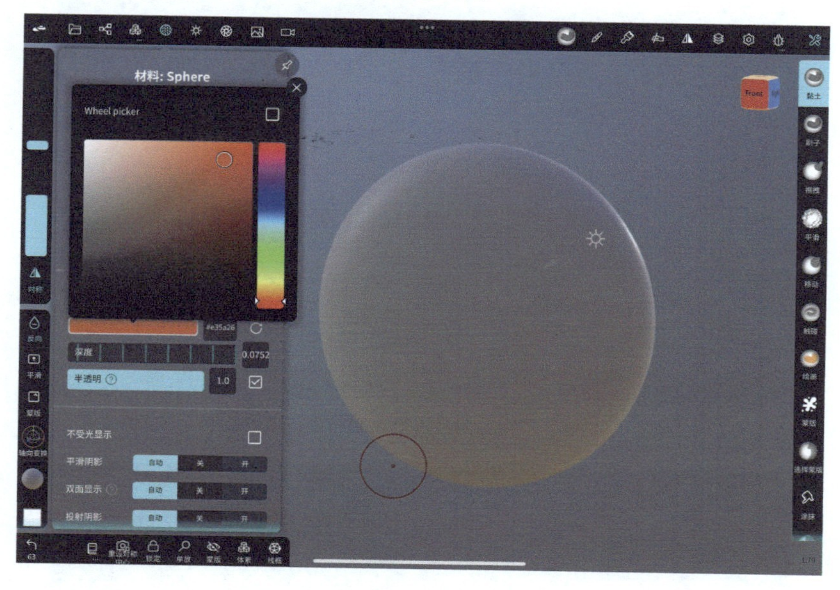

当设置完颜色，发现没有太明显的效果时，需要配合调节下方的“深度”参数，将该参数的值设置为最大（向右拉动到数值不会再变化后为最大值）。

这样在模型较薄的部分就能够看到半透明的颜色。

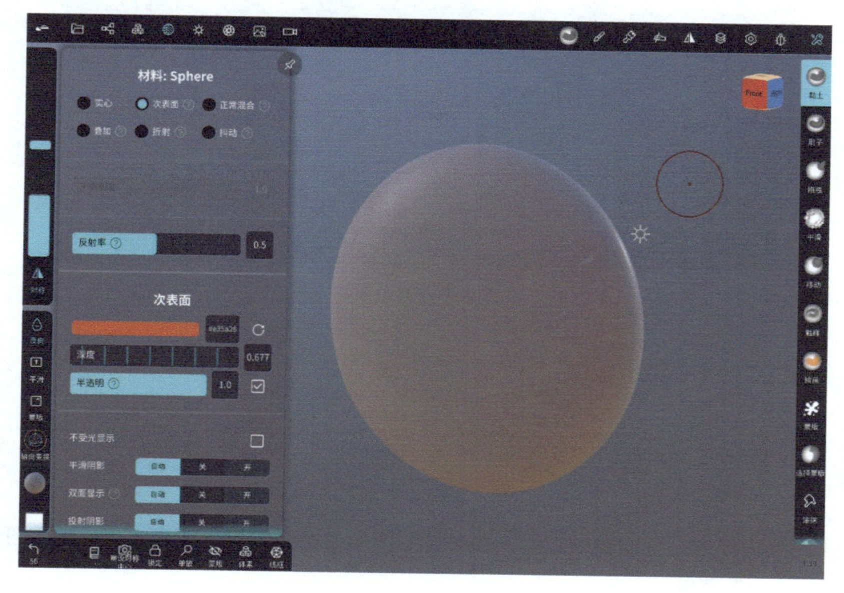

深度：调节透光颜色的显示深度。

半透明：调节半透明程度，需要借助灯光才能看出效果。

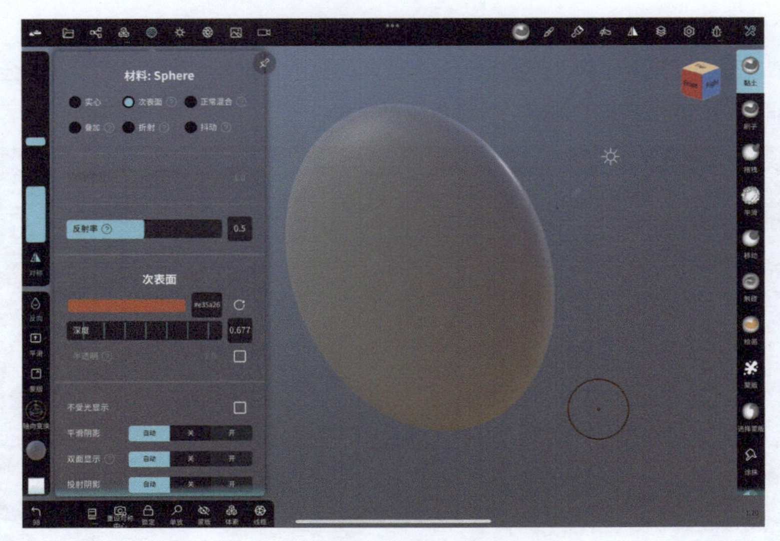

关闭半透明效果

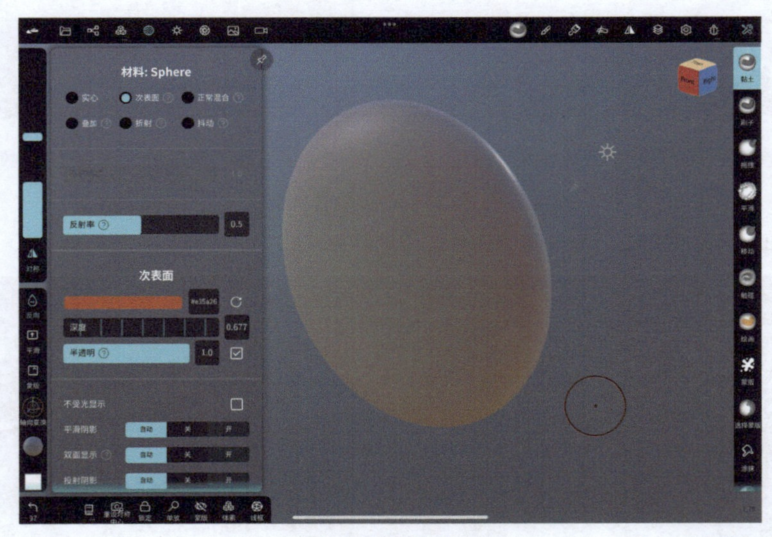

开启半透明效果

4.3 灯光与渲染

模型制作完成以后，需要增加灯光和环境贴图来让场景效果更加真实。点击图标，打开“灯光和渲染”菜单。

4.3.1 渲染模式

“渲染模式”界面中有 4 种渲染模式，分别是“PBR”“材质捕捉”“PBR-UV”“不受光”。

1. “PBR”渲染模式

“PBR”渲染模式是基于物理规律的一种渲染技术，最早用于电影的照片级真实渲染，后来因为硬件性能的不断提高，其也运用到了三维软件及实时渲染技术里。“PBR”渲染模式可以说是现在最为普遍的渲染模式之一，也是 Nomad 默认的渲染模式，用来渲染真实的质感。

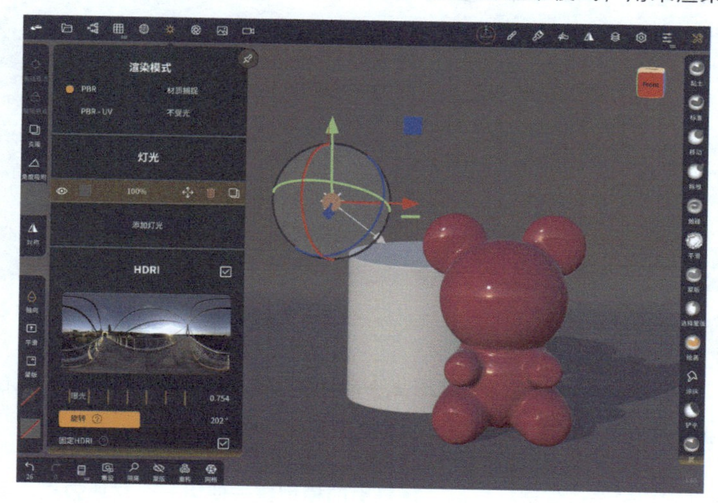

2. “材质捕捉”渲染模式

该渲染模式主要通过加载材质球来达到不一样的渲染效果，具体效果根据材质球的纹理来决定。

材质捕捉：选择“材质捕捉”渲染模式以后，会出现“材质捕捉”界面，点击其中的材质球图片以后，可以选择软件自带的材质球。

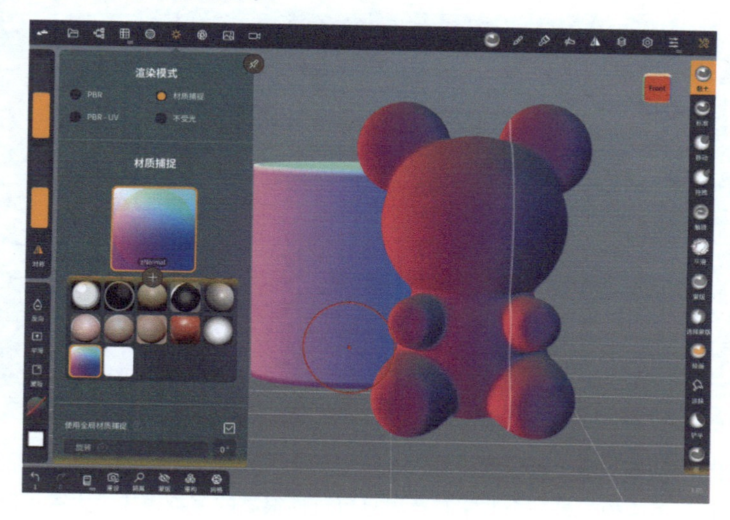

也可以点击+图标，加载自己制作或者下载好的材质球图片并添加到材质库里。

提示

“材质捕捉”渲染模式里的材质球和上色时点击的材质球是不一样的，该模式是将光照材质等信息存储在一张贴图上，光照信息相对固定，适用于在雕刻时观察模型。

使用全局材质捕捉： 勾选该复选框以后，场景里的模型统一使用一个材质效果。取消勾选该复选框以后，可以赋予不同模型不一样的材质。例如，下图中的圆柱和小熊模型使用了不同的材质效果。

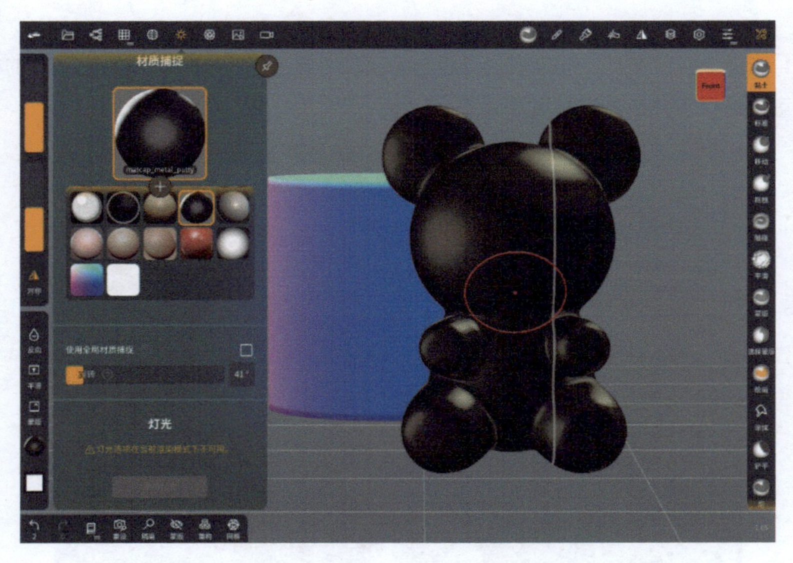

旋转： 可以调节材质在模型上的位置。

“材质捕捉”渲染模式是一个非常有意思且可玩性很高的渲染模式，大家可以多研究材质球的效果，制作出自己满意的作品。

3. “PBR-UV” 渲染模式

该渲染模式在“PBR”渲染模式的基础上增加了对 UV 贴图的支持。如果需要显示 UV 贴图，则使用该渲染模式（UV 贴图的相关内容将在 4.7 节中详细讲解）。

4. “不受光” 渲染模式

该渲染模式和“材质混合模式”里的“不受光显示”的概念一样。“不受光”渲染模式是将模型材质直接以纯色显示，不受光线和参数的影响。在材质球里只能调节颜色，无法调节粗糙度和金属强度，同时无法添加灯光。

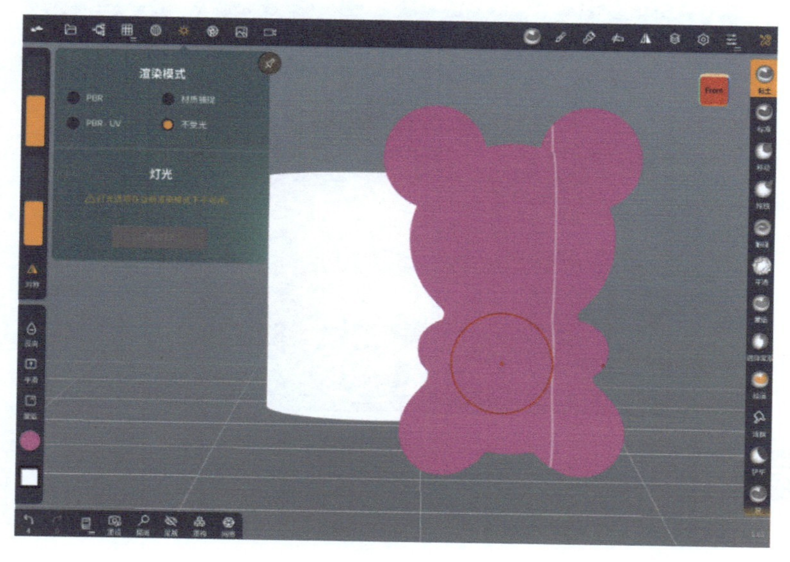

可以看到材质库里的材质都只显示纯色。

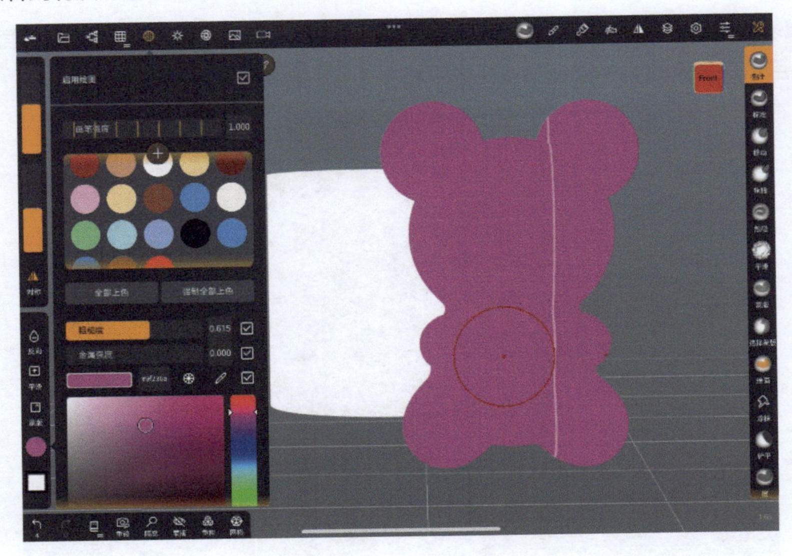

4.3.2 灯光

灯光是让作品贴近真实的关键。灯光运用得好，作品的氛围感和质感都会有非常明显的提升。

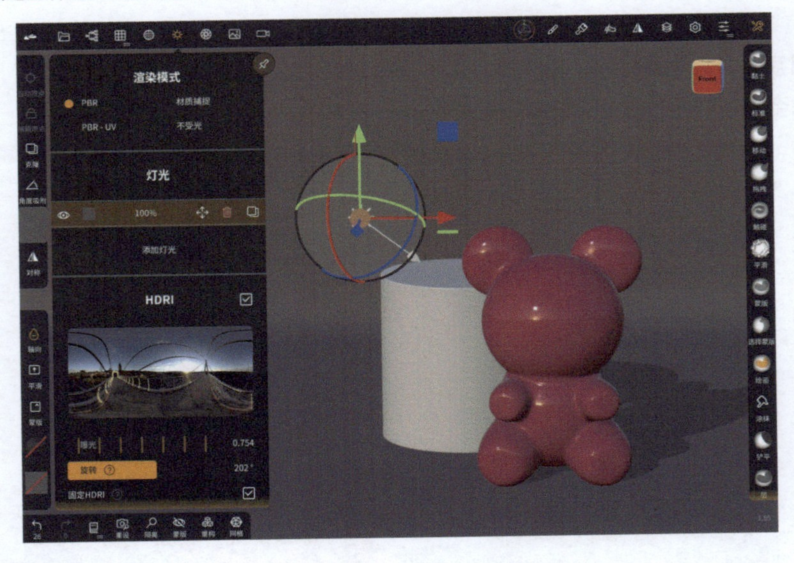

提示

只有在“PBR”渲染模式下才能添加灯光，其他渲染模式不支持灯光效果。

选择“PBR”渲染模式以后，可以点击“添加灯光”按钮，这时场景中会多一个平行光。

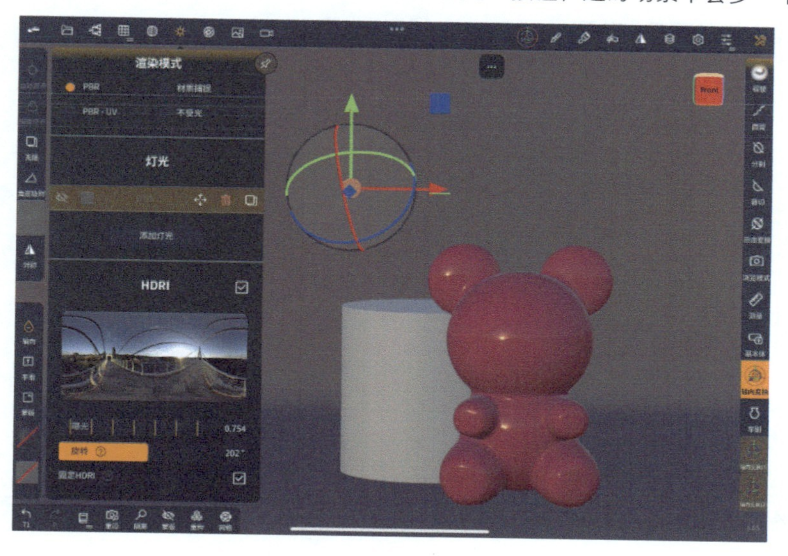

点击“添加灯光”按钮，为场景打上不同角度的光（注意，因为 iPad 性能的限制，场景中最多只能添加 4 个灯光）。当添加到第 4 个灯光时，“添加灯光”按钮将变为灰色，不可再添加。下面来看一下添加的灯光图层有哪些操作按钮。

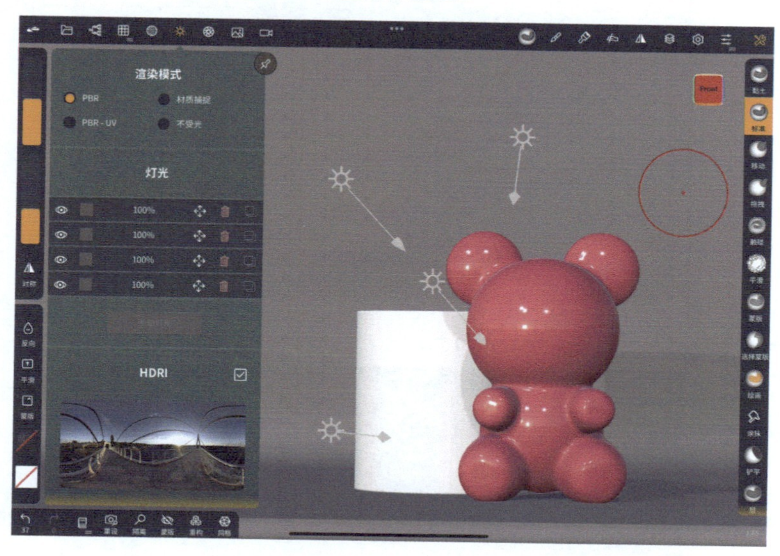

如果场景里有多个灯光，拖曳图标，则可移动灯光图层，移动图层不会影响场景里的光线，只是方便在界面中查看。

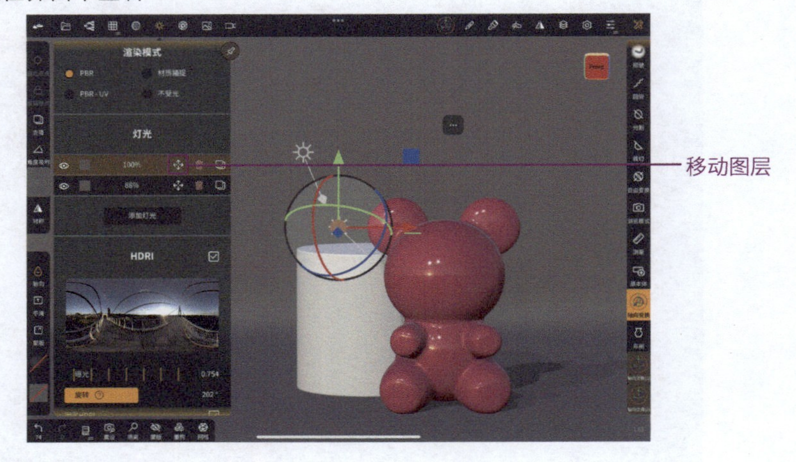

“删除”图标用于删除当前灯光。

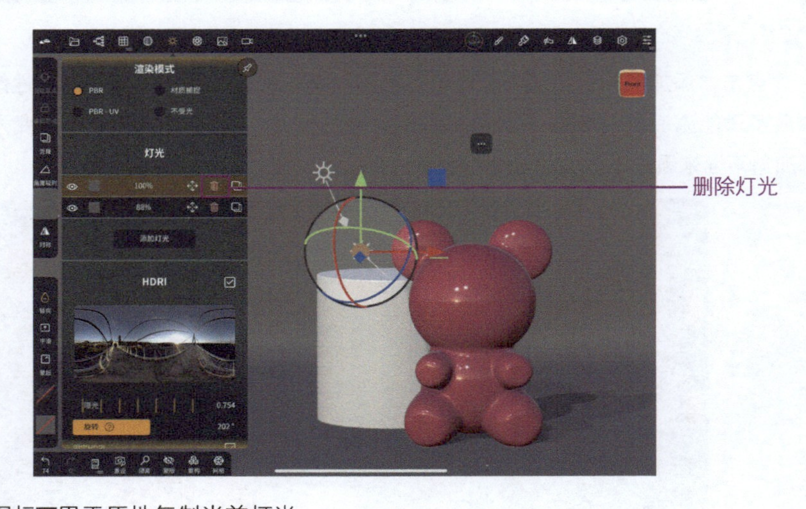

最后一个图标用于原地复制当前灯光。

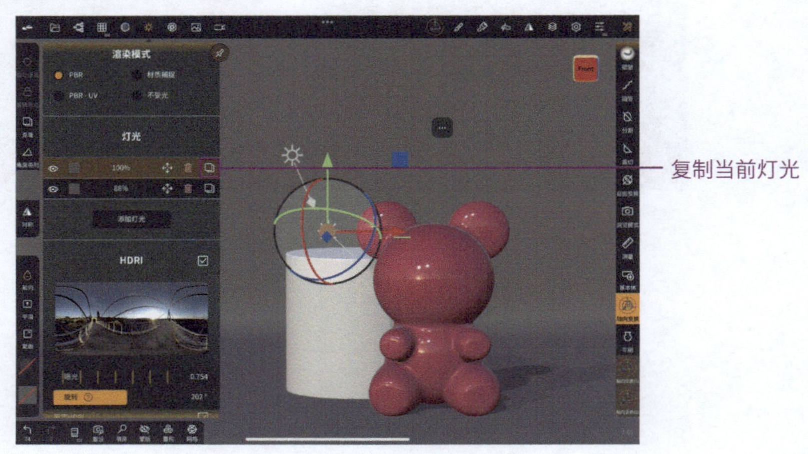

了解灯光图层的操作按钮以后，接下来点击“眼睛”图标右侧的小方块，可以打开灯光的详细设置界面。打开界面以后，可以看到顶部有 3 个灯光选项，分别是“平行光”“聚光灯”“点光源”。

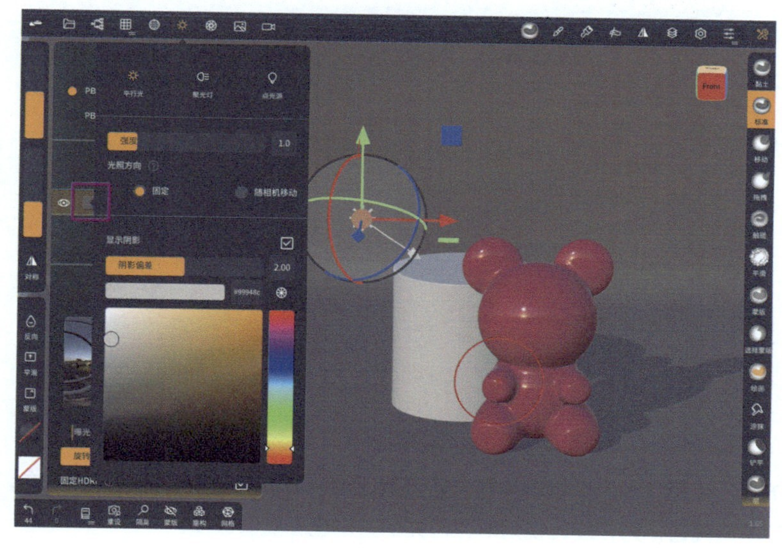

（1）平行光。

平行光的图标类似“太阳”，不难理解它模拟的是现实中日光的效果。平行光主要用于模拟室外灯光，可通过调整“轴向变换”工具改变发散角度。

平行光效果

强度：调节灯光的光线强度。

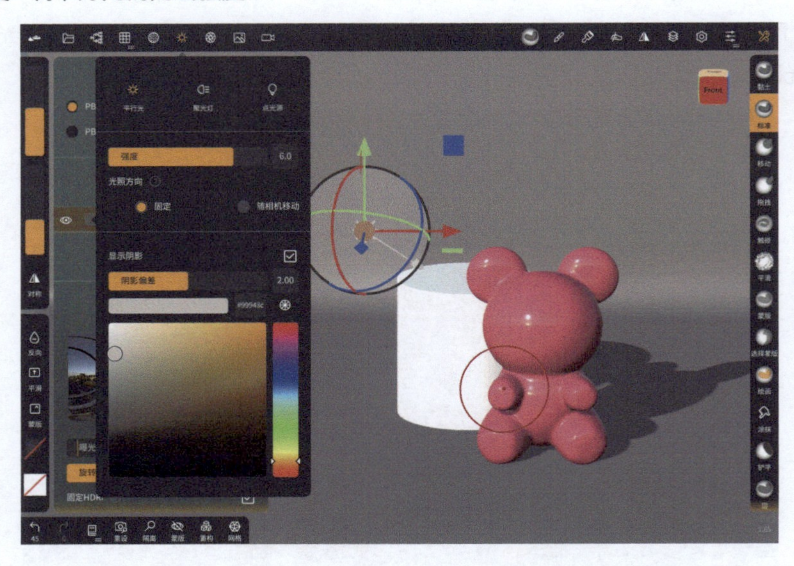

光照方向：选择“固定”单选按钮，则只能通过调节灯光轴向来控制灯光方向；选择“随相机移动”单选按钮，则在旋转视角时，灯光的方向也会随着改变。

显示阴影：默认勾选，取消勾选以后模型不再有阴影。“阴影偏差”调节条用于细微调节阴影的位置偏差。

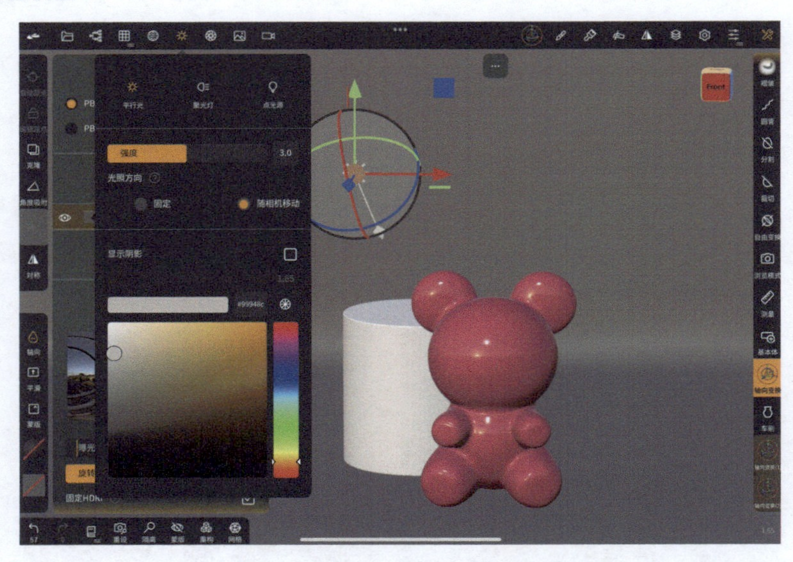

往下可以看到一个调色区域，这里是调整灯光颜色的，选择不同的颜色以后，场景里的灯光颜色会随之改变。例如，选择蓝色的灯光，效果如下页左图所示；如果选择红色的灯光，效果如下页右图所示。

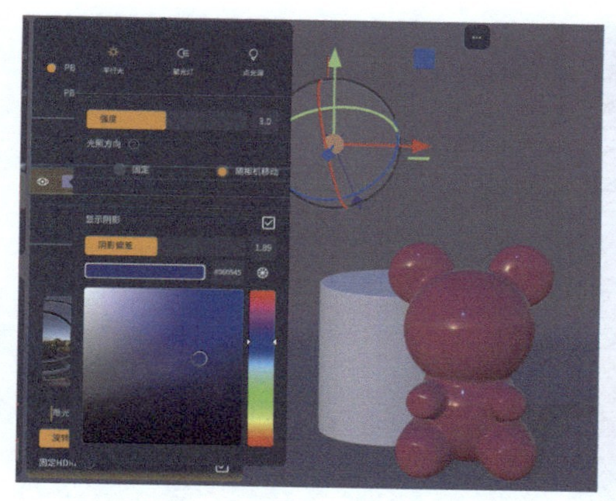

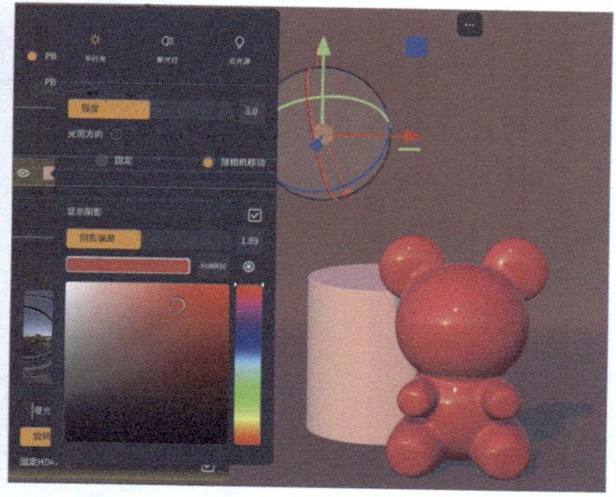

(2) 聚光灯。

聚光灯用于模拟物理灯光效果，光线呈筒状直射。通过“轴向变换”工具可以移动和旋转灯光，灯光的设置界面中增加了“边缘硬度”“入射角”等选项。

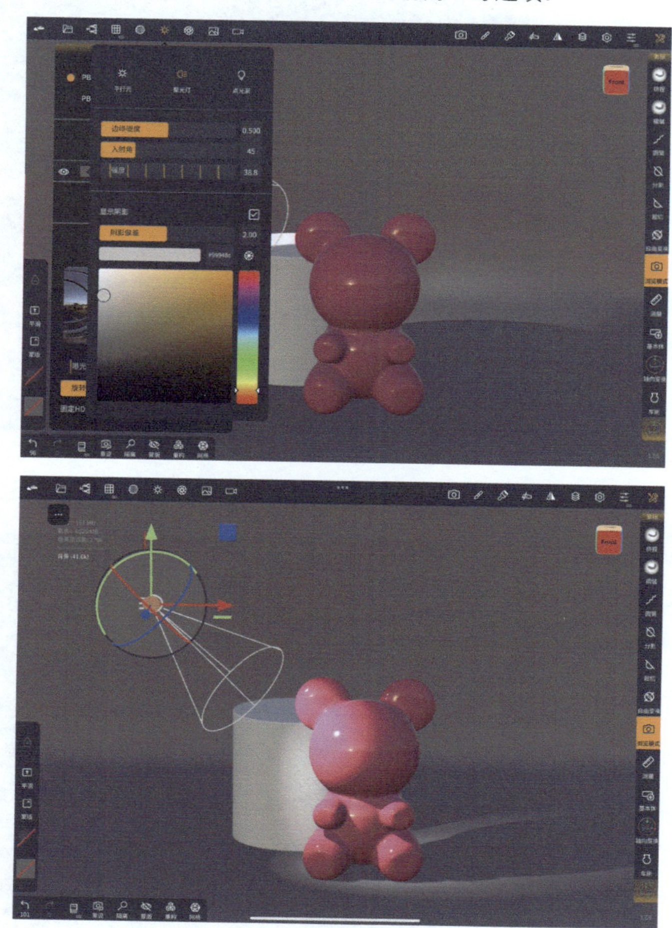

聚光灯效果

边缘硬度：调整光线入射角边缘的硬度。“边缘硬度”的数值越大，边缘越清晰；数值越小，边缘越模糊。

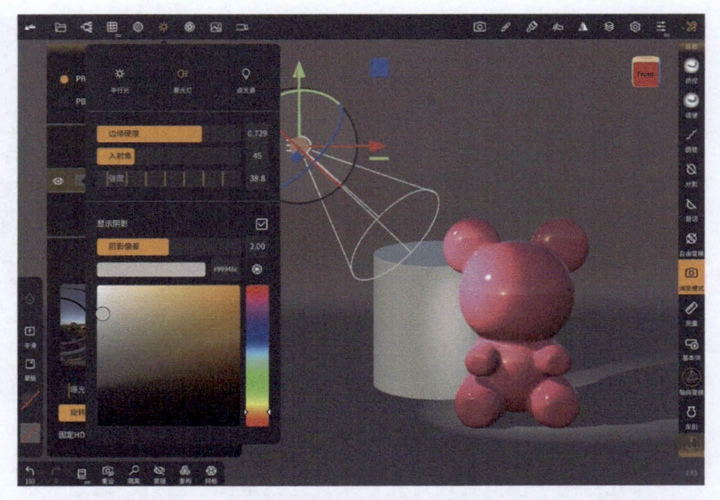

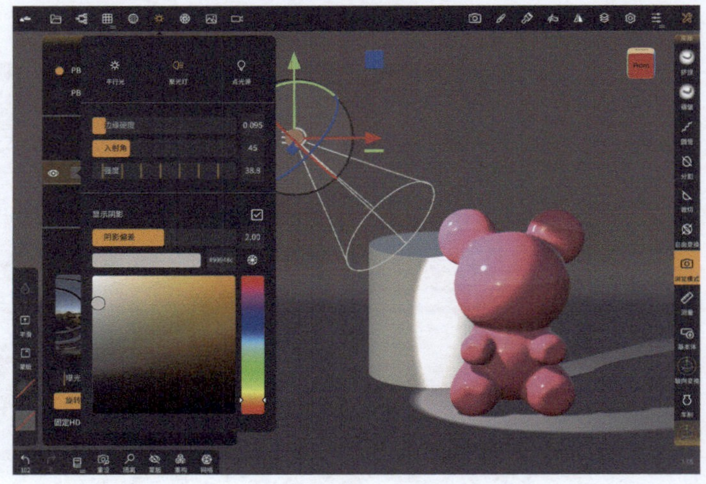

入射角：调整光线入射角的大小。数值越大，光线范围越大；反之则越小。

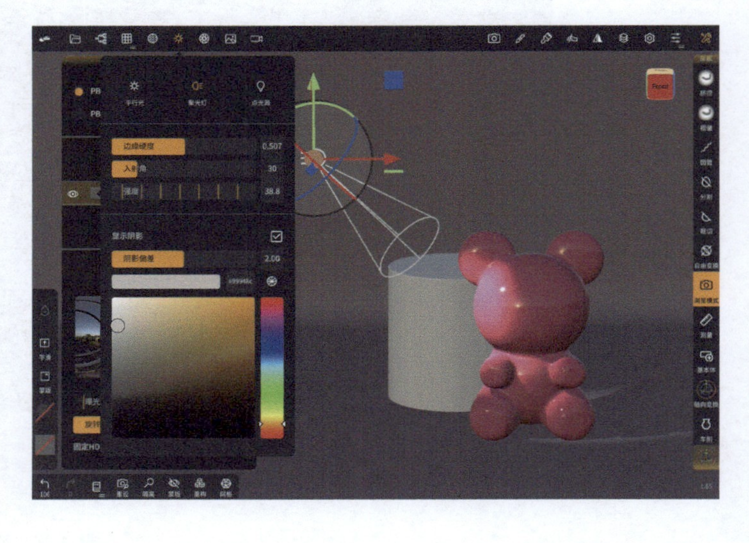

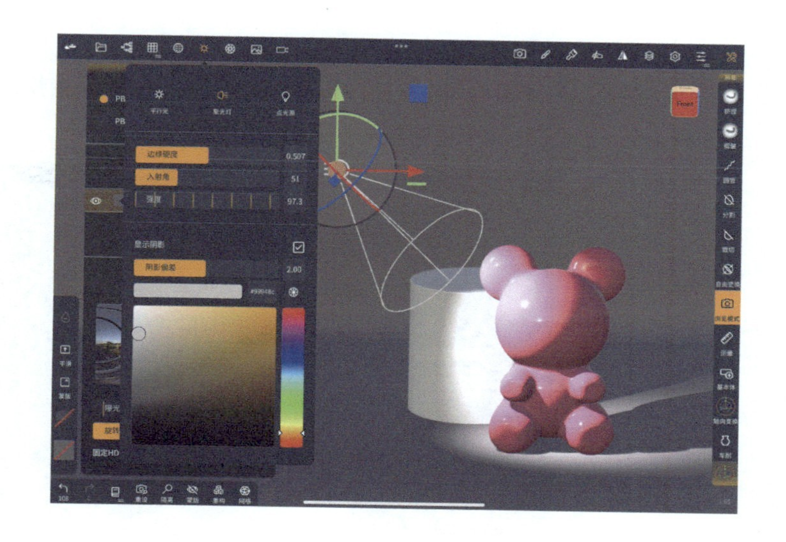

强度：调节光线强度。

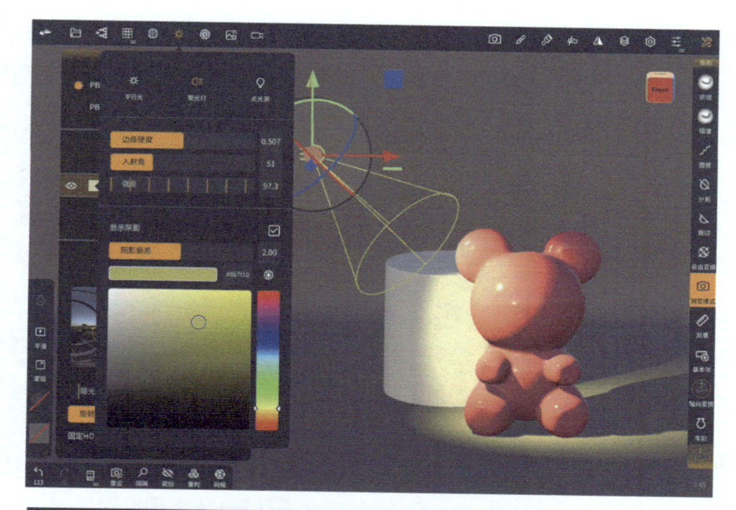

颜色：下方的颜色显示框用于更改灯光的颜色。

（3）点光源。

点光源是从一个点向周围空间均匀发光的光源。用“轴向变换”工具无法旋转点光源，只能移动点光源。在其设置界面里只能调节光线强度和颜色。

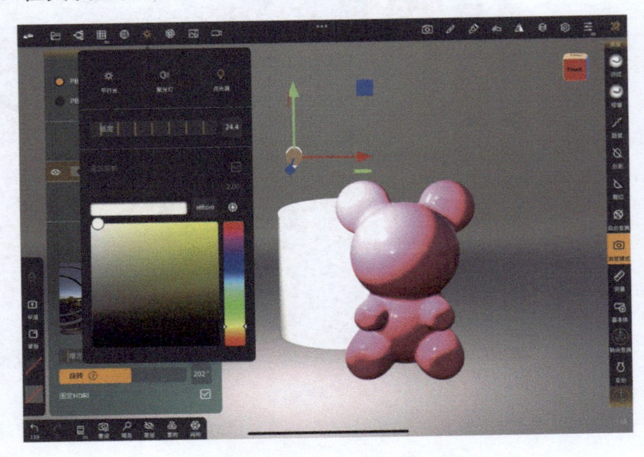

3 种灯光的效果各不一样，合理使用便能够实现很漂亮的效果。

平行光＋点光源

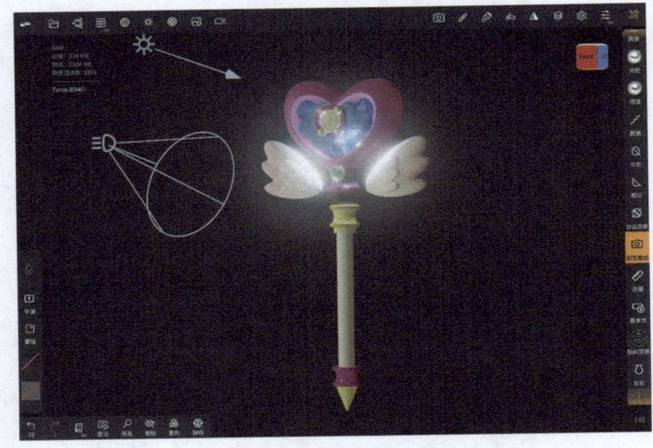

平行光＋聚光灯

多添加一个灯光图层，然后调整为不同的颜色，就可以看到不一样的效果（选择灯光颜色以后，图标颜色也会随之改变）。

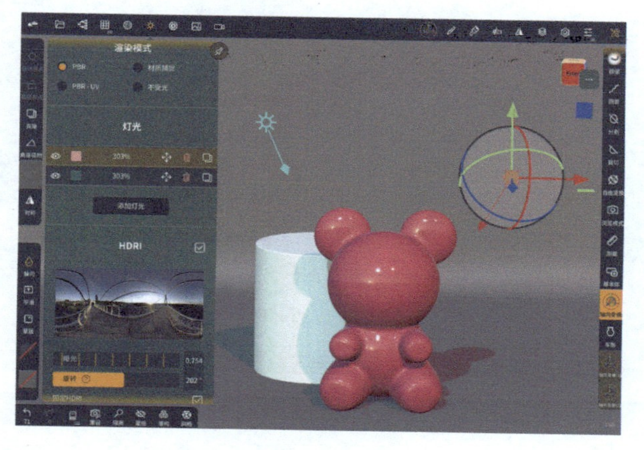

查看灯光的操作。点击“添加灯光”按钮以后，场景中会出现相应的灯光图标，同时会出现类似“轴向变换”工具的操作杆，下面看一下灯光的基本轴向操作。

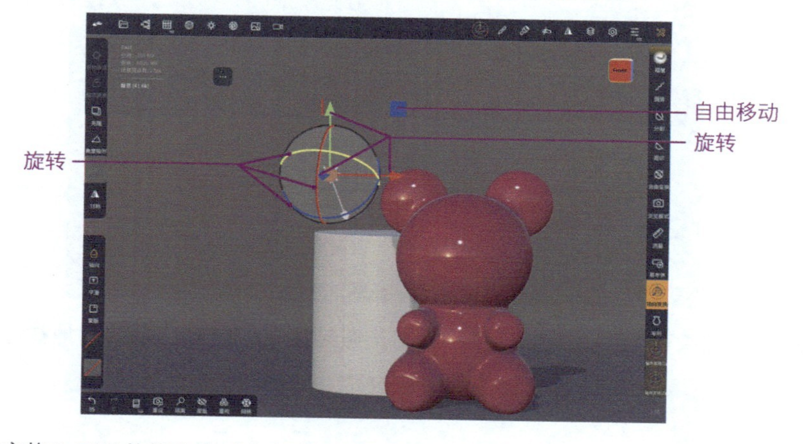

“轴向变换”工具的箭头的对应方向为移动方向，弧线面朝方向为旋转方向，蓝色方块则是自由移动工具。操作方法和模型的“轴向变换”工具一致。

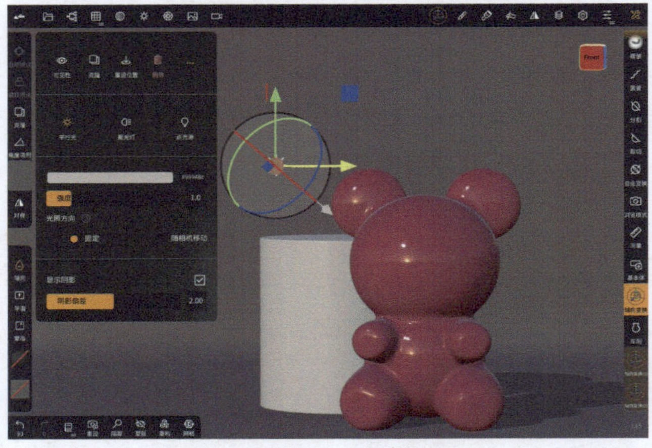

旋转灯光时需要注意，白色箭头方向为灯光照射方向，旋转时可以实时地看到效果。

选中灯光以后，除了可以看到“轴向变换”工具以外，还可以看到左上角（或者右上角）的位置有一个■图标，点击可以打开快捷菜单，其中增加了一个“重设位置”按钮，点击该按钮可以将灯光重新放回至最初的位置。

4.3.3 HDRI

HDRI 可以模拟环境反射效果。贴图不会在场景背景中显示，它会将模型反射或折射出来。我们可以加载不同的 HDRI 来模拟不同的环境效果。HDRI 只能在“PBR”渲染模式和“PBR-UV”渲染模式下使用，选择两者中的任意一个，“灯光”界面下方都能出现“HDRI”界面。点击图片可以更换贴图，Nomad 自带了 9 种贴图，我们也可以加载自己喜欢的贴图文件（支持 JPG 格式及 EXR 格式）。

接下来看一下如何操作 HDRI 效果。

◎步骤

01 点击图片，打开 HDRI 库，Nomad 自带了 9 种不同的环境贴图。不同的环境贴图可以呈现不同效果的环境光线。选择任意一个环境贴图，模型将反射出对应的环境贴图。

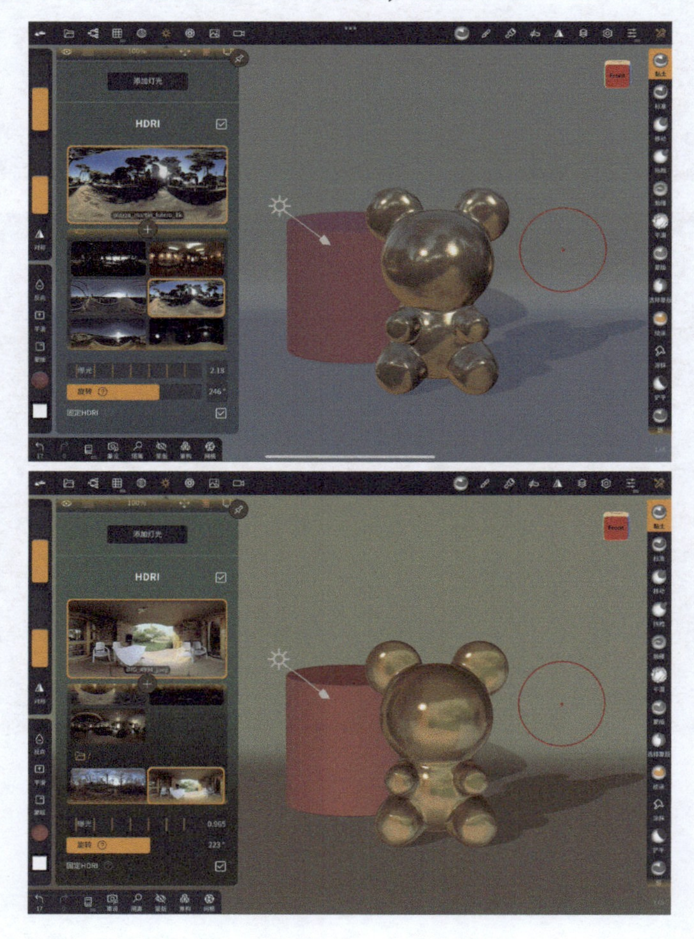

02 点击 HDRI 库的 + 图标，可以加载照片或者文件里的贴图（支持 JPG 和 EXR 格式）。导入的贴图文件会在软件自带的贴图的下方显示，下滑界面就能看到。

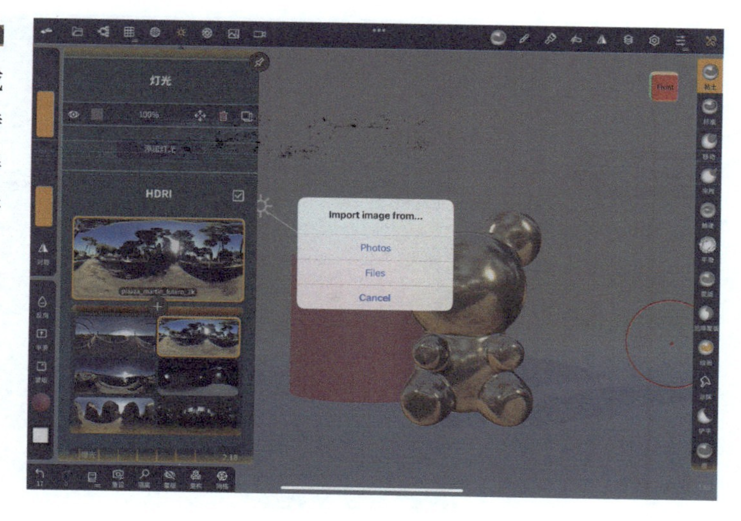

03 在贴图库的下方，可以对贴图进行“曝光”“旋转”“固定 HDRI”的设置。

曝光：调整整个贴图环境的曝光度。

旋转：旋转 HDRI，可改变环境中的光线位置，但不会改变场景里灯光的照射位置。

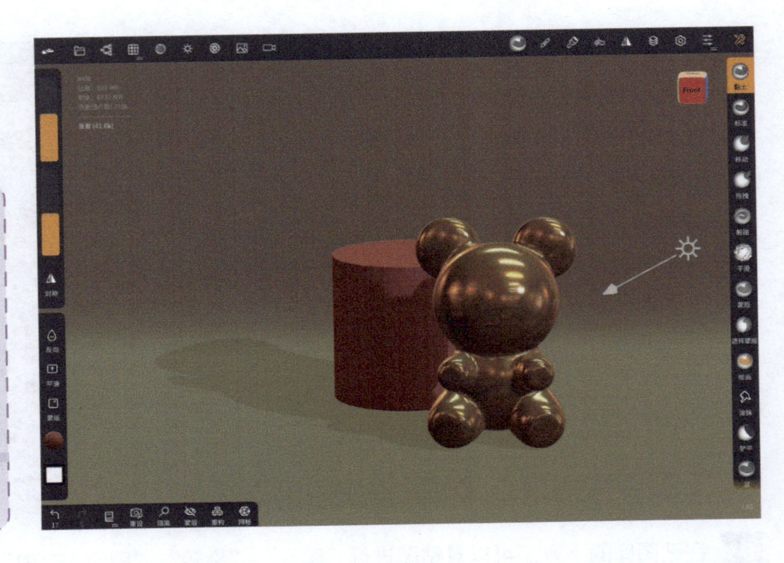

提示

还记得之前学过的快捷操作手势吗？3个手指在屏幕上水平移动可以旋转灯光。旋转灯光时，HDRI也会跟着旋转。

固定 HDRI： 勾选此复选框以后，移动相机将不会移动 HDRI。笔者建议勾选该复选框，固定的灯光对雕刻操作非常有用。

4.4 后期处理

Nomad 虽然没有 PC 端建模软件那么强大的渲染器，但是它的实时渲染功能加上它在移动端的出色表现，再配合灯光和材质，也能够制作出优秀的作品。

点击左上角的图标并勾选“后期处理”复选框，可以清楚地看到场景里模型的质感得到了提升。接下来只要合理调整参数，就能够发挥软件强大的后期处理能力。

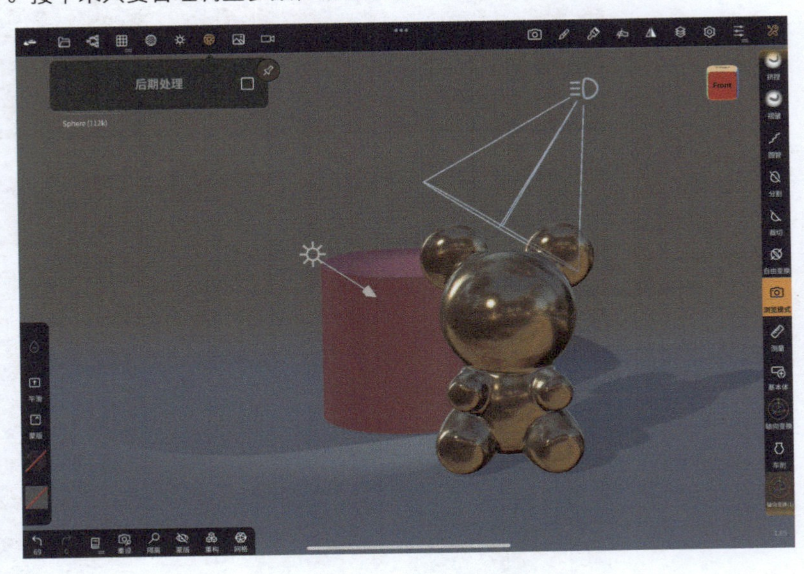

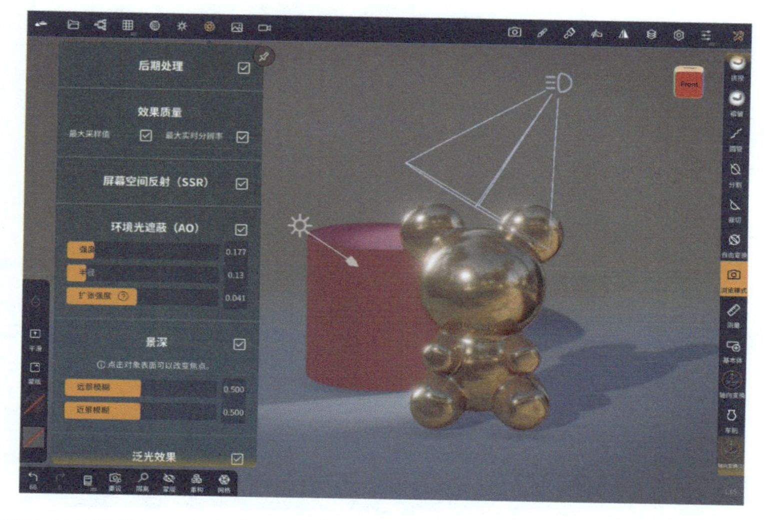

下面查看“后期处理”菜单里的选项及对应的效果。

（1）效果质量。

该界面中有两个选项，分别是“最大采样值”和“最大实时分辨率”。为了更好地展示渲染效果，建议将这两项功能都启用，但这两项功能只对下面的“屏幕空间反射（SSR）”“环境光遮蔽（AO）”“景深”起作用。

（2）屏幕空间反射（SSR）。

屏幕空间反射（SSR）可以用少量的光线模拟反射效果，从而让不规则的表面也能达到动态反射的效果。勾选该复选框以后，可以清楚地看到中间的模型反射出了周围模型的颜色和光线。

勾选后的效果

未勾选的效果

(3)环境光遮蔽(AO)。

环境光遮蔽(AO)用来模拟物体和物体相交或靠近的时候遮挡住周围漫反射光线的效果，可增强空间的层次感、真实感。未勾选该复选框的画面光照效果较强；而勾选该复选框之后，局部的细节画面，尤其是暗部或者接缝之间的阴影会更加明显。(为了方便呈现效果，笔者把场景中间的小熊模型改为了反射率不高的材质。)

未勾选的效果

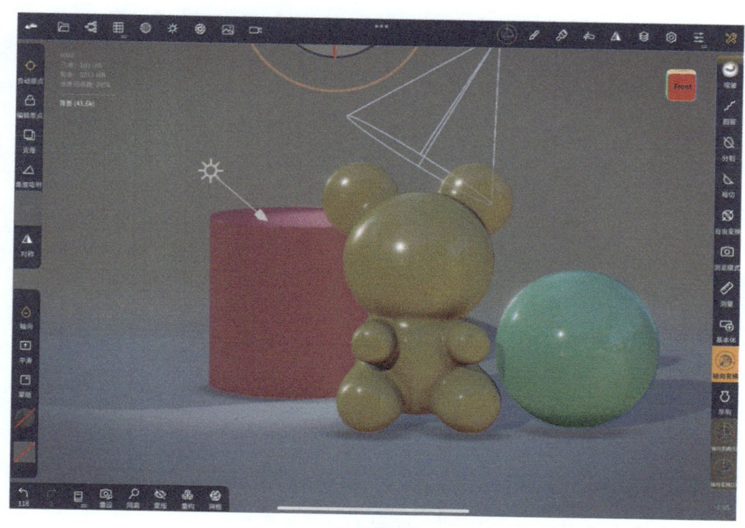

勾选效果

开启环境光遮蔽效果以后，可以调节下方相应参数，可以实时观察模型来调整出自己满意的效果。

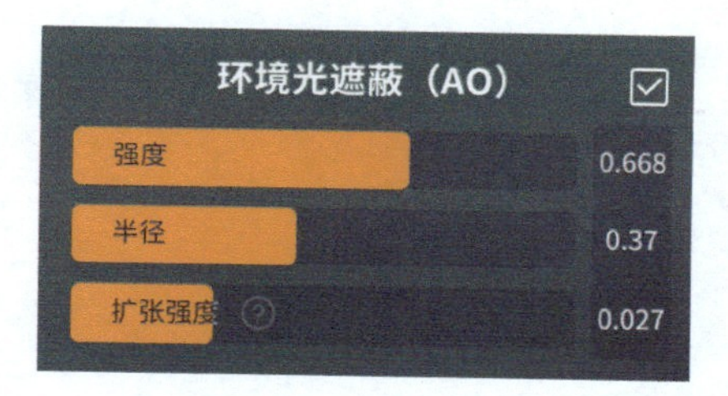

强度：环境光遮蔽效果的强度，强度越大，暗部或者接缝之间的阴影就越深。

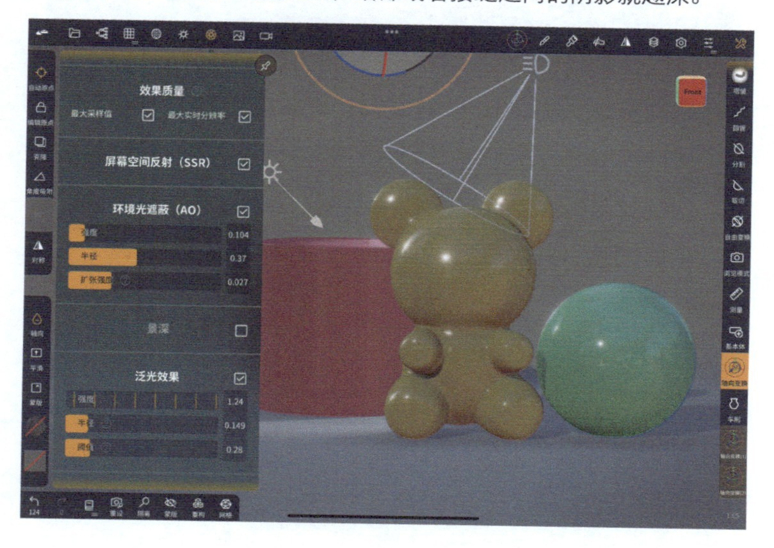

半径：半径越大，环境光遮蔽效果的影响范围就越大。

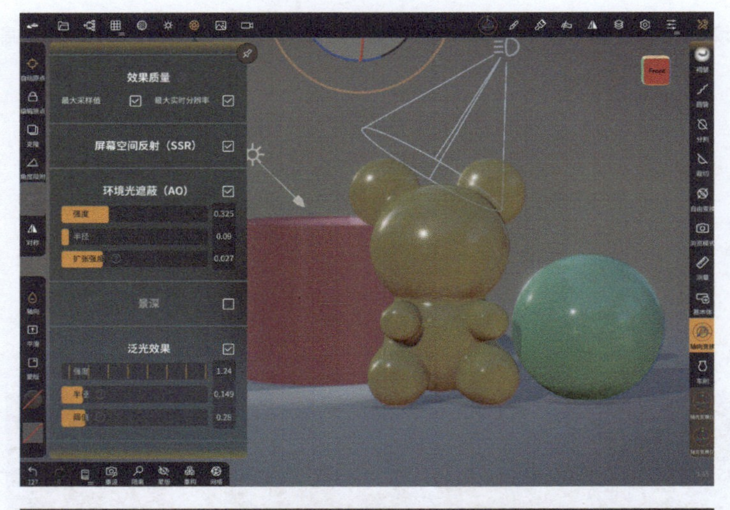

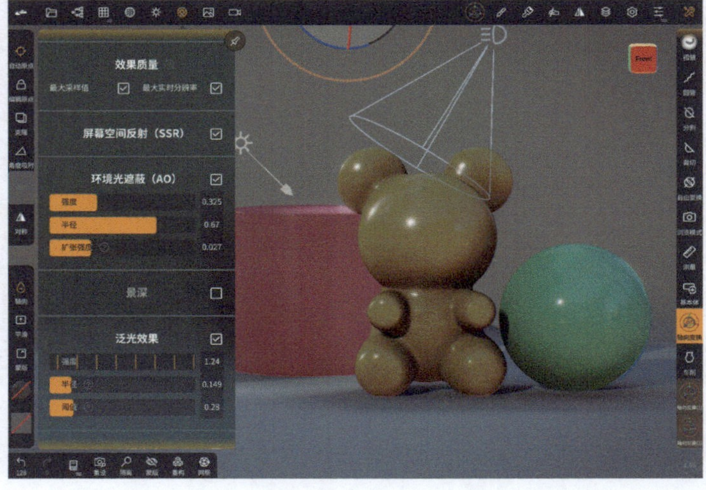

扩张强度： 调整扩展区域的强度。数值越大，阴影颜色越浅；数值越小，阴影颜色越深。

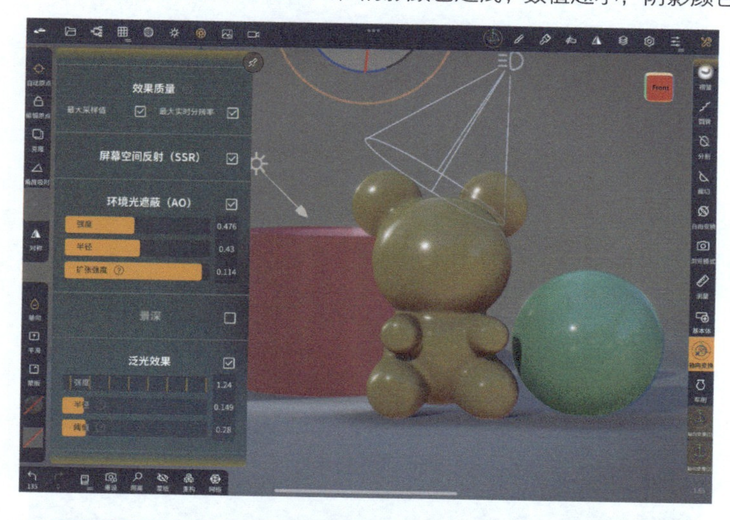

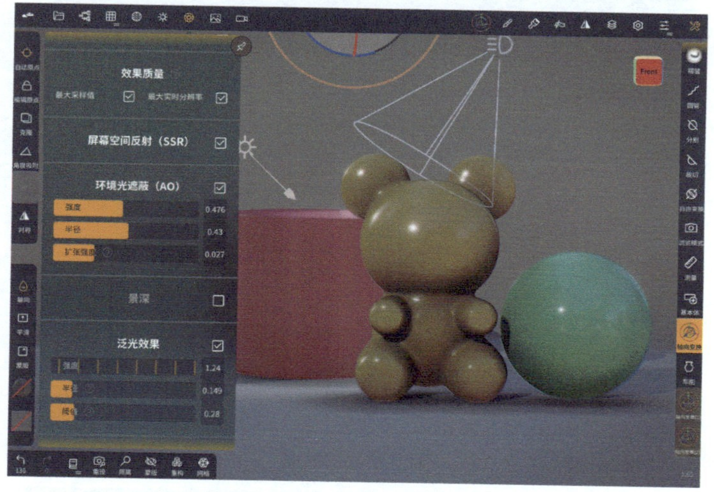

了解以上 3 个参数的功能以后，只有通过合理的调整才能达到自然、逼真的环境光效果，而不是数值越大越好。

（4）景深。

景深指对焦位置前后的清晰范围。在有多个模型的场景里，并且前后空间关系明确的情况下，为了突出主题，就可以使用“景深”功能。开启该功能以后，可点击模型对象表面来改变焦点。

关闭景深的效果

开启景深的效果

点击想要对焦的模型对象，就能改变焦点

在“景深”界面里，可以对应地调节远景和近景的模糊程度。

（5）泛光效果。

泛光效果是一种视觉效果极强的光线效果，可模拟强光照射下物体的反光效果并向外延展，呈现出耀眼的光线效果。

关闭状态

开启状态

勾选“泛光效果”复选框以后，可以调节泛光效果的“强度”“半径”“阈值”等参数。

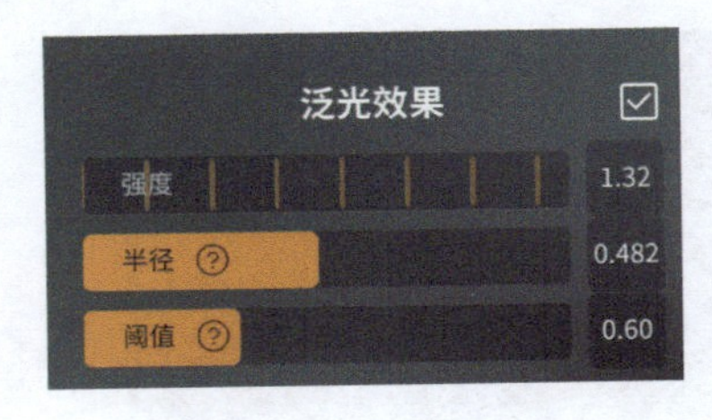

强度：调节泛光的强度。
半径：调节泛光的宽度。
阈值：泛光阈值能够判断光线的强度，阈值越大，场景里亮的物体才会产生泛光效果。

（6）色调映射。

勾选“色调映射”复选框以后，可以通过调节“曝光”“对比度”“饱和度”等参数来达到自己想要的色调。

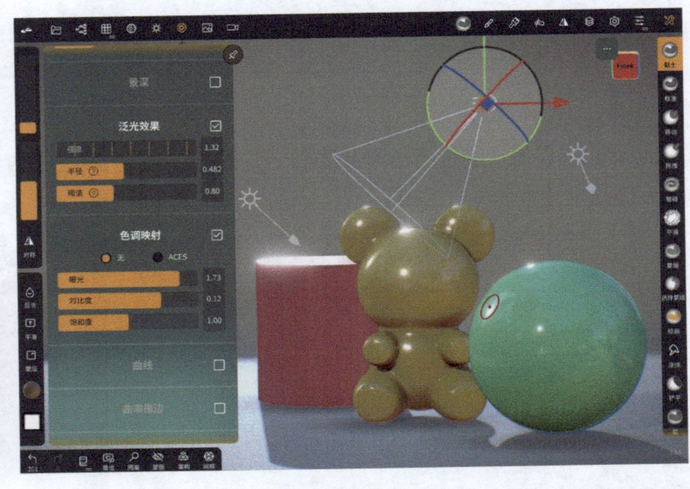

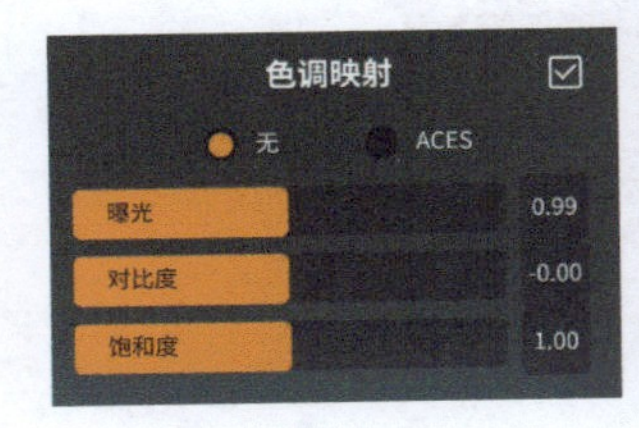

“色调映射”界面中增加了一个“ACES”选项。ACES（Academy Color Encoding System，学院色彩编码系统）是一种渲染技术，拥有较大的色彩空间和广泛的颜色，可以大幅度增加场景里高光的细节，同时，场景里的色彩也很鲜艳。在同样的参数下选择“无”和“ACES”单选按钮来对比，能明显地看出“ACES”色彩更加鲜艳，在模型复杂的情况下，高光细节也更加丰富。

无

ACES

（7）曲线。

勾选“曲线”复选框以后，就可以通过调整对应曲线来微调场景里的色彩，可以调节“亮度”“红”“绿”“蓝”等。其下方有两个按钮，“重设”按钮用于重置当前曲线，“全部重设”按钮用于重置全部曲线。

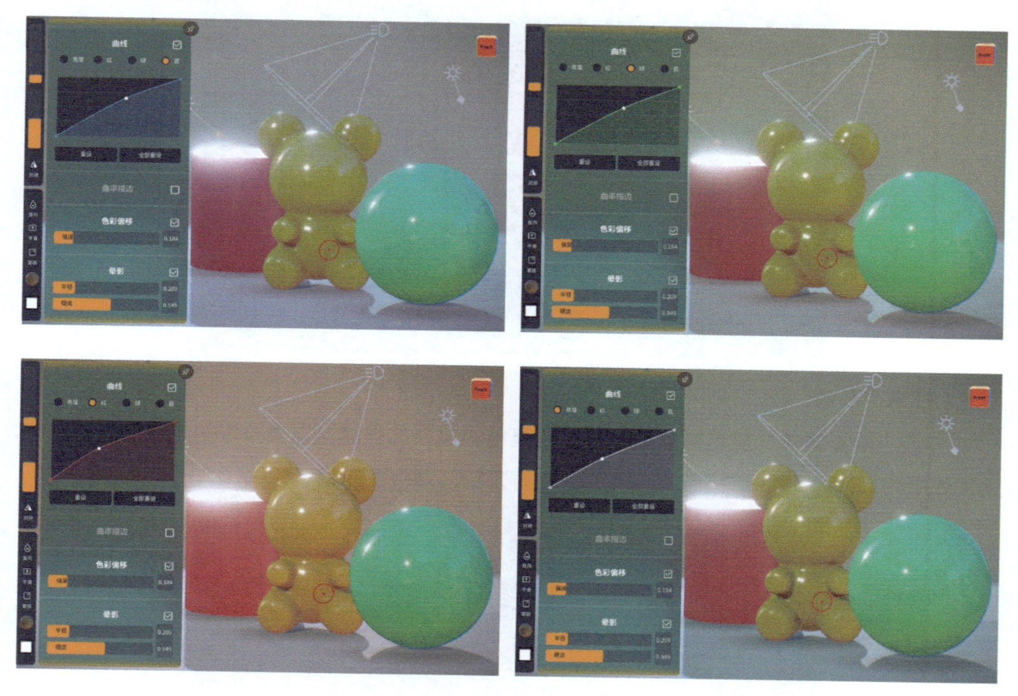

（8）曲率描边。

勾选“曲率描边”复选框以后，模型都会带有描边，以模拟卡通线条效果。可以调节“缝隙颜色”和“凸起颜色”。点击颜色栏，可以调整描边的颜色和透明度。

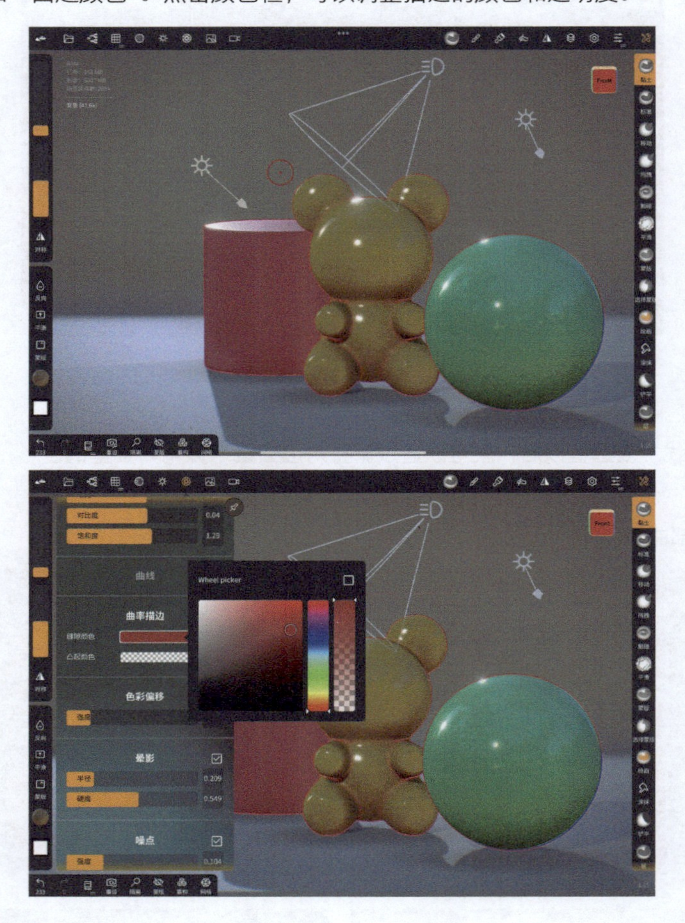

（9）色彩偏移。

勾选“色彩偏移”复选框以后，可以调整色彩偏移的强度，以模拟镜头里红色、蓝色重叠的效果。

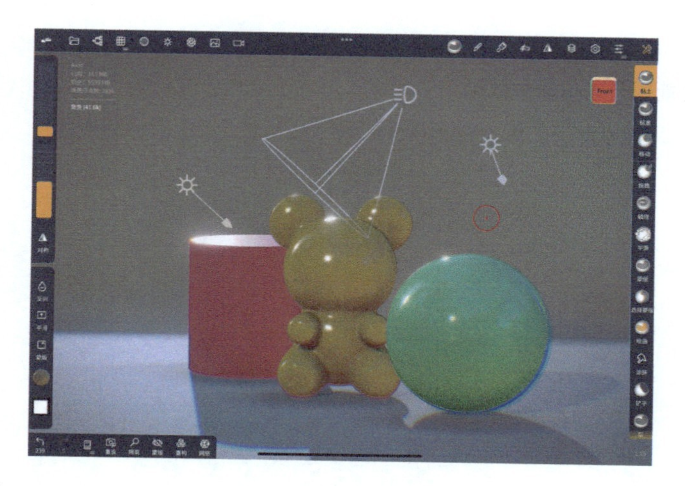

（10）晕影。

“晕影”功能用于给场景里增加一个暗角，勾选该复选框以后，可以调节暗角的半径大小和边缘硬度。

（11）噪点。

“噪点”功能用于模拟胶片效果里的噪点，可调节噪点强度。

（12）锐化。

勾选“锐化”复选框以后，场景的锐化效果更明显，可调节锐化强度。

（13）时间性抗锯齿（TTA）。

启用该功能可以减少相机移动时的闪烁，呈现更加平滑的效果。笔者建议启用此功能。

Nomad 1.68 版本更新——“渲染模式”和“后期处理”功能更新 >>>

1. 渲染模式

打开“灯光和渲染”菜单，对比一下旧版本和新版本。新版本把“PBR-UV”渲染模式整合到了“PBR”渲染模式里，同时增加了“ID”渲染模式，并在下方增加了“显示设置”界面里的“图层绘画”功能。

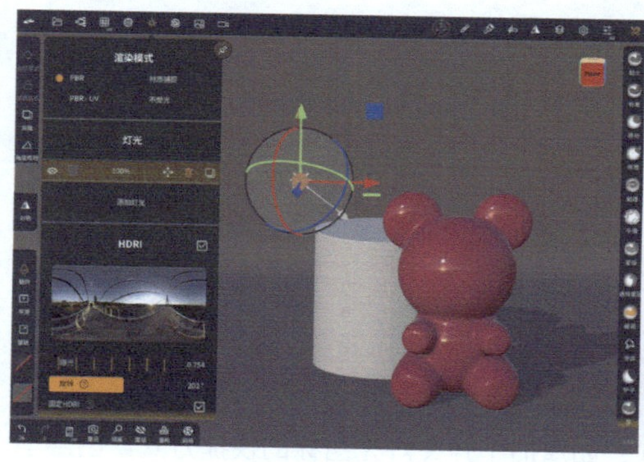

旧版本

新版本

“ID”渲染模式：选择“ID”渲染模式以后，可以看到“随机分配颜色”按钮，每点击一次该按钮，软件都会随机分配颜色在模型上。笔者认为该功能可以在没有配色灵感时使用，将软件随机生成的配色作为参考。

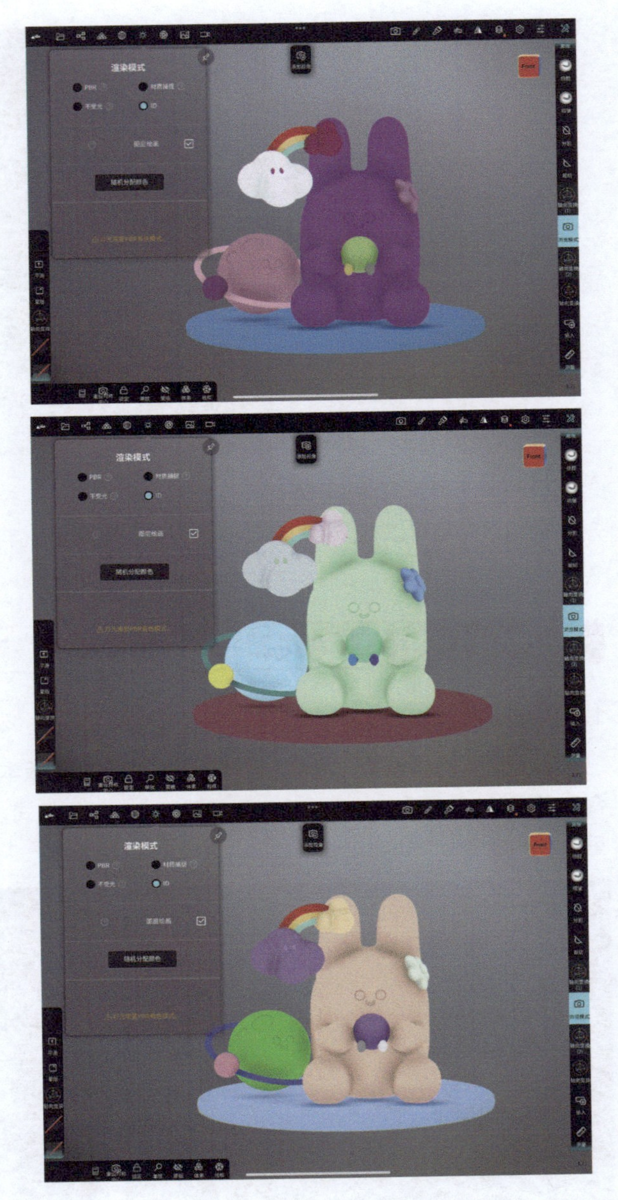

“灯光”界面也增加了很多功能和快捷方式，如增加了开关灯光图标的快捷方式。图层上的方块图标改为了灯光种类图标，同时会显示对应灯光颜色。

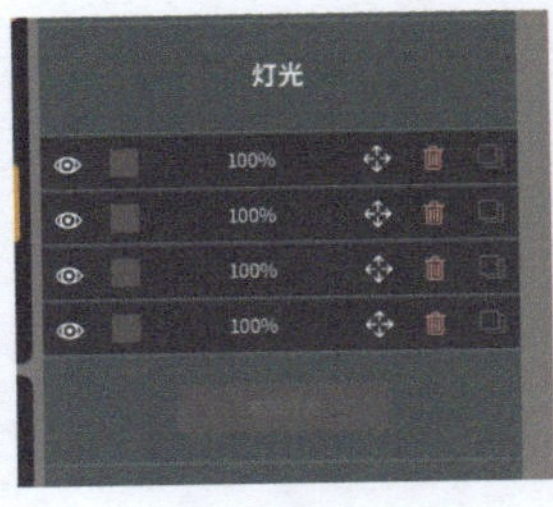

旧版本

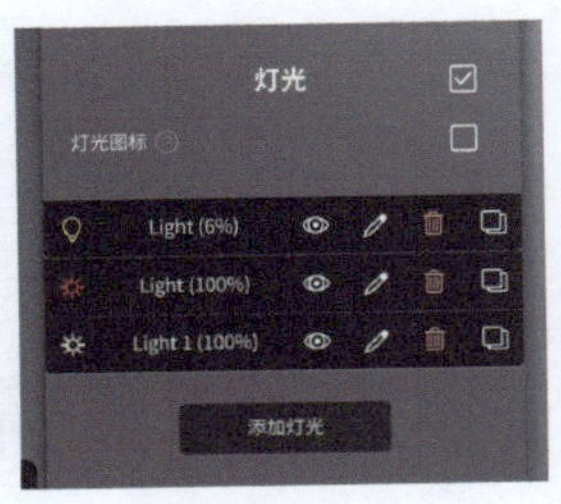

新版本

除调整了灯光的详细设置界面的排列顺序以外，“显示阴影”界面中还增加了“阴影贴图”和“屏幕空间”两个选项。旧版本默认采用“阴影贴图”模式，新增加的“屏幕空间”模式属于实验性功能，目前还不够完善。同时，下面还增加了“边缘柔和度”和“接触阴影”选项。

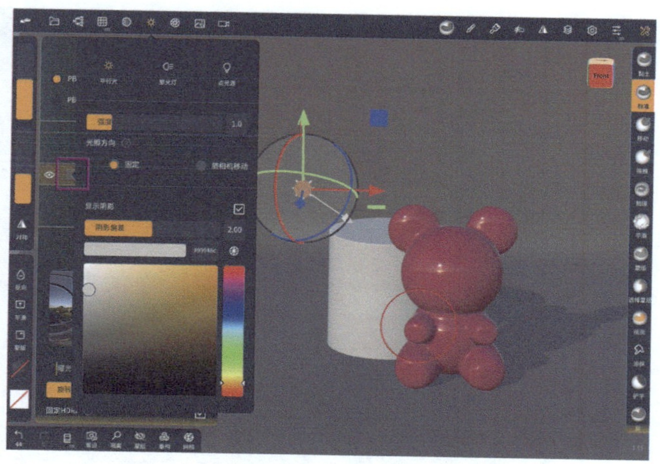

旧版本

新版本

边缘柔和度： 勾选此复选框以后，可以调节阴影边缘的柔和度，改善阴影僵硬的问题。

未勾选“边缘柔和度”复选框

勾选“边缘柔和度”复选框

接触阴影：选择“阴影贴图”单选按钮以后可开启“接触阴影”功能。

2. 后期处理

打开“后期处理”菜单，可以看到新版本增加了“全局光照(SSGI)”功能，该功能目前是实验性功能，部分用户使用时可能会出现错误，后续可以等待官方将其更新为正式功能。全局光照是现实世界里自然光线照射地面和物体后，经过无数次反射和折射后的效果。Nomad更新了该功能以后，可以更加真实地还原现实光照效果。开启该功能以后，可以明显地感觉到阴影部分呈现了更多的灯光细节。

关闭“全局光照（SSGI）”功能

开启“全局光照（SSGI）”功能

下滑至“后期处理”菜单底部，可以看到增加了两种滤镜效果——“像素画”和“扫描线”，分别用于模拟像素风格和旧电视的扫描线风格。

像素风格

扫描线风格

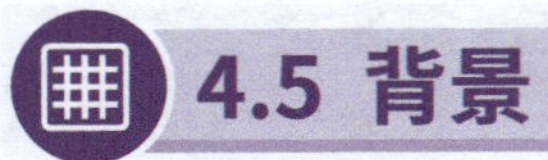

4.5 背景

点击左上角的▣图标，打开“背景”菜单，可以看到“背景”和“参考图像”界面。

1. 背景

在“背景”界面里，可以选择“环境”或“颜色”背景模式。首先来看“环境”背景模式，该模式的背景是所选择的HDRI，在改变HDRI的时候，背景也会随着改变。

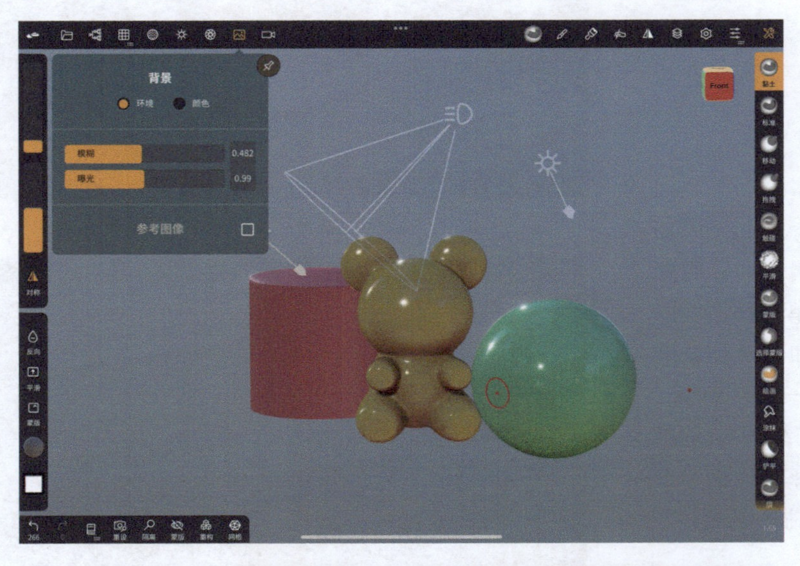

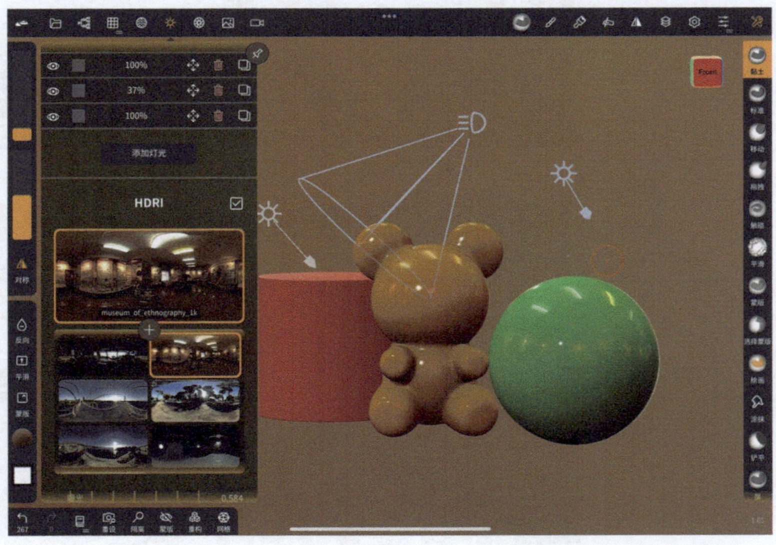

将“环境”作为背景模式，可以调节环境的“模糊”和“曝光”两个参数。“模糊”的数值越小，背景里的环境就越清晰。

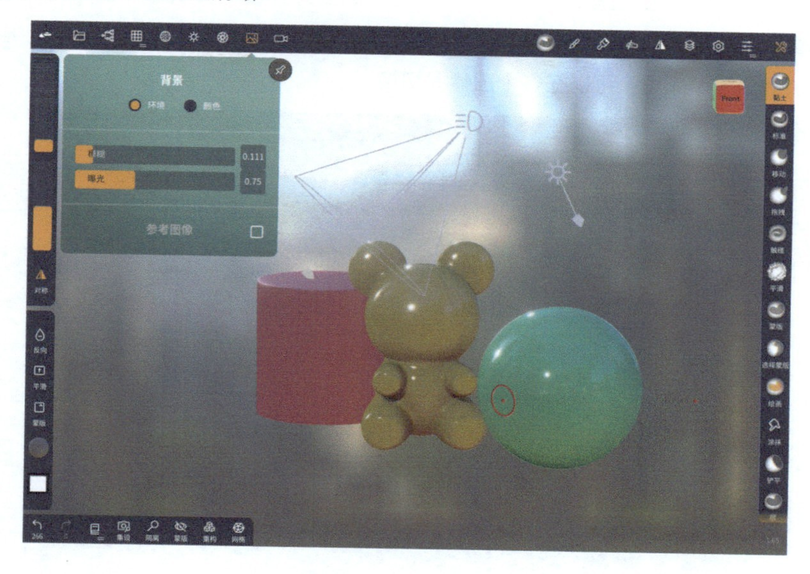

下面来看“颜色”背景模式。该模式的背景是纯色背景，可以在调色区域中选择想要的颜色作为背景色。

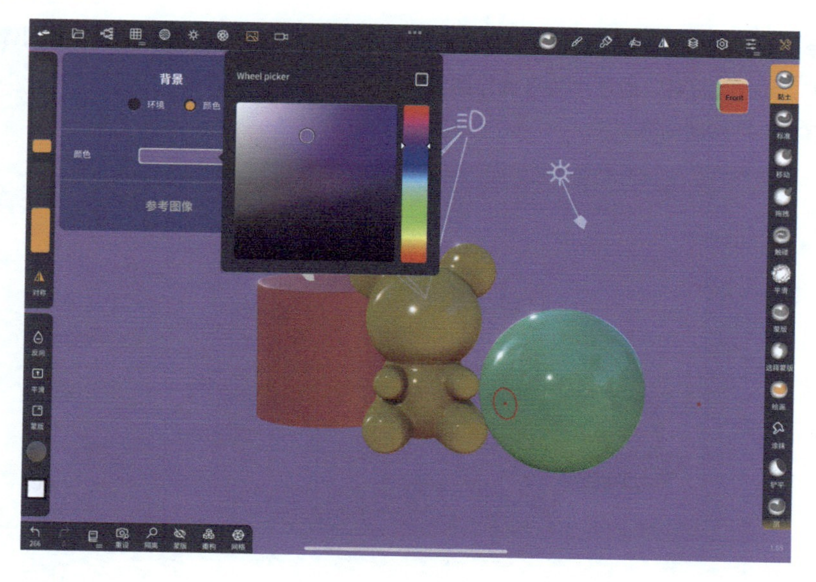

2. 参考图像

勾选“参考图像”复选框以后，可以看到对应的展开界面，首次打开该界面时图像库中是没有图像的，需要手动点击⊕图标，在相册或者文件里添加自己需要的参考图像，添加成功以后就会加载到图像库里，可以在多个图像间切换。

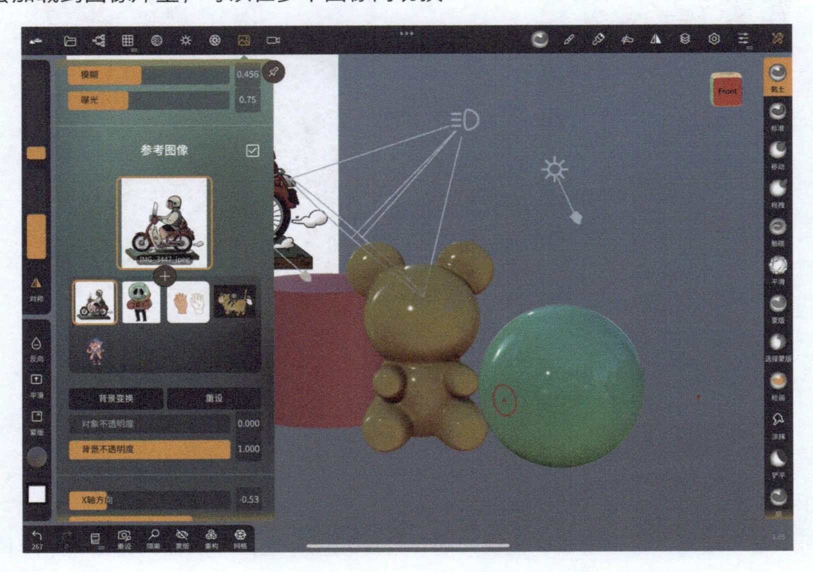

选择了需要的参考图像以后，可以点击下方的“背景变换”按钮来调整参考图像在场景里的位置。点击以后可以通过手势来操作图像。

单指拖曳可移动图像。

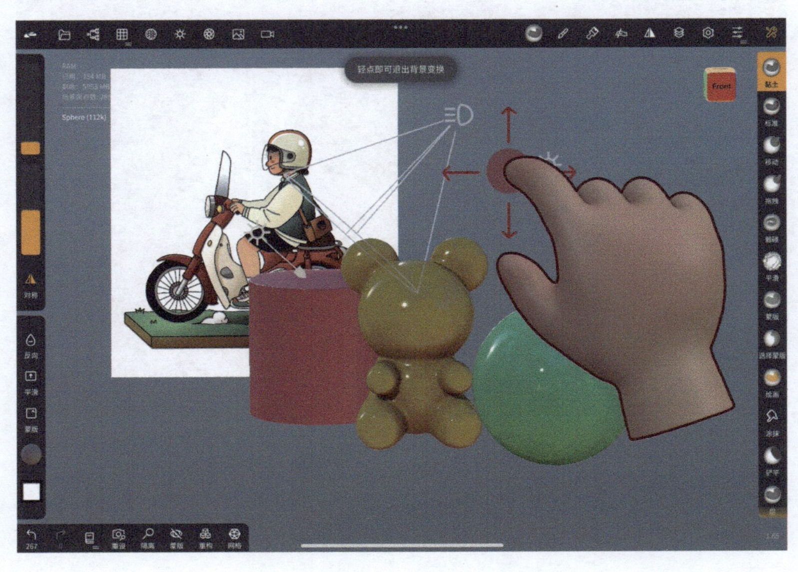

双指向内捏合或者向外张开可缩小或放大图像。

轻点屏幕则会退出背景变换状态。

重设：点击该按钮以后，图像会回到场景的中央。

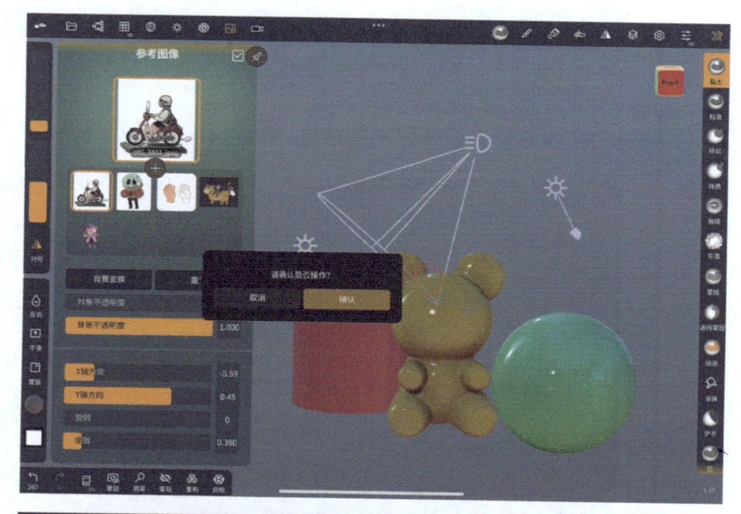

对象不透明度：调节模型对象的不透明度。

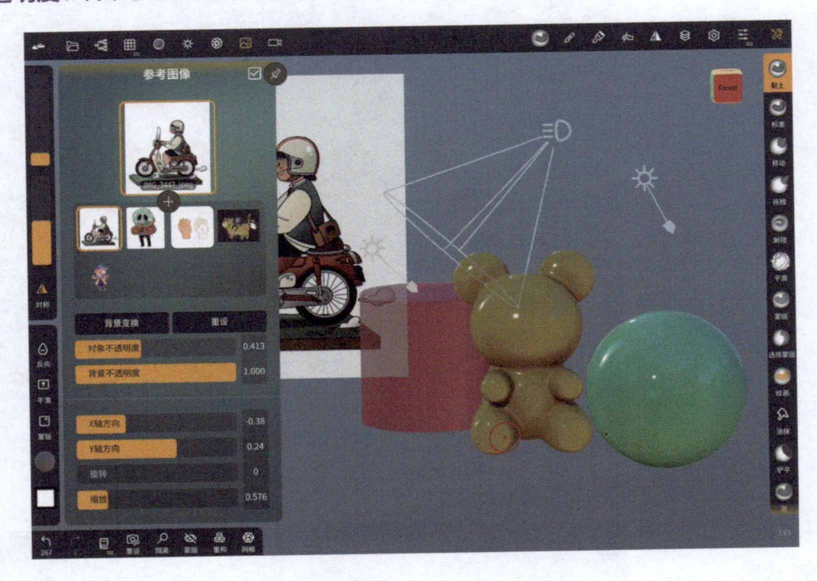

背景不透明度：调节背景图像的不透明度。

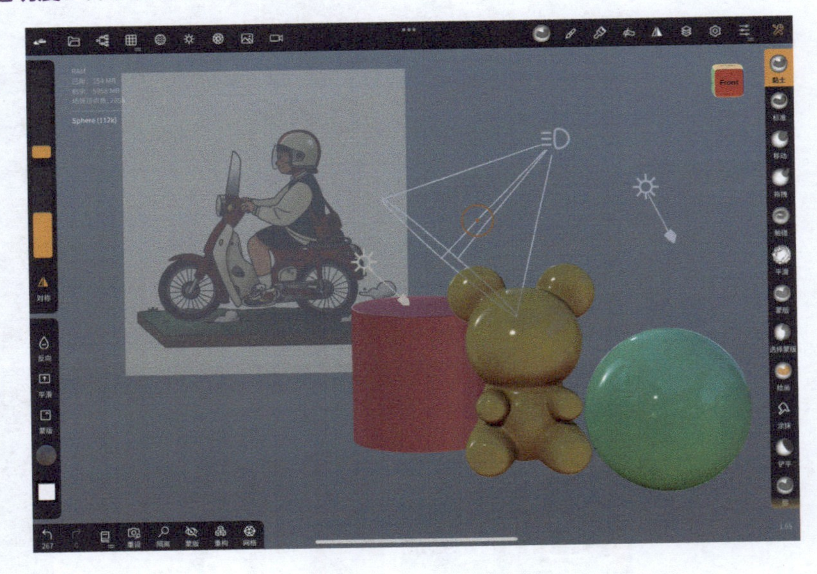

右图所示的多个参数用于对图像进行细调。

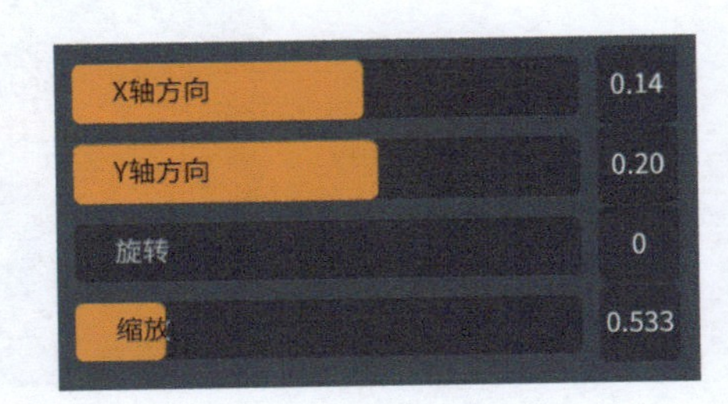

如果想对参考图像进行重命名或者删除，可以在图像库里再次点击图像，然后点击“重命名”或“删除”按钮。

4.6 相机

点击左上角的图标，打开“相机”菜单。在这里可以为场景添加相机，也可以对场景视图操作进行设置。

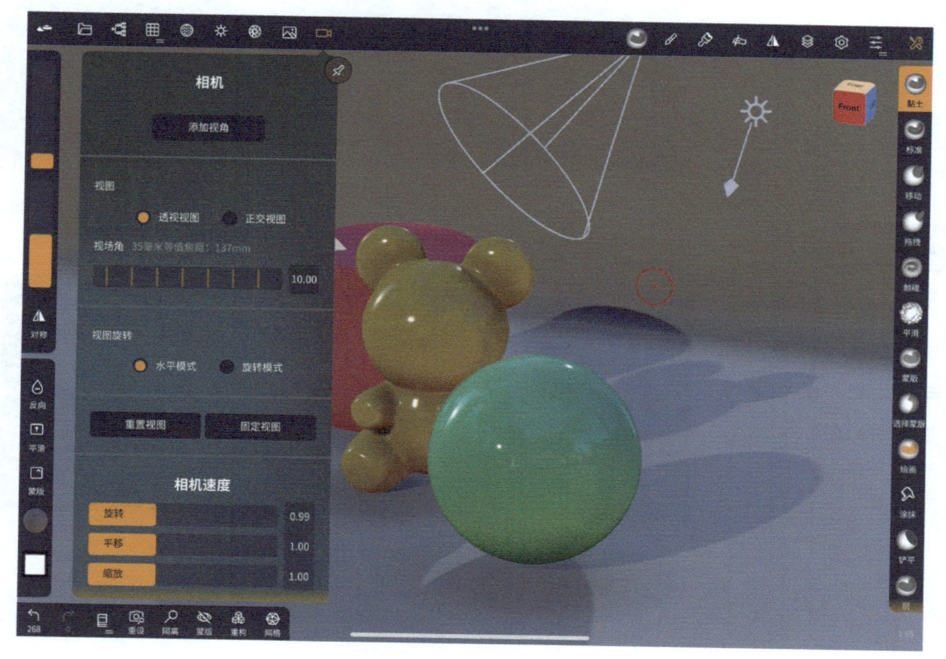

1. 添加视角

首先在场景里调整好想要的相机角度，然后点击“添加视角”按钮，就能添加相机视角。在场景里调整到其他角度，再次点击“添加视角”按钮，就能够添加第二个相机视角。以此类推，可以添加数个想要的视角。

点击相应的视角图层，可以切换视角。点击相机名字后面的图标，可更新当前视角。例如，改变了场景的视角以后，可以点击想要更新视角的相机来更新视角。

提示

点击“重命名”图标可以重命名视角，点击“删除”图标则可以删除视角。

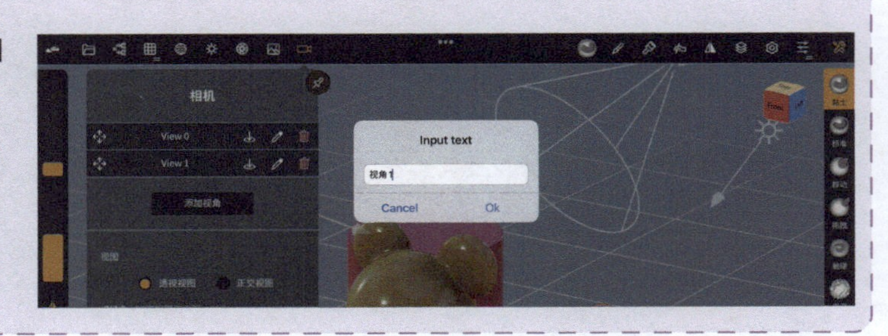

2. 视图

“视图”界面里有两个视图。一个是“透视视图”，选择该单选按钮以后，视图变为透视视图，可以调整相机的焦距。焦距数值越大，透视感越强。

另一个是“正交视图”，选择该单选按钮以后，场景视图不带透视效果，适合在使用裁切类型的工具时使用。

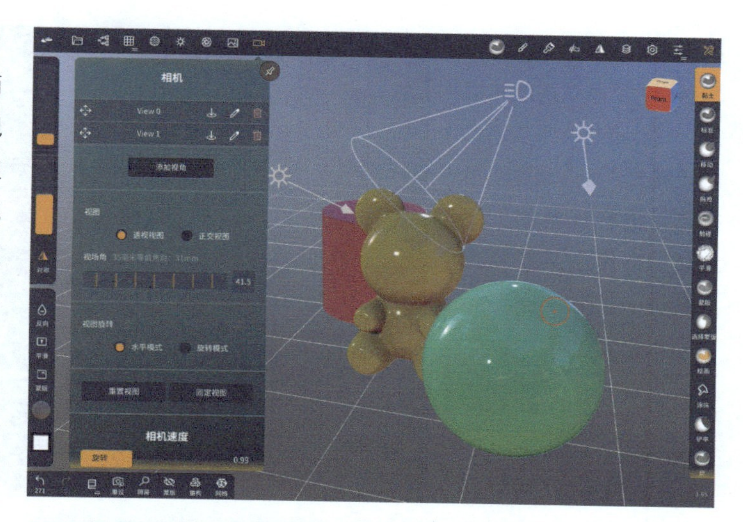

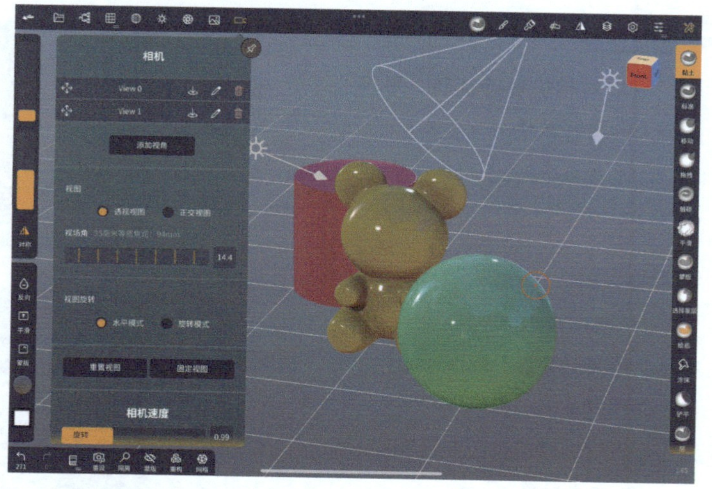

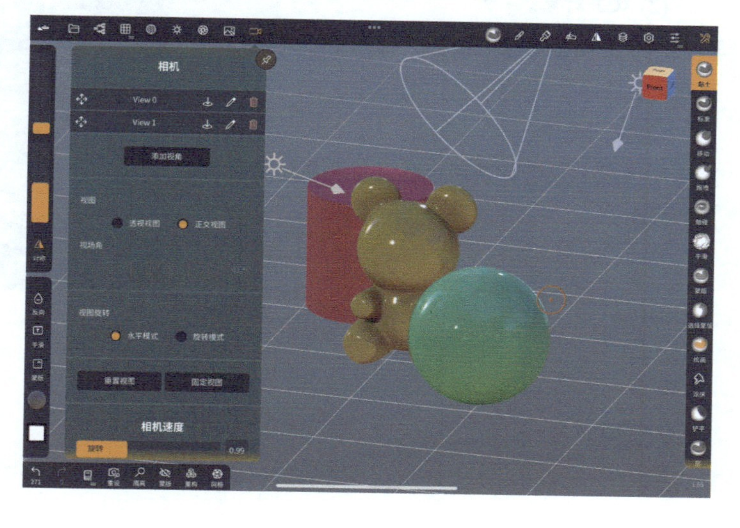

3. 视图旋转

水平模式：默认的旋转模式，只能进行水平旋转。

旋转模式：可以通过双指操作，进行视角的上下旋转，适用于某些特定角度。

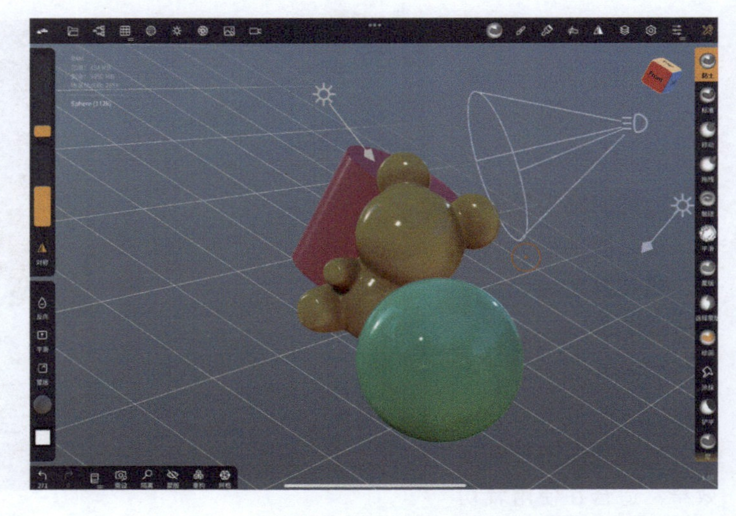

4. 相机速度

可以对相机进行旋转、平移、缩放，这里根据个人的喜好调整。

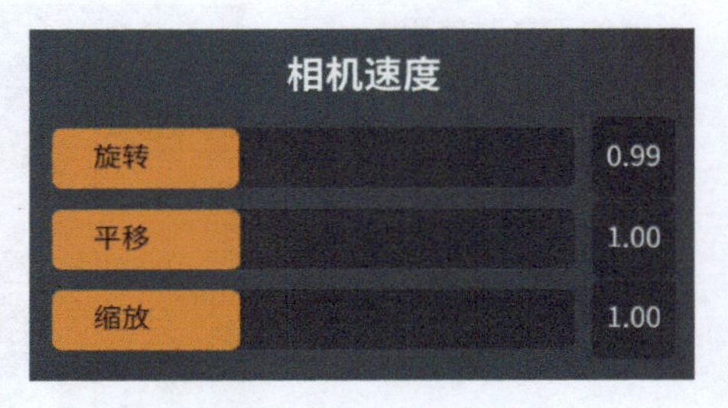

5. 其他设置

(1) 视图中心点。

平移 / 缩放后改变：双指移动相机后，视图中心点会随之移动。

双击后改变：双击可改变视图中心点。

(2) 双击对象。

聚焦：双击模型对象表面后，视图中心点将移动至双击位置。

(3) 双击背景。

聚焦所选项：双击背景后，将调整至最适合该对象的视图。

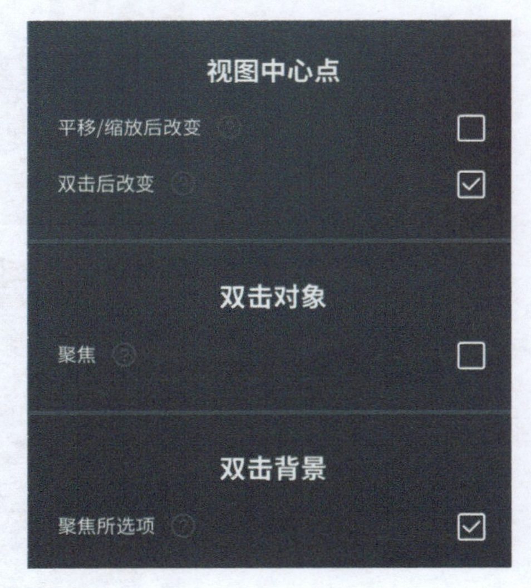

4.7 模型优化及展开 UV

4.7.1 模型优化

在制作模型的过程中，难免会遇到卡顿、运行内存不足的情况，甚至会出现软件崩溃、闪退的情况。遇到这样的情况，我们需要查看 Nomad 的内存使用状况是否达到了极限或出现了红色警告。具体查看办法可参考 2.2.2 小节里的“显示场景状态”内容，在左上角查看 RAM 使用量和剩余量，如果剩余内存不足，则会出现红色字体提示，这样软件出现闪退和崩溃的概率就会增大。

一般在模型数量庞大或者模型网格过于密集时，都会过多地占用运行内存，这时我们就需要优化模型，在保留效果的同时将模型的面数、网格数减少，并减少运行内存的使用量。

1. 自带优化功能

这里用一个球体作为案例，讲解 Nomad 自带的模型优化功能如何使用。打开“网格”菜单的“拓扑”子菜单，可以看到模型的面数、顶点数等数据，以及“成型简化”界面。

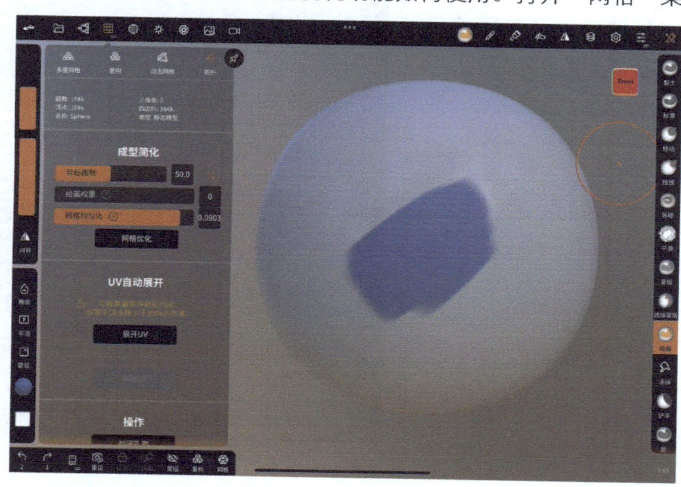

提示

“拓扑”子菜单主要用于对模型进行优化，方便输出带有 UV 贴图的模型文件。

显示模型的网格，通过网格的变化来看一下是如何优化模型的。

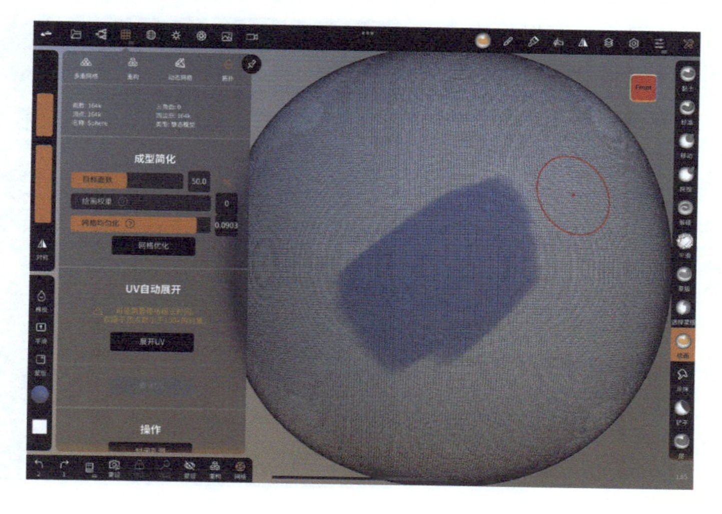

点击“网格优化”按钮，可以看到网格从方形变成了三角形，这样最大限度地优化了原来的网格顶点数。

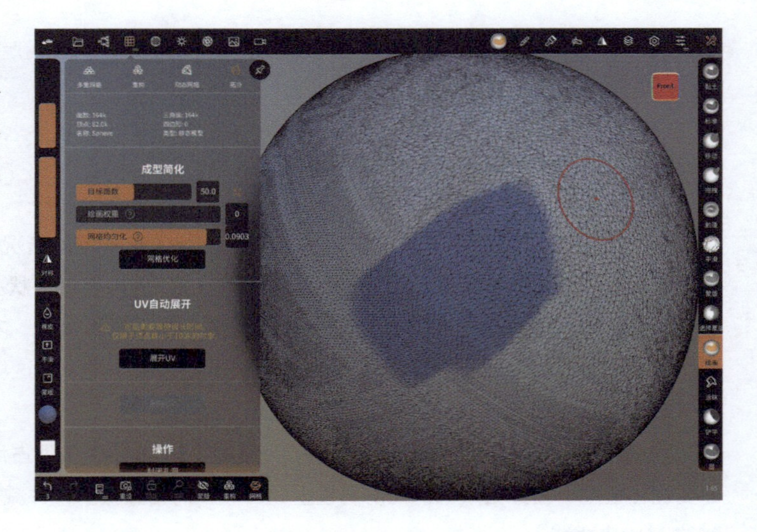

再次点击“网格优化”按钮，可见网格又减少了许多。

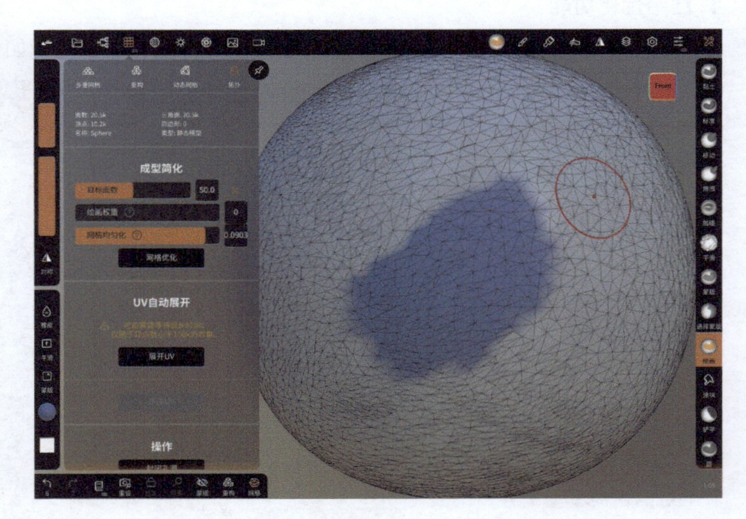

可见，可以一直点击“网格优化”按钮，直到得到想要的面数为止。

对比一下优化前和优化后的数值，可以发现，面数从164k降到了20.5k，顶点数量从原来的164k降到了现在的10.2k。

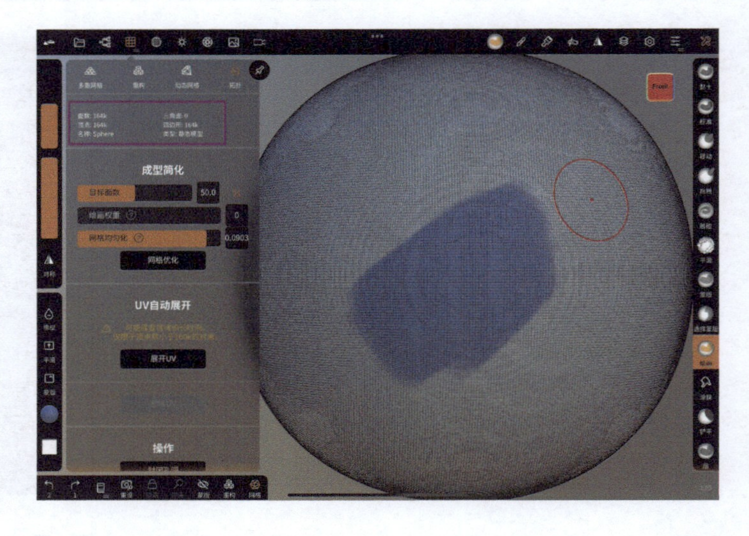

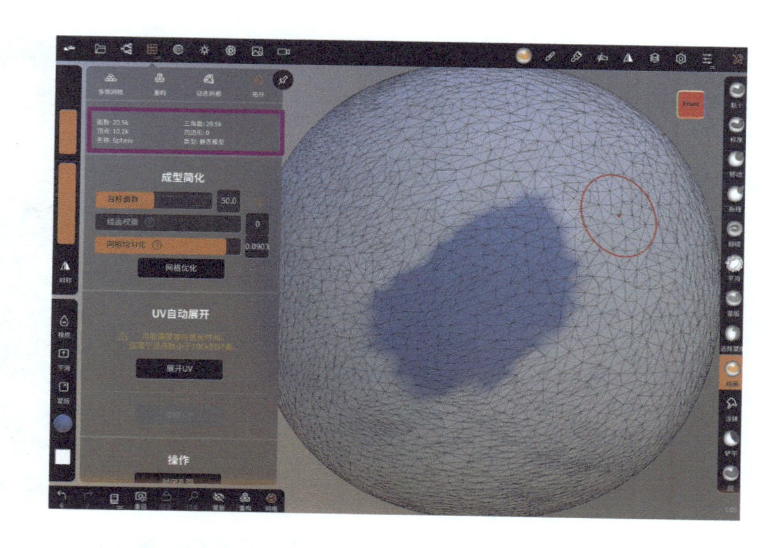

2. 绘画权重

“成型简化”界面里有一个功能叫作“绘画权重”，该功能用于在优化模型过程中，最大限度地保留绘画部分的清晰度，也就是保留绘画边缘的网格。数值越大则保留得越多。如果需要进行三维打印或者将其放到其他三维软件中作贴图，就需要把“绘画权重”的数值调整为 0。下面来对比一下开启和未开启该功能的效果。

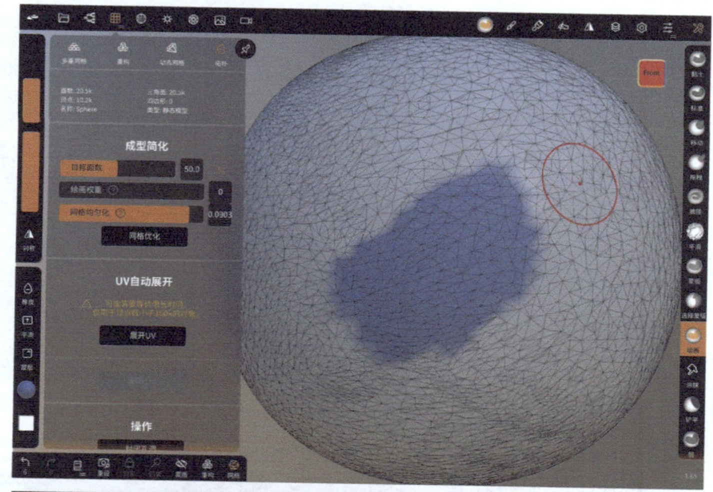

没有开启“绘画权重”功能的优化效果如右图所示。

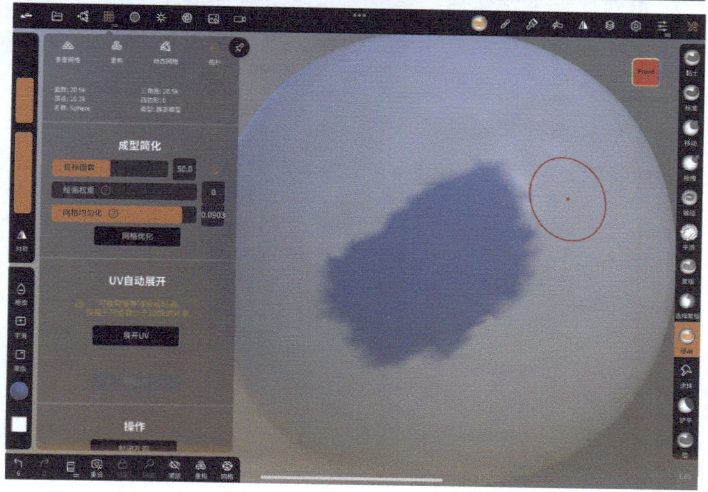

开启“绘画权重”功能后的优化效果如右图所示。

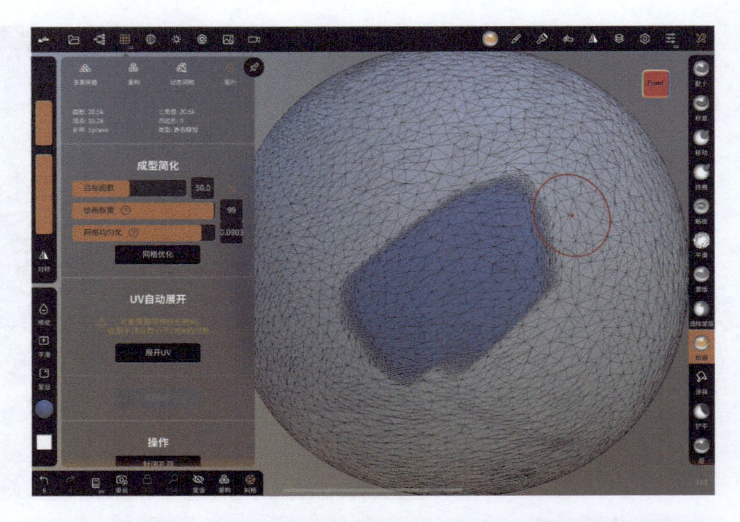

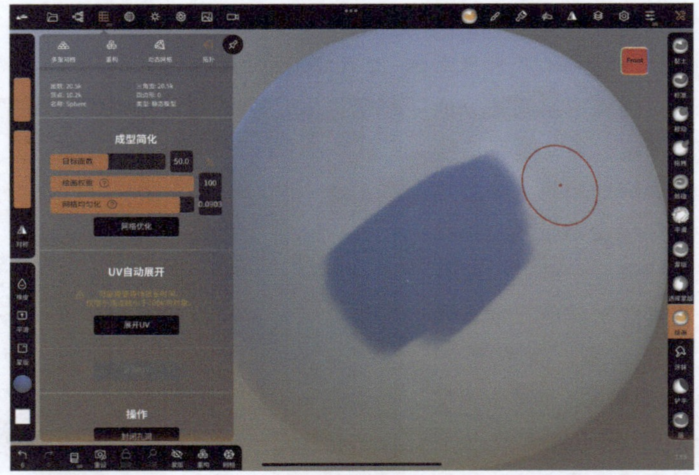

再对比一下优化后的模型和没有优化的模型，在没有显示网格的时候，仅凭肉眼是没法区分两者的。

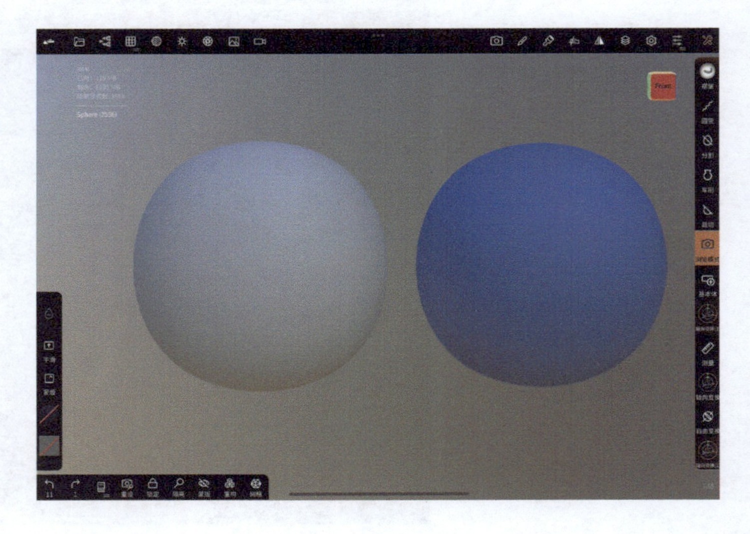

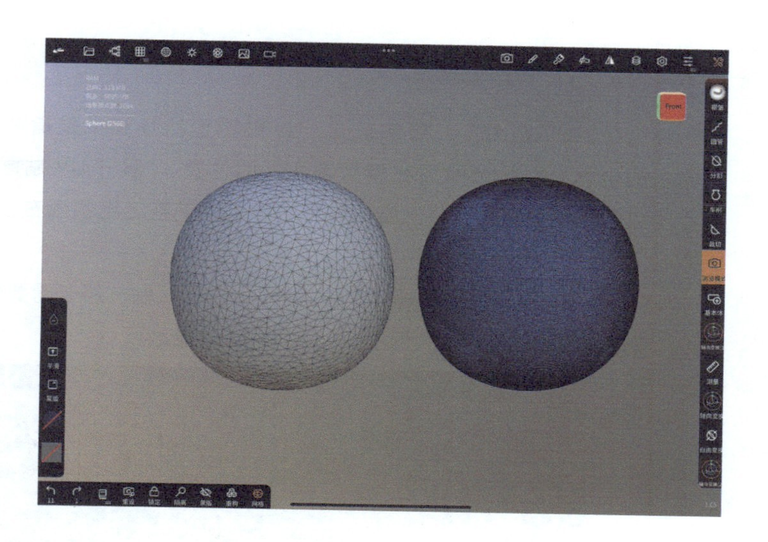

再从两个模型的相关数值来做对比，可以明显感觉到优化的效果。

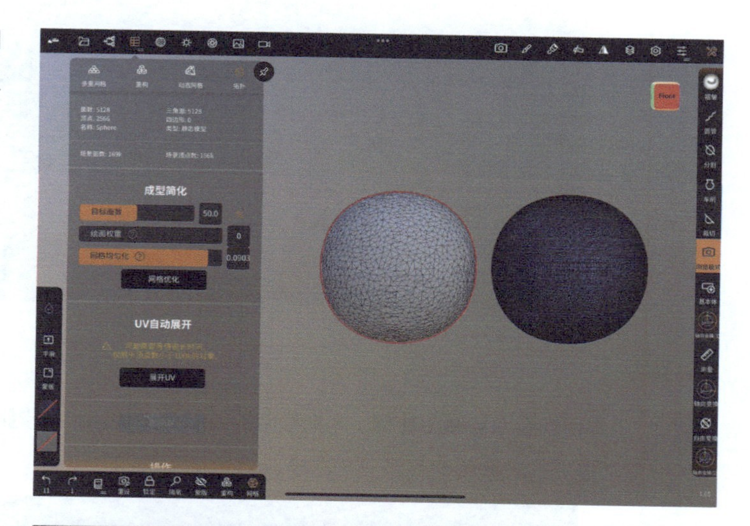

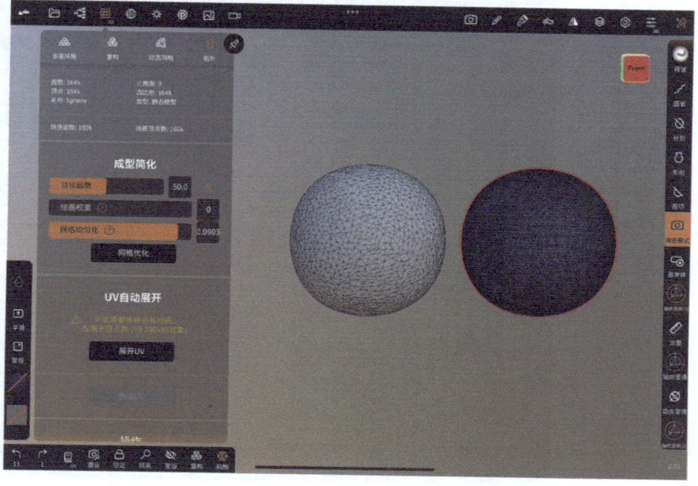

4.7.2 自动展开 UV

什么是“UV 贴图”？简单来说，UV 贴图里的 U 和 V 是指贴图在显示器水平和垂直方向上的坐标，以记录贴图在模型表面上的位置。“展开 UV 贴图”就是将模型的 UV 贴图合理地分布在画布上。将三维的贴图合理地平铺在二维的画布上的这个过程叫作“展开 UV”。

Nomad 里的模型如果要导入 Procreate 中进行绘制，那么需要使用“UV 自动展开”功能。笔者用一个人偶模型作为例子给大家讲解该功能。

◎**步骤**

01 为了方便查看 UV 贴图数据，先把模型的绘制效果关闭。在“显示设置”界面里关闭“图层绘画”功能，这时候模型就是一个白模。

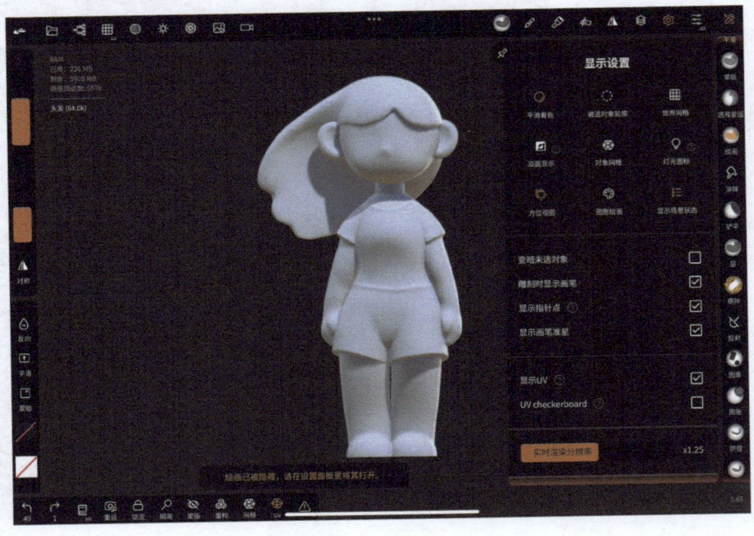

02 打开“网格”菜单里的“拓扑”子菜单，可以看到“UV自动展开”界面，其中有“展开 UV”和“删除 UV”两个功能。

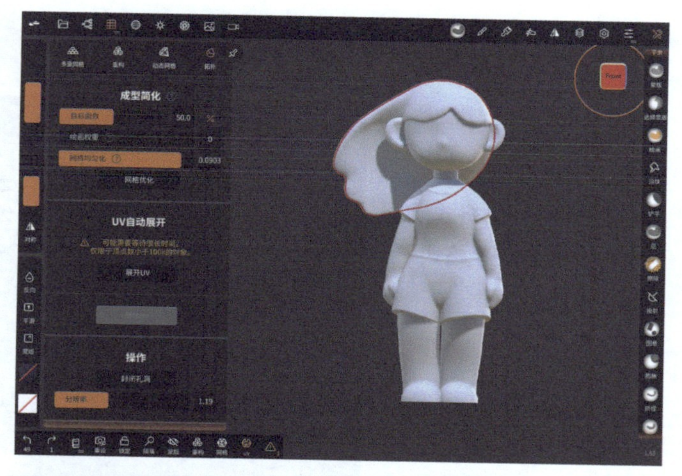

“UV 自动展开”功能仅限用于顶点数小于 100k 的对象，因此，需要在顶部的模型数据里查看模型对象是否满足要求，如果顶点数超出 100k，就需要进行网格优化。

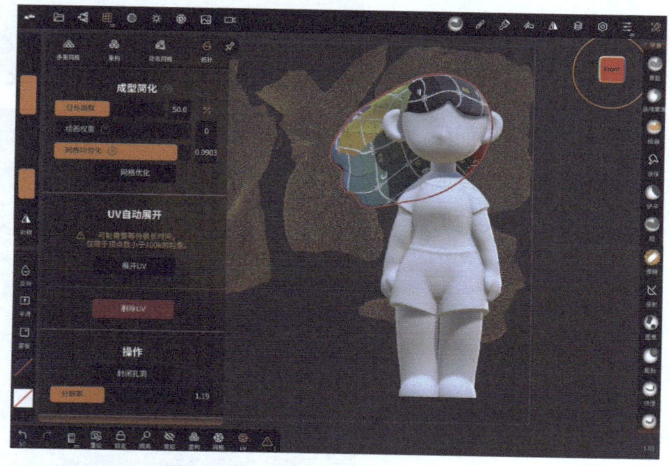

选中人偶的头发，点击“展开 UV”按钮，这时需要等待一段时间，展开完成后就可以看到右图所示的效果。

03 重复以上步骤，把所有的部分都进行“展开 UV”处理。点击底部的“UV”按钮，打开 UV 显示效果，如果要关闭 UV 显示效果，再次点击该按钮即可。检查一下，全部展开以后，模型表面会出现彩色网格状的贴图，这时就可以将模型导出到 Procreate 里绘制贴图了。

4.7.3 导入 Procreate 中绘制贴图

◎步骤

01 打开“文件”菜单，选择“obj”导出格式，并点击“导出 OBJ 格式”按钮。

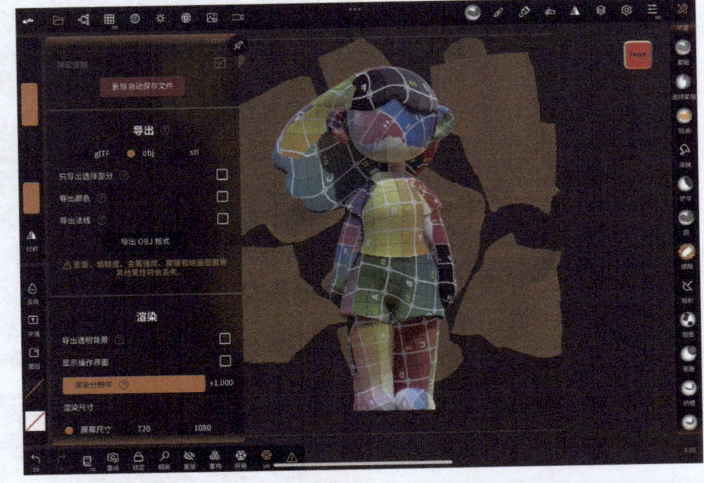

02 在打开的界面中选择存储文件的方式或者直接用Procreate打开。

03 选择直接用Procreate打开文件以后，有一个导入的过程，等待一会后便可以在Procreate文件里看到模型。

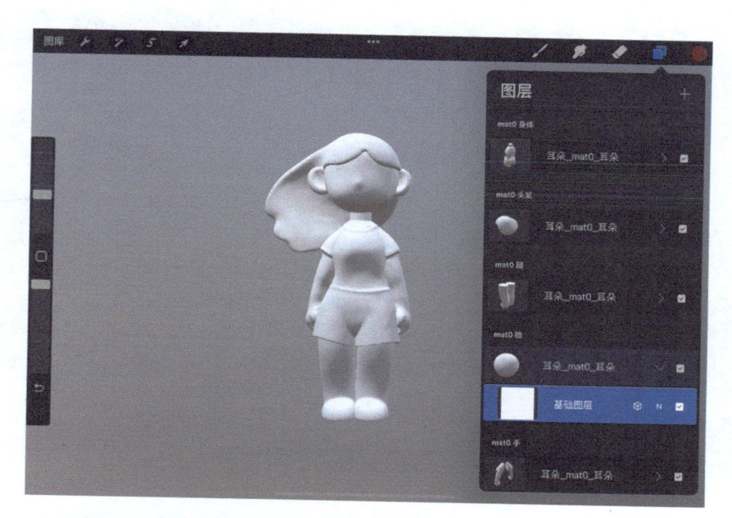

04 接下来可以像绘画一样，在模型上面绘制想要的贴图效果。选择对应的图层，可以在其上绘制颜色等。这里的绘画方式和 Procreate 本身的绘画方式是一样的，笔者这里就不过多地介绍了。

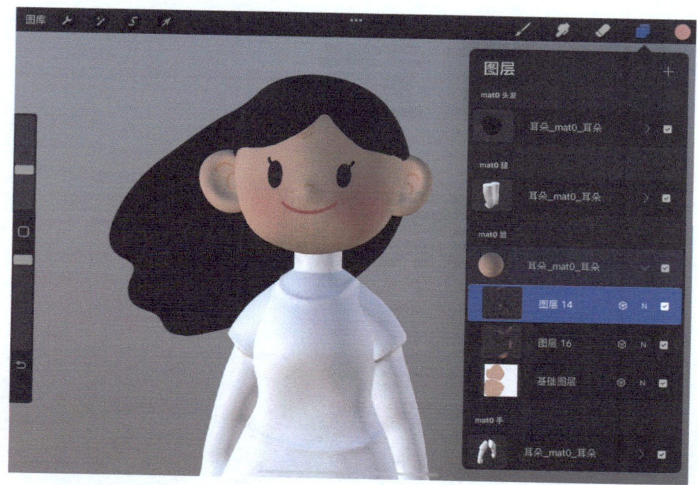

第5章

实战案例

了解 Nomad 所有的功能以后，就可以开始实战训练了。通过实战案例，我们可以熟悉 Nomad 功能，同时知道如何运用这些功能。一个简单的基本体可以创造出各种各样的形态。下面通过讲解“物件类”“人物类”两节内容，从简单到复杂，帮助读者循序渐进地掌握 Nomad 建模的知识，同时厘清建模的思路。

5.1 冰激凌

5.1.1 建模

01 绘制一幅冰激凌插画作为参考。先从平面图来分解结构，方便建模时有一个清晰的思路。下图左侧是冰激凌插画，右侧是其结构分解图，从上到下可以分解为“球体”“圆环”“圆柱”3 个基本体，只要将这几个基本体组合起来，再利用雕刻工具调整其形态，就可以做出一个可口的冰激凌。

02 把画好的冰激凌图像放到场景里作为参考图像。打开 Nomad，点击图标，打开“背景”菜单，点击“参考图像”界面中的图标，导入冰激凌图像。

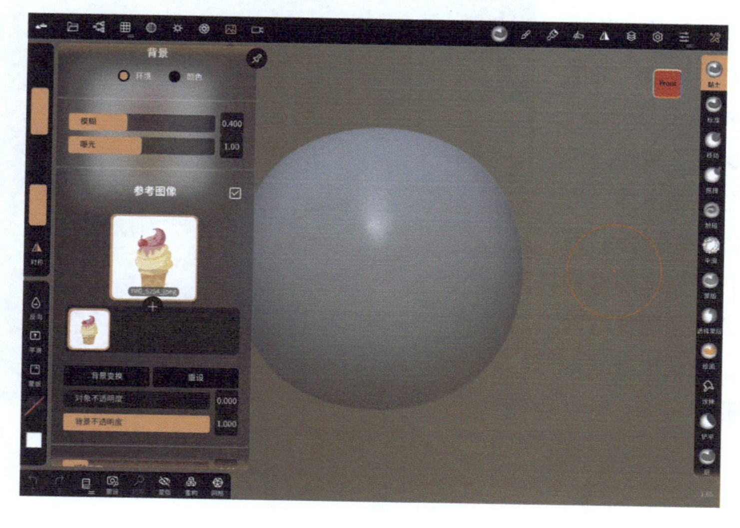

03 点击“背景变换”按钮，调整图像到合适的位置。

04 在“背景”菜单里选择“颜色”单选按钮，设置方便查看效果的灰色作为背景色（根据自己的需求设置）。

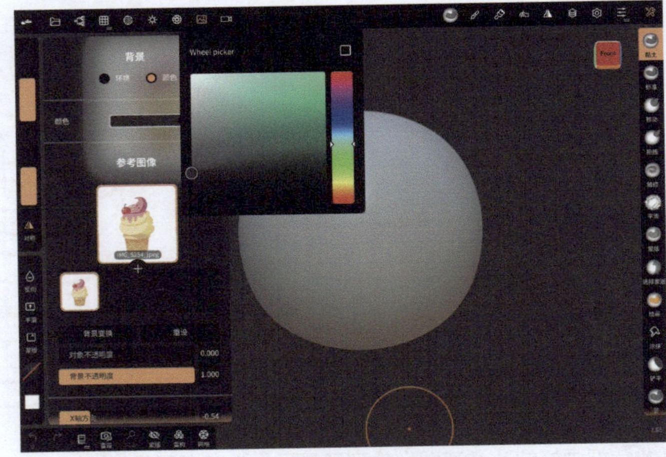

05 从冰激凌的底部开始建模，那么软件初始的球体就不需要了。在“场景”菜单中将球体删除，点击“基本体”界面里的“圆柱”按钮，新建一个“圆柱”基本体，当圆柱建好后会自动跳转到“网格”菜单。打开底部的网格显示功能，调整至想要的网格密度大小，确认以后点击“转换”按钮。

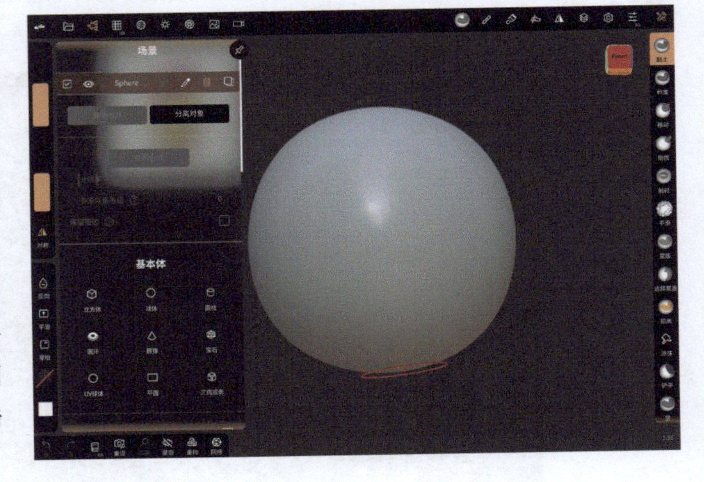

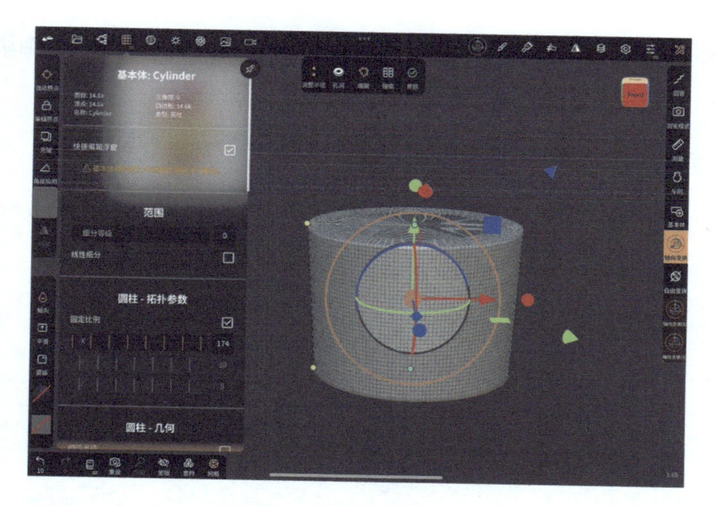

06 用同样的办法新建一个“圆柱”基本体作为底座的上半部分，调整好网格密度后，点击“转换”按钮。打开“场景”菜单，给模型重命名，这样后续模型多了以后，方便寻找想要的模型。

07 底座制作完成以后，新建一个“圆环”基本体，开始制作冰激凌主体。拖动调节点，调整圆环的大小，并使用“轴向变换”工具将圆环放到合适的位置。

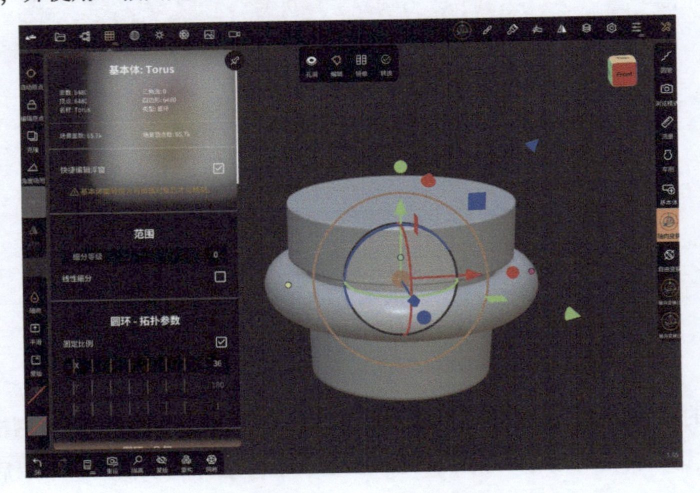

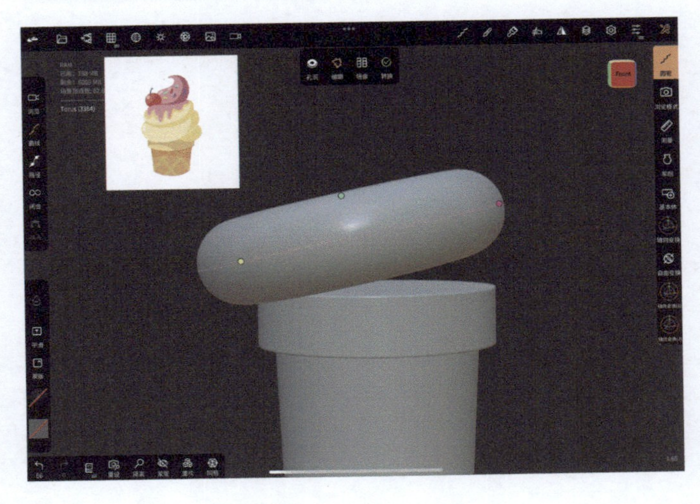

08 选择“轴向变换”工具以后，可以点击快捷栏中的“克隆”按钮，复制一个圆环来做另外一部分。调整圆环到合适的位置，确认以后点击“转换”按钮。

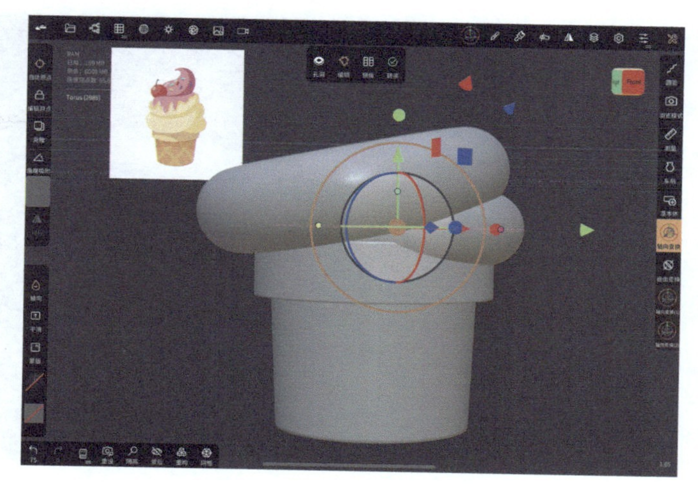

09 使用“拖拽”工具调整圆环，让它有点弧度。

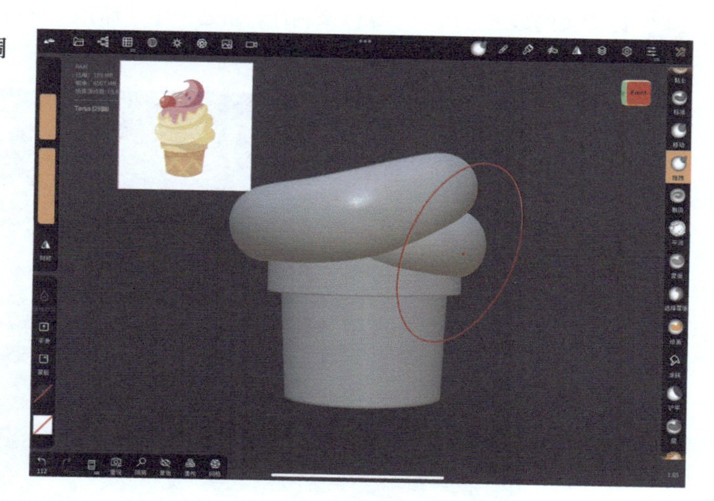

10 同样，新建一个圆环来制作冰激凌的上半部分，使用“轴向变换”工具调整其位置。

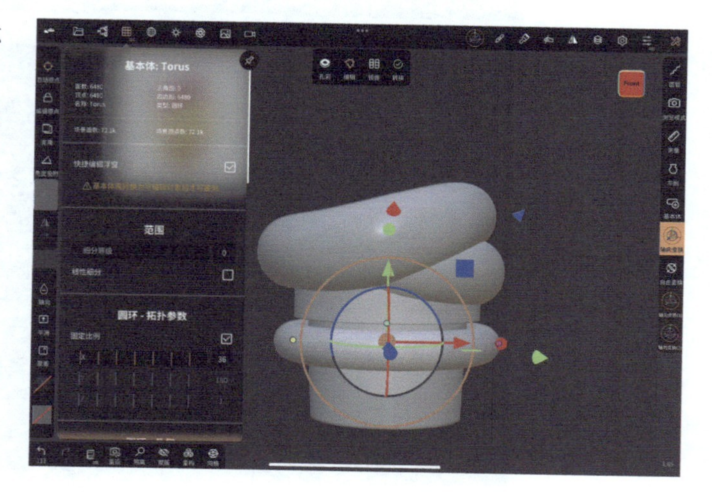

11 冰激凌的最上方用一个球体来制作。新建一个“球体”基本体，然后使用“拖拽”工具在球体的顶部拽出一个“小揪揪”。

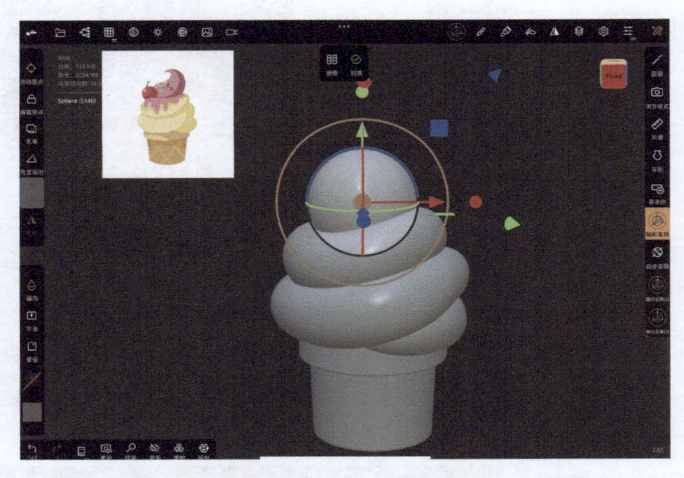

12 旋转视图，用“拖拽”工具微调形状，让模型整体更加饱满。

13 在“场景”菜单里选中冰激凌的主体，调整分辨率。这里不用将分辨率调整得太高，笔者调整到 139 左右，方便后面使用“平滑”工具平滑边缘。点击“体素合并”按钮，将选中的模型合并为一个模型。

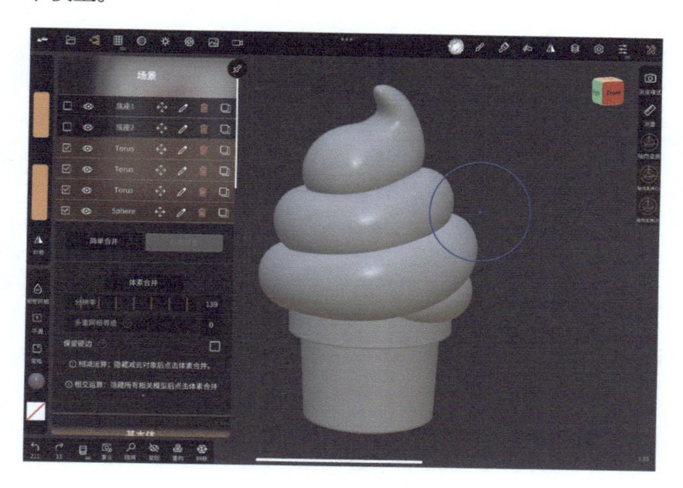

14 合并以后，模型上会出现一些衔接上的瑕疵和不光滑的地方。这时需使用“平滑”工具平滑边缘衔接部分和模型表面。

15 制作冰激凌上的果酱需要使用“蒙版”工具进行抽壳。细化模型，绘制蒙版时边缘会更加清晰。

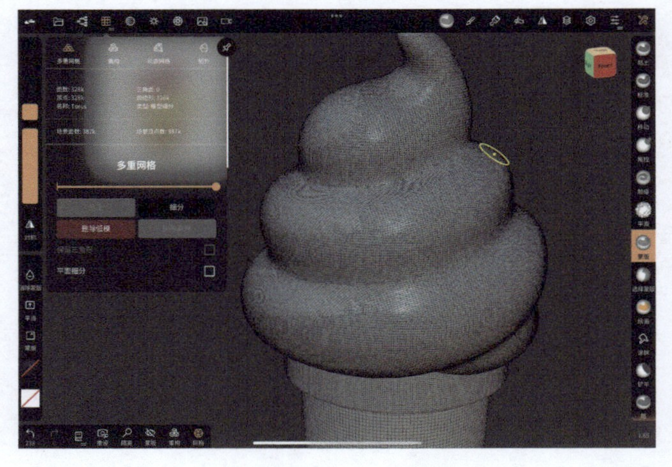

16 使用“蒙版”工具绘制果酱。

17 打开“蒙版”工具的附属菜单，调整好抽壳厚度，点击“抽壳”按钮。

18 抽壳完成以后，要把蒙版清除掉，防止后面修改或者移动模型时出错。

19 平滑果酱部分，注意，要在左侧快捷栏中把“平滑”工具的强度调低，因为果酱模型的边缘比较薄，如果强度太大，平滑时容易减去太多的模型细节。

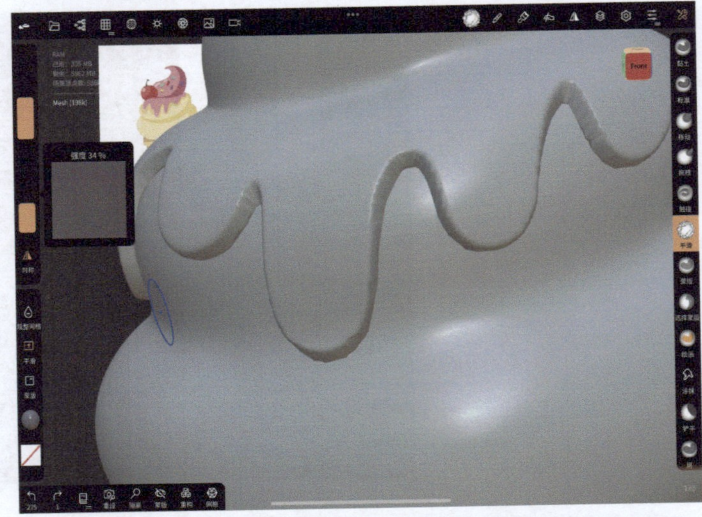

20 如果抽壳出来的模型网格数不够，也会导致平滑时丢失细节，或者边缘有马赛克。此时，可以在“网格”菜单里调高分辨率，并点击“重构”按钮来重新分布模型网格。

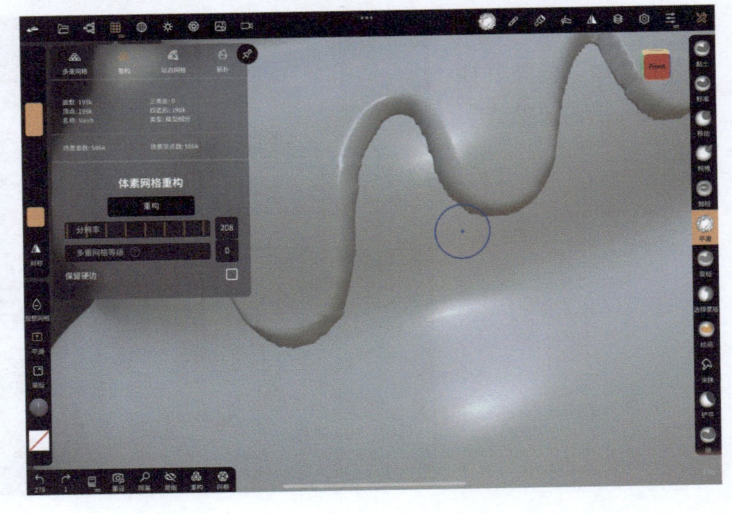

21 完成平滑以后，缩小视图，检查整体效果。

22 制作冰激凌上的樱桃。点击工具栏中的“基本体”按钮，然后点击快捷栏中的“球体”按钮，这时在需要新建模型的位置点击，就可以在该位置新建一个球体。

23 使用“轴向变换”工具调整樱桃的位置和大小。

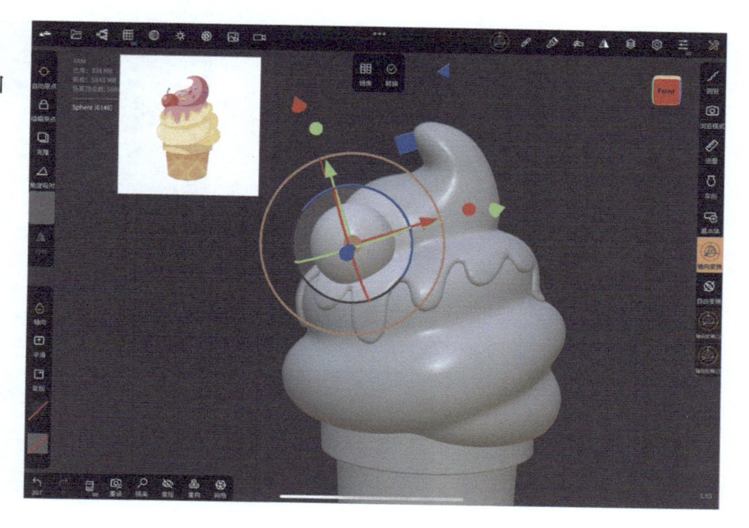

24 使用“拖拽”工具调整樱桃的大致形状，然后选择“标准”工具，在左侧快捷栏中点击“反向”按钮，在樱桃上绘制即可做出凹陷的效果。

25 制作樱桃的柄。使用“圆管”工具绘制一条线，将触控笔移开屏幕即可生成圆管，调整圆管的半径大小并将圆管放到合适的位置。

26 制作果酱上散落的糖。新建“圆柱”基本体，调节其网格密度和细分等级。

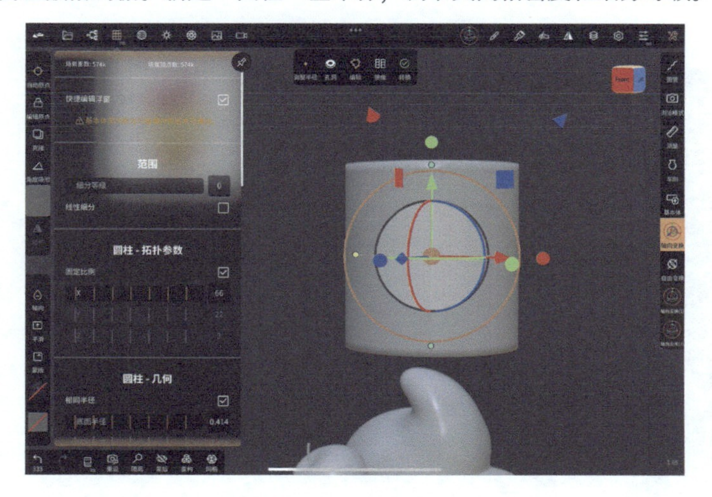

27 把“X”“Y”“Z”的数值调低，“细分等级”调整为3。这样圆柱的两头就会变得圆润。

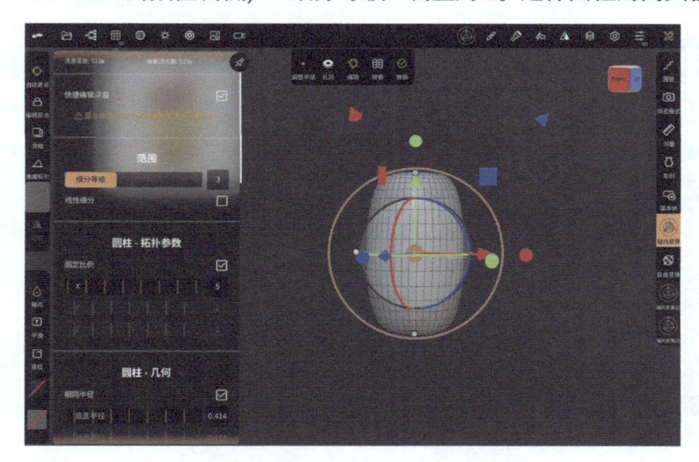

28 使用“轴向变换”工具把圆柱压扁，糖果的形状就制作好了。

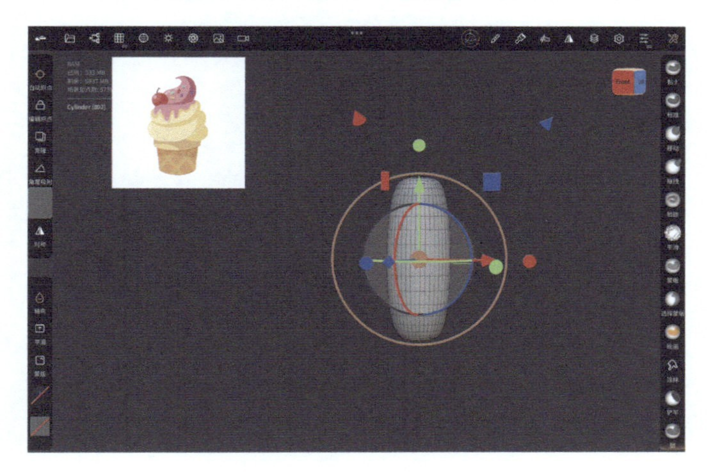

29 把糖果放在冰激凌上，再通过左侧的“克隆”按钮复制多个糖果，将它们无规律地放在冰激凌上。

30 美化冰激凌的形状。在工具栏中选择“褶皱”工具，在快捷栏中点击“反向”按钮，然后在冰激凌的表面绘制出凸起来的线条，模拟冰激凌从机器里挤出来的形状。注意，绘制方向要随着冰激凌挤出来的走向变化。

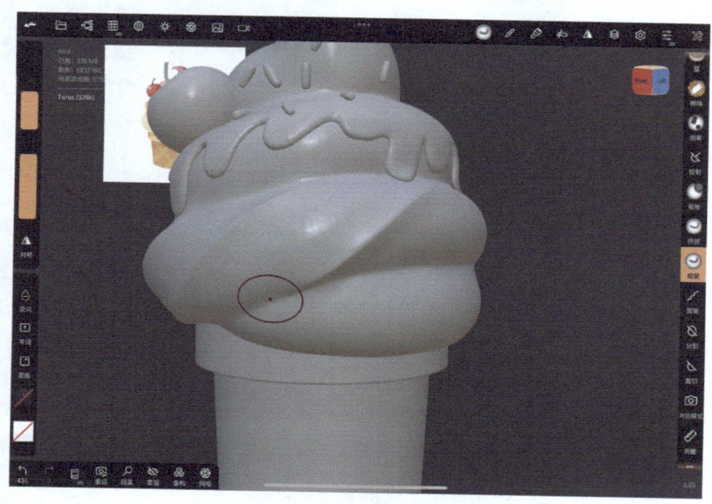

5.1.2 上色

01 给模型上色。先从底部上色。选中模型的底部，然后点击“材质球”并选择土黄色，把材质的金属强度调低、粗糙度调高，再点击“全部上色”按钮。

02 给冰激凌的主体上色。选择黄色，调低金属强度，粗糙度也可以调低一点，让主体有点反光的效果。顶部的果酱用玫红色，樱桃用红色，设置同样的金属强度和粗糙度，点击“全部上色”按钮。

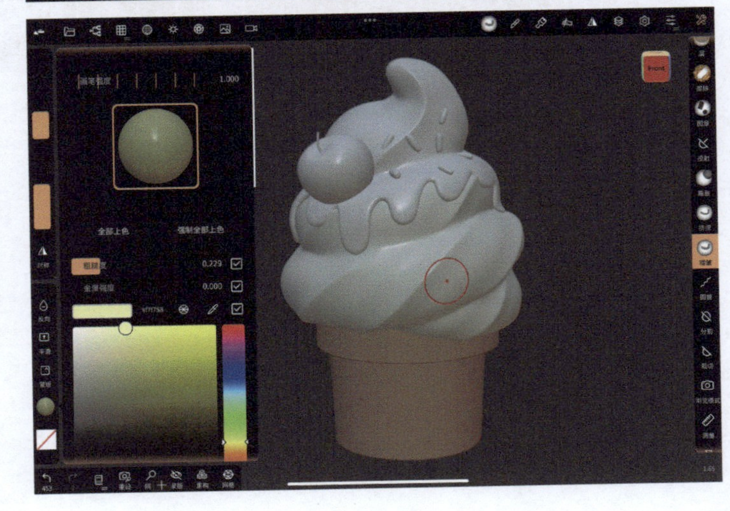

03 果酱上的糖果用不同的颜色，这里可以选择比较跳跃的颜色。

04 在果酱模型上新建一个图层，给它添加一层渐变色。

05 将笔刷调整为类似“喷枪”的效果。打开压感设置菜单，在“强度”界面中选择“预设”单选按钮，并选择第二排中的第一个预设，这样设置就可以模拟“喷枪”的效果，轻轻地刷冰激凌顶部以丰富细节。

06 用同样的办法在底部刷一层淡淡的过渡色。

07 丰富一下画面，使用“蒙版”工具在底座上绘制眼睛和嘴巴，让画面更加生动、可爱。然后打开“蒙版”工具附属菜单，设置合适的抽壳厚度，点击“凹印”按钮让绘制的眼睛和嘴巴凹陷下去，这样更富有立体感。

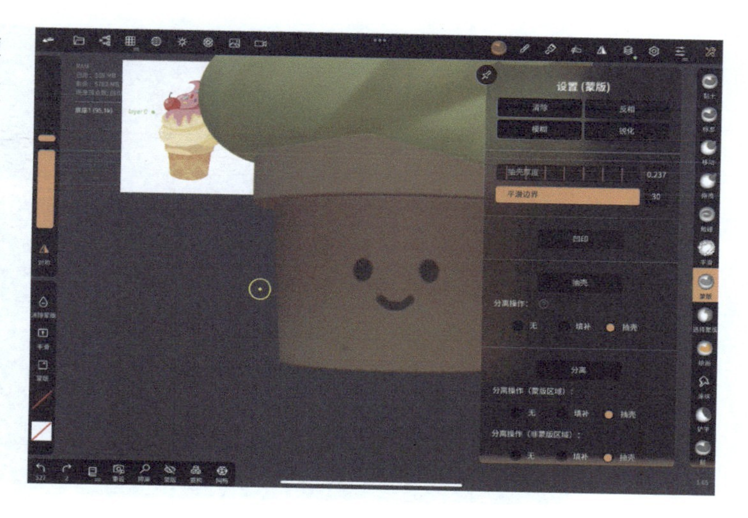

08 凹印以后会单独生成一个模型，只要删除凹印部分，就可以看到效果。

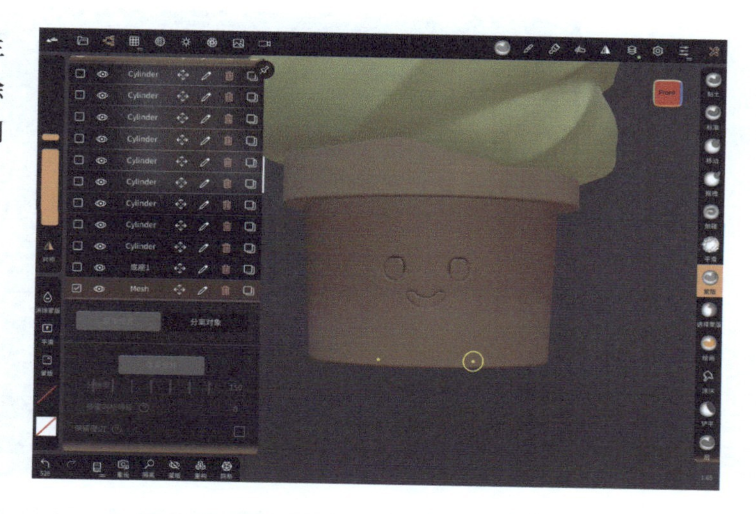

09 注意，这里出现的深色部分是之前绘制的蒙版。点击快捷栏里的“反相”按钮，可以将蒙版反相到脸部。这时就可以在眼睛和嘴巴上绘制颜色了。绘制完成以后，清除蒙版。

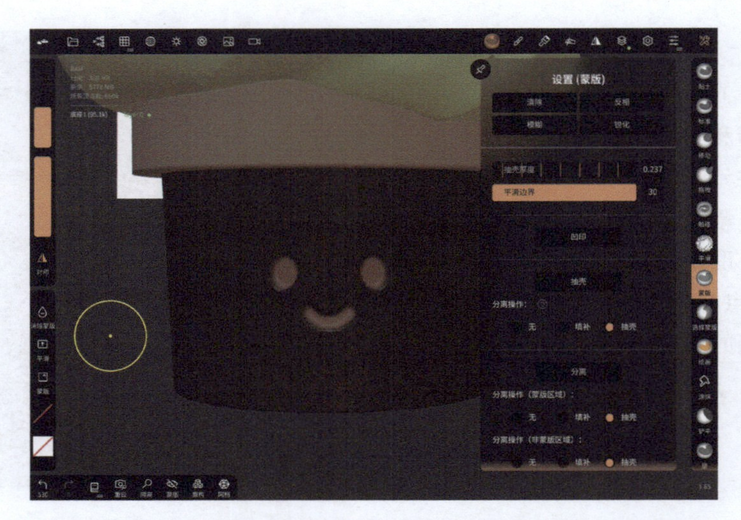
设置（蒙版）
0.237
平滑边界
30
分离操作：
分离
分离操作（蒙版区域）：
分离操作（非蒙版区域）：

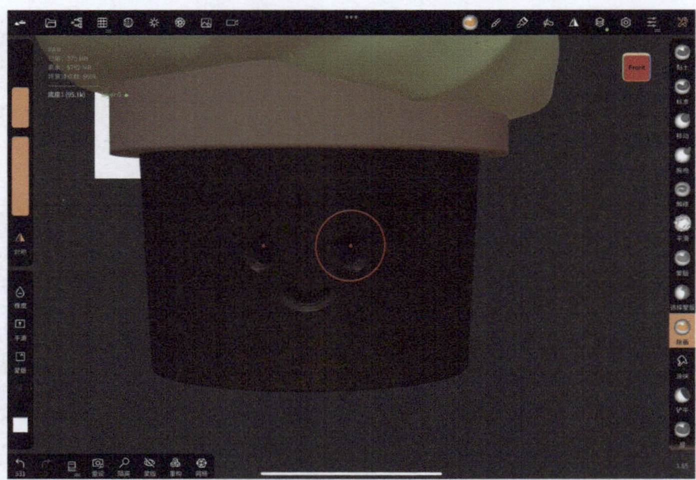
Front

Front

10 为底座上的脸部添加腮红，模型制作和上色完的效果如右图所示。

11 打光。点击图标，在打开的菜单中选择一个合适的HDRI。这里读者可以按照自己的喜好，把背景显示模式改为“环境”。

12 点击“添加灯光”按钮，给模型打上光，笔者在这里打了3个光，分别是两个平行光和一个聚光灯。平行光用于照射冰激凌主体和底部，聚光灯用于让冰激凌看起来更加通透。

提示

这里大家可以反复调整灯光位置，做出自己喜欢的光线效果，没有固定搭配。

13 灯光设置完成以后，打开“后期处理”菜单来对模型进行实时渲染。勾选“后期处理”复选框，然后勾选“效果质量”下的“最大采样值”和“最大实时分辨率”复选框，接着勾选“屏幕空间反射（SSR）”复选框。“环境光遮蔽（AO）”界面中的参数调整如下图所示，大家可以参考一下。

14 其他选项用于调整风格，读者可根据自己的需求来选择，笔者只勾选了“色彩偏移”和“噪点”复选框，以模拟胶片效果。

15 最终完成的效果如下图所示。

5.2 太空枪

5.2.1 建模

01 绘制一幅太空枪插画作为参考，太空枪的结构分解平面图如下，方便我们理解其基础结构，有一个清晰的建模思路。下图左侧为笔者绘制的插画，右侧是结构分解图，从左往右可以分解为球体、圆柱、球体及几个立方体。不规则的形状使用雕刻工具调整即可。

02 打开 Nomad，打开“背景”菜单，在“参考图像”界面里点击图标，将绘制好的插画添加进去作为参考图像。点击“背景变换”按钮后可调整参考图像的位置。

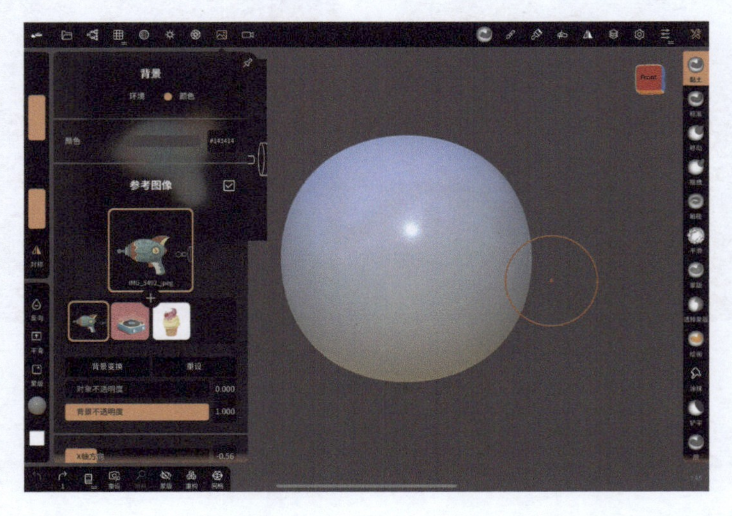

03 从太空枪的主体部分开始制作。主体部分可以使用“车削”工具来制作。打开“相机”菜单，将视图改为“正交视图”，避免在绘制车削线条时，因为透视关系而产生误差。

04 在工具栏中选择“车削”工具。这时界面中会出现一条对称线，在其左侧绘制，将触控笔移开屏幕后会出现对称的形状。枪体的形状类似“蛋”，需要通过调节点调整出大致形状。

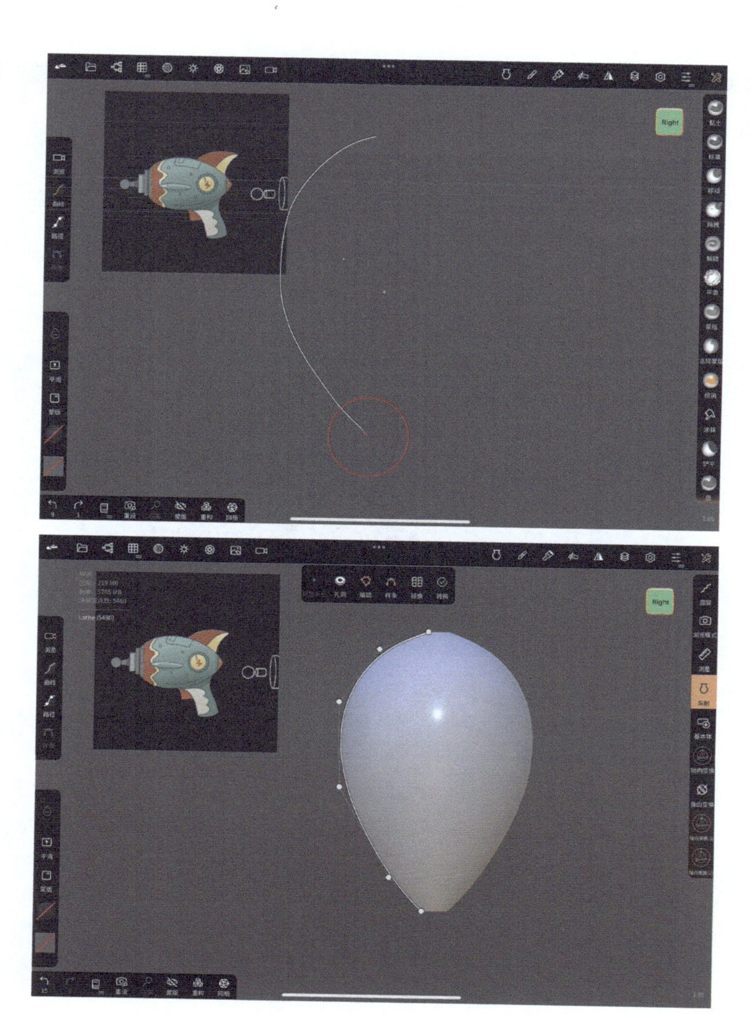

05 形状调整完以后，选择“轴向变换”工具，点击快捷栏中的“角度吸附”按钮，在下面的数值框里输入 90，然后旋转主体。

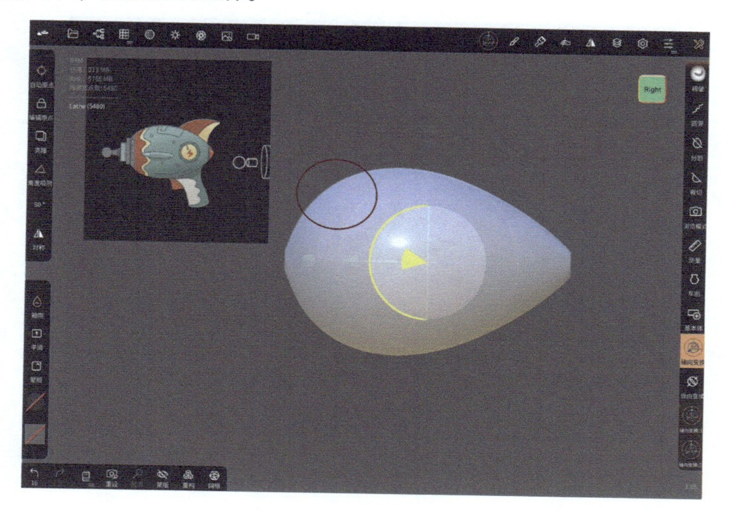

06 制作枪头，枪头由两个圆柱组合而成。新建一个“圆柱”基本体，然后调整好网格密度，将圆柱旋转并移动到合适的位置，点击“转换”按钮。

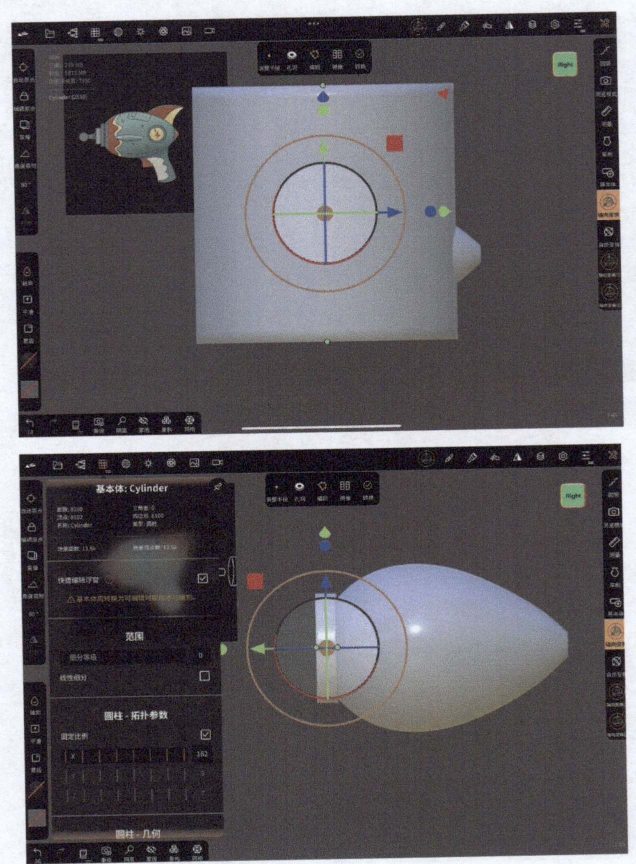

07 选择圆柱，点击“克隆”按钮，然后用“轴向变换”工具将克隆得到的模型移动到合适的位置并调整其大小。

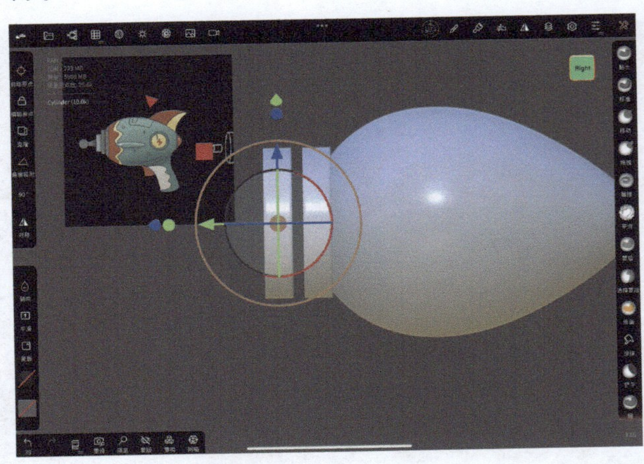

08 为了方便修改模型细节或者对称位置，将原来的 x 轴对称改为 y 轴对称，这样模型就是上下对称体，开启“对称”功能以后，调整主体上半部分，下半部分也会跟着改变。

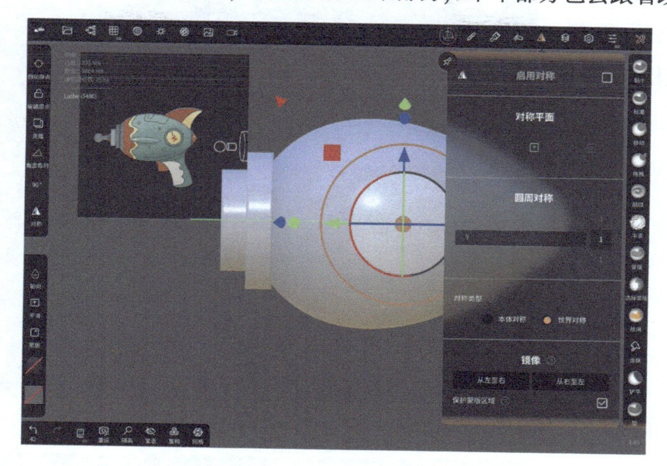

09 制作枪尾的小部件，从平面图看它是一个“圆锥”基本体。新建一个“圆锥”基本体，然后将固定比例调低，将“细分等级”调为 2，这样新建的圆锥就是圆角形的。

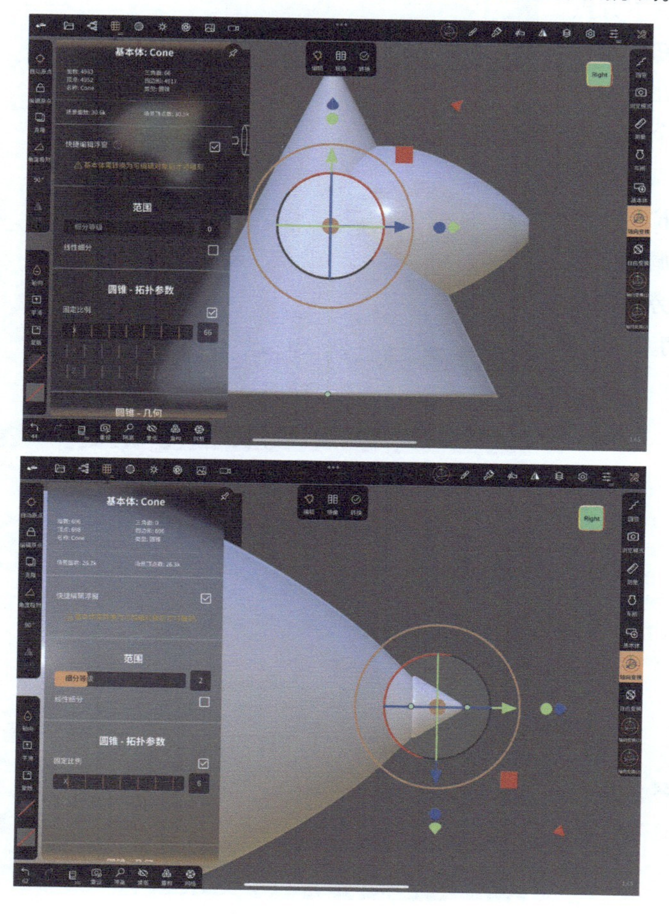

10 制作尾翼，从平面图看它是不规则的形状。新建一个“立方体”基本体，调整其位置和厚度。

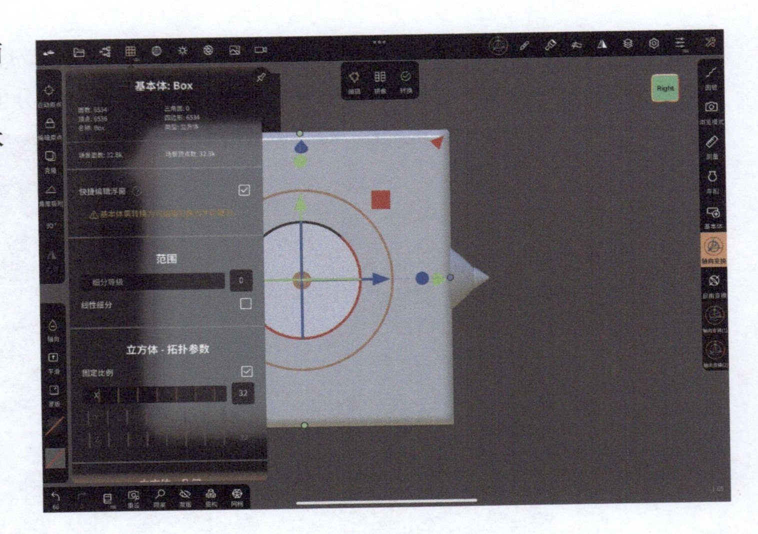

11 选择“裁切”工具，在快捷栏中选择“多边形”工具，在其下方点击“翻转”按钮，然后用点击的方式在立方体上勾勒出有3个顶点的多边形选区，点击线条可增加顶点。拉出一个尾翼的形状，调整好形状以后，点击旁边的绿色圆点确定裁切。

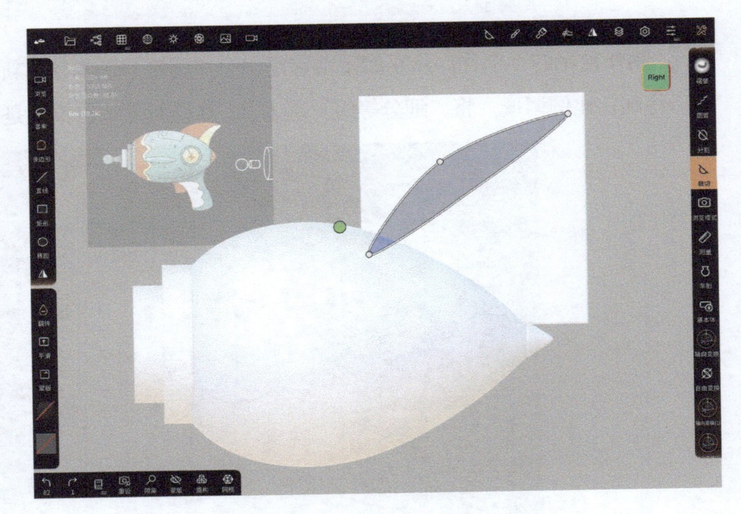

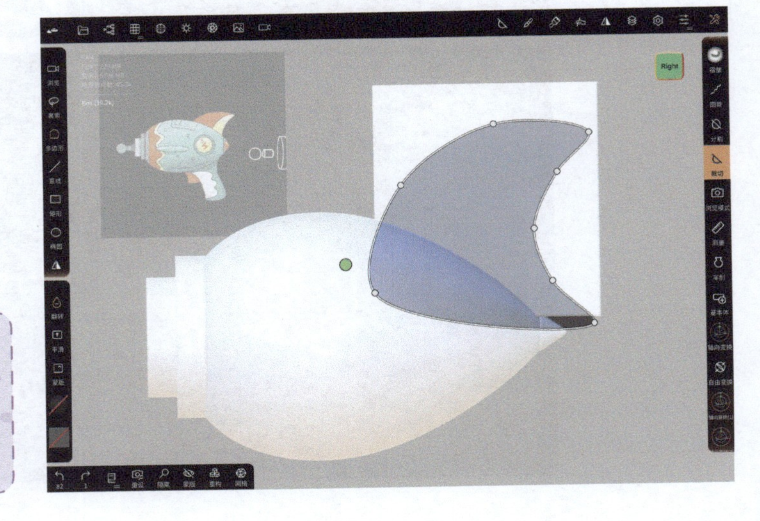

提示

裁切的模型网格大小决定了裁切边缘的清晰度。

12 在确定好的形状上使用“平滑”工具平滑边缘。

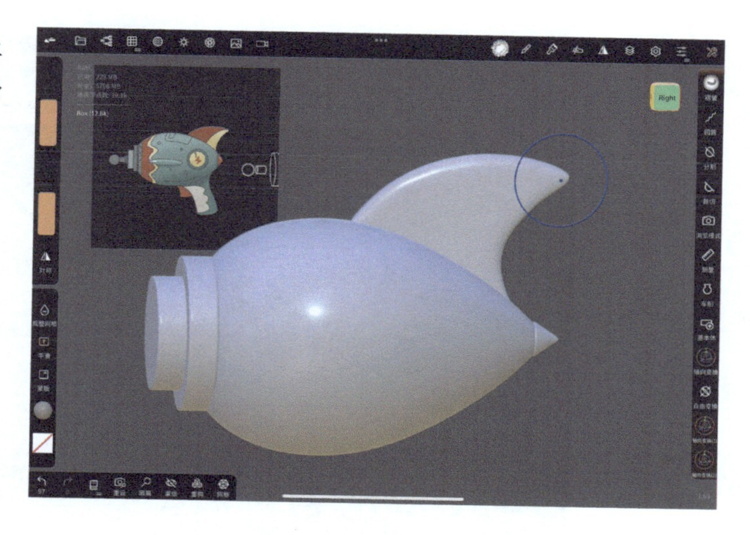

13 制作枪头的形状，可以用“车削”工具配合“球体”来制作。首先使用“车削”工具绘制形状，然后调整其顶点。

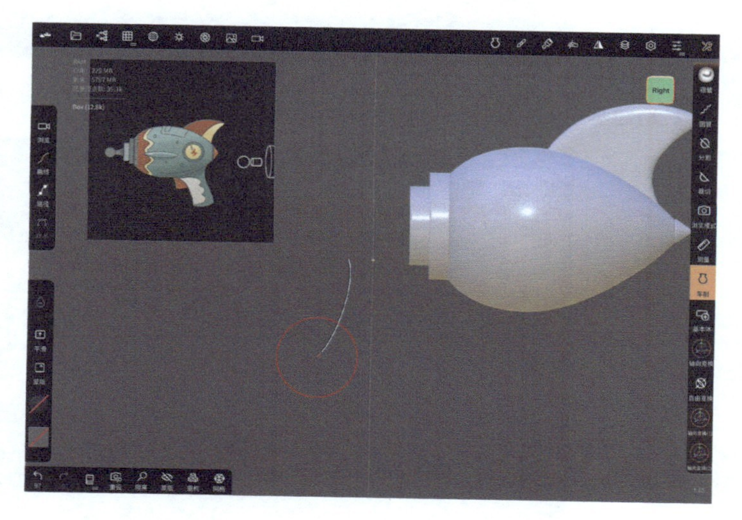

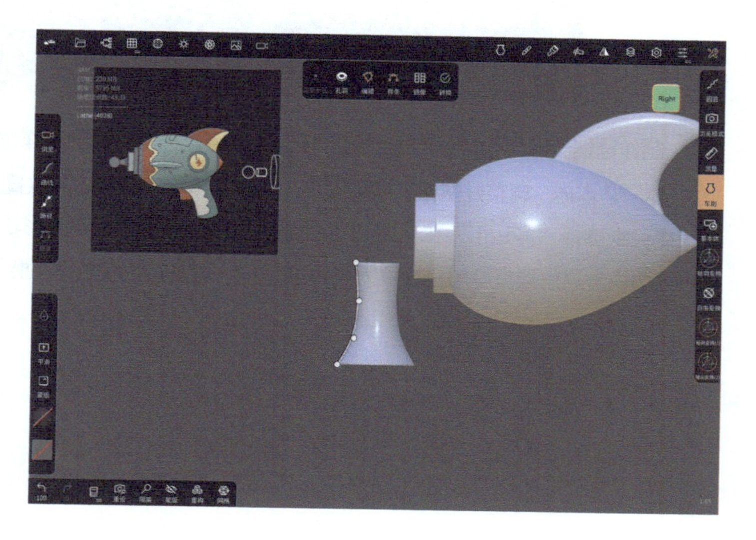

14 选择“轴向变换”工具，点击快捷栏中的“角度吸附”按钮，旋转并移动模型到合适的位置，点击“转换”按钮。

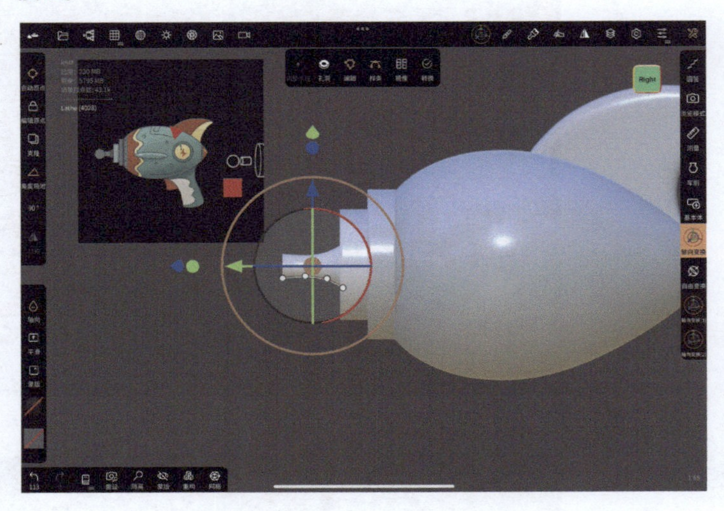

15 新建基本体“球体”来制作前端的形状。

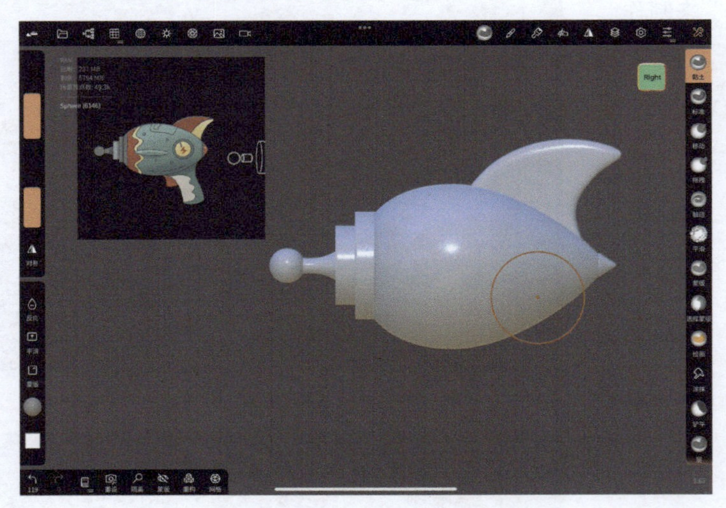

16 制作枪柄。因为枪柄是不规则的形状，所以可以按照尾翼的制作方式来制作。首先新建一个“立方体”基本体，调整好网格密度和大小，将立方体移动到合适的位置。然后选择“裁切”工具，在快捷栏中选择“多边形”工具并点击“翻转”按钮，画出想要的形状。注意，点击白色顶点可以将其切换为黑色顶点（黑色顶点为直角顶点），确定以后点击“转换”按钮。

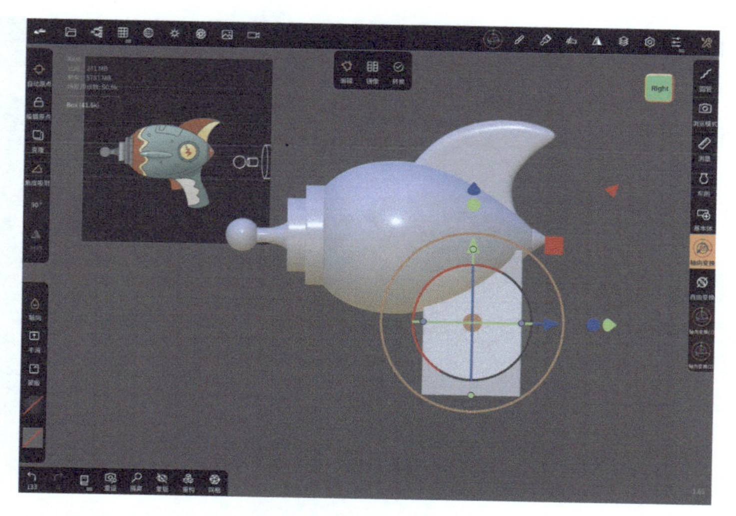

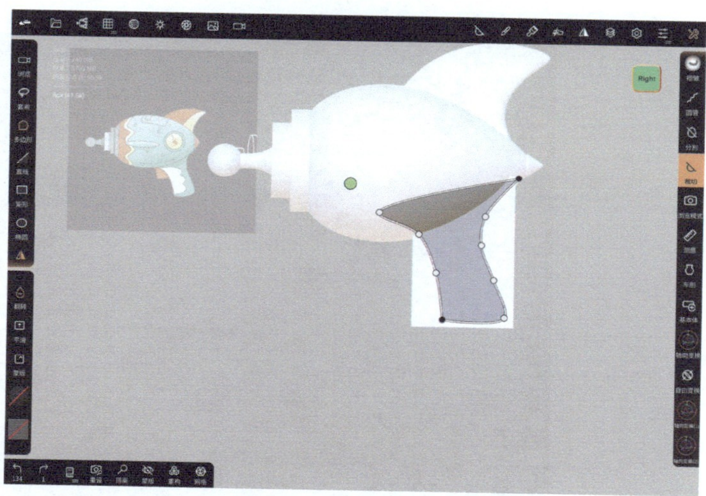

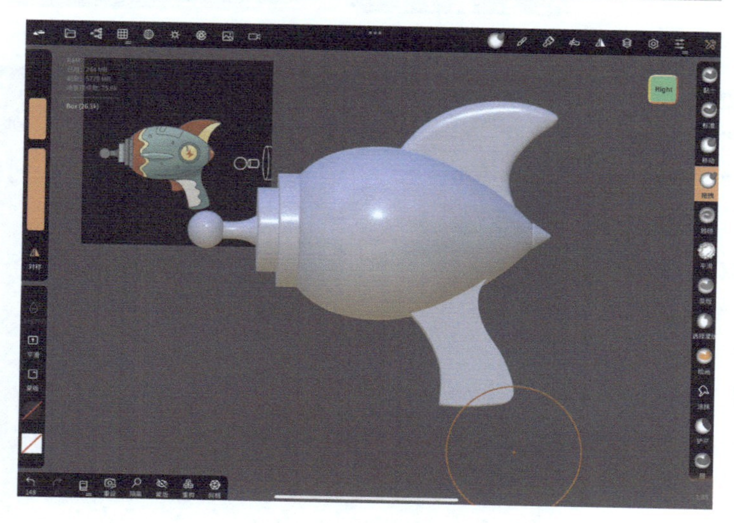

17 使用“拖拽”工具调整枪柄的大致形状，并使用“平滑”工具平滑其边缘。

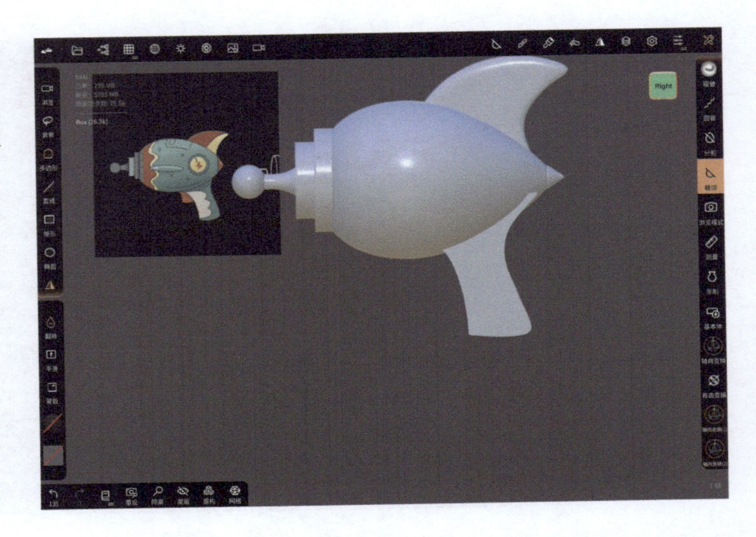

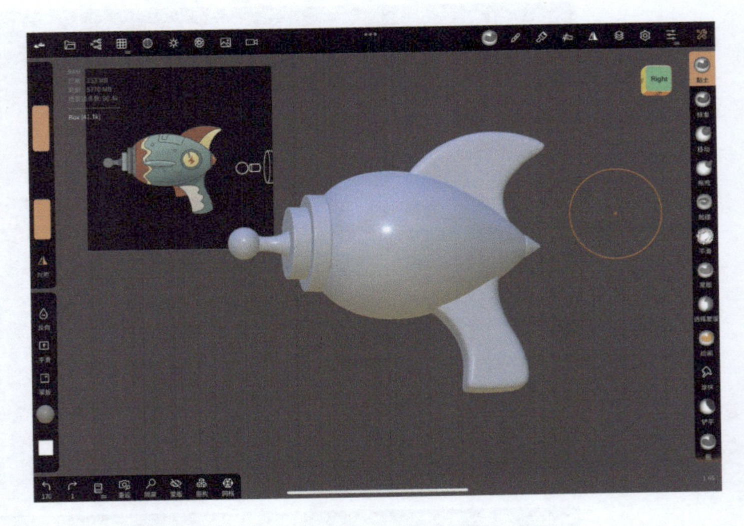

18 制作扳机。新建一个“立方体”基本体，选择“裁切”工具，然后在快捷栏中选择“套索”工具，取消“翻转”功能，在想要裁切的地方绘制曲线。裁切完成以后，使用“平滑”工具平滑边缘。

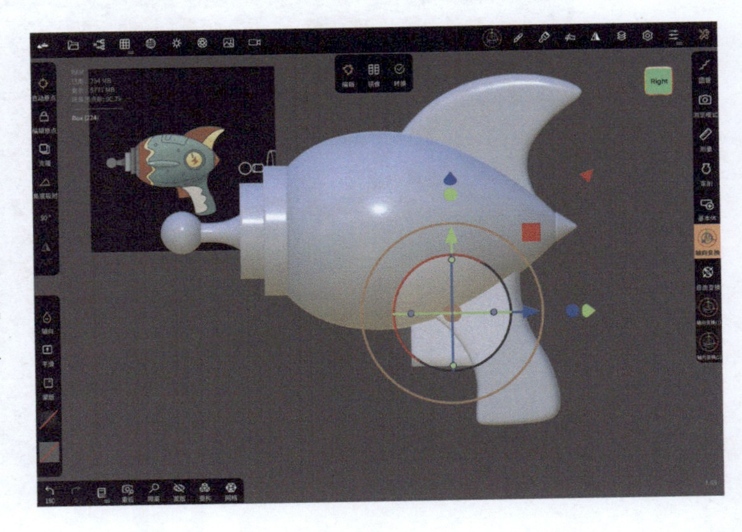

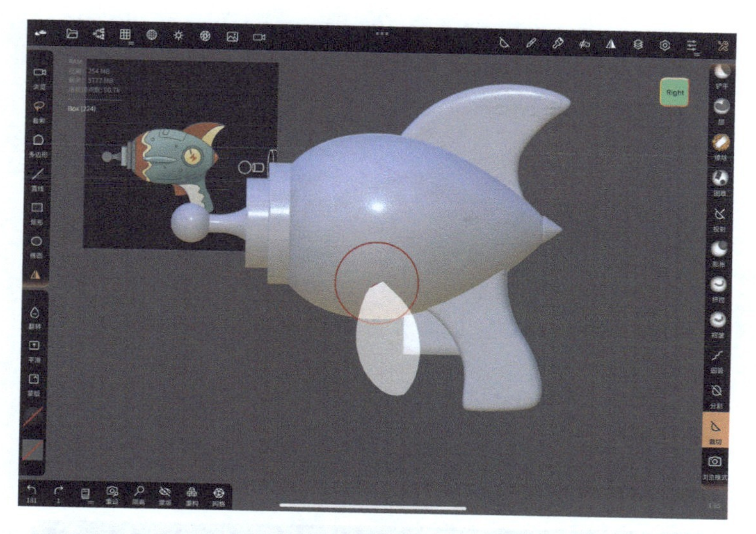

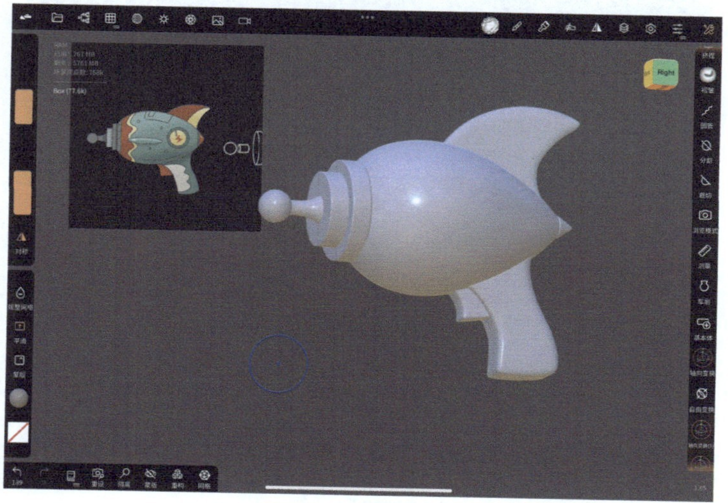

19 制作枪体两边的装饰。点击工具栏中的“基本体”按钮，在快捷栏中点击“球体”按钮，点击想要添加装饰的位置，生成一个球体。因为两侧的模型是相同的，所以可以点击“镜像”按钮将模型对称。使用“轴向变换”工具压缩模型。

提示

笔者所绘制的模型中，右视图为枪体正面，需要把对称轴改为 x 轴。在“对称”菜单中勾选“高级设置”界面中的“显示线条”复选框，就能够看到模型的对称线。

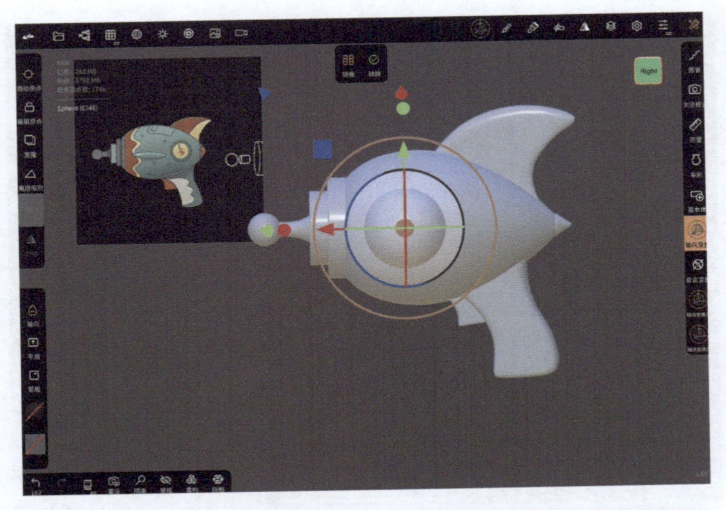

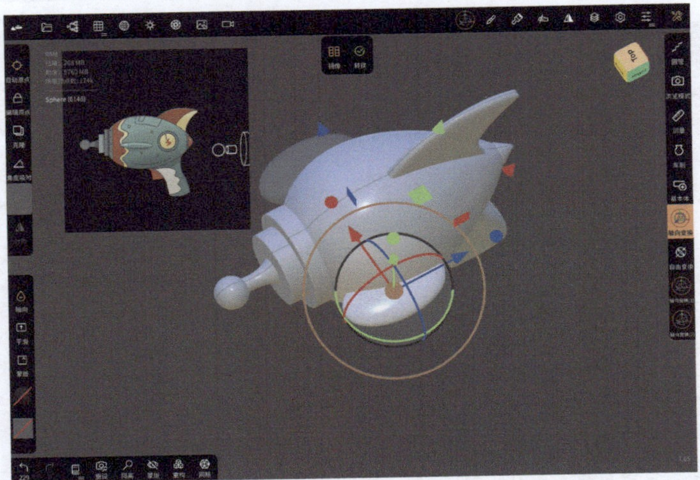

20 把模型放到合适的位置，然后点击“转换”按钮。

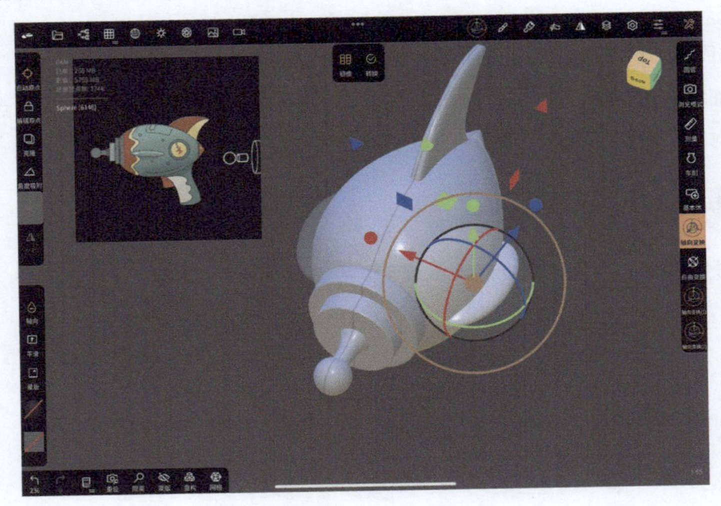

21 枪体上的按钮由两个圆柱组成，制作方式与步骤 19 类似，这里就不重复介绍了。

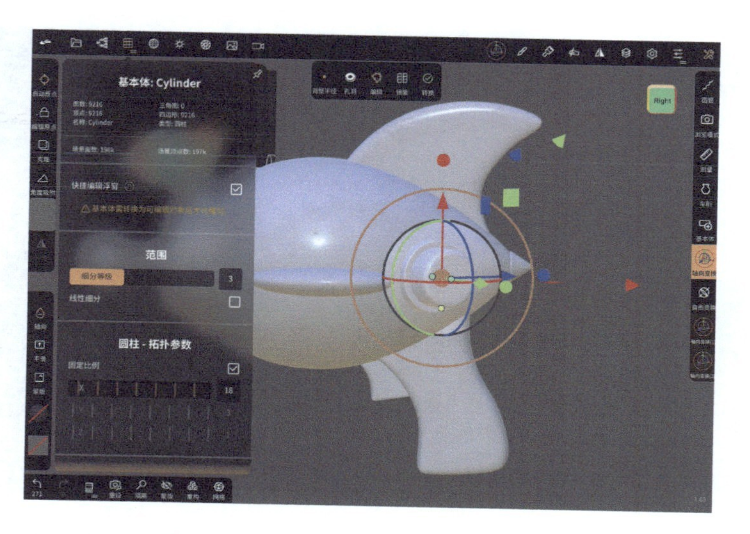

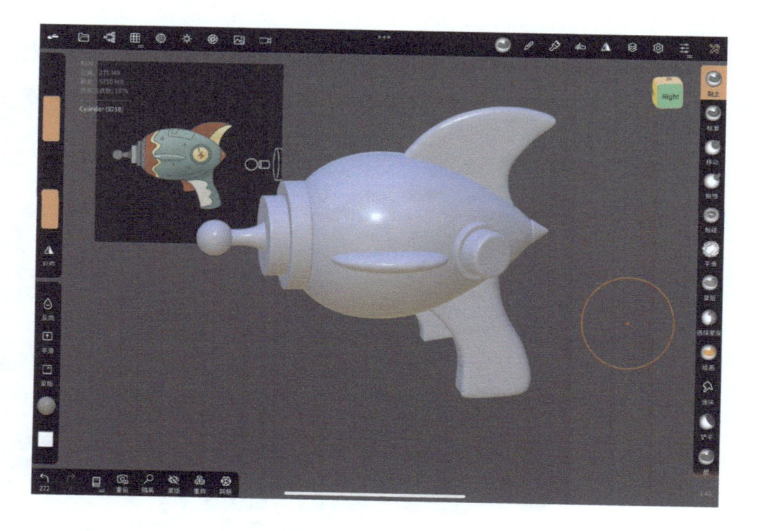

22 至此太空枪模型就制作完成了。接下来把“枪身”和“枪柄”体素合并，以更好地呈现整体效果。在“场景”菜单中选择需要合并的两个模型，调整好分辨率，点击“体素合并”按钮，并平滑模型边缘。

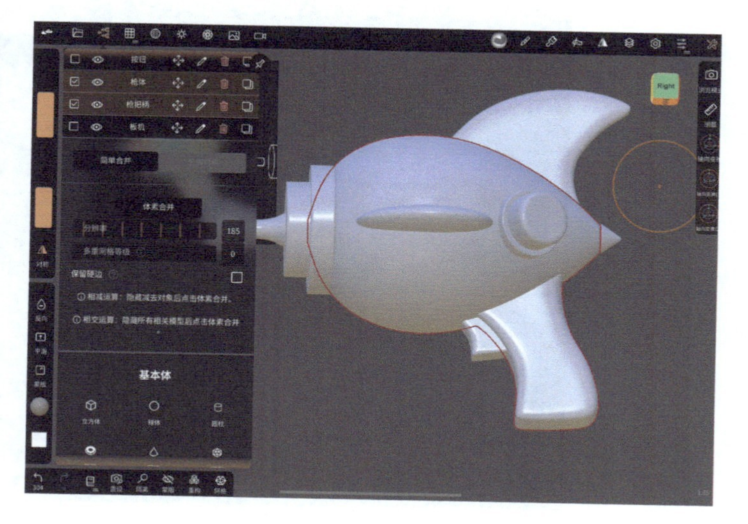

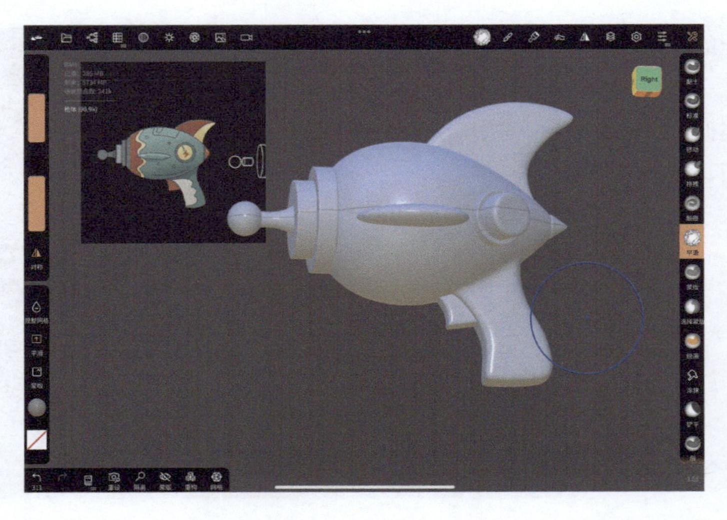

23 主体制作完成以后，制作细节部分。使用“蒙版”工具绘制枪柄的纹理，然后调整抽壳厚度并点击“凹印”按钮。这时凹印部分会生成一个模型，把它删除并平滑相关边缘。

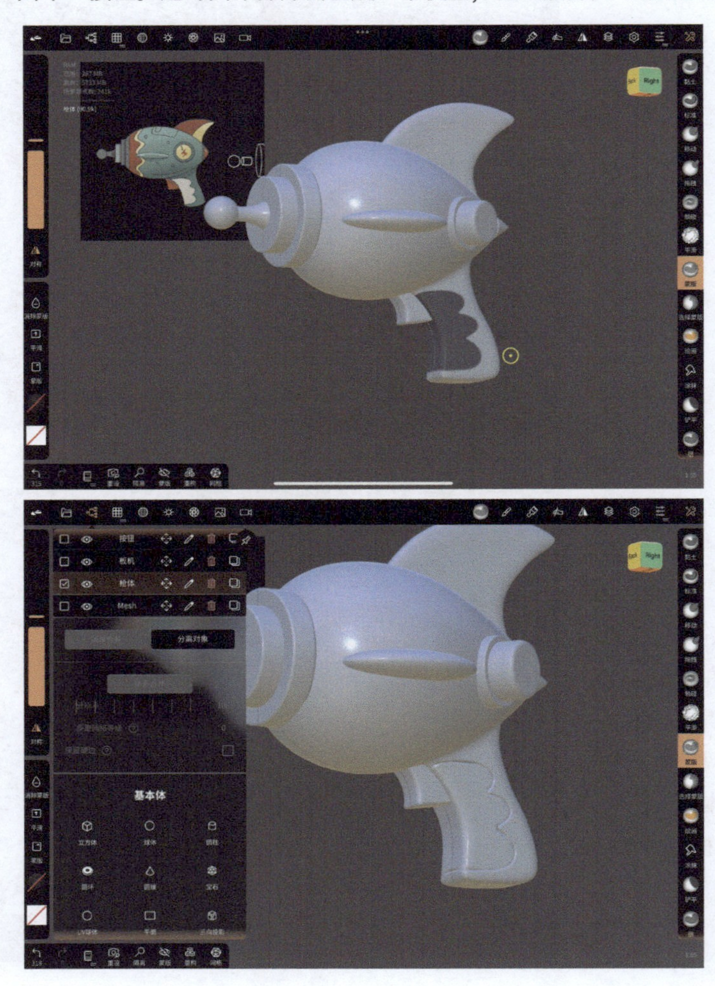

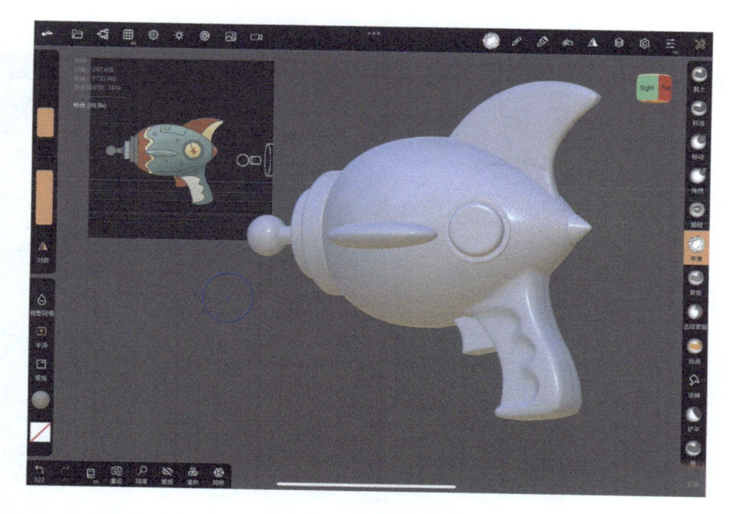

24 使用同样的办法绘制其他细节。

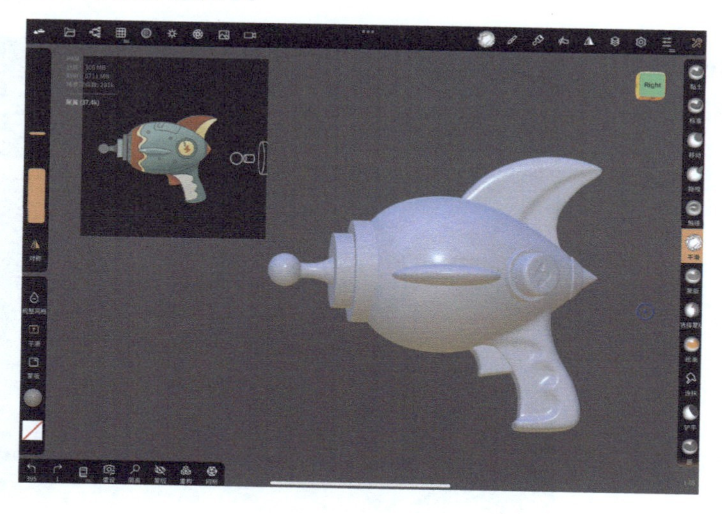

5.2.2 上色

01 选择主体部分，选择青色，然后把金属强度调高，模拟金属枪身与枪柄的效果。

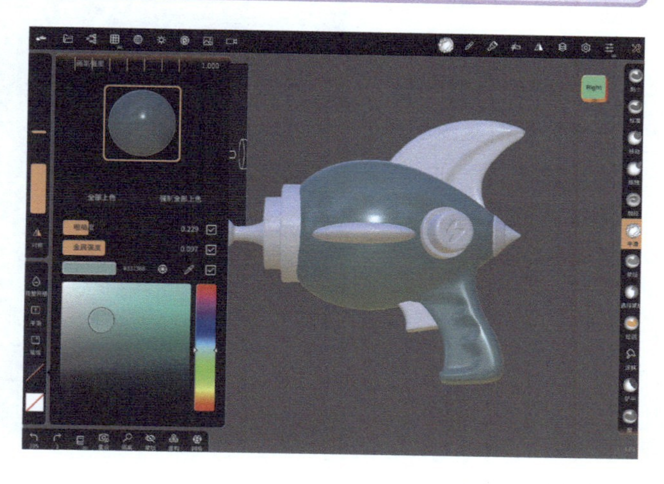

02 选择蓝色，为枪柄两侧上色。

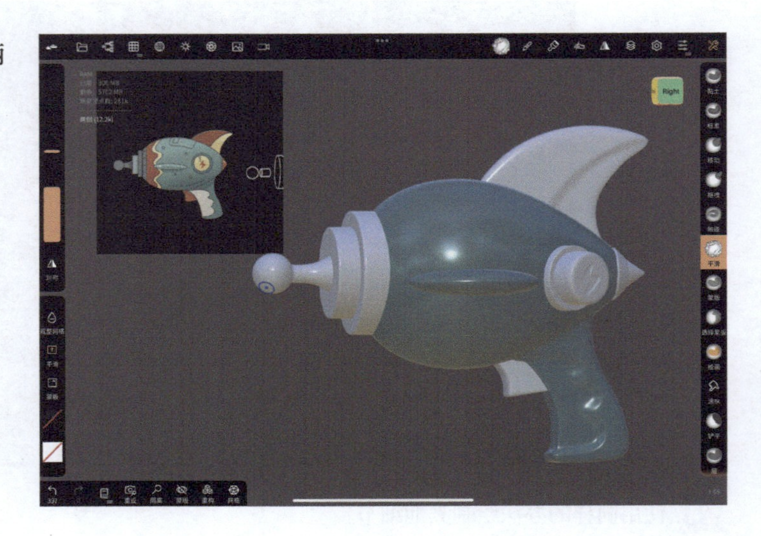

03 在主体模型上新建一个图层并绘制花纹。

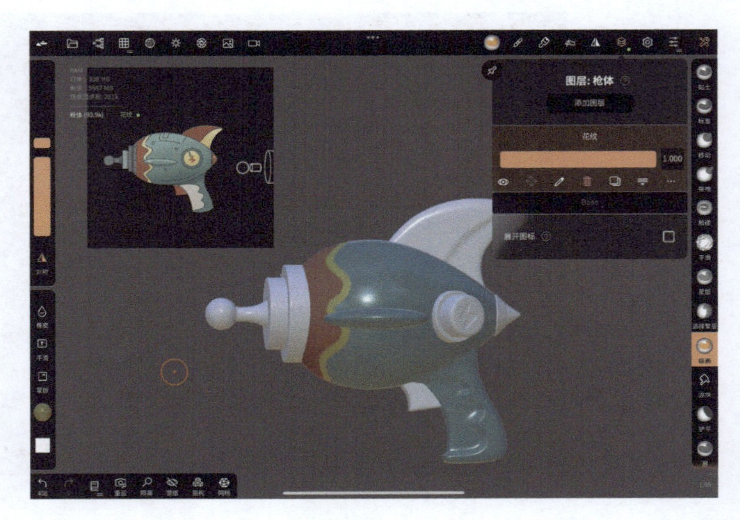

04 新建一个图层，用来添加一层渐变过渡效果，并加深细节。注意，这里需要把渐变图层移动到花纹图层下面，这样花纹就可以盖过渐变效果而不受影响。

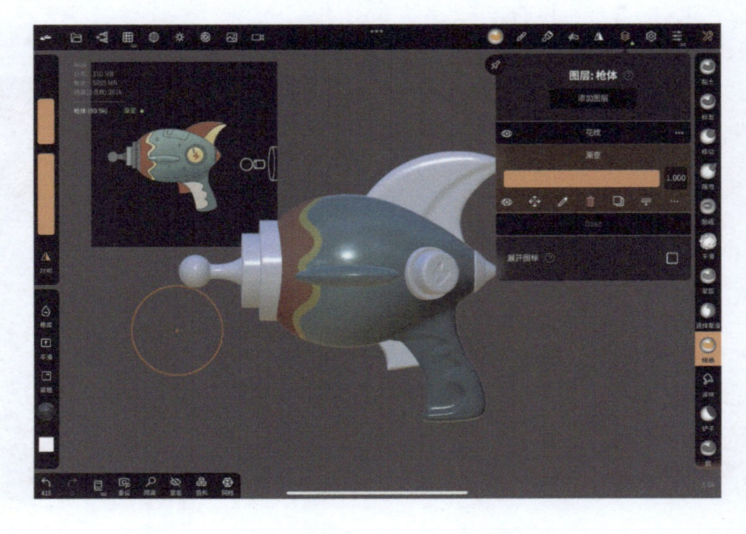

05 新建一个图层放到最上面，为枪柄的凹印部分上色。

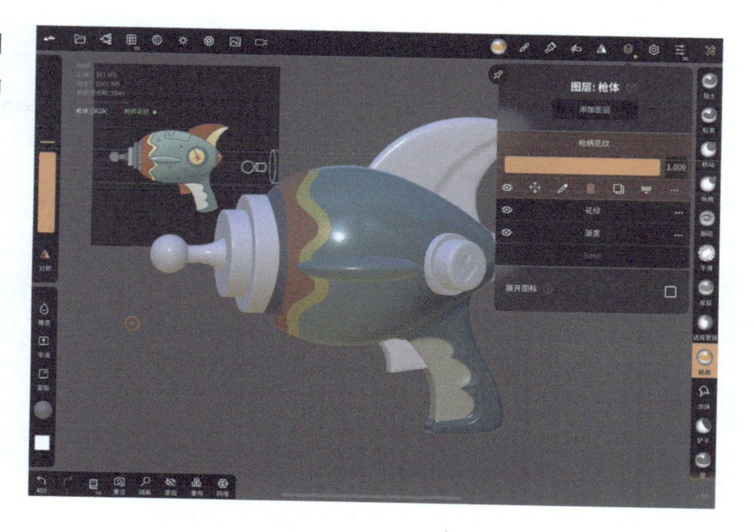

06 采用同样的上色方式，给枪身的按钮上色。

07 枪头的材质是金属材质，需把金属强度参数调高。最前端使用红色来增加细节。

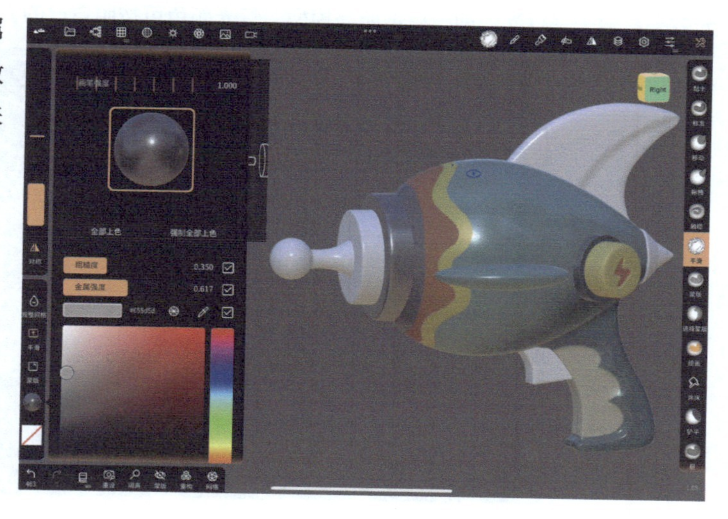

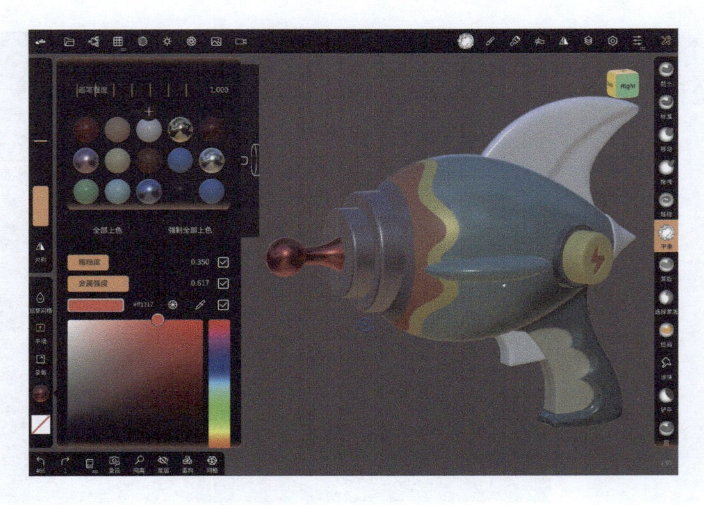

08 其他部分按照参考图像或者自己创作，完成绘制。

09 打上灯光。笔者在这里打了 3 个光，一个聚光灯放在枪的上方，以更好地呈现金属的反光效果；两个平行光一前一后地照亮模型，灯光颜色可按照自己的喜好来调节。

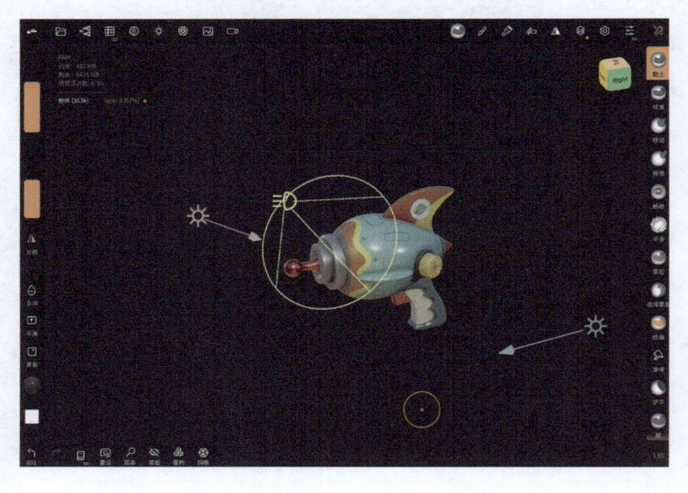

10 打开“后期处理”菜单，勾选相应的复选框并设置参数，让模型看起来更加真实。下图所示为笔者设置的参数，大家可以参考一下。

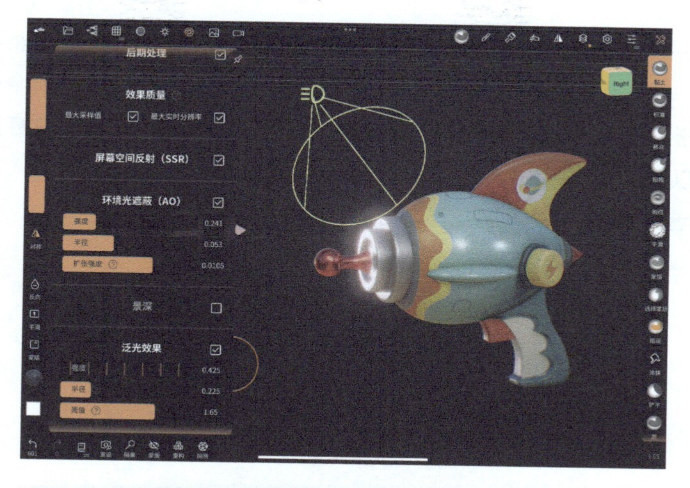

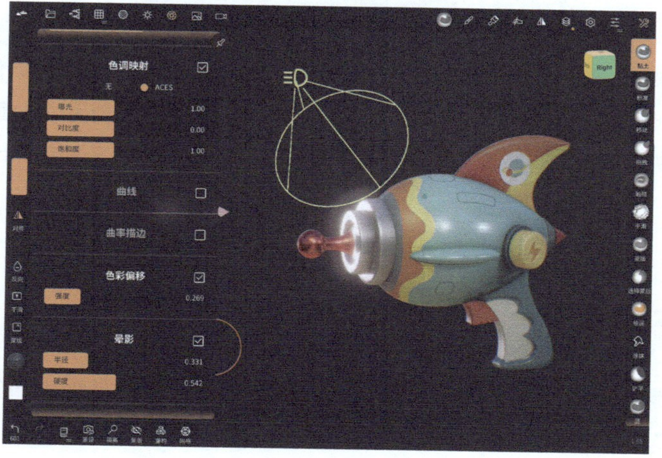

11 模型制作完成，搭配想要的背景色导出模型。

5.3 拟人玩具

下面通过一个 4 指拟人玩具来讲解人物类模型的建模顺序和制作思路。将拟人玩具分为两大部分：第一部分为头部制作，主要是脸部和头发的制作；第二部分为身体制作，主要是躯干、衣服、四肢及手掌的制作。初学者或者没有绘画基础的读者可以先从临摹开始，如果有原创能力，可以先绘制三视图，然后尝试进行 Nomad 雕刻。

同样，笔者先绘制了拟人玩具插画与结构分析图，如下图所示。

从分析图来看，头部由球体雕刻而成，耳朵也由球体雕刻而成。身体可以使用“车削”工具来制作；其他部位由圆柱等组成，可以使用基本体中的圆柱，或者使用“圆管”工具来制作。

接下来从头部开始制作，读者了解建模原理以后，可以举一反三地制作出更多好玩、好看的作品。

5.3.1 头部制作

01 打开“背景”菜单，点击“参考图像”界面中的+图标，添加之前绘制好的插画和分析图，点击“背景变换”按钮可以调整参考图像的位置。

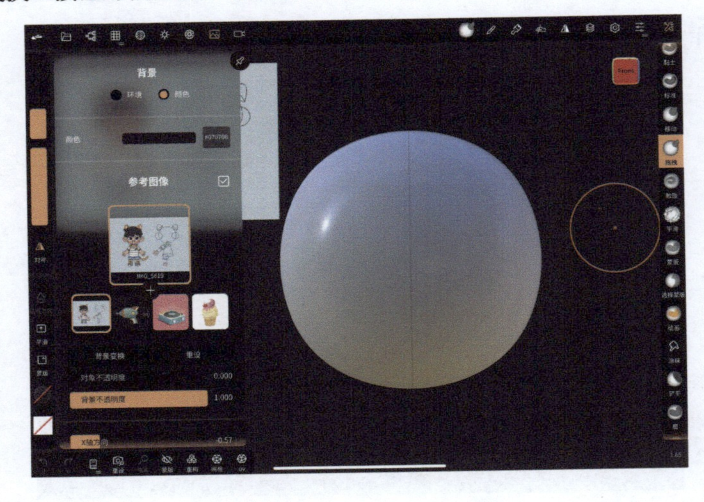

02 头部的雕刻，笔者先从侧面开始，把视图转为侧视图，可以点击右上角的“方位视图”图标转到侧视图，也就是“Left”视图。

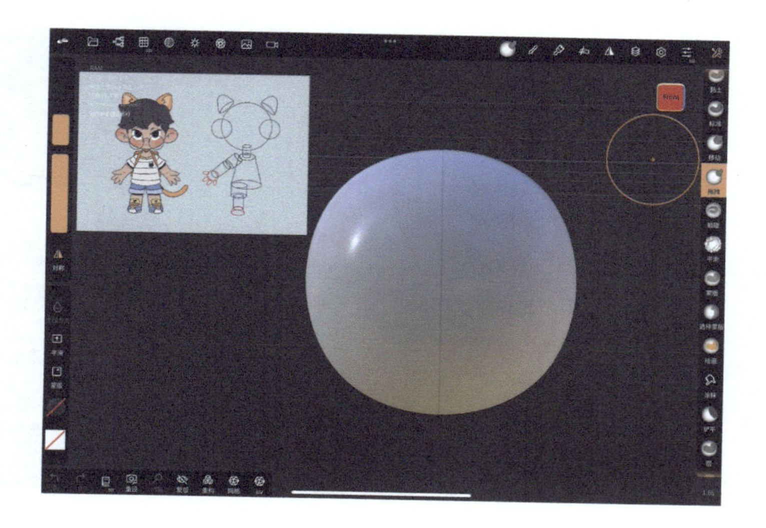

03 使用“拖拽”工具调整侧面的大致形状。玩具人物一般额头比较饱满，眼睛也比较大。这里把“拖拽”工具的笔刷调整得大于模型。这样在拖动的时候才不会出现坑坑洼洼的效果。

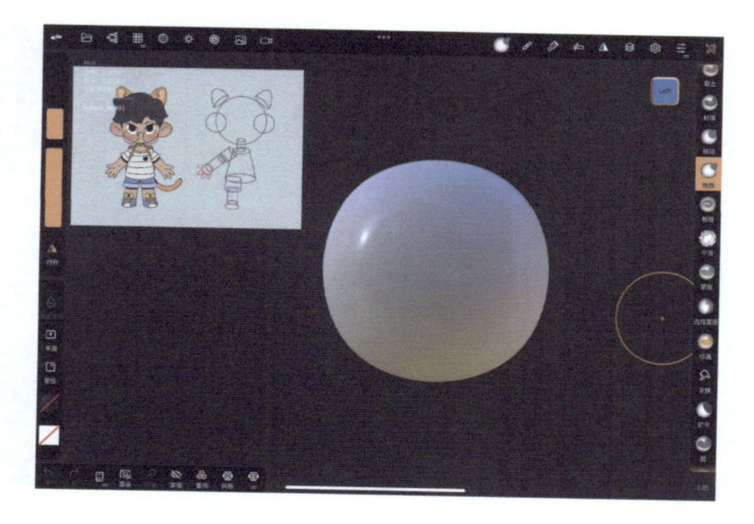

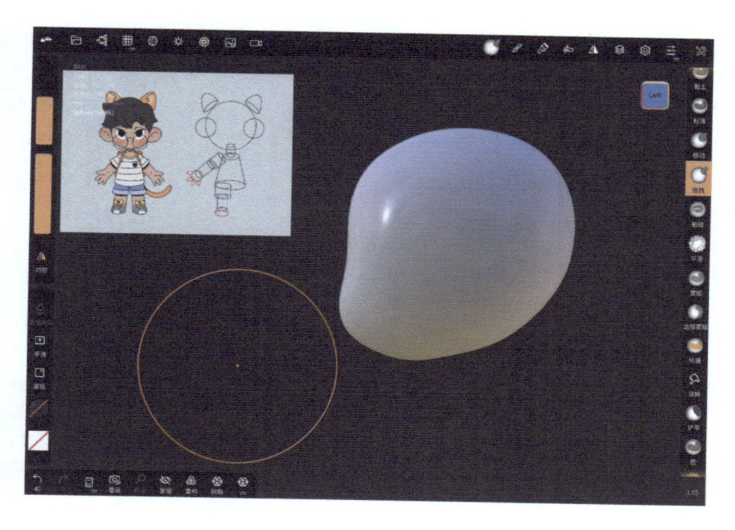

04 调整完侧面以后，转到正面。可以点击底部的“重设”按钮，快速回到正视图，也可以点击右上角的“方位视图”图标，转换到“Front”视图。然后使用“轴向转换”工具与“拖拽”工具调整正面的大致形状。

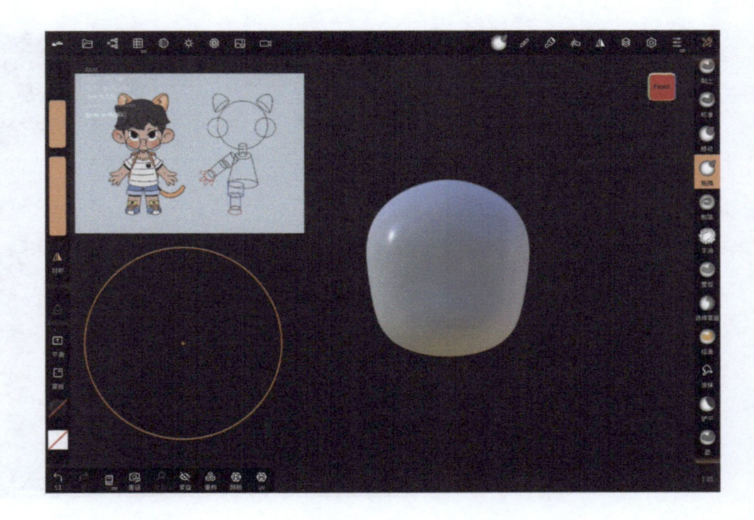

05 调整完正面以后，同样点击“方位视图”图标，转换到顶视图，也就是“Top”视图，并调整大致形状。

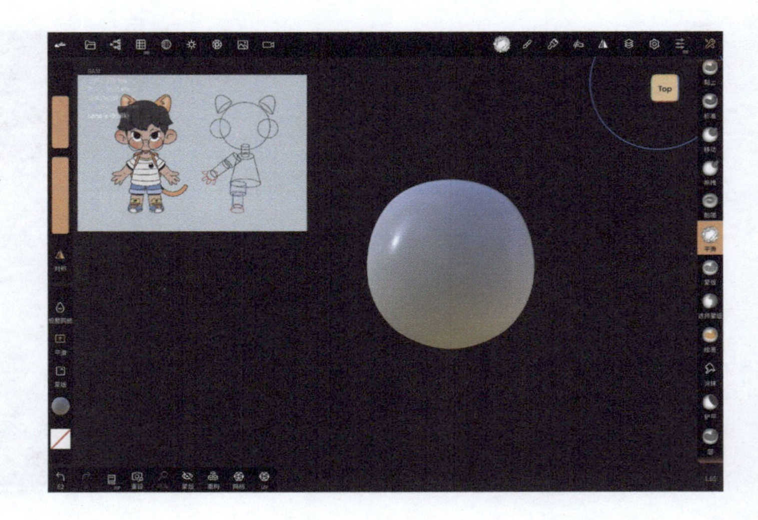

06 脸的大致形状出来以后，可以开始制作耳朵了。通过耳朵的位置来看一下脸型有没有需要调整的地方。点击工具栏中的“基本体”按钮，点击快捷栏中的“球体”按钮，然后点击耳朵的位置来新建基本体。

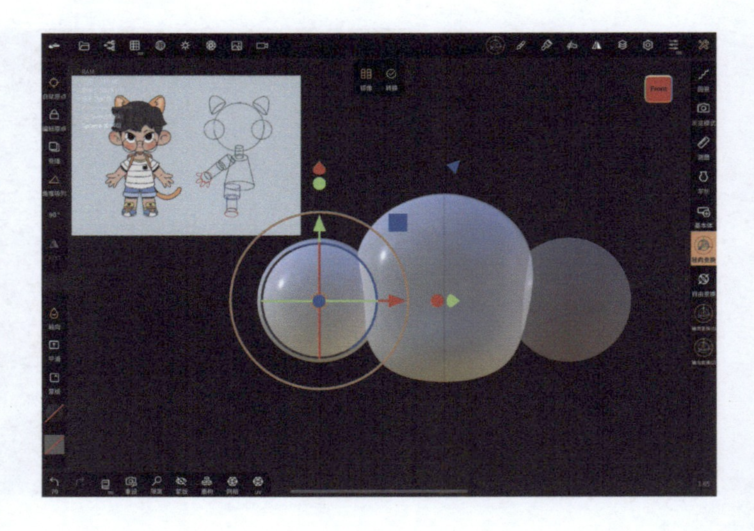

07 使用“轴向变换”工具压扁球体，再使用“拖拽”工具调整耳朵的形状。

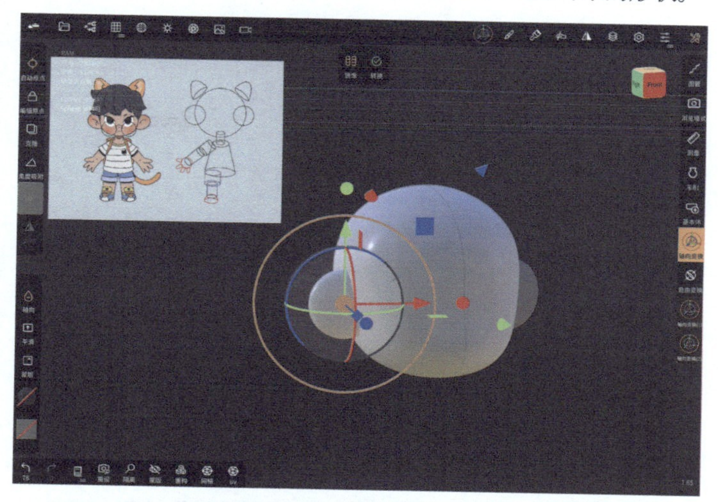

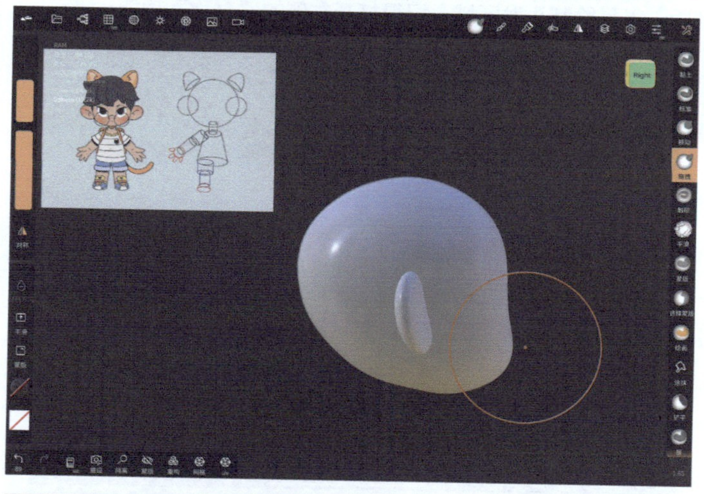

08 绘制蒙版。抽壳出头皮层，并在此基础上制作头发。需要增大并重构脸部网格密度。

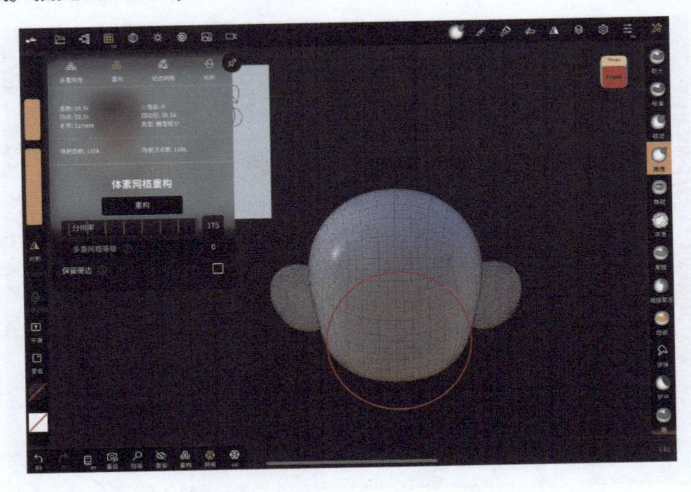

09 使用“蒙版”工具绘制头发区域，记得打开左侧的“对称”功能。

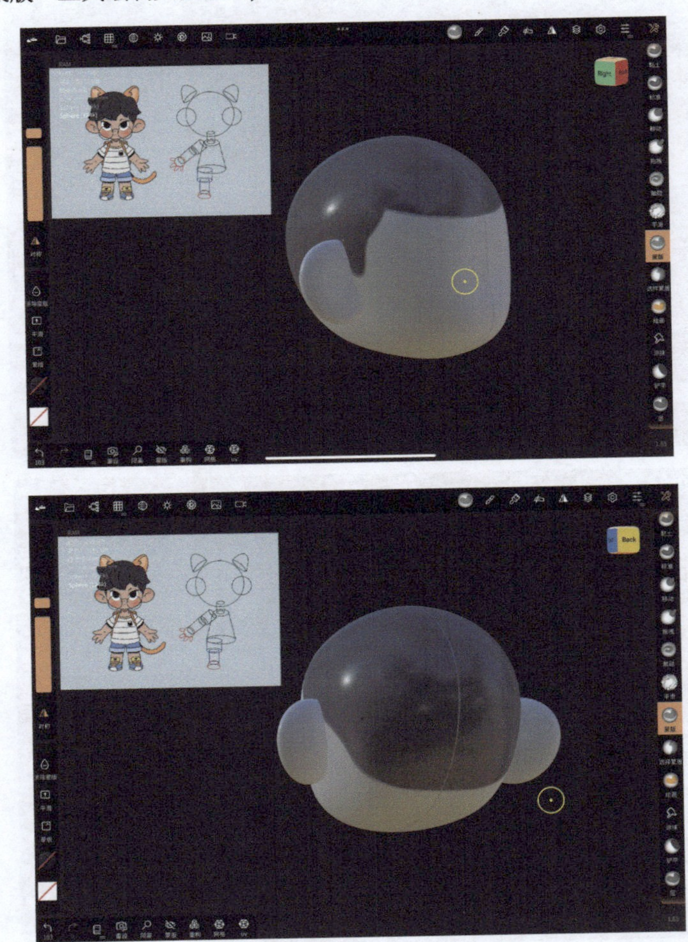

10 打开“蒙版”工具的附属菜单，调节抽壳厚度并点击“抽壳”按钮。

11 使用“圆管”工具来制作头发。先分析头发的结构，拟人玩具头发的特征是每一束头发都比较“粗壮”。先用“圆管”工具绘制每一束头发的走向，然后通过顶点微调位置。注意，每一束头发的走向不要重复，这样会显得不好看。

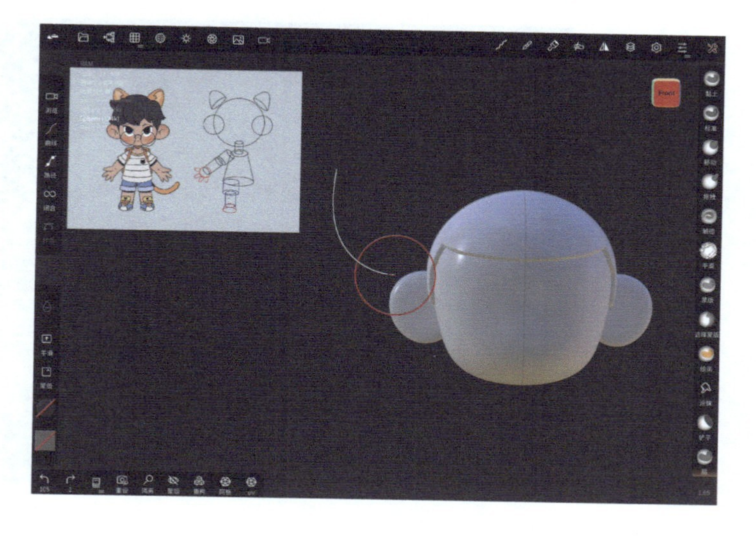

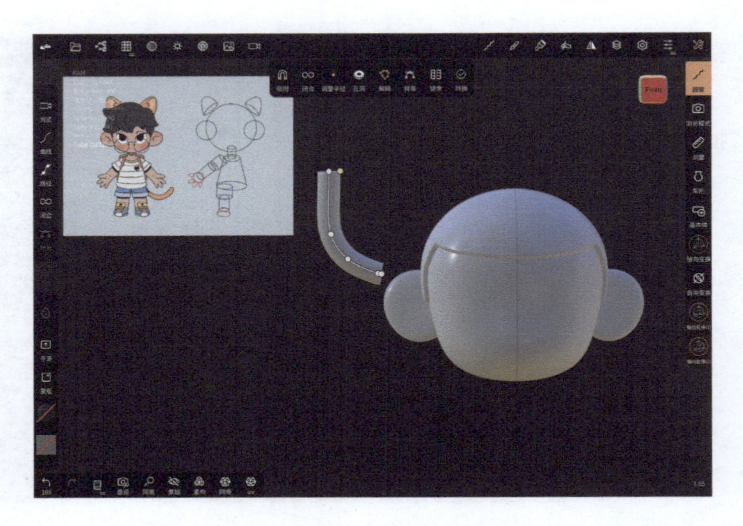

12 将头发移动到头部的位置，点击“调整半径”按钮增加调节点，以便改变每个位置的粗细。

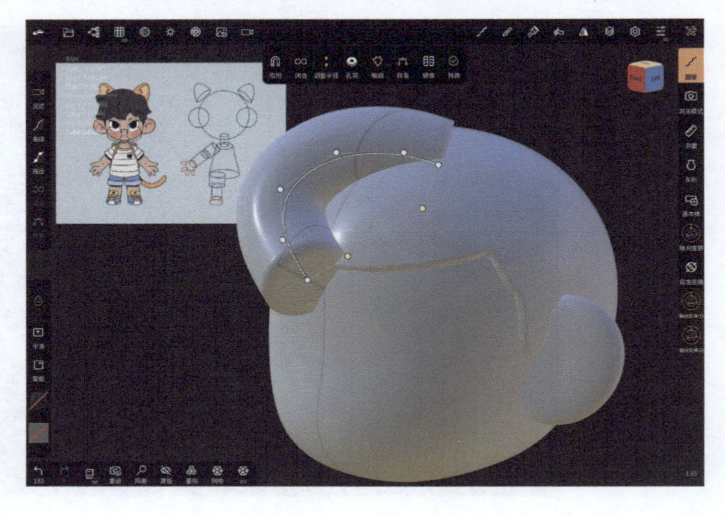

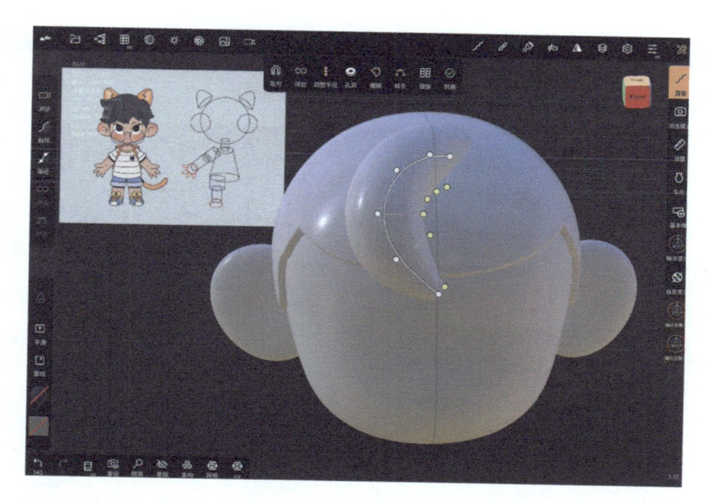

13 确定一束头发的大小和位置以后，可以通过快捷栏中的“克隆”功能复制多束头发。注意，这里不要着急点击“转换”按钮。把全部头发放好以后，还需要微调整体，确定最终效果以后，再点击“转换”按钮。

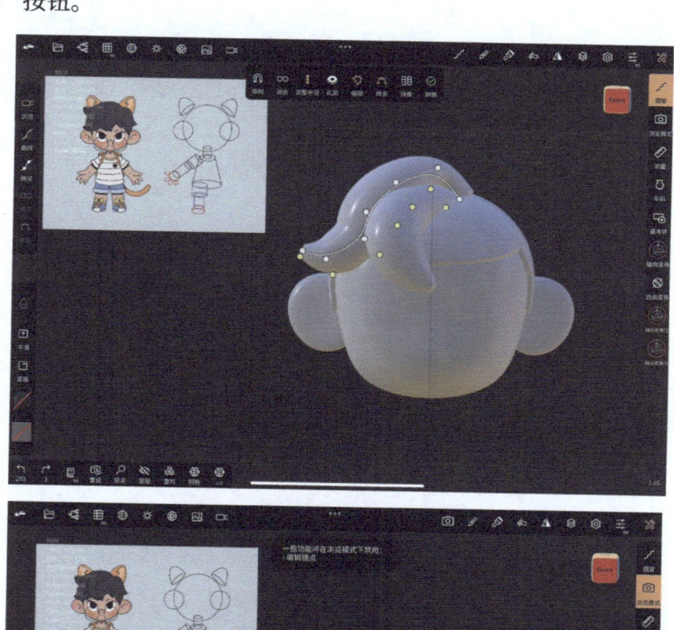

14 将球体压扁以后，可以使用“拖拽”工具来调整其大致形状并填补用“圆管”工具制作的头发之间的空隙。后脑勺的头发也采用同样的办法来制作。

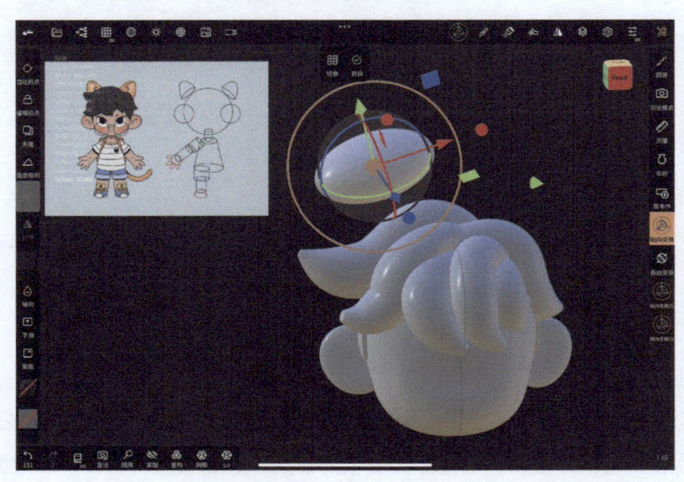

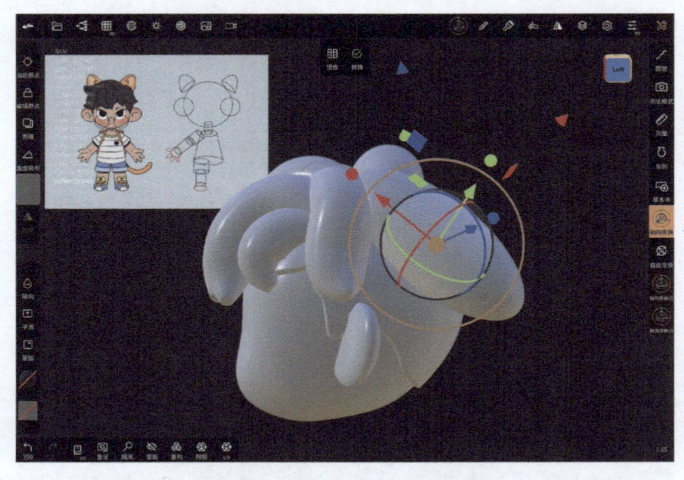

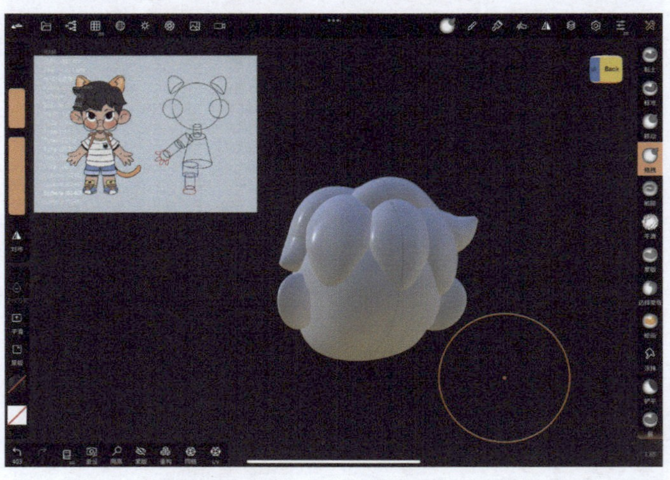

15 当把所有头发的位置和大小都调整好以后，就可以把用“圆管”工具制作的头发和之前抽壳出来的头皮层做“体素合并”处理了。

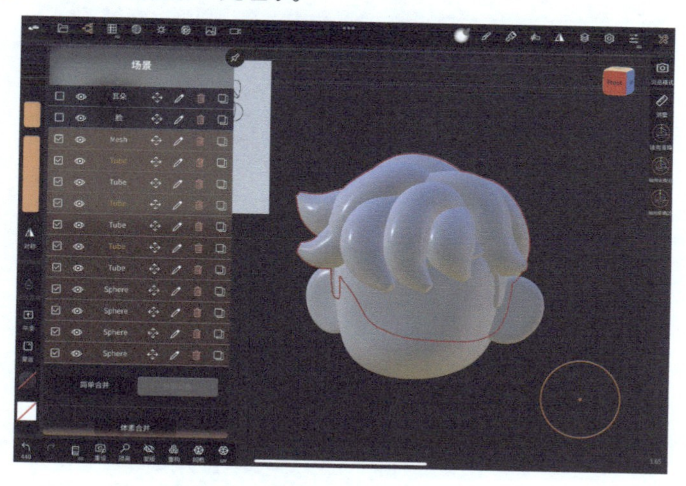

16 合并后的头发表面会出现凹凸不平的情况，可以用“平滑”工具平滑表面和交界处。

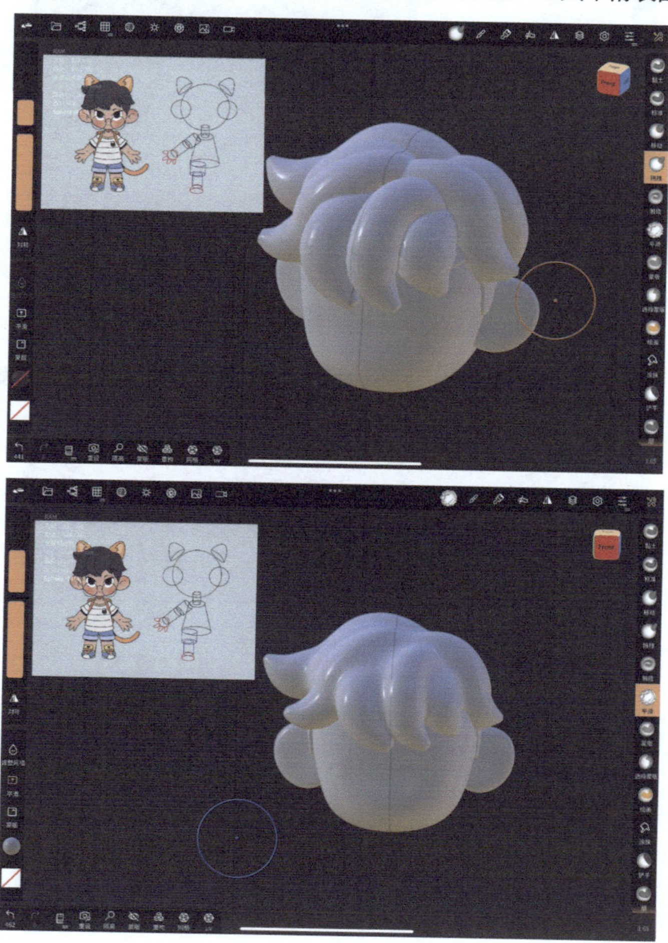

17 使用“褶皱”工具勾画一下细节，使头发重叠处更加清晰和立体。

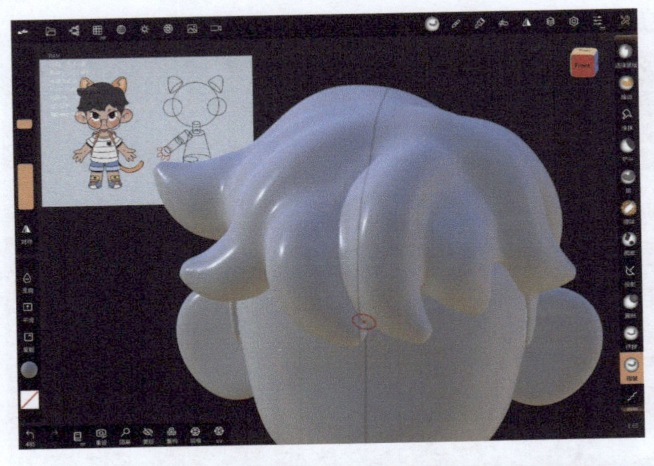

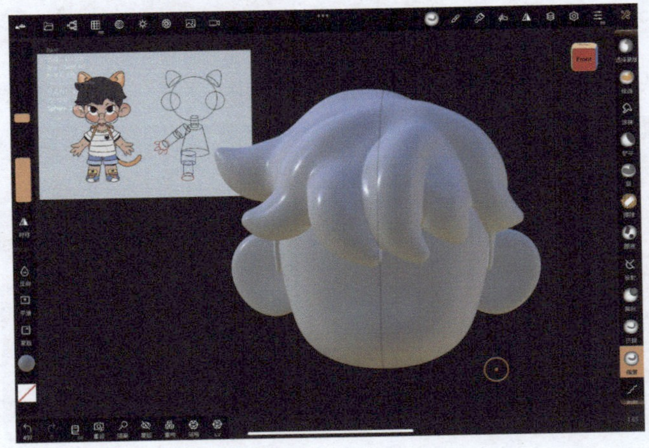

18 同样使用“褶皱”工具，点击快捷栏中的“反向”按钮，再勾画每束头发的中间位置，也就是最突出的地方。

19 开始制作眼睛。先用“蒙版”工具绘制出眼睛的位置。眼睛并不是画在脸上的，而是有立体感的，可以利用“蒙版”工具的“隔离”效果来制作。

20 绘制蒙版区域以后，可以用“拖拽”工具把额头和脸颊处拉得饱满一点。眼睛的位置因为添加了蒙版而无法移动，所以形成了凹陷的眼眶效果。

21 调整眼眶。用“拖拽”工具再次拉出弧形，模拟眼球的效果。反向蒙版，将蒙版区域改为面部，这样就可以调整眼睛的位置了。

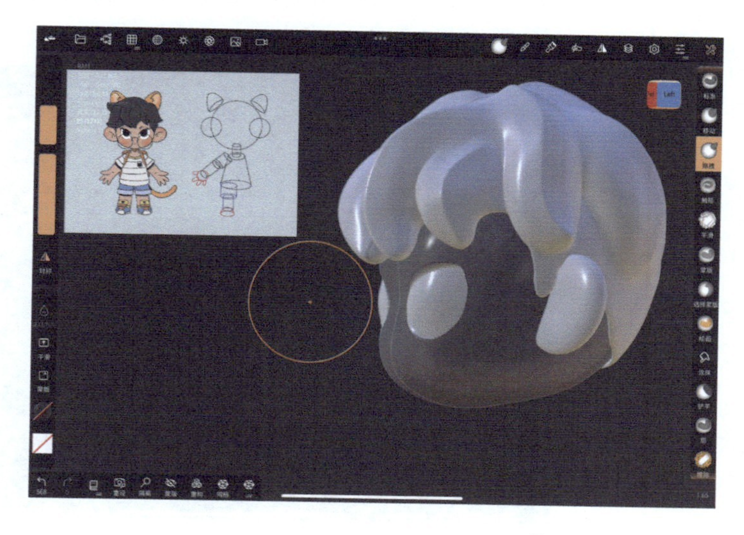

22 调整完成以后，清除蒙版，然后使用“平滑”工具把边缘平滑一下。

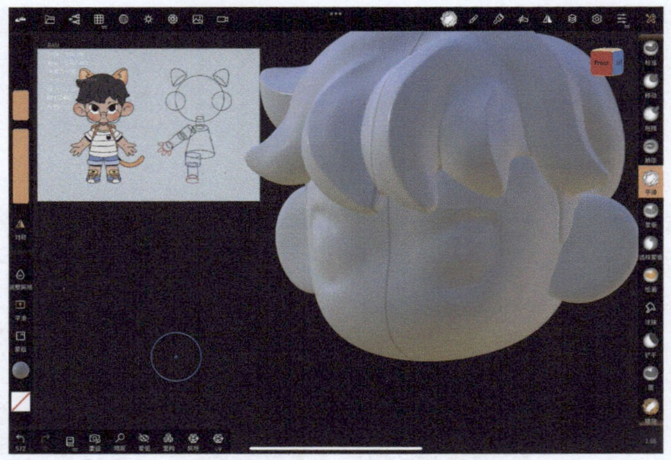

23 使用“褶皱”工具把需要凹陷和凸起的地方勾画一遍。使用“拖拽”工具在鼻子位置向前拖出一个凸起区域，作为角色的鼻子。

24 制作嘴巴。同样可以用“褶皱”工具勾画出嘴巴的形状。

25 制作男孩的猫耳朵。从分析图来看，可以直接镜像球体来制作。首先点击“基本体”按钮，然后点击“球体”按钮，再点击想要创建球体的位置。使用“轴向变换”工具压缩球体。

26 使用“拖拽”工具调整大致形状。

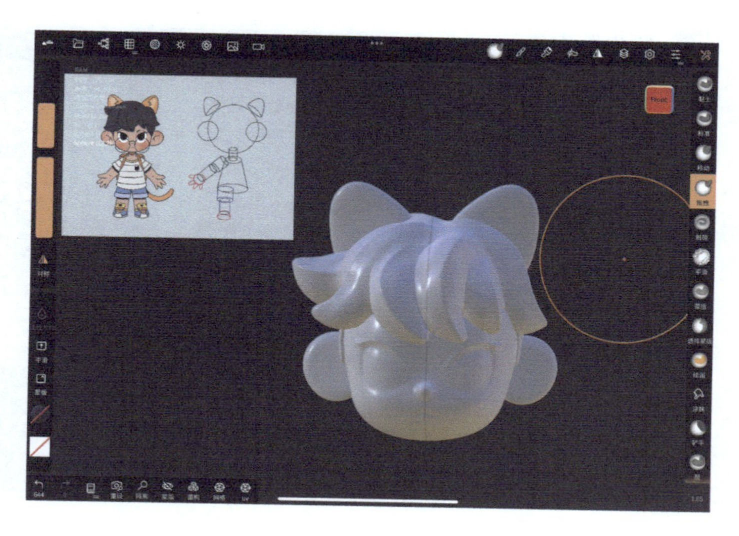

27 用“铲平”工具在耳朵前面铲出凹槽，这样耳朵就有了立体感。

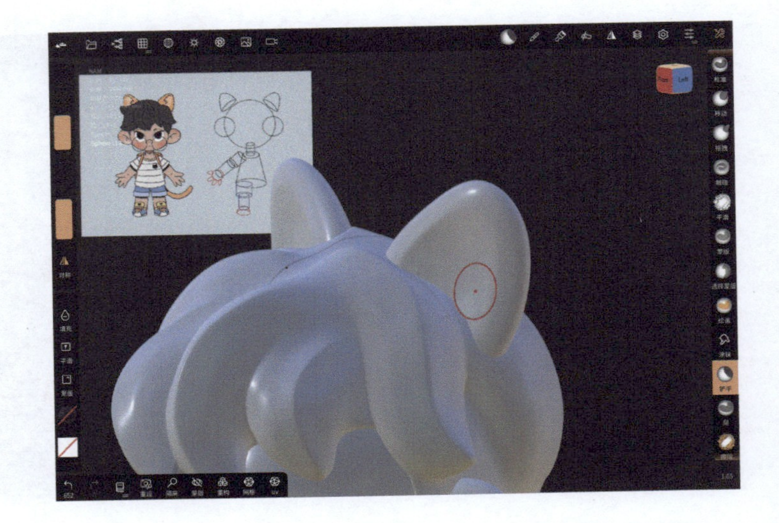

28 上色。首先给头发上黑色。选择头发模型，然后点击左下角的材质球，选择黑色，把金属强度降低，再把粗糙度稍微调高，让头发有点亚光的效果，最后点击“全部上色”按钮。

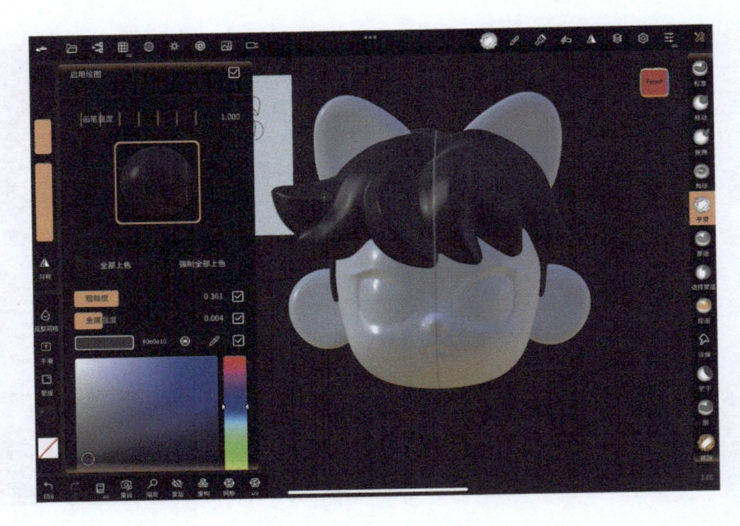

29 给皮肤上色。选择肤色以后，把金属强度降低，提高粗糙度。最后点击“全部上色”按钮。给耳朵上色，操作方式与前面的一样，这里不再讲解。

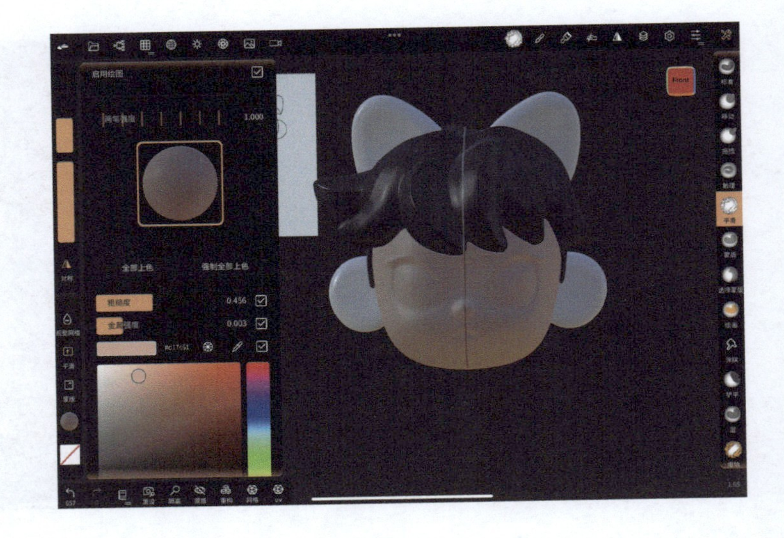

30 绘制五官需要用到“图层”工具。选中脸部模型，然后打开“图层”菜单，新建一个图层，命名为“眼白”，在这个图层上绘制眼睛的白色部分。

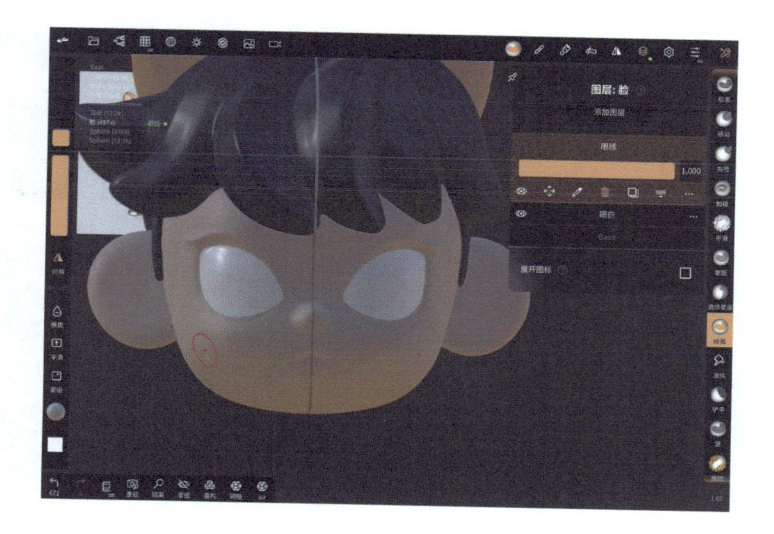

31 绘制好眼白以后，在“眼白”图层的上方再新建一个图层，命名为“眼线”。然后在眼白上方绘制眼线。用同样的办法，新建“眼球”图层来绘制眼球。注意，这里的图层效果和绘画软件里的是一样的，会有上下遮挡关系，需要注意图层的排列顺序。

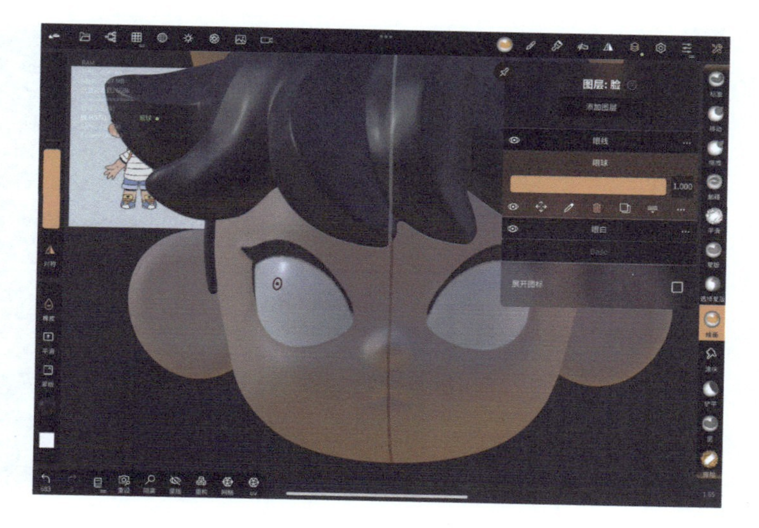

32 新建一个“腮红”图层并移动到眼白和肤色图层之间，绘制腮红，并通过图层的透明度来调节颜色的透明感。新建一个“眉毛”图层来绘制眉毛。

33 用与前面同样的方法绘制耳朵。完成脸部制作以后，给模型加一副眼镜。首先添加基本体“圆柱”，打开“镜像”功能，然后在编辑菜单栏中点击“孔洞”按钮，调整孔洞大小和位置。

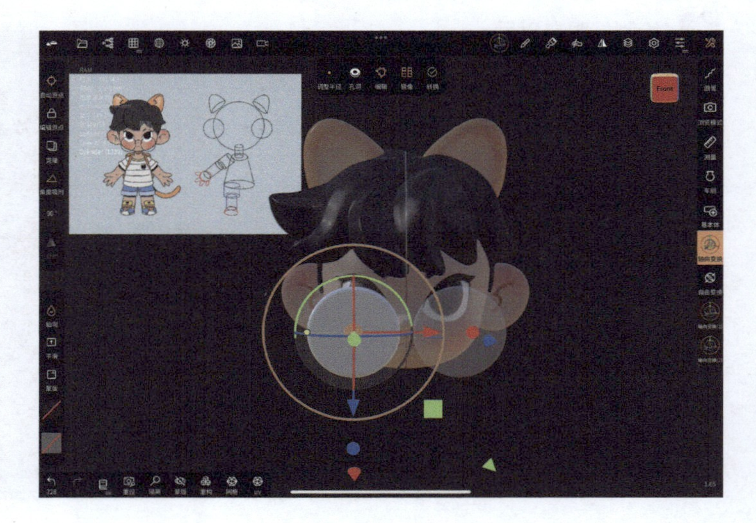

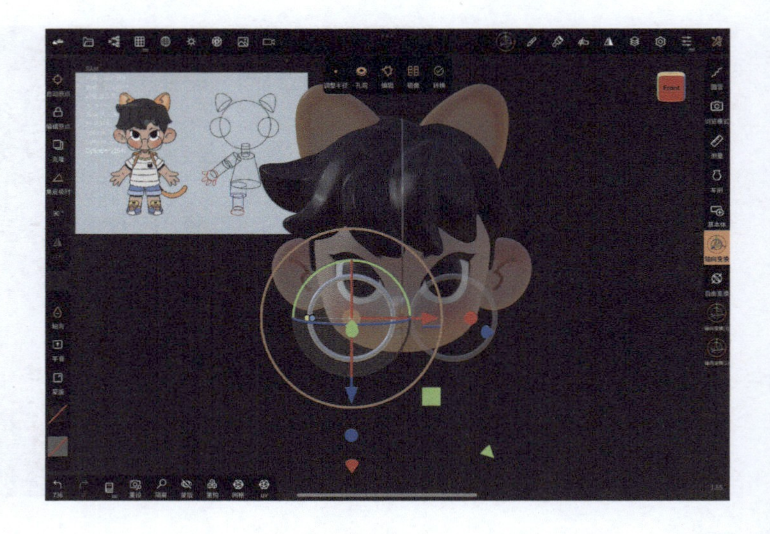

34 使用“圆管”工具绘制出眼镜架的中间部分。

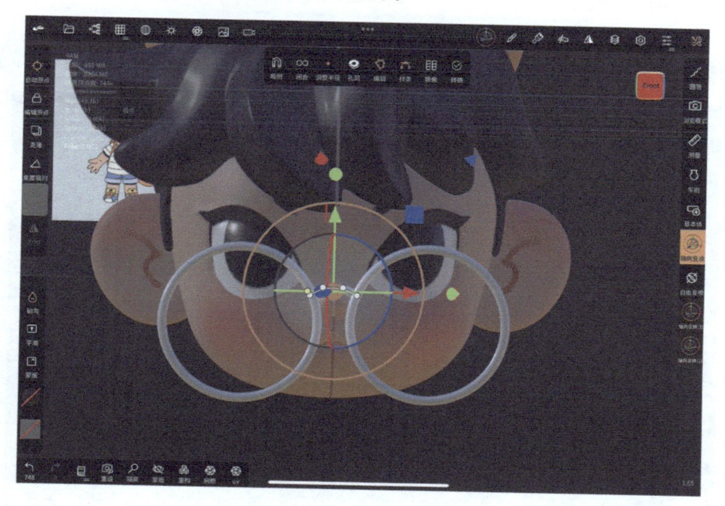

35 使用“圆管”工具绘制眼镜腿，然后给眼镜上色。选择“折射”材质混合模式，让眼镜具有透明的效果。

完整的头部制作过程如上，无论是制作女孩模型还是制作男孩模型，使用的方法都是相似的，熟悉制作过程以后就可以举一反三地创造出其他形象了。

5.3.2 身体制作

01 制作身体部分。首先制作脖子，新建一个基本体“圆柱”，调整其大小和位置。

02 使用“车削”工具来绘制身体。在对称线的左侧绘制出大概的身体曲线，将触控笔移开屏幕后会生成一个模型。

03 打开“样条”功能，让身体线条更弯曲，并根据身体结构增加和调整顶点。

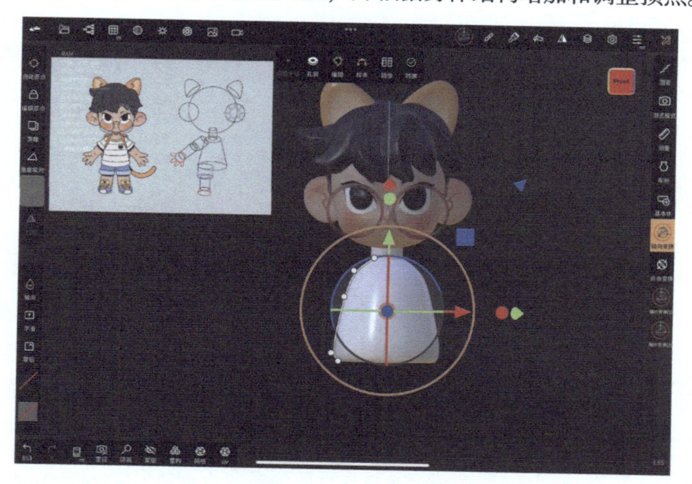

04 转换到侧视图，使用“拖拽”工具调整身体的结构，把后背和前胸的弧度做出来。

05 使用“圆管”工具绘制出衣服上的袖子部分，记得打开“镜像”功能。然后调节顶点的位置，将袖子和身体结合起来。

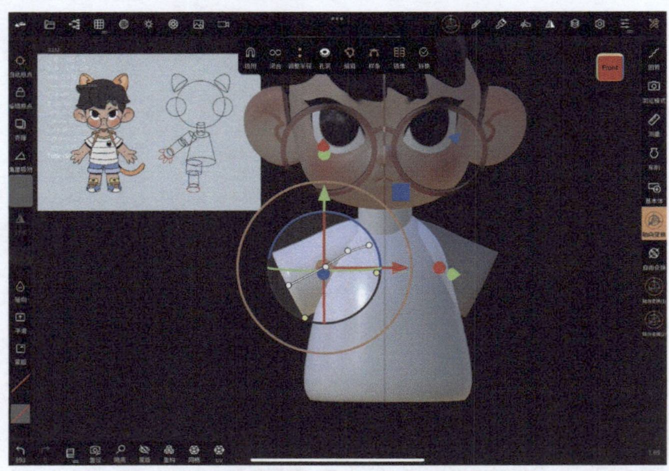

06 确定脖子、衣服主体和袖子的位置，打开“场景”菜单，同时选择它们，然后调整至合适的分辨率，点击“体素合并”按钮，把它们“体素合并”为一个模型。

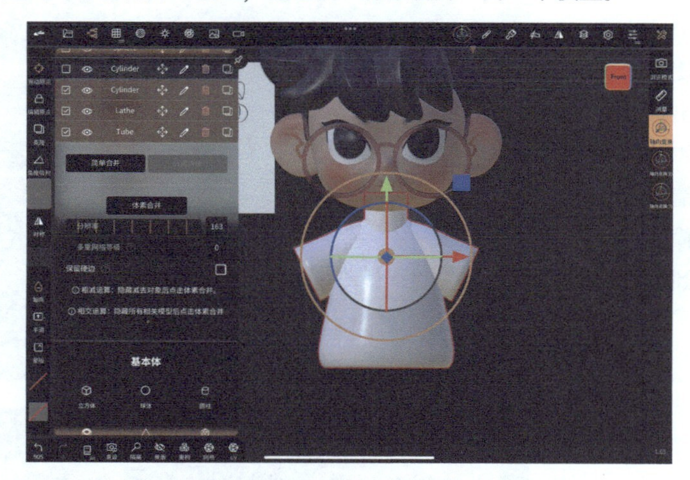

07 体素合并以后，模型会变得不平滑，这时需要使用“平滑”工具平滑模型表面。

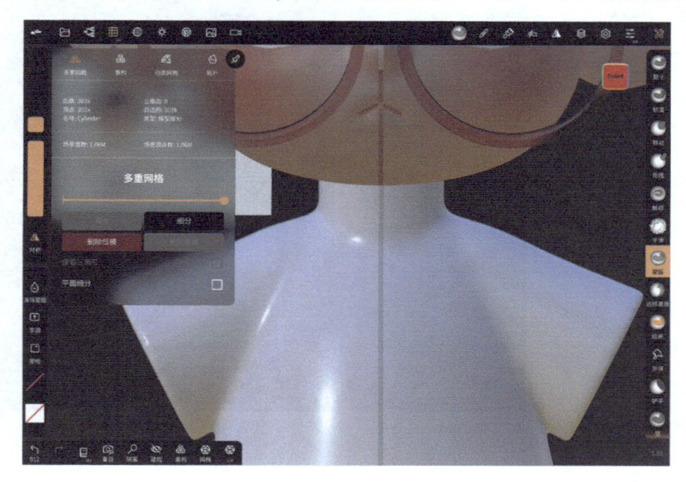

08 观察一下插画，该拟人玩具背着一个书包，书包的背带是贴着身体的，可以使用“蒙版”工具绘制出背带的形状。注意，如果觉得绘制的蒙版不清晰，可以先“细分”模型，提高分辨率，再绘制蒙版。

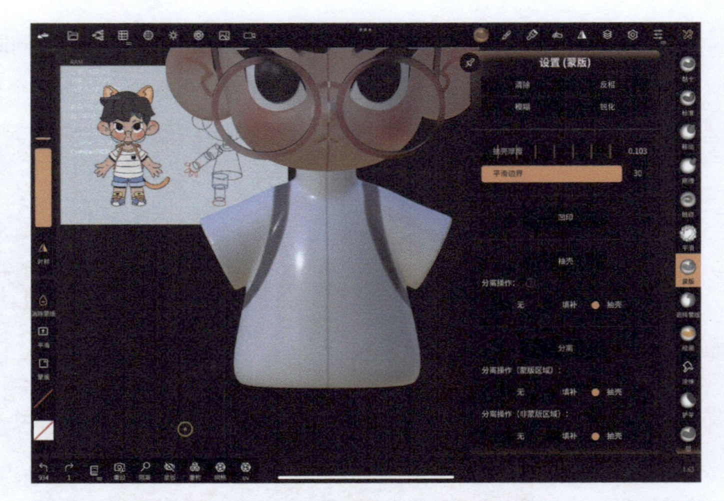

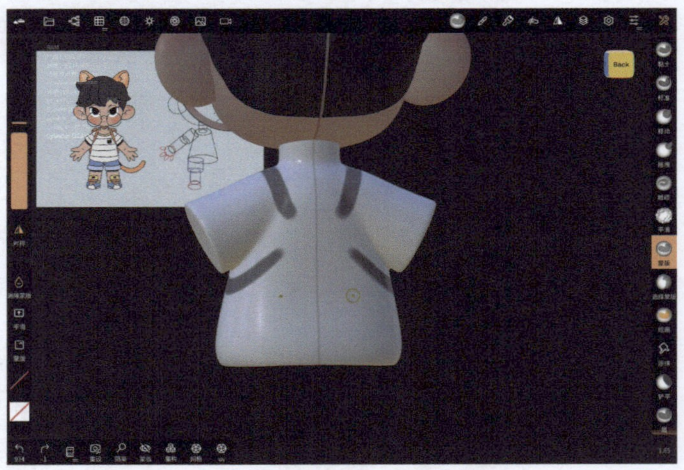

09 设置合适的抽壳厚度以后，点击“抽壳”按钮。

10 制作书包。新建“立方体”基本体，调整其大小和位置。然后在“网格”菜单里把固定比例调低，把“细分等级”调整为2，这样立方体边缘就比较圆润了。

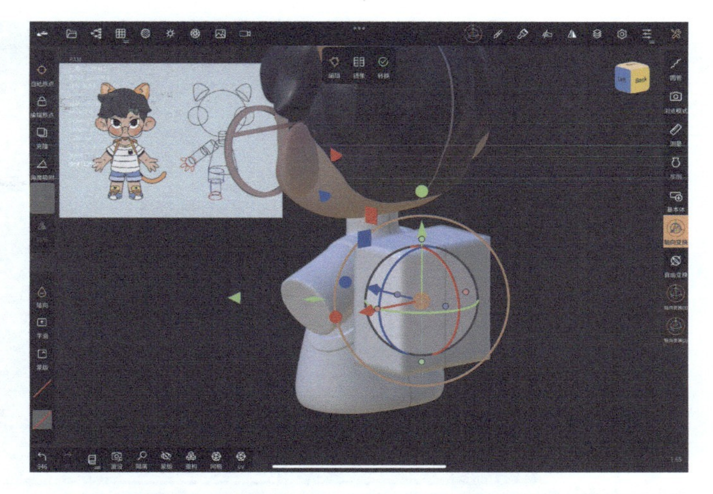

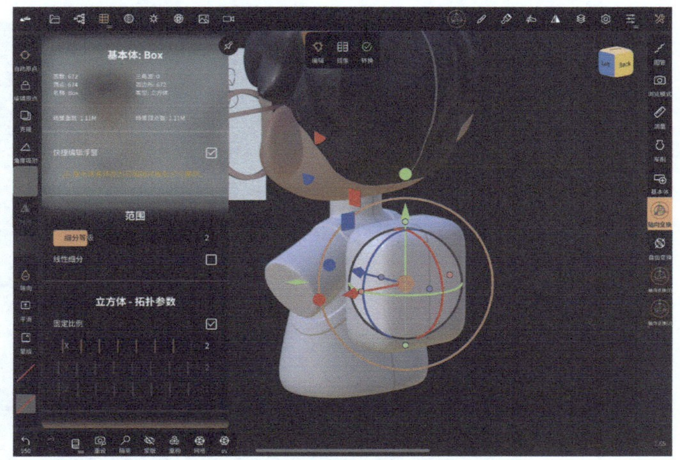

11 这个时候可以看到，书包的网格数并不多，所以要先提高分辨率，然后点击“重构”按钮。这样就可以在书包上绘制蒙版区域，利用“抽壳”功能来制作书包的盖子了。

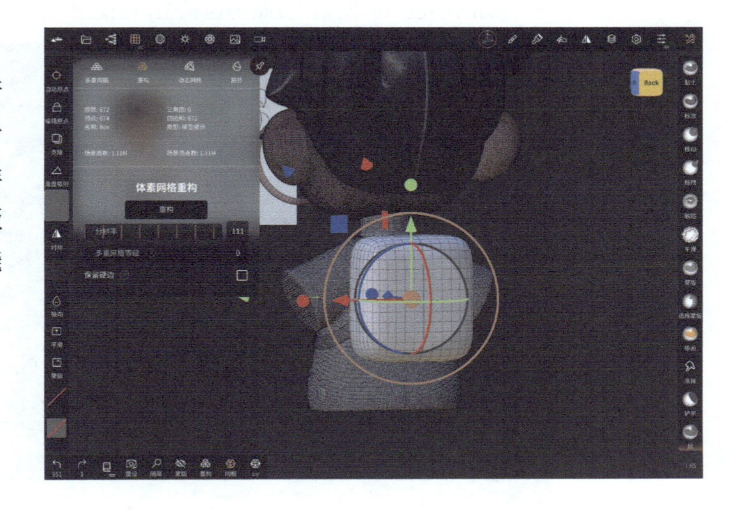

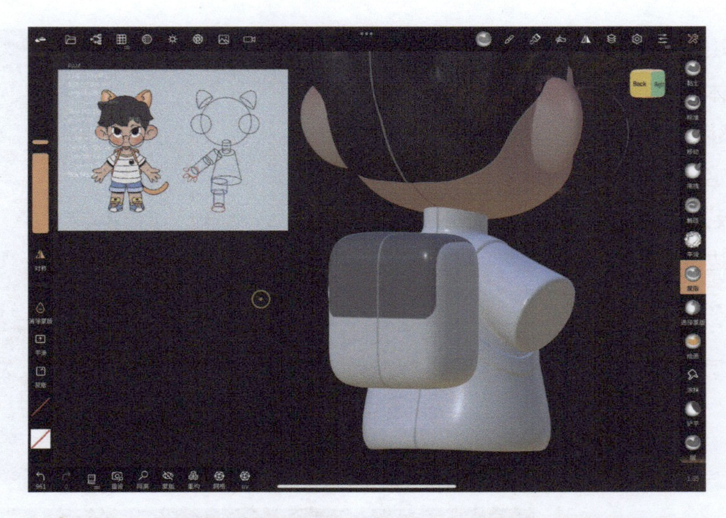

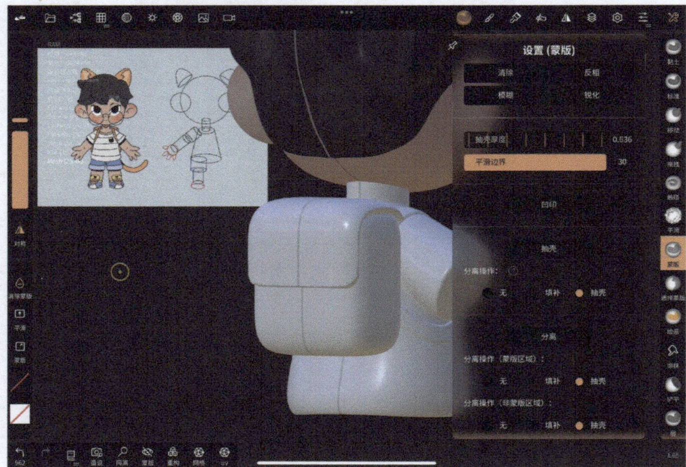

12 书包两侧和后面的小包，可以直接复制书包模型，再使用“轴向变换”工具调整其大小得到。

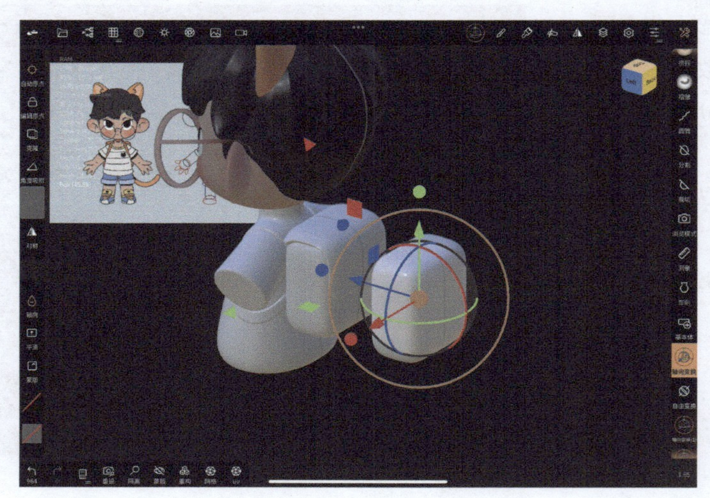

13 选中身体以后，根据绘制习惯划分并命名图层，方便区分和调整图层。

14 给衣服和书包上色。

15 制作下半身。新建一个基本体“球体”，调整好其位置和大小，制作下半身。

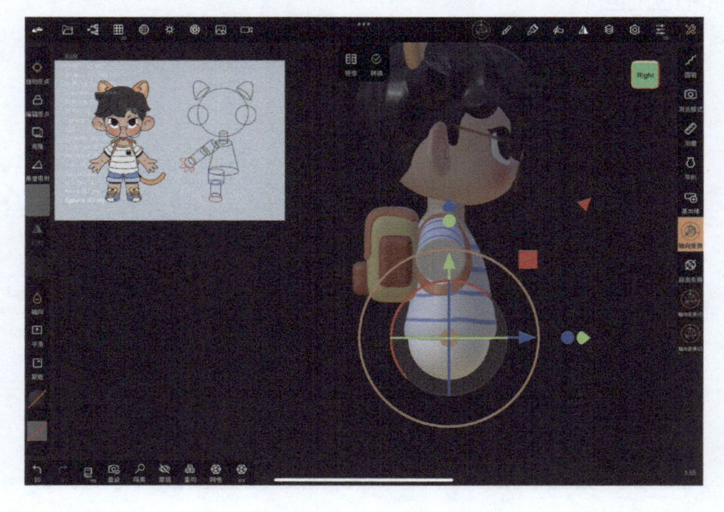

16 制作裤腿。添加基本体“圆柱”，然后打开“镜像”功能，调整好圆柱的长度和位置。把“调整半径”功能打开，调整裤腿为上窄下宽的形状。

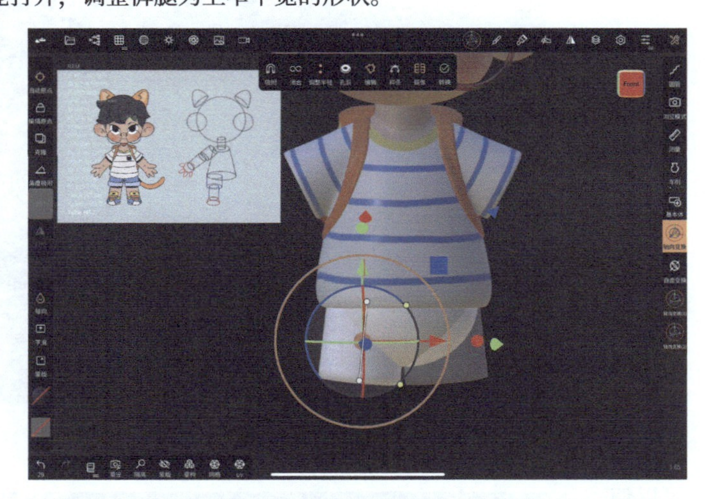

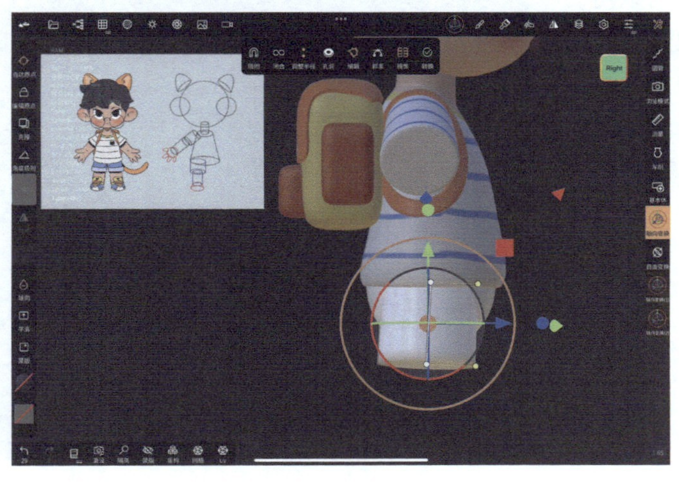

17 使用“圆柱”工具制作裤子的卷边，并在“网格”菜单里调整比例和细分等级，让它带点圆角。

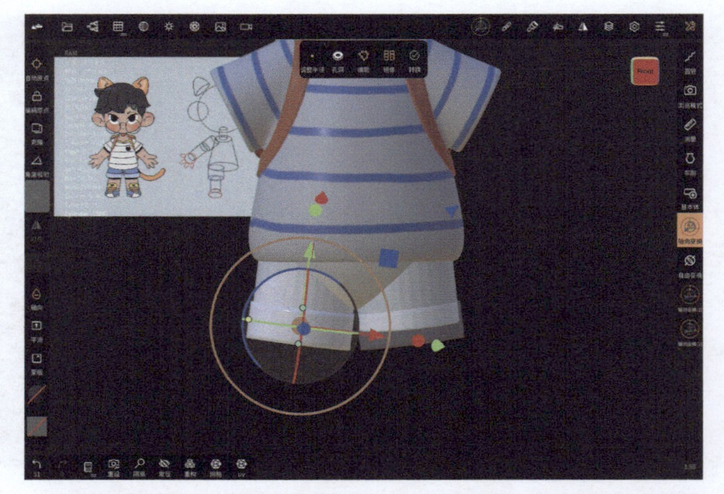

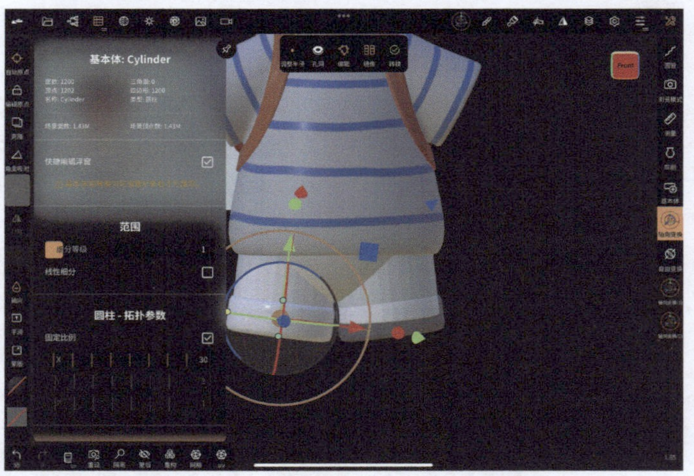

18 制作腿。可以使用“圆管”工具中的顶点来调整出腿的弧度。先绘制一条线，然后根据需要增加顶点。

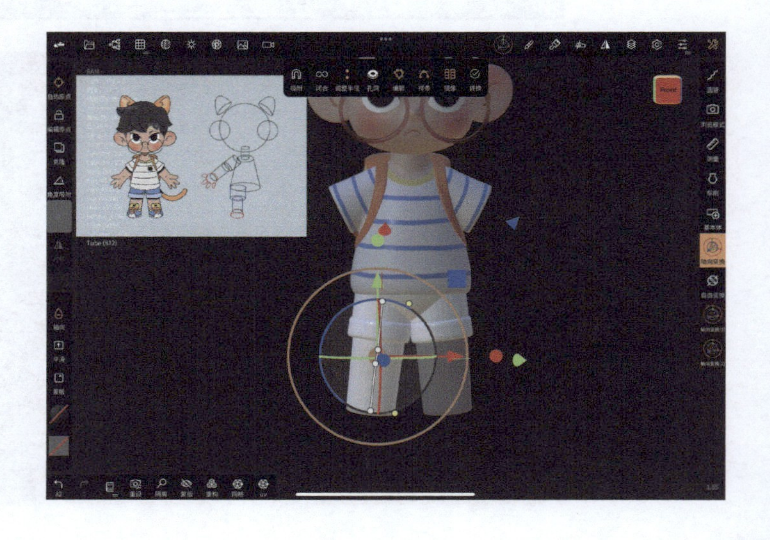

19 更换到侧视图，调整腿的弧度，把“样条”功能打开。不用着急点击“转换”按钮，可以等所有的模型放好并确定没有问题以后再点击，方便在制作过程中修改模型。

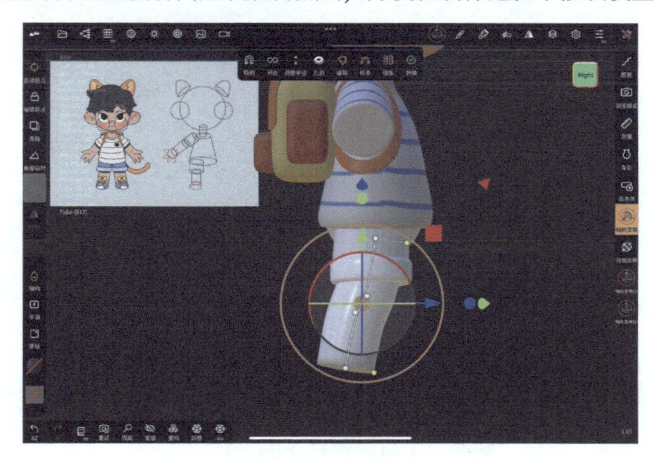

20 完成腿的制作以后，新建一个“球体”基本体并放置到合适的位置，用来制作鞋子。记得打开“镜像”功能。

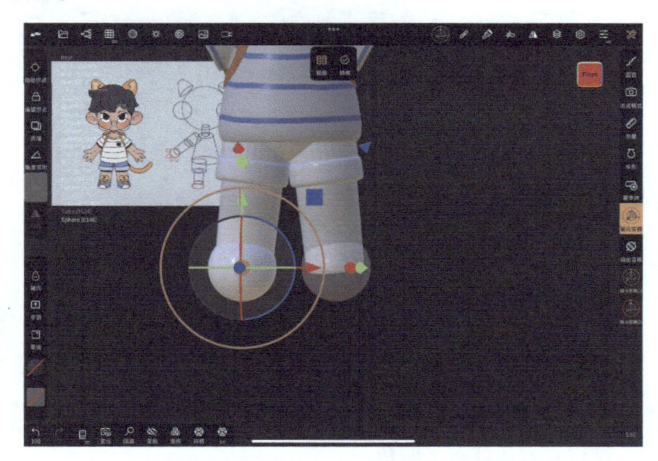

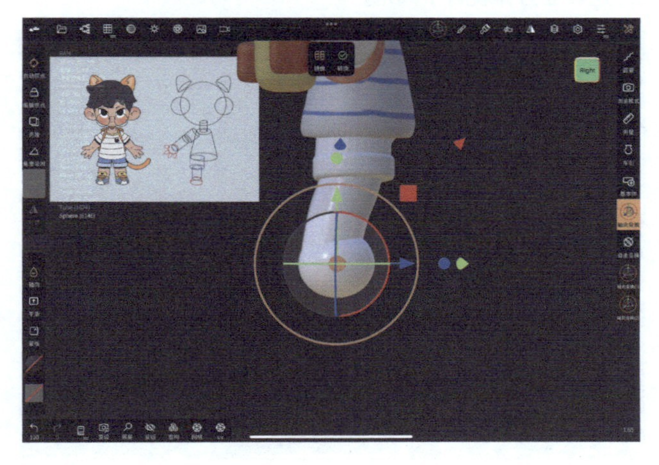

21 使用“裁切”工具把多余的部分裁切掉。

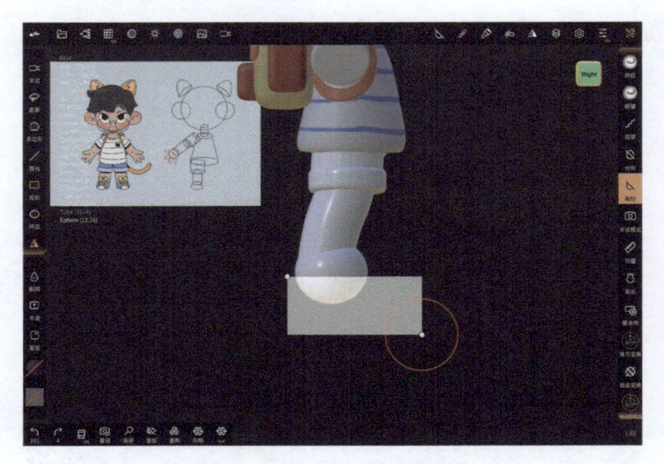

22 转动视角到顶部，使用“拖拽”工具调整鞋子的形状。

23 新建一个立方体，用来制作鞋舌。在转换之前，在“网格”菜单里把“X”设置为 1，“细分等级”设置为 2，这样立方体就有了圆角。

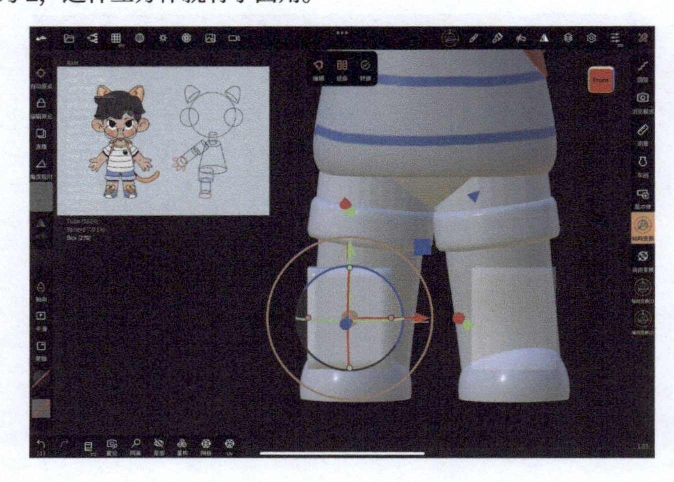

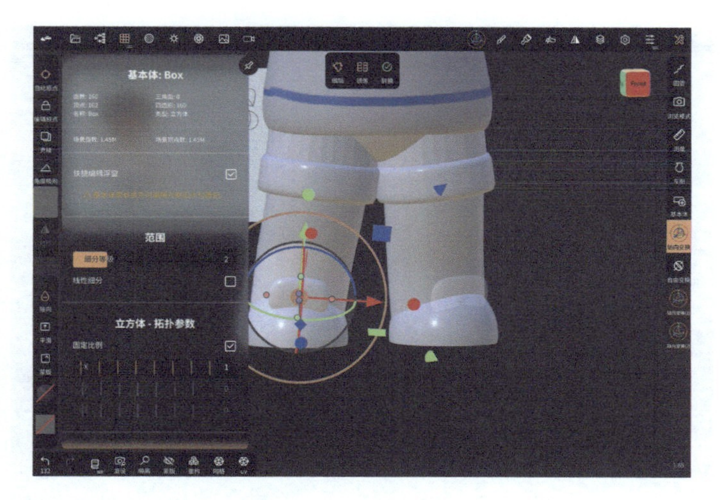

24 使用“拖拽”工具拉出鞋舌的弧度。

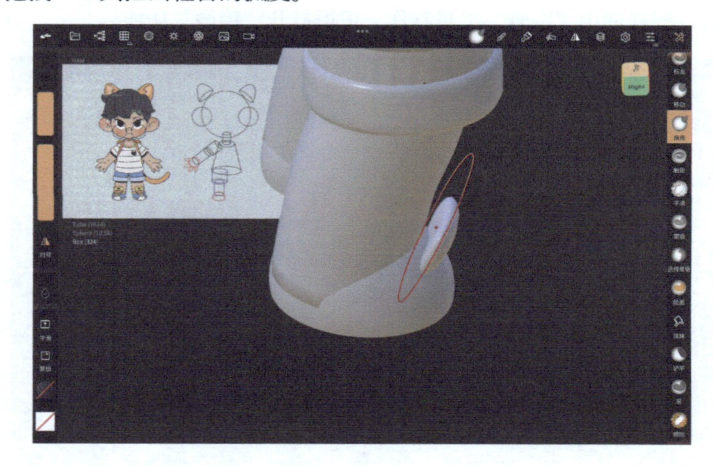

25 下半身的模型摆放好以后，对下图中的 Sphere 和 Tube 图层进行“体素合并”处理。

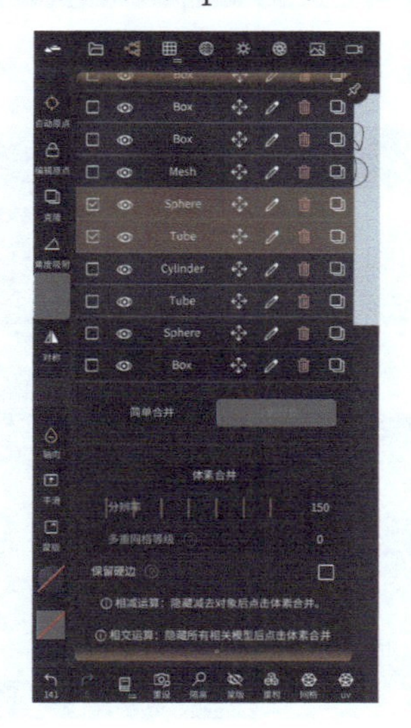

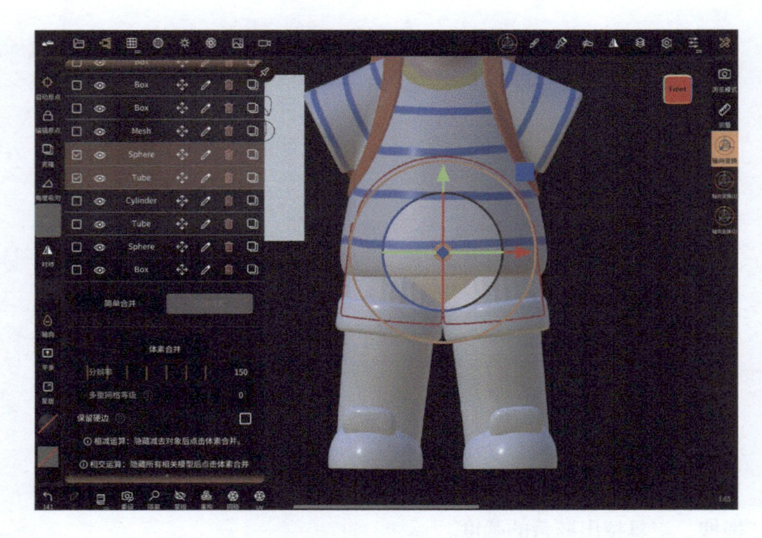

26 制作手臂。同样使用“圆管”工具制作，记得打开“镜像”功能。

27 制作手部。新建一个基本体“球体”，当作手部。

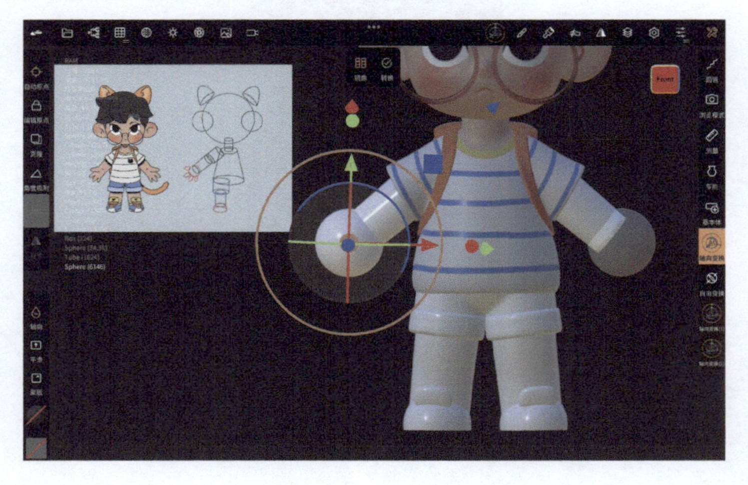

28 手部的制作比较复杂，选中球体以后，点击右下角的“隔离”按钮，将不需要的模型隐藏，这样就能够不受其他模型的干扰了。

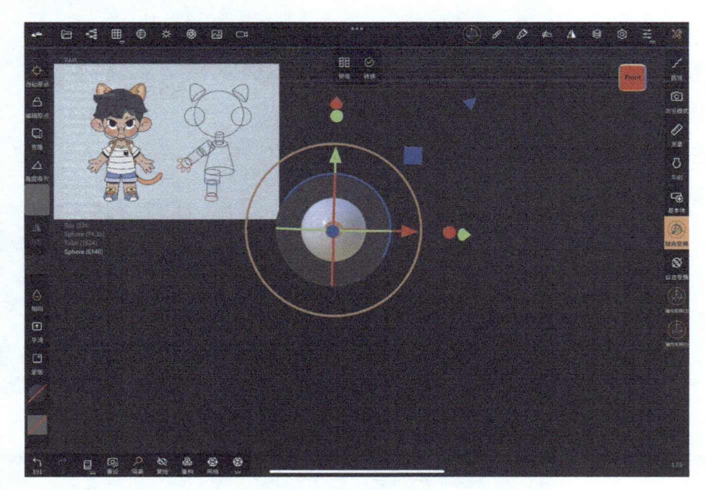

29 手部不是一个规整的圆形，所以需要使用“拖拽”工具调整其大致形状。

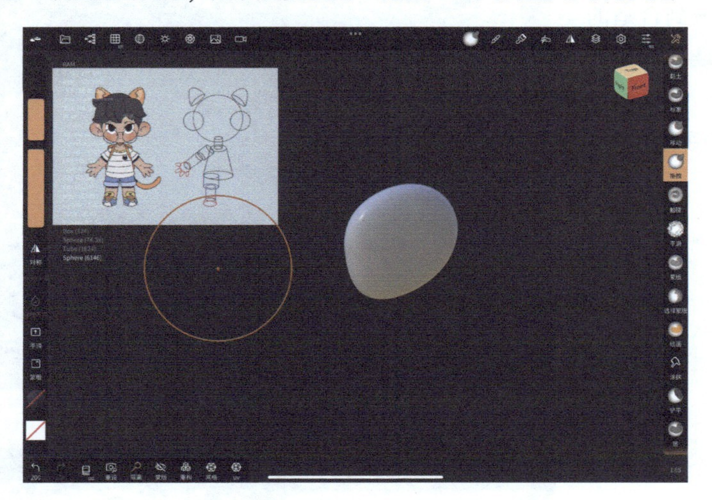

30 使用“圆管”工具绘制一个手指，放在大拇指的位置，把固定比例调低，细分等级调高，这样手指就比较圆润了。然后可以通过调节半径大小，微调手指的粗细。

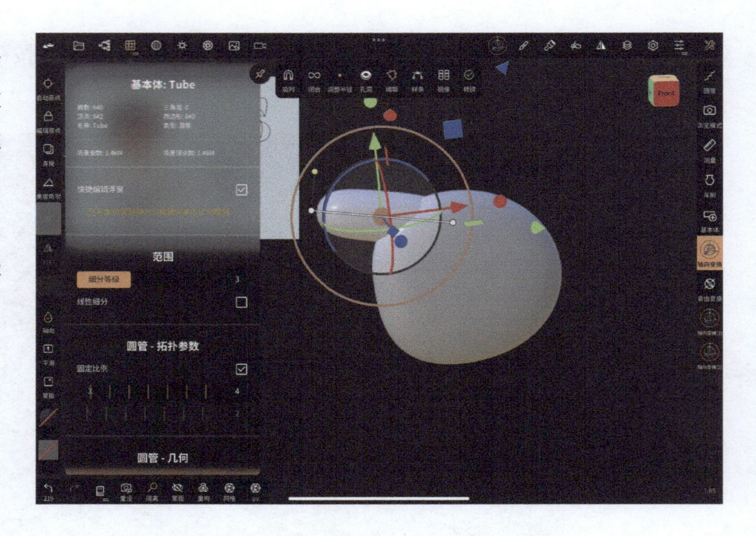

31 不用着急点击“转换”按钮，先复制出其他的手指并放到合适的位置。这里是制作拟人玩具的模型，所以笔者仅使用了 4 个手指。

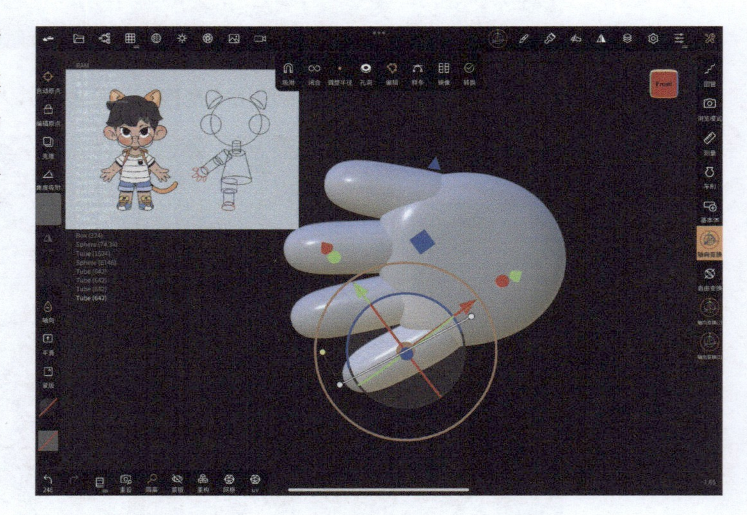

32 新建一个“球体”基本体，用来制作手掌上的肉。

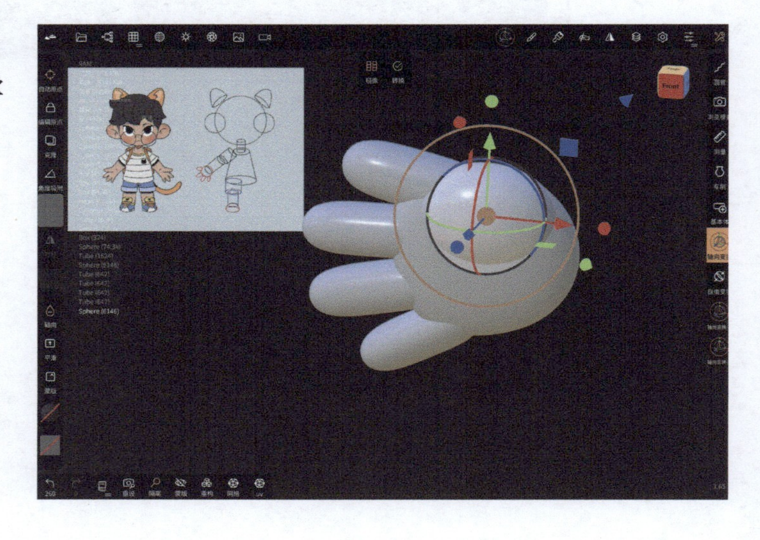

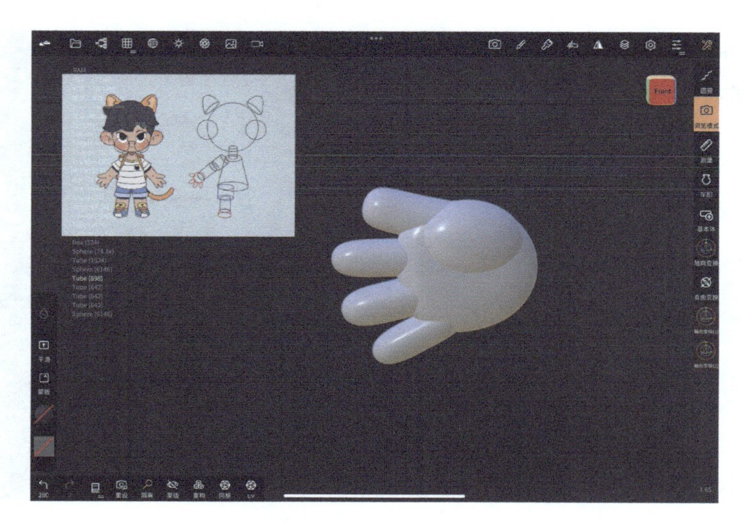

33 确定没问题以后，把所有的手部模型选中，进行“体素合并”处理。

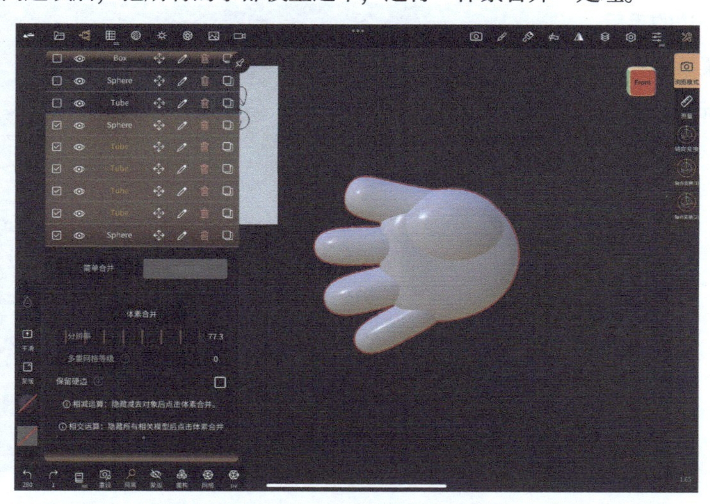

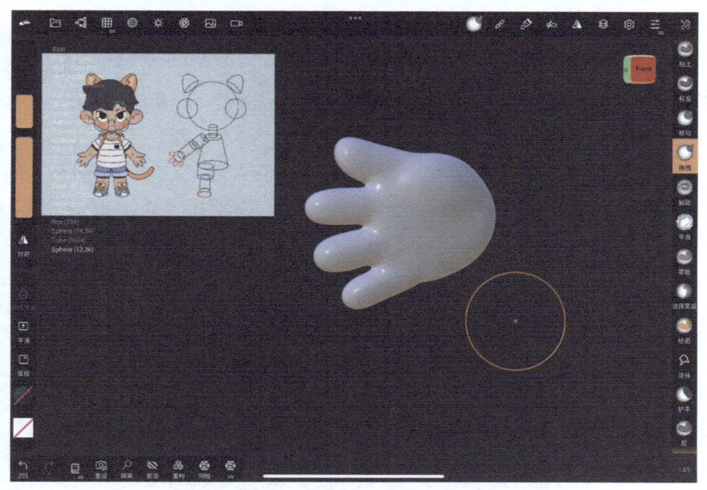

34 使用“褶皱”工具绘制出手掌的纹理细节。

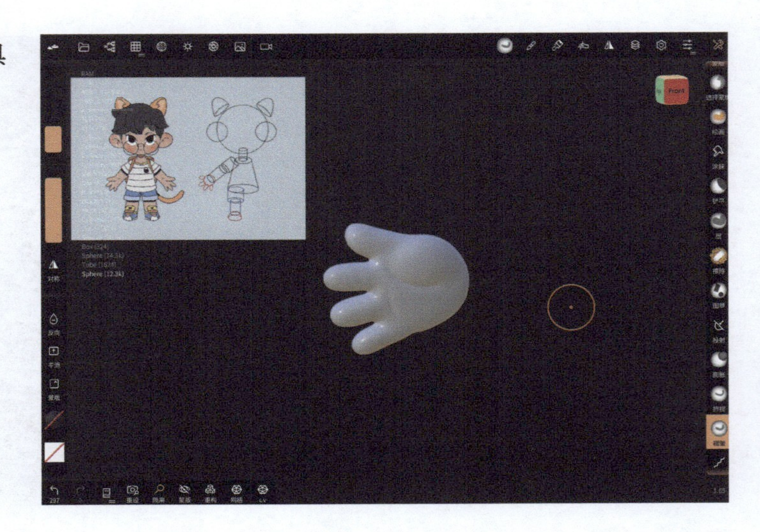

35 制作好一边的手后，打开“对称”菜单，在“镜像”界面中点击“从左至右”按钮，将手复制到另一侧。

36 把手和手臂的模型进行“体素合并”处理，并用“平滑”工具平滑衔接部分。

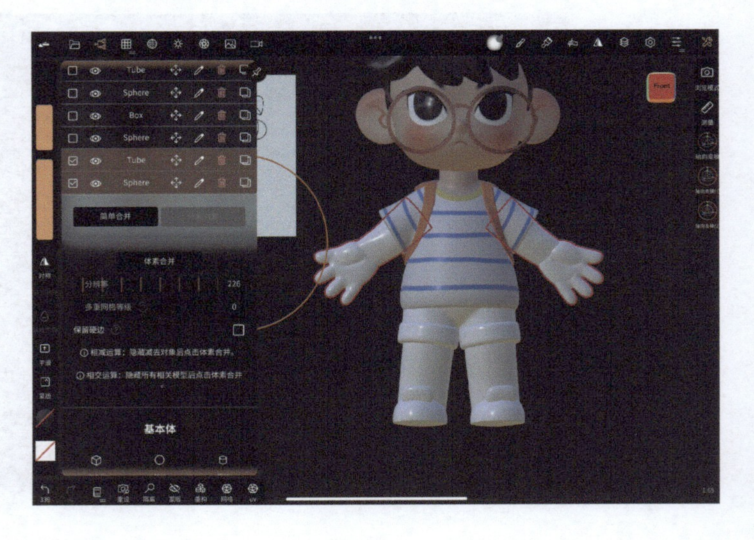

37 至此，整个拟人玩具模型就制作完成了，接下来需要上色，整个上色步骤和之前的是相同的，这里就不重复讲解了。

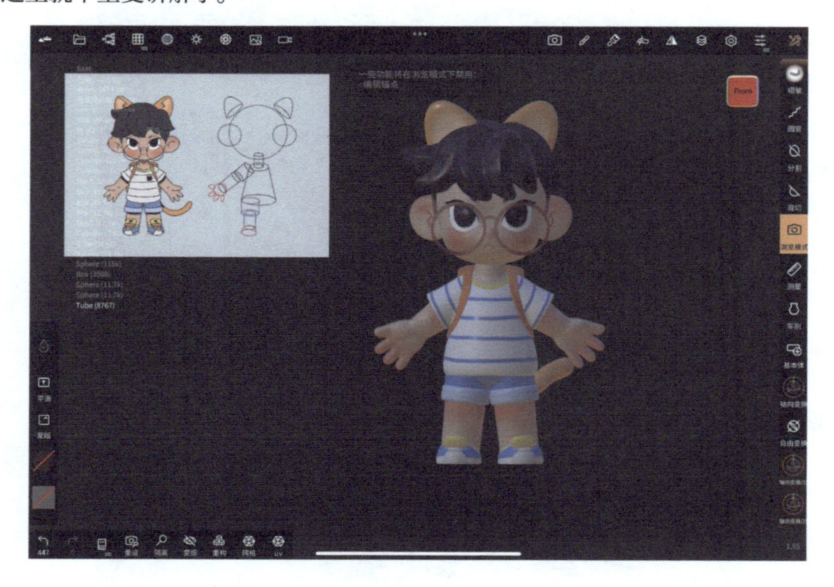

38 打光和渲染。笔者放了两盏日光灯，选择的颜色偏黄，有种日落的感觉。选择的 HDRI 为官方的室外贴图，具体参数设置如下图所示。

39 后期处理的参数设置如下图所示。具体的参数功能可回看 4.4 节。

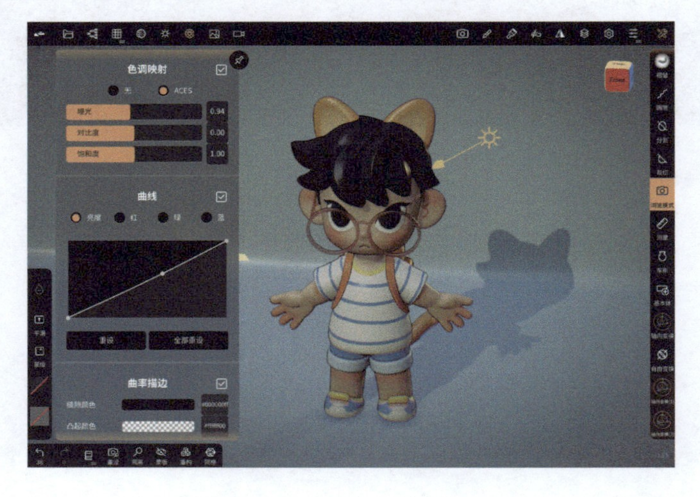

40 模型制作完成，最终效果如下图所示。

学会拟人玩具模型的雕刻以后，就可以举一反三地设计并制作出更多可爱的拟人玩具了。

附录

常见问题解答

大家在学习 Nomad 的过程中，会遇到一些问题，这些问题不难，但是比较零碎。笔者收集并汇总了大部分新手在使用 Nomad 的过程中可能遇到的问题，方便大家查询和找到对应的学习章节。

1. 雕刻问题总汇

（1）为什么使用“拖拽”工具调整大致形状时会出现坑坑洼洼的情况，不像笔者调整的那样圆滑？

答：这是在网上留言比较多的一个问题，很多新手在看笔者的教程，跟着做脸部建模时会出现脸部不圆滑、坑坑洼洼的情况。这是什么原因呢？主要是“拖拽”工具的笔刷大小没有调节好。我们在塑造大致形状的时候，一定要把“拖拽”工具的笔刷调整得比模型大，这样在拖曳时，就是对整体的拉伸。如果笔刷小于模型，那么在拖动时，就只能对模型进行局部拖曳，而这时没看到的面可能就会被忽略，变得坑坑洼洼。

“拖拽”工具的笔刷小于模型的效果如下图所示。

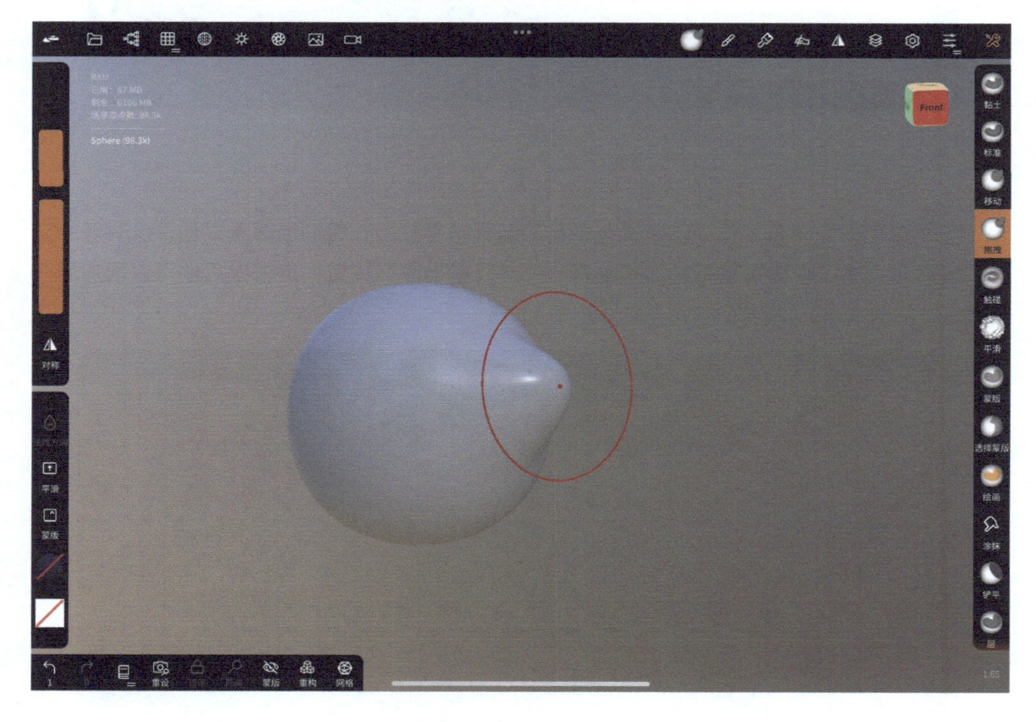

笔刷大于模型的效果如下图所示。

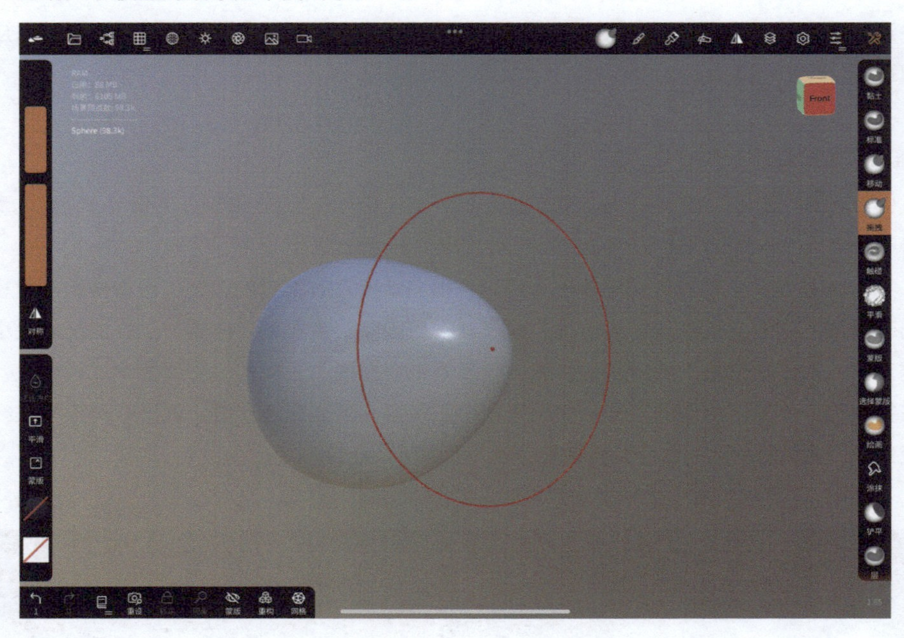

（2）为什么“圆管”工具只能调节整体半径，不能调节局部半径？

答：这个问题就是忽略了“圆管”工具的编辑菜单栏，在绘制出圆管以后，没有转换之前，顶部会生成一个编辑菜单栏，其中有一个“调整半径”按钮，点击以后便可以增加用于调整半径的调节点。（相关知识在 3.10.2 小节。）

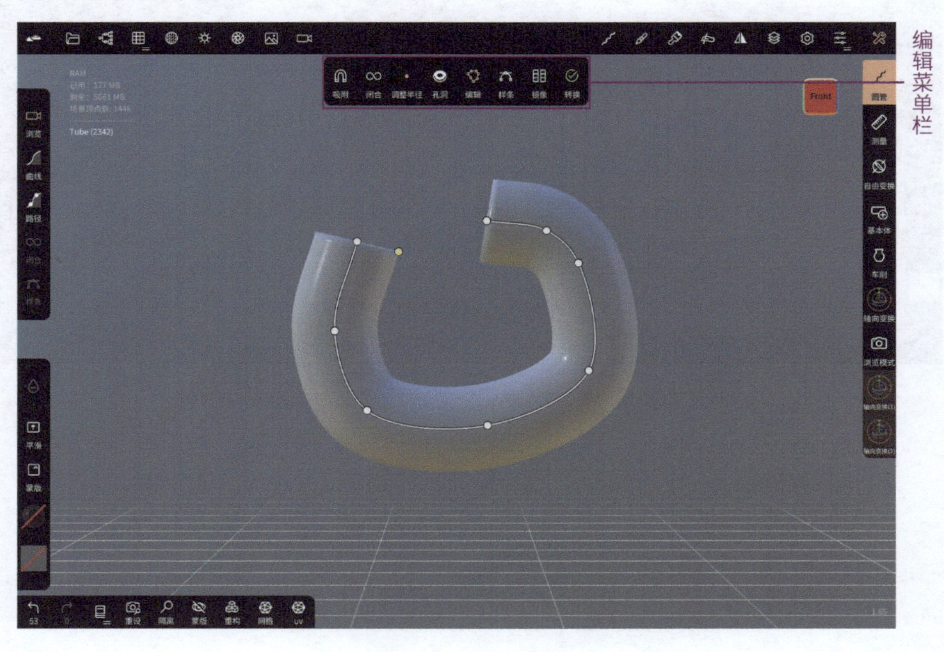

(3) 为什么绘制的蒙版很模糊，或者边缘有马赛克？

答：很多新手遇到这样的问题都会在“蒙版”工具附属菜单里找问题。其实这是模型的网格出现了问题，网格密度影响着绘制效果，我们只要在“网格”菜单里调整细分数值或者提高分辨率并重构网格来增加模型网格密度即可。(相关知识在 3.5 节。)

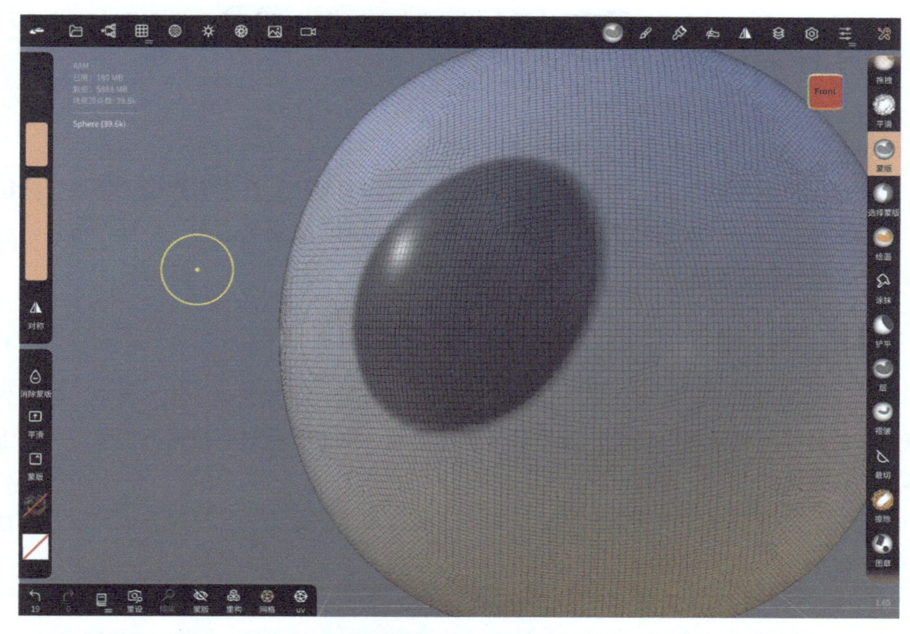

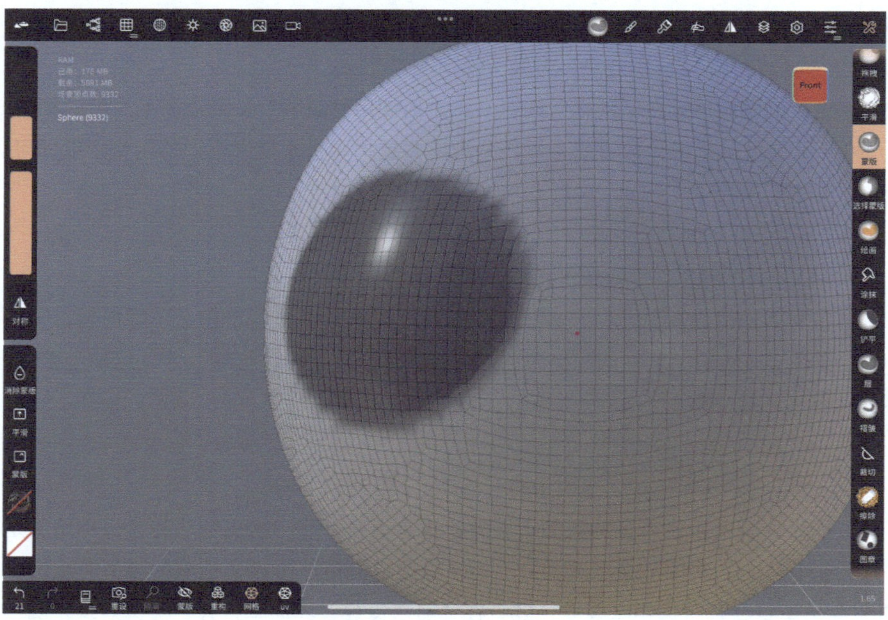

（4）为什么“添加基本体”功能没有反应？

答：添加基本体有两种方式。一种是在“场景”菜单里点击需要创建的基本体，这时雕刻区域就会出现对应的基本体。另一种是点击工具栏里的“基本体”按钮，还需要在快捷栏中选择对应基本体。如果雕刻区域没有其他模型，则需要点击空白处；如果有其他模型，则需要点击该模型表面来创建模型。所以使用右侧工具栏添加基本体时，是需要再次点击雕刻区域才能实现操作的。（相关知识在 3.2 节。）

（5）为什么添加基本体以后，右侧没有了雕刻工具？

答：我们新建完模型后，顶部都会出现对应的编辑菜单栏，在没有点击“转换”按钮之前，可以对模型进行创建和编辑，但是如果需要雕刻模型，就必须点击“转换”按钮，这时候右侧就会出现雕刻工具了。

（6）为什么“平滑”工具没有反应？

答：这个问题大家问得比较多，“平滑”工具没有反映的问题来源于很多情况。我们先检查有没有打开“规整网格”功能，如果打开了此功能，则主要是对网格进行规整，肉眼上是看不到平滑效果的。

模型网格过于密集，平滑时网格变化不大，也是看不出效果的。这时我们可以对应地降低模型分辨率。（相关知识在 3.3.13 小节。）

2. 绘画功能问题汇总

（1）为什么用画笔绘制的效果不清晰，有马赛克？

答：这个问题同样出自“网格”问题，和之前使用“蒙版”工具绘制不清晰的原因一样，在“网格”菜单里调整细分数值或者提高分辨率并重构网格来提高模型的网格密度即可。（相关知识在 3.1 节。）

（2）为什么选择颜色以后，模型没有改变颜色？

答：在材质球里选择颜色时，模型上会有预览效果，很多新手在上了颜色后，一松手发现颜色就没有了。我们需要在选择颜色以后，点击“全部上色”按钮，才能给模型整体上色。（相关知识在 4.1.1 小节。）

（3）为什么画笔画不上去，没有反应？

答：产生这个问题也有多种原因，首先检查是否打开了“橡皮”功能。一种情况是不小心打开了这个功能，选择了橡皮擦。另一种情况就是没有选中需要绘制的模型。我们可以在“场景”菜单里查看是否选中了模型，或者在“显示设置”界面里打开“被选对象轮廓”功能来辅助选择模型。

（4）为什么吸取的参考图像的颜色应用到模型上后会发生变化？

答：三维场景里的颜色和二维画面的颜色是有区别的，会受到环境贴图和灯光的影响而出现色差。这里笔者建议大家在上色时，尽量使用光线正常的环境贴图。

3. 后期导出与格式支持问题汇总

（1）Nomad 模型可以导入 C4D 或者 Blender 之类的建模软件中渲染吗？

答：Nomad 模型可以导入其他三维软件里，支持 OBJ 和 STL 格式的通用文件。但是无法导出 Nomad 模型的颜色，只能导出白模，需要在其他软件里绘制贴图。（相关知识在 2.3.4 小节。）

（2）模型可以直接打印出来做潮玩吗？

答：现在的三维打印技术普及率很高，只要能够导出同样的模型文件，就可以直接进行三维打印。

（3）在 Nomad 中绘制的颜色可以导出为贴图吗？

答：不可以，在 Nomad 里绘制的颜色和材质效果只适用于 Nomad。导出为 glTF 格式的文件，并转到另外一台 iPad 的 Nomad 中打开，颜色和材质效果是完全显示的。但是导出为 OBJ 或者 STL 格式的文件，是不会保存颜色信息的。（相关知识在 2.3.4 小节。）